과학고전선집

코페르니쿠스에서 뉴턴까지

기초교양교육시리즈 5

과학고전선집

코페르니쿠스에서 뉴턴까지

홍성욱 편역

서울대학교출판문화원

Classics in Science
From Copernicus to Newton

Sungook Hong

Seoul National University Press

서문

이 책 『과학고전선집』에 발췌해서 실린 '과학 고전'(science classics)들은 16-17세기 유럽의 "과학혁명"(Scientific Revolution)기 동안에 씌어진 책들이다. 과학혁명 시기에는 역학, 수학, 천문학, 생리학과 같은 개별 과학의 분야가 혁명적인 변화를 겪었으며, 과학의 방법론, 과학의 지위, 과학의 제도와 같은 영역에서도 놀라운 변화가 있었다. 물체의 운동엔 항상 원인(cause)이 필요하다는 아리스토텔레스의 운동이론은 관성의 법칙과 (고전적인) 상대성 이론을 근간으로 한 갈릴레오의 새로운 역학에 의해서 대체되었다. 수학의 경우에는 고대부터 서로 다른 분야로 간주되었던 기하학과 산술학이 하나로 합쳐져서 해석기하학을 낳았고, 여기에서 미적분학이 탄생했다. 지구가 우주의 중심에 있고 운동을 하지 않는다는 상식적인 믿음은 지구가 매일 한 바퀴씩 자전을 하고 매년 태양의 주위를 한 번씩 공전한다는 코페르니쿠스의 지동설에 의해 붕괴되었다. 피가 간에서 만들어져서 정맥을 통해 온몸에 전달되고 인체의 각 부분과 장기에서 사용되어 없어진다는 고대의 의학이론은 피가 동맥을 통해 심장에서 온몸으로 전달되어 정맥을 통해 되돌아온다는 근대적 의학이론에 의해서 대체되었다. 수학과 실험을 사용해서 얻어진 과학의 지식은 다른 어떤 지식보다 더 견고한 진리라고 간주되었으며, 과학은 철학과 신학을 정당화해 주던 부차적인 지식의 영역에서 그 자체의 방법론을 가진 독자적인 학문의 영역으로 부상했다.

코페르니쿠스(Nicolaus Copernicus, 1473-1543)의 『천구의 회전에 관하여』(*De revolutionibus orbium coelestium, On the Revolution of the Heavenly Spheres*, 1543)는 과학혁명의 서곡을 연 저술이다. 코페르니쿠스는 이 책에서 지구가 하루에 한 바퀴씩 자전하며, 태양의 주위를 1년에 한 번씩 공전하고, 지구 축이 회전한다는 세 가지 운동을 지구에 부여했다. 이 책은 지구가 우주의 중심에 위치하며 움직이지 않는다는 오래된 믿음을 정면으로 반박하는 지동설을 주창함으로써, 아리스토텔레스(Aristoteles)-프톨레마이오스(Ptolemaios) 주의 과학관에 도전했다. 지구가 태양 주위를 돌면서 지구는 우주의 중심에서 일개 행성으로 그 지위가 바뀌었을 뿐만 아니라, 별의 연주시차(年周視差)가 발견되지 않음에 따라서 우주의 크기도 거의 무한한 것으로 커졌다. 또 코페르니쿠스의 태양중심이론은 행성의 역행운동과 같은 현상을 주전원(周轉圓, epicycle)과 같은 가설을 사용하지 않고 설명할 수 있었다.

그렇지만 코페르니쿠스의 『천구의 회전에 관하여』가 당시 천문학자나 일반인들에게 큰 영향을 주었다고 생각하는 것은 잘못이다. 우선 이 책은 수리천문학의 전문 교육을 받은 사람만이 이해할 수 있는 난해한 천문서였는데, 당시 행성을 포함한 천체의 운동을 예측하는 일에 종사하던 천문학자들은 코페르니쿠스의 태양중심설을 계산을 간편하게 하기 위한 하나의 가설로 받아들였다. 또 코페르니쿠스는 고대 천문학의 전통을 완전히 떨쳐버리지도 못했다. 그는 아리스토텔레스와 마찬가지로 원운동을 가장 완벽한 운동으로 보았고 원운동의 조합만으로 천체의 운동을 기술했다. 또 코페르니쿠스는 지구가 운동을 하기 때문에 생길 수 있는 여러 가지 문제들에 무관심했다. 당시 과학자들 중에는 "지구가 자전을 하면 쏘아올린 화살은 제자리에 떨어질 수 없다."라는 점을 들어 지구가 자전을 한다는 생각을 거부하는 사람들이 많았는데, 『천구의 회전에 관하여』에서는 이런 문제에 대한 답을 찾아볼 수 없었다. 과학사학자 토머스 쿤(Thomas Kuhn)은 이러한 이유 때문에 『천구의 회전에 관하여』를 "혁명적"(revolutionary)인 책이 아니라 "혁명을 가져온"(revolution-making) 책이라고 평가했다. 코페르니쿠스의 한계는 케플러(Johannes Kepler, 1571-1630)와 갈릴레오(Galileo Galilei, 1564-1642)에 의해서 극복되었다.[1)]

갈릴레오는 지상의 역학 분야에서 코페르니쿠스의 한계를 넘어섰다. 갈릴레오는 1632년에 출판된 『두 세계에 관한 대화』(*Dialogo, Dialogue Concerning the Two Chief World Systems*)에서 지구가 빠른 속도로 운동을 함에도 불구하고 왜 쏘아올린 화살은 항상 그 자리에 떨어지는가, 왜 사람들은 지구의 운동을 느끼지 못하는가라는 문제를 관성의 법칙과 운동의 상대성 이론을 사용해서 설명했다. 이 책은 코페르니쿠스 체계를 옹호하는 살비아티, 아리스토텔레스주의자인 심플리치오, 중립적인 사그레도가 4일 동안 대화를 나누는 형태로 씌어졌다. 마지막 4일째 되는 날에는 살비아티가 지구의 자전과 공전의 중합이 조수간만을 일으킨다는 주장을 펴고, 이를 근거로 지구가

---

1) 여기서 케플러와 그의 업적에 대해 간단히 설명할 필요가 있다. 1600년에 케플러는 당시 유명했던 천문학자인 티코 브라헤(Tycho Brahe)의 조수가 되어, 그 다음해 브라헤가 사망할 때까지 그를 도왔다. 티코가 사망한 후에 케플러는 화성에 대한 티코의 데이터를 코페르니쿠스의 체계에 입각해서 원운동의 조합만으로 설명하려고 수년간 노력했으나 결국 실패했고, 결국 태양중심체계에서 화성의 운동은 원운동의 조합이 아니라 타원이라는 결론에 도달했다. 케플러의 『신천문학』(*Astronomia Nova, New Astronomy*)은 행성이 태양을 초점으로 하는 타원운동을 하며, 태양과 행성을 잇는 반경은 같은 시간 동안에 같은 면적을 그리며 움직인다는 케플러의 1, 2법칙을 담고 있다. 이 책은 원운동의 조합으로 행성의 운동을 설명했던 아리스토텔레스—프톨레마이오스의 체계를 깨고 행성의 운동을 정확하게 설명함으로써 특히 천문학자들 사이에서 코페르니쿠스 체계가 받아들여지는 데 결정적인 역할을 했다.

운동한다는 코페르니쿠스 이론의 타당성을 설파했다. 이 책은 당시 가톨릭교회와 교황의 노여움을 샀고, 그 결과 갈릴레오는 1633년에 종교재판을 받고 자신의 잘못을 인정한 뒤에 종신 가택연금에 처해졌다.

갈릴레오의 『새로운 두 과학』(*Discorsi e dimostrazioni mathematiche intorno a due nuove scienze, Two New Sciences*, 1638)은 갈릴레오가 종교재판을 받고 가택연금이 된 상태에서 자신의 역학적 논의를 집대성한 저술이다. 이 책은 물질의 강도를 논하는 "기계학"(mechanics)에 대한 부분과 물체의 운동을 논하는 "운동학"에 대한 부분으로 이루어졌는데, 이 책에서 가장 독창적이고 중요한 내용은 그가 자유낙하 운동에 대한 근대적인 이해(낙하하는 물체가 떨어진 거리는 그 동안 걸린 시간의 제곱에 비례하며 물체의 질량과는 무관하다는 것)를 얻어냈다는 것이다. 자유낙하에 대한 정확한 이해 이외에도 갈릴레오는 포물선 운동, 경사진 표면에서의 운동, 자연스럽게 가속된 운동과 같은 역학적 문제를 분석하고 있다.

메르센느(Marin Mersenne, 1588-1648)는 페르마, 파스칼, 가상디, 데카르트와 같은 프랑스 과학자들과 폭넓게 교류하던 프랑스 과학자이자 신학자였다. 당시 17세기 초엽에는 참된 지식이란 있을 수 없다고 주장한 극단적인 회의론이 팽배했으며, 메르센느는 이에 맞서서 신학과 과학적 지식의 진실성을 옹호하는 책을 저술했는데, 이것이 바로 『과학의 진리』(*La Vérité dans les sciences, Truth of the Sciences*, 1625)이다. 이 책에서 메르센느는 과학적 지식이 수학을 사용해서 표현되어 있고 실제 세상에서 작동한다면 그 지식은 믿을 만하다는 의미에서 참이라고 할 수 있다는 "완화된 회의론"을 새로운 과학적 인식론으로 주창하고 있다. 새로운 방법론으로 무장한 근대 과학지식이 진리에 가까울 수 있음을 대화체의 산문을 통해서 논증하고 있다.

프랑스 철학자이자 과학자였던 데카르트(René Descartes, 1596-1650)는 지식의 확실한 근거를 찾아 나섰던 사람이다. 그는 지식이 확률적 확실성밖에 가질 수 없다는 회의론자들에 반대하여 "확실성"을 기초로 한 지식을 추구했다. 자연세계의 모든 현상이 물질(외연)과 운동으로 설명될 수 있다고 믿었던 그는 우주, 인간, 영혼을 설명하는 3부작 『세계』(*Le Monde, The World*)를 기획했고, 이를 1629년부터 저술하기 시작했다. 그는 1634년경에 이를 출판할 계획이었는데, 1633년에 발생한 갈릴레오의 종교재판 소식을 듣고 이 책의 출판을 보류했다. 이렇게 해서 『세계』는 빛과 우주에 대한 제1부와 인간에 대한 미완성 2부가 합쳐져서 데카르트가 죽은 뒤인 1664년에 출판되었다. 그렇지만 이 책은 물질과 운동만으로, 즉 기계적인 방식으로 빛, 물질, 지구와 달의 운동, 태양계와 혜성, 다른 우주, 조수간만과 같은 자연현상, 인간의 근육의 운동, 감각, 감정, 인식, 기억과 같은 생리적 현상을 설명함으로써, 기계적 철학의 새로운 패러다임을 가장 분명하게 보여준 책이 되었다.

1633년 이후 데카르트는 철학적으로 확실한 인식의 근거를 찾으려고 노력했다. 그는 극단적 회의론의 방법을 도입해서 모든 것을 부정한 뒤에도 "내가 생각한다"는 사실은 부정할 수 없다는 것을 발견하고 이로부터 나의 존재, 신의 존재, 세계의 존재를 증명했다. 데카르트는 부정할 수 없는 지식의 기준을 "명징성"으로 규정했으며, 이러한 철학적 방법론을 담은 『방법서설』(*Discours de la Méthode, Discourse on Method*)을 1637년에 출판했다. 그의 『방법서설』은 독립된 저술로서가 아니라 『광학』, 『기하학』, 『기상학』이라는 세 권의 자연과학 소고와 함께 한 권의 책으로 묶어져서 출판되었고, 여기서 『방법서설』은 구체적인 자연과학 연구서의 서문 역할을 했다. 데카르트는 『광학』에서 수차(收差: aberration)를 없앨 수 있는 렌즈의 모양을 이론적으로 제시하고 있으며, 『기하학』에서는 고대 수학자인 파푸스(Pappus)가 해결하지 못한 문제를 해석기하학을 도입해서 해결하고, 『기상학』에서는 기계적인 작동만으로 지구상의 모든 기상현상을 설명하려고 시도했다.

과학혁명은 물리학과 천문학에서만 일어난 것이 아니었는데, 영국의 생리학자이자 의사인 하비(William Harvey, 1578-1657)는 베살리우스의 해부학에 근거해서 고대부터 정설로 자리 잡았던 갈레노스(Galenos)의 인체 이론을 부정하고 피가 인체를 순환한다는 새로운 이론을 주장했다. 하비는 사물의 운동엔 목적이 있다는 아리스토텔레스의 철학에 영향을 받았으며, 자신의 이론의 타당성을 정량적인 방법과 실험적인 방법을 통해서 설득력있게 주장했다. 그의 새로운 생리학 이론은 1628년에 출판된『동물의 심장과 피의 운동에 대한 해부학적 논고』(*Exercitatio Anatomica de Motu Cordis et Sanguinis in Animalibus, An Anatomical Essay Concerning the Movement of the Heart and the Blood in Animals*)에 나와 있다.

과학혁명의 완성은 뉴턴(Isaac Newton, 1642-1727)에 의해 이루어졌다. 뉴턴은 케플러의 법칙들을 수학적으로 명확하게 증명했을 뿐만 아니라, 빛과 색깔에 대해서도 데카르트를 뛰어넘는 새로운 이론을 제시했다. 역학과 천체이론을 집대성한 『프린키피아』(*Principia*, 1687)에서 뉴턴은 물체들 사이의 거리의 제곱에 반비례하는 힘(만유인력)을 도입해서 그전에 알려졌던 수많은 지상, 천상의 현상을 설명했다. 그의 설명은 행성의 궤도와 주기의 관계는 물론 지구의 조수간만의 현상에 이르기까지 광범위한 현상을 포괄했다. 특히 뉴턴은 2판에서 처음 삽입한 "일반 주해"(General Scholium)에서 자신의 과학 방법론은 물론 신학적 입장까지 표명했다. 그렇지만 이 책은 원인을 알 수 없는 만유인력이라는 '신비한' 힘을 도입했다는 이유 때문에 데카르트주의자들을 비롯한 기계적 철학의 추종자들로부터 많은 비판을 받았다. 뉴턴의 역학이론이 받아들여진 것은 영국에서 먼저 시작되었고, 18세기에 프랑스나 독일과 같은 대륙으로 서서히 전파되었다.

학자로서 뉴턴의 첫 논문은 만유인력이나 천체현상에 관한 것이 아니라 광학에 관한 것이었다. 뉴턴은 흑사병 때문에 대학교가 휴학을 했던 1665-66년에 프리즘을 가지고 실험을 하다가 태양빛과 같은 백색광이 굴절률과 색깔이 다른 여러 단색광들의 혼합이라는 결론에 도달했다. 그는 이를 토대로 자신의 첫 논문을 작성해서 1672년에 왕립협회의 『철학회보』에 출판했지만, 많은 비판에 직면하고 광학에 대한 연구를 더 이상 진척시키지 않았다. 이러다가 뉴턴은 1703년에 자신의 광학 연구를 집대성하기 시작해서 다음해인 1704년에 『광학』(*Opticks*, *Optics*)을 출판했다. 어려운 수학을 적용했던 『프린키피아』와 달리 『광학』은 실험적인 방법을 사용해서 빛과 색깔의 성질을 탐구했는데, 이 책에서는 빛이 단색광의 혼합물이라는 그의 핵심적인 이론에 근거해서 회절(diffraction), 복굴절(double refraction)과 같은 현상을 탐구하고 있다. 특히 뉴턴은 『광학』의 말미에 "질문들"(Queries)이라는 부록을 붙였는데, 여기서 뉴턴은 빛의 본질, 에테르의 존재, 모세관 현상과 같은 자연현상에서 볼 수 있는 다른 종류의 힘의 존재를 추측하고 있다. 이 "질문들"은 18세기 뉴턴의 추종자들에게 큰 영향을 미쳐서 이들로 하여금 물질 사이에 작용하는 힘을 찾아서 이를 통해 사물을 설명하는 뉴턴의 방법론을 화학, 전자기학, 열이론 등에 그대로 적용해 보려는 시도를 낳았다.

『과학고전선집』은 서울대 권장도서 100선의 일환으로 계획되고 편집되었다. 이 책이 과학을 전공하지 않은 사람에게 서양 근대 과학의 여러 특징을 제대로 전달해 주면 좋겠다는 바람이다. 갈릴레오, 데카르트, 뉴턴의 텍스트에서 수학이 사용된 부분은 어렵다고 건너뛰지 말고 차근차근 증명을 따라가다 보면 당시 과학의 '묘미'를 느끼는 데 부족함이 없을 것이다. 이 책을 준비하는 데에는 서울대학교 자연과학대학의 과학사 및 과학철학 협동과정 대학원 학생들과 서울대학교의 핵심교양 수업인 "역사 속의 과학"을 수강했던 학부 학생들의 도움이 컸으며, 특히 김봉국, 안형준, 천현득, 정원, 권주연 군에게 이 자리를 빌려 심심한 감사의 뜻을 전한다.

2006년 3월

홍성욱

차 례

코페르니쿠스
천구의 회전에 관하여
(1543)

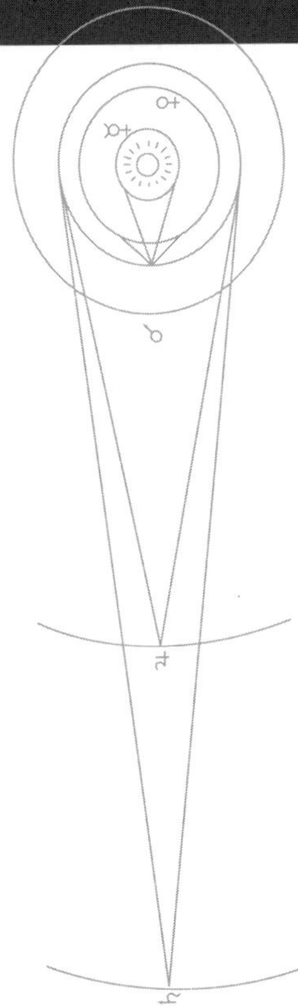

잘 알려져 있다시피 이 책의 핵심 주장은 지동설 혹은 태양중심설이다. 지동설에 대한 그의 생각을 잘 볼 수 있는 부분이 여기에 번역된 코페르니쿠스의 서문이다. 『천구의 회전에 관하여』에는 저자의 서문 외에도 뉘른베르크의 루터주의 신학자 오시앤더(Andreas Osiander)가 쓴 짧은 서문이 붙어 있는데, 이 오시앤더의 서문은 코페르니쿠스가 지동설을 하나의 가설로 제시하고 있다고 언급하고 있다. 이는 코페르니쿠스와 그의 책을 보호하기 위한 방편이었는데, 오시앤더의 서문과는 달리 코페르니쿠스가 지동설을 실제로 확고하게 믿었음은 의심의 여지가 없다.

코페르니쿠스(Nicolaus Copernicus, 1473-1543)의 『천구의 회전에 관하여』(*On the Revolution of the Heavenly Spheres*)의 원제목은 *De revolutionibus orbium coelestium*으로, 1543년에 뉘른베르크의 Ex officina Henricpetrina 출판사에서 출판되었다. 이 책은 라틴어로 씌어졌으며, 6개의 편(編, book)으로 구성되었다. 제1편(Book 1)에서는 태양중심설을 소개하고, 제2편(Book 2)에서는 천체 위치의 계산 방법을 설명하며, 제3편(Book 3)에서는 지구의 운동을 설명하고 있다. 제4편(Book 4)에서는 달의 운동을 설명한 뒤에, 마지막 5, 6편(Book 5, Book 6)에서는 행성들의 운동을 설명한다. 책의 2편에서 6편까지에서는 천문학 계산법이 소개되는데, 수리천문학 훈련을 받지 않은 사람들은 내용을 이해하기 힘들 정도로 전문적이고 난해하다.

잘 알려져 있다시피 이 책의 핵심 주장은 지동설 혹은 태양중심설이다. 지동설에 대한 그의 생각을 잘 볼 수 있는 부분이 여기에 번역된 코페르니쿠스의 서문이다. 『천구의 회전에 관하여』에는 저자의 서문 외에도 뉘른베르크의 루터주의 신학자 오시앤더(Andreas Osiander)가 쓴 짧은 서문이 붙어 있는데, 이 오시앤더의 서문은 코페르니쿠스가 지동설을 하나의 가설로 제시하고 있다고 언급하고 있다. 이는 코페르니쿠스와 그의 책을 보호하기 위한 방편이었는데, 오시앤더의 서문과는 달리 코페르니쿠스가 지동설을 실제로 확고하게 믿었음은 의심의 여지가 없다.

이 책은 우여곡절 끝에 출판되었다. 코페르니쿠스는 1514년경 지동설의 아이디어를 담은 코멘타리오루스(*Commentariolus*)라고 불리는 미출판 원고를 지인들에게 비밀스럽게 회람시켰다. 코멘타리오루스도 상당한 완성도를 가진 글이었지만, 그는 자신의 지동설이 종교와 불러일으킬 마찰 때문에 계속 출판을 미루었다. 그런데 출판을 미루고 있던 중인 1539년 코페르니쿠스를 방문하여 지도를 받은 후배 천문학자 레티쿠스(Rheticus)가 1540년에 코페르니쿠스의 태양중심설을 총괄적으로 설명한 개요서 『첫 번째 보고』(*Narratio Prima*)를 출판했다. 이를 통해 코페르니쿠스의 체계가 처음으로 세상에 알려지게 되었다. 레티쿠스는 이후 코페르니쿠스를 끈질기게 설득해서 그로 하여금 『천구의 회전에 관하여』를 쓰게 했다. 코페르니쿠스는 이 책을 출판한 직후 사망했다.

『천구의 회전에 관하여』는 16-17세기 과학혁명의 '출범'을 알린 책으로 알려져 있다. 여기서 그가 제시한 지동설은 아리스토텔레스-프톨레마이오스 우주론의 복잡한 문제와 계산을 지구와 태양의 위치를 바꿈으로써 단순화시켰다. 지구는 우주의 중심에서 태양의 주위를 도는 행성 중 하나로 그 위치가 바뀌었으며, 유한하고 닫힌 우주는 무한히 열린 우주로 변했다. 그렇지만 이 책은 주전원(epicycle : 중심이 대원 위를 움직이며 회전하는 작은 원)을 사용하고, 천구의 개념을 유지하며, 원운동을 고수하는 등 전통적인 면도 많이 보이고 있다.

『천구의 회전에 관하여』는 출판 직후 바로 큰 인기를 끌지는 못했다. 지동설은 천문학자들 사이에서 하나의 가설로서 서서히 퍼졌고,

케플러의 타원궤도 법칙과 망원경을 통한 갈릴레오의 관찰을 통해 과학자들과 지식인들 사이에서 점점 더 널리 받아들여졌다. 1616년에 교황청은 코페르니쿠스 이론에 대해서 금지령을 내렸다.

이 책에 대한 번역본으로는 민영기, 최원재 옮김, 『천체의 회전에 관하여』(서해문집, 1998)가 있다. 여기에는 원본의 1권과 6권만 번역되어 있다. 본 번역은 위의 한글 번역본을 기초로 Copernicus, *On the Revolution of the Heavenly Spheres*(Prometheus Books, 1995) 영어판과의 대조·교열을 거쳤다.

서문[1)]

이 연구에 관심을 갖고 있는 독자를 위해

지구가 움직이고 태양은 우주 중심에 고정되어 있다는 이 책의 가설의 새로움은 이미 널리 알려져 있어서, 아마 어떤 학자들은 대단히 분개하기도 하고 또 어떤 학자들은 지금까지 오랜 기간에 걸쳐 바른 관행이 되어 왔던 자유로운 기풍에 동요를 일으키는 것은 옳지 않다고 생각하기도 할 것이다. 하지만, 만약 이들이 기꺼이 이 문제를 면밀하게 고찰해 본다면 그들은 이 책의 저자가 비난받을 만한 어떠한 일도 하지 않았음을 알게 될 것이다.

왜냐하면, 성실하고 숙련된 관찰을 통해 천체운동의 변천에 대한 기록을 수집하고, (천체운동의 진정한 원인은 어떠한 천문학자의 추론으로부터도 얻을 수가 없으므로) 천체운동의 원인에 대한 가정을 가지고 기하학적 원리로부터 과거와 미래의 천체운동들을 관측된 것과 같게 계산될 수 있도록 가설이나 원인을 편의에 따라 고안해 내는 것이 천문학자의 일이기 때문이다.

이 책의 저자는 이러한 자료의 수집과 가설의 설정이라는 두 가지 면에서 두드러지게 뛰어나다. 이러한 가설들이 반드시 사실이거나 또는 사실에 근사해야 할 필요는 없다. 가설은 관측값과 맞는 계산을 할 수 있을 정도면 충분하기 때문이다. 다만 금성이 태양과 40° 정도의 각거리 안에서 앞서거나 뒤처져 보이는 이유가 금성의 주전원 때문이라고 생각할 만큼 기하학과 광학에 무지한 사람이 없는 한 말이다. 왜냐하면 이 가정에 따르면 필연적으로 근지점에 있는 금성이 원지점에 있는 금성보다 적어도 지름은 4배, 면적은 16배 커야 하지만 우리는 오랜 세월의 경험을 통해 그렇지 않다는 것을 알기 때문이다.

이 주전원 이론에는 마찬가지로 다른 여러 불합리한 점들이 있지만 여기서 이들을 검토할 필요는 없다. 분명한 것은 이 이론이 불규칙한 겉보기 운동의 원인을 전혀 설명하지 못한다는 것이다. 만약 이 이론이 원인들을 고안해 내었다고 해도(실제로 상당히 많은 원인들이 만들어졌는데) 그 원인들은 진실성을 설득시키기 위해서 만들어진 것이 아니라 계산의 정확한 토대를 마련하기 위한 것일 뿐이다.

태양의 움직임에 대하여 이심점이나 주전원을 이용한 설명이 있는 것처럼, 한 가지 움직임에 대해서도 시기에 따라 다양한 가설들이 제안되기 때문에, 천문학자는 가장 이해하기 쉬운 이론을 선택하려고 한다. 아마도 철학자는 그보다는 개연성이 있는 것을 요구할 것이다. 그러나 신의 계시가 아니라면 천문학자든 철학자든 확실한 것은 아무것도 붙잡을 수 없을 것이다.

이 새로운 가설들은 훌륭하면서도 쉬우며 막대한 학술적 관측 보고들을 가지고 있으니, 이제 더 이상 그럴듯하지 않은 옛 가설들 사이에서 이 새로운 가설이 널리 알려질 수 있도록 하자. 그리고 가설에 관한 한 천문학은 우리에게 확실한 것은 아무것도 주지 않으니, 천문학으로부터 어떠한 확실성도 바라지 말도록 하자. 그렇지 않고, 만약 다른 용도를 위해 만들어진 가설을 사실이라고 믿는 사람이 있다면, 그는 이 학문에 입문한 때보다 더 심한 바보가 되어 이 학문을 떠나게 될 것이다. 그럼 이만.

교황 바오로 3세에게 드리는 서문과 헌정[2)]

교황님. 저는 천구의 회전에 관한 저의 책에서 몇 가지 운동의 원인이 지구 때문이라고 주장하였는데 이를 읽은 몇몇 사람들은 아마도 저의 의견을 받아들일 수 없을 것이라 생각합니다. 제 연구가 저 스스로에게도 만족스럽지 못하므로, 저는 다른 사람들이 제 연구에 대해 어떤 비평을 할 것인지에 대해서 큰 고려를 하지 않습니다.

그리고 저는 철학자들의 의무란 신이 인간 이성에게 허락한 범위 안에서 모든 것들에 대한 진리를 찾는 것이므로 철학자들의 생각을 일반 대중들이 비판할 수 없다는 것을 알고 있습니다. 그럼에도 저는 완전히 틀린 것처럼 보이는 의견들은 피해야 한다고 생각합니다.

지구가 우주의 중심에 고정된 채 정지해 있다는 견해가 마치 오랜 시대를 걸쳐 증명된 것인 양 받아들이는 자들에 의해 이루어진 강연이 얼마나 불합리하고 우스꽝스러운 것인가를 생각하면서, 저는 제가 만약 지구가 움직인다는 반대 주장을 펴려면 지구의 움직임에 대한 증명을 글을 통해 드러내야 할지 아니면 라이시스(Lysis)가 히파르쿠스(Hipparchus)에게 보낸 편지처럼 피타고라스 학파를 비롯한 몇몇 사람들의 선례를 좇아 글이 아니라 말로써 친척과 친구들에게만 전수해야 할지 오랫동안 고심하였습니다.

저의 판단으로는 그들이 자기들의 학설을 전하지 않으려 했던 것이 아니라, 온갖 정성을 기울인 그들의 연구가 일군의 사람들, 예를 들면 돈을 벌기 위해 유용한 글을 읽는 것 말고는 어떠한 노력도 들이기 귀찮아하는 사람이나, 혹은 다른 사람들의 자유로운 철학 탐구에 대한 충고에 대해서는 화를 내면서 일벌들 사이의 게으름뱅이 수벌들과 같이 철학자로 행세하려는 어리석은 사람들에 의해 모욕당하는 것을 피하기 위해 그랬던 것으로 생각됩니다. 그래서 이러한 것들을 고려한 결과 저는 제 견해의 새로움과 불합리성 때문에 받아야 할 경멸을 염려하여, 이미 착수했던 연구를 거의 포기할 뻔했던 것입니다.

그러나 제 친구들은 저의 오랜 주저와 반대에도 불구하고 저로 하여금 저의 뜻을 바꾸도록 하였습니다.

그 첫 번째는 카푸어(Capua)의 추기경이자 학문의 모든 분야에서 탁월한 니콜라스 쇤베르크(Nicholas Schönberg)입니다. 두 번째는 쿨름(Culm)의 주교이자 신학과 인문학에 대단한 열정을 가진 저의 헌신적인 친구 티데만 기세(Tiedeman Giese)[3)]인데, 특별히 그는 저에게 이 책을 출판하여 36년 동안이나 숨겨져 있던 연구가 빛을 보도록 하라고 자주 설득하고 때로는 몰아대기까지 하였습니다.

이 외에도 많은 사람들이 저의 연구가 수학에 진지한 관심이 있는 사람들의 공동 이익에 기여할 수 있도록, 출판을 주저하지 말라고 제게 요청했습니다. 그들은 지구의 움직임에 대한 저의 학설이 지금 많은 사람들에게 불합리하게 보일수록, 제 논문이 출판되어 저의 명쾌한 증명으로 불합리한 안개가 걷히게 된 후에는 그만큼 더 큰 경탄과 감사의 대상이 될 것이라고 말했습니다. 그래서 결국 저는 이러한 설득과 희망에 못이겨 제 친구들이 그렇게도 원했던 제 책의 출판을 허락했던 것입니다.

그러나 교황님께서는 아마도 제가 연구한 결과를 발표하는 데 대해 그렇게 놀라지는 않으실 겁니다. 저는 이 연구를 완수하기 위해 많은 노력을 기울였고, 또한 지구의 운동에 관한 제 생각을 글로 발표하는 것을 주저하지 않았습니다.

교황님께서는 제가 무슨 생각으로 수학자들의 통념이나 상식에 반하는 지구의 운동이라는 것을 감히 상상했는지 궁금해 하실 것입니다. 저는 수학자들의 연구 결과가 일치하지 않는 상황에서, 단지 저의 지식을 통해서 천체의 움직임을 다른 방식으로 정리하게 되었음을 교황님께 솔직하게 말씀드리고 싶습니다. 수학자들은 첫째로 태양과 달의 움직임에 대해 너무나 확신이 없어서 1년의 크기가 변하지 않는다는 것을 관측하거나 증명하지도 못합니다.

다음으로 태양과 달, 다섯 행성의 움직임에 대한 이론을 만드는 데 있어서 그들은 회전과 겉보기 운동에 대한 단일한 원리 · 가정 · 증명 등을 사용하지 않습니다. 어떤 사람들은 동심원만을 사용하고, 또 다른 사람들은 이심원(eccentric circles : 행성 궤도의 중심이 원의 기하학적 중심에서 벗어나서 있는 원)과 주전원을 사용하였으나,[4] 그들이 찾던 것을 완전히 얻을 수는 없었습니다.

동심원을 믿었던 자들은 여러 가지 운동이 동심원들만을 사용하여 구성될 수 있다는 것을 보였음에도 불구하고, 관측되는 현상들에 완전히 부합하는 어떤 것을 확실히 만들 수는 없었습니다. 이심원을 고안했던 자들은 겉보기 운동들을 수치적으로 계산할 수 있었지만, 한편으로는 움직임의 질서라는 제1원리(the first principles of regularity of movement)와 모순되는 많은 것들도 동시에 인정했던 것입니다.

더구나 그들은 우주의 형태와 그 부분들의 정확한 대칭성을 발견하거나 추측할 수도 없게 되었습니다. 마치 각각 다른 사람으로부터 손 · 발 · 머리 · 팔다리들을 취하여 아름답게 조합하였지만, 한 몸 안에 조화롭거나 각 부분이 서로 부합되게끔 조합하지는 못해 사람이기보다는 괴물을 만드는 꼴과 같습니다.

그러므로 그들이 '방법' 이라고 부르는 증명 과정을 보면, 그들은 증명 과정에 필요한 것을 빠트린다든지, 문제와는 아무 관계가 없을 뿐만 아니라 적합하지도 않은 것을 허용하기도 합니다. 만약 그들이 확실한 원리들을 따랐다면 이런 곤경에는 절대 빠지지 않았을 것입니다. 왜냐하면 올바른 가정으로부터 나온 모든 결과는 반드시 올바를 것이기 때문입니다. 그리고 제가 말하고 있는 것이 지금 당장은 확실치 않을지 모르지만, 그것은 적절한 대목에서 더 분명해질 것입니다.

이에 천구운동의 구성에 관한 지금까지의 수학이 확실성을 결여하고 있다는 것에 생각이 미치자, 저는 세상의 가장 사소한 부분에까지 면밀한 조사를 하는 철학자들이, 세상에서 가장 훌륭하고 가장 규율 있는 장인에 의해 창조된 짜임새 있는 우주의 움직임에 대해서는, 어떠한 확실한 도식도 가지고 있지 않다는 것에 화가 나기 시작했습니다.

그래서 저는, 학교에서 가르쳐지고 있는 것과는 다른 천체운동에 관해 제안한 사람이 있는지 알아보기 위해 제가 구할 수 있는 모든 철학자들의 책을 다시 읽어 보았습니다. 그리하여 저는 우선 키케로의 저작에서 니케타스(Nicetas)가 지구는 움직인다고 생각했다는 것을 처음 찾아내었습니다. 그리고는 플루타크(Plutarch)의 저작에서 같은 견해들이 다른 사람들에 의해서도 주장되었다는 것을 발견했습니다. 이를 모든 사람들에게 알리기 위해 플루타크의 말을 제가 여기 그대로 적어 놓으려 합니다.

> "어떤 사람들은 지구가 정지해 있다고 생각한다. 그러나 피타고라스 학파의 필로라우스(Philolaus)는 지구가 태양이나 달과 같이 불의 주위를 비스듬하게 원형운동으로 돈다고 말한다. 폰투스(Pontus)의 헤라클레이데스(Herakleides)와 피타고라스 학파의 에크판투스(Ekphantus)는 지구가 주행한다기보다는 마치 회전하는 바퀴와 같이 중심 주위로 뜨고 지는, 다소 제한된 운동만을 한다고 생각하였다."

근거를 찾은 저는 지구의 운동 가능성에 대해 숙고하였습니다. 이 견해가 불합리하게 보일지라도, 저는 제 앞의 사람들이 천체 현상을 설명하기 위한 가설을 어떤 것이든 자유롭게 만들어내는 자유를 허락

받았음을 알고 있기에 제가 지구의 운동을 가정하고 이를 통해 천체의 회전을 선배들보다 확실하게 설명하는 것이 용납될 수 있다고 생각했습니다.

그리하여 오랫동안 수없이 많은 관측을 한 결과 저는, 다른 행성의 운동이 지구의 원운동과 관련되어 있다고 가정하고 지구와 각 행성의 회전을 사용하여 행성의 겉보기 움직임을 계산함으로써, 행성의 모든 현상과 일치하는 결과를 얻을 수 있었습니다. 뿐만 아니라 모든 행성들과 행성 궤도의 크기와 순서가 하늘 그 자체와 너무도 밀접하게 묶여 있어서, 그것의 어떤 부분도 나머지 부분이나 우주 전체와 분리되어 움직일 수 없다는 것도 발견하였습니다.

따라서, 저는 저의 연구를 저술함에 있어 다음과 같은 순서를 따랐습니다. 제1권에서는 천구 또는 궤도의 모든 위치를 제가 지구에 부여한 운동과 함께 기술하여, 우주의 전반적인 구조를 담으려 했습니다. 반면에 뒤의 나머지 권들에서는 다른 행성들의 운동과 그 천구 또는 궤도들을 지구의 움직임과 관련시킴으로써, 행성들의 겉보기 움직임과 궤도들의 체계가 얼마나 간결하게 만들어질 수 있는지를 보이려고 하였습니다.

이 연구에서 제가 주장한 것들을 재능 있고 학식 있는 수학자들이—철학에서도 마찬가지로 가장 먼저 요구되는 것처럼—깊게 생각하고 노력해서 검토한다면, 그들도 저의 의견에 동의할 것으로 확신합니다. 그리고 제가 어떤 사람으로부터의 비판도 피하려 하지 않는다는 것을 지식인들뿐만 아니라 교육받지 못한 사람들에게도 보이기 위해, 저의 숨겨졌던 연구 결과들을 다른 누구보다도 교황님께 먼저 헌정하려 합니다.

왜냐하면 제가 사는 지구의 변방에까지도 교황님께서는 예(禮)와 학문에 대해 애정이 깊다고 알려져 있기 때문입니다. "중상모략에는 약이 없다"는 말이 있긴 하지만, 교황님께서는 교황의 공정한 판단이라는 권위를 통해 저를 비방자들의 모략에서 가히 보호해 주실 수 있을 것입니다.

하지만 수학에 대해서는 무지하면서도 말하기는 좋아하는 게으름뱅이들이 뻔뻔스럽게도 성서 구절의 의미를 왜곡하여 그들의 목적에 맞게 사용하면서 저의 저술을 비난하고 공격한다 하여도 저는 개의치 않을 것이며, 오히려 그들의 무모한 비판을 경멸할 것입니다.

저명한 작가이기는 하지만 수학자라고는 할 수 없는 락탄티우스(Lactantius)가, 지구가 구형이라고 말하는 사람들을 비웃으면서 지구의 모양에 대해 너무나도 유치하게 얘기했다는 것은 잘 알려져 있습니다. 학자들은 그런 사람들이 비웃는다 해도 조금도 신경 쓰지 않습니다.

수학은 수학자들을 위한 것입니다. 제가 틀리지 않았다면, 저의 수고는 지금 교황님이 통치하시는 공화국의 번영에 기여할 것입니다.

몇 해 전 교황 레오 10세 때 라테란 공회의에서 교회력을 개정해야 한다는 문제가 논의되었는데, 이때 어떠한 결정도 내리지 못했습니다. 그 이유는 단지 1년과 한 달의 크기, 또 태양과 달의 움직임에 대한 측정의 정확도가 아직 충분하지 못하다는 것이었습니다. 그때부터 저는 이러한 것들을 더욱 정확하게 관측하기 위해 정성을 쏟았는데, 그 심의에 참석했던 저 기품 있는 포솜브로네(Fossombrone)의 폴(Paul) 주교님이 저의 그러한 노력을 격려하여 주었습니다.

제가 이 연구에서 성취한 것이 무엇인지는 다른 모든 수학자들 그리고 특히 교황님의 판단에 맡기겠습니다. 그럼 이 책의 유용성에 대해 교황님께 제 능력 이상의 약속을 드리지 않기 위해, 이제 제 연구의 본론으로 들어가겠습니다.

제1권

인간의 선천적인 재능을 키워주는 많고도 다양한 인문학과 예술적인 학문들 중에서, 지식의 가치가 매우 크고 아름다운 것들을 다루는 학문이야말로 우리가 애정 어린 관심으로 받아들이고 추구해야 한다고 생각한다. 신성한 천체의 원운동과 별의 경로, 크기, 거리, 출몰, 그리고 하늘에서 나타나는 또 다른 현상의 원인을 밝혀서 결국에는 우주 전체의 형태를 설명하는 것이 바로 이러한 학문이 될 것이다.

모든 아름다운 것들을 다 포함하는 하늘보다 더 완벽한 것이 무엇이겠는가? 이 점은 하늘이라는 이름에 대해 생각해 봄으로써 분명히 알 수 있다. '하늘(Caelum)' 은 매우 아름답게 새긴다는 것을 나타내고, '세계(Mundus)' 는 순수와 고상함을 나타낸다. 많은 철학자들은 그 엄청난 장엄함으로 인해 우주를 '보이는 신' 이라 하였다. 그러므로 학문의 가치가 그 학문의 대상에 따라 결정된다면 천문학, 점성학이라 불리는, 혹은 고대인들에게는 수학의 정수라고 불렸던 이 학문이야말로 가장 가치 있는 것이 될 것이다.

모든 학예(學藝; liberal arts)의 우두머리라고 할 수 있으며 자유로운 인간에게 가장 어울리는 이 학문에는 수학의 거의 모든 분야가 사용되고 있다. 산술학 · 기하학 · 광학 · 측지학 · 역학을 포함하는 다른 모든 수학 분야들이 이 학문에 이용되고 있다.

그리고 좋은 학문이란 인간의 마음을 악으로부터 멀어지게 하고 더 좋은 것들로 향하게 하는 것이기에, 천문학은 그것이 주는 믿을 수 없을 정도의 즐거움 외에 더 많은 것들을 제공할 수 있다.

어느 누가 가장 체계적으로 확립되고 가장 신성한 뜻에 따라 만들어진 것들을 탐구한 후에도, 가장 훌륭한 것이 무엇인가를 깨닫지 못할 수 있으며, 모든 행복과 선을 포함한 세상의 모든 것을 고안한 창조주에 대하여 경탄하지 않을 수 있겠는가? 이러한 것들이 우리를 최고의 선함에 대한 사색으로 이끌어 주는 것들이 아니고서는, 거룩한 다윗왕(Psalmist)이 하나님의 손으로 만들어진 작품들에 대해 자신이 기뻐하고 찬양했다고 하는 것을 쓸데없이 말하지는 않았을 것이다.

이제 각 시민에게 미치는 셀 수 없이 많은 이점은 생략하고, 이 학문들의 사회적 유용성에 대해 말하고자 한다. 플라톤은 〈법률 편〉(Laws) 제7권에서 매우 좋은 점을 지적하였다. 그는 말하기를, 이 학문은 각별히 탐구할 필요가 있으며 이를 통한 일, 월, 연의 규칙적인 배치와 제전과 희생제의 적절한 택일은 국가를 활기차게 하고, 위험에 대해 방심하지 않게 만든다고 하였다. 그리고 그는 학문의 가장 높은 부문을 이해하려는 사람에게 이 학문이 필요하다는 것을 부정하는 사람의 생각은 어리석은 것이며, 태양 · 달 · 별에 대한 필요한 지식을 갖추지 않고서 존엄하게 되거나 그렇다고 일컬어지기란 불가능하다고도 말하였다.

그런데 모든 인문과학보다 신성하며 최고의 것을 탐구하는 이 학문은 쉬운 것이 아니다. 그리스인들이 '가설' 이라고 불렀던 이 학문의 원리와 가정들에 대하여 말한다면, 그 원리와 가정을 다루는 많은 사람들 사이에 의견 일치가 이루어지지 않았기 때문에 단일한 계산의 방법이 존재하지 않는다. 게다가 오래되고 지속적인 관측의 결과가 후세에 전해질 수 없을 경우, 행성의 진행과 항성의 회전이 계산에 의해 정확히 결정되어 완벽한 지식으로 정리될 수 없다.

주의력과 근면성이 어느 누구보다도 탁월했던 알렉산드리아(Alexandria)의 프톨레마이오스(Ptolemeios)조차도 40년 이상의 관측을 한 뒤에야 그의 학문을 높은 수준에 올려놓을 수 있었다. 그럼에도 불구하고 아주 많은 현상들이 그의 학설로써는 설명될 수 없었으며, 그가 죽은 후 발견된 사실을 이용해야만 이해될 수 있었다.

그러므로 플루타크조차 태양이 회전하는 1년에 대해 말할 때, "지금까지 별들의 움직임은 수학자들의 재능을 능가했다."라고 했던 것이다. 1년을 예로 든다면, 이에 대하여 너무나 많은 의견이 있기 때문에, 많은 사람들이 1년을 정확히 결정하려는 희망을 포기하고 있다.

행성들의 경우도 마찬가지인데, 이 학문의 설립자들에 의한 발견들을 새로운 발견과 비교할 수 있으므로 우리의 이론을 지지하는 증거들이 더 많이 있다. 따라서 나는 신의 도움을 통해 그것들을 좀더 면밀히 검토할 예정이다. 그리고 나는 이러한 것들에 대한 탐구의 길을 처음으로 열어 준 선배의 연구를 기초로 하기는 하지만, 문제의 대부분을 그들과는 다르게 설명할 것이다.

제1장 우주는 구형이다

먼저 우리는 우주가 공 모양임에 주목해야만 한다. 구형인 이유로는 이 형태가 하나의 완전한 전체로서 그리고 접합부가 필요 없는 가장 완전한 모양이거나, 가장 큰 용적을 가져서 모든 것들을 포함하고 보호하기에 특별히 적합하기 때문일 수도 있다. 또는 심지어 우주의 일부분인 태양 · 달 · 별들이 이러한 형태를 띠고 있거나, 마치 물방울과 다른 유체들이 그들 자신의 경계를 만들어 떨어지는 경우 그 모양이 구체를 띠는 것처럼 세상의 모든 것들은 구형 모양으로 경계되어지기 때문일 수도 있다. 이와 같이 어느 누구도 구형이 천체들에 속한다고 말하는 것을 주저하지 않을 것이다.

제2장 지구도 역시 구형이다

지구도 역시 구형으로 지구의 모든 지역이 중심을 향하고 있다. 그러나 높은 산과 깊은 계곡 때문에, 비록 이들의 영향이 매우 작다고 할 수 있지만, 지구가 완전한 구형임을 즉각 알 수는 없다.

지구가 구형이라는 점은 다음과 같은 사실로써 분명하게 이해할 수 있다. 어떤 사람이 북쪽으로 여행을 한다고 할 때, 일주운동의 중심축인 북극점은 점차 높아질 것이고 남극점은 같은 정도로 낮아질 것이다. 그리고 북쪽에 있던 많은 별들은 지지 않게 될 것이고, 남쪽에 있던 많은 별들은 뜨지 않게 될 것이다. 그래서 이집트에서 볼 수 있는 캐노푸스(Canopus)를 이탈리아에서는 볼 수 없고, 이탈리아에서는 볼 수 있는 플루비우스(Fluvius)의 마지막 별을 같은 경도의 좀더 추운 지방에서는 볼 수 없다. 반대로 남쪽으로 여행하는 사람들에게는 남쪽에 있던 별들은 점점 높아지고 우리가 있는 북쪽에 높이 있는 별들은 점점 낮아질 것이다.

또한 지구의 극점으로부터 같은 거리만큼 떨어져 있는 지역 어디에서나 천구 극점의 고도는 같은데, 이러한 일은 구형 이외의 다른 형태에서는 일어나지 않는다. 그러므로 지구 자체가 양극 사이에 포함된 구형임이 명백하다.

또한 동쪽 지방의 주민들은 저녁에 일어나는 일식과 월식을 감지하지 못하고 서쪽 지방의 주민들은 아침에 일어나는 현상들을 감지하지 못한다. 이러한 현상들을 중부 지방에 사는 사람들 중 어떤 사람들은 일찍 보고 어떤 사람들은 늦게 본다.

게다가 항해자들은 수면도 마찬가지로 구형이라는 것을 알고 있다. 예를 들어, 배의 갑판에서 육지를 볼 수 없을 때 돛대 위로 올라가면 육지가 보일 때가 있으며, 반대로 돛대 위에 빛나는 것을 달고 배가 육지로부터 멀어져 간다면, 육지에 있는 사람에게는 그 빛이 점차 아래로 내려가 결국은 별이 지듯이 사라지는 것으로 보이게 된다.

게다가 물은 땅과 마찬가지로 언제나 낮은 곳을 향하여 흐르고 뭍이 허락하는 높이 이상으로 올라올 수 없다. 이것은 대지가 왜 그렇게 바다 위로 높이 솟아오를 수 있는가에 대한 이유이다.

제3장 땅과 물은 어떻게 하나의 구체를 형성하는가

그래서 육지를 둘러싼 바다의 물은 사방으로 흘러들어 육지의 깊고 우묵한 곳들을 메운다. 따라서 물과 육지가 무게에 의해 같은 중심을 향하고 있으므로, 모든 육지의 침수를 막고 생물의 보존을 위한 땅이 마치 섬처럼 어느 정도라도 남아 있기 위해서는 물이 육지보다 적게 있을 필요가 있다. 대륙 그 자체가 큰 섬이 아니면 무엇이겠는가?

우리는 원소 변환 때 하나의 흙 원소가 액화되면 열 개의 물 원소가 나오기 때문에 물이 육지보다 열 배 많다고 주장하는 소요학파들을 믿어서는 안 된다. 그들은 땅의 내부에 공동(空洞)이 있어서 땅은 무게에 관한 대칭성이 없고, 따라서 땅의 무게 중심은 땅의 크기 중심과 다르며, 이 때문에 땅이 수면 위로 솟아나와 있다고 말한다.

그러나 그들은 기하학에 대해 무지하기 때문에 잘못 생각한 것이다. 즉, 그들은 물이 더 무거워져서 땅이 그것의 무게 중심에서 벗어나 물에게 자리를 내주지 않는 한, 물이 땅보다 일곱 배 이상 많으면서 육지의 일부분이 물에 잠기지 않고 남아 있을 수는 없다는 사실을 모르고 있는 것이다.

구의 부피는 지름의 3제곱에 비례한다. 그러므로 만약 물이 육지보다 일곱 배 더 많다면, 육지의 지름은 물이 만드는 구의 반지름보다 클 수 없다. 그러므로 물이 육지보다 열 배가 많다는 것은 더더욱 가능하지 않다.

지구의 크기 중심과 무게 중심이 다르지 않다는 것은 바다로부터 올라온 육지의 높이가 연속적이지 않다는 사실로부터 추측할 수 있다. 왜냐하면 만약 그럴 경우 육지는 바닷물을 가능한 한 쫓아 버려서 내해(內海)와 큰 만(灣)들이 육지 사이로 들어올 수 없었을 것이기 때문이고, 해안으로부터 바깥으로 갈수록 바다는 끝없이 깊어져서 바다로 멀리 나간 항해자는 섬이나 암초 등의 흔적을 전혀 볼 수 없게 될 것이기 때문이다. 실질적으로 세계(orbis terrarum)의 중심에 있다고 할 수 있는 이집트와 홍해 사이의 거리가 2마일도 채 안 된다는 사실은 이제 잘 알려져 있다. 그리고 반대로 프톨레마이오스는 그의 『세계지』(*Cosmography*)에서 사람이 살 수 있는 지역을 중앙권(median circle)으로만 한정하였지만, 현대인은 중국을 비롯한 위도 60° 에 이르는 광대한 지역들을 발견하여, 현재 사람이 살 수 있는 것으로 알려진 지역은 경도상으로 바다보다 훨씬 넓다.

만약 우리가 이 섬들에 스페인과 포르투갈에 의해 우리 시대에 발견된 섬들과, 특히 아직도 그 광대함이 얼마나 되는지 밝혀지지 않아 제2의 세계라고 생각되는 아메리카(발견한 배의 함장 이름을 따서 붙인 이름), 그리고 아직도 알려지지 않은 많은 섬들을 더한다면 우리의 지구상 정반대편에 대륙이 있고 그곳에 사람들이 거주한다 할지라도 그리 놀랄 만한 일이 아니다. 기하학에 의하면 아메리카는 인도 갠지스 강의 바로 정반대쪽에 위치한다.

이로부터 물과 땅의 무게 중심은 같다는 것, 땅은 더 무거운 것이므로 이 중심은 땅의 무게 중심과 같다는 것, 해안가의 만과 같은 육지의 일부분은 물로 채워졌다는 것, 따라서 육지의 많은 표면이 물에 덮여 있어도 육지에 비해 물이 월등히 적다는 것은 명백하다.

육지와 이를 둘러싼 물은 지구에 의해 형성되는 그림자의 모양을 따라야만 한다. 그런데 지구가 달을 가릴 때 지구는 달에 완전한 원주를 투영한다. 그러므로 지구는 엠페도클레스(Empedocles)와 아낙시메네스(Anaximenes)가 생각했던 평면도 아니며, 류키푸스(Leucippus)가 생각했던 북의 형태도 아니고, 헤라클레이투스(Heracleitus)가 생각했던 배의 형태도 아니며, 데모크리투스(Democritus)가 생각했던 구멍 뚫린 모양도 아니며, 아낙시만드로스(Anaximandros)가 생각했던 원통형도 아니다. 그리고 지구는 크세노파네스(Xenophanes)가 생각했던 대로 점점 밀도가 증가하면서 아래로 무한히 뻗은 형태도 아니다. 지구는 철학자들이 파악했던 대로 완전한 구형이다.

제4장 천체의 운동은 규칙적이고 영원하며 원운동 또는 원운동의 혼합이다

이제 천체의 운동이 원형이라는 점을 서술할 것이다. 회전은 구에게 있어 가장 쉬운 운동이다. 구가 한결같은 운동을 할 때는 구형이 나타난다. 구형은 처음과 끝을 찾아낼 수 없고 처음과 끝을 구별할 수도 없으며, 그 자신의 항상 같은 부분들을 통과하며 운동한다.

그러나 다양한 구 또는 궤도에 의해 많은 운동이 존재한다. 가장 명백한 것으로는 그리스인들이 뉴구데메론이라 불렀던, 낮과 밤의 시간적 간격을 가지는 일주운동이 있다. 지구를 제외한 온 우주는 이 일주운동에 의해 동쪽으로부터 서쪽으로 움직여 간다고 생각되었다. 우리가 대개 날의 수를 기준으로 시간 그 자체를 재기 때문에, 이 운동은 모든 운동의 척도로 받아들여지고 있다.

다음으로 우리들은 다른 운동, 즉 반대 공전(antagonistic revolution)을 보게 되는데, 이 운동은 서쪽에서 동쪽으로 가는 운동이고, 태양과 달 그리고 다섯 행성이 이런 운동을 한다. 태양과 달은 이 운동으로 우리에게 가장 보편적인 시간의 단위인 1년과 한 달의 길이를 준다. 마찬가지로 각 행성은 각자 고유의 주기를 갖고 회전한다.

그러나 행성의 이러한 운동은 앞서 언급한 일주운동과는 여러 가지로 다르다. 첫째, 그것들은 일주운동의 극을 중심으로 회전하지 않고 대신 황도 위를 비스듬히 움직인다. 다음으로 그것들은 자신의 궤도를 규칙적으로 이동하지 않는 것처럼 보인다. 실제로 태양과 달은 어떤 때는 빨리 가고 어떤 때는 느리게 운동한다. 그리고 우리는 다섯 행성의 역행운동(retrograde motion)[5]을 알고 있다.

그리고 태양은 언제나 태양의 길을 곧장 나아가지만, 행성은 어느 때는 남쪽으로, 어느 때는 북쪽으로 헤매면서 빗겨 지나간다. 그래서 그들을 '행성'이라고 부르는 것이다. 때때로 이들은 지구에 더 가까워지는데 이때를 근지점(近地點)에 있다고 하고, 또 더 멀어지기도 하는데 이때를 원지점(遠地點)에 있다고 한다.

그러나 우리는 이 운동들이 원형이거나, 또는 많은 원형의 혼합이라는 것을 알 필요가 있다. 왜냐하면 이러한 불규칙성은 일정한 법칙에 따라 주기적으로 일어나는데, 이런 일은 원운동에 의해서가 아니면 일어날 수 없기 때문이다. 원운동만이 물체를 원래의 장소로 되돌아오게 할 수 있다.

예를 들어, 태양은 원운동의 조합으로 낮과 밤의 길이 변화와 사계절의 변화를 만들어낸다. 천체가 하나의 궤도 위에서 단일한 운동으로 불규칙하게 움직이는 것은 불가능하므로, 이 불규칙한 운동은 많은 운동의 혼합이라는 것을 알 수 있다. 만일 이러한 불규칙한 운동이 단일 원운동에서 일어난다면, 그 불규칙성은 외부의 원인이나 내부의 성질에 의한 운동 요인의 비항상성 또는 회전하는 물체로부터 생기는 변화에 의해 발생해야만 할 것이다.

그러나 위의 어떤 이유에 대해서라도 우리의 지성(知性)은 그것을 받아들이기 몹시 어려우며, 최고의 질서로 구성된 것들에 그런 상태가 존재한다는 것도 대단히 어울리지 않는다. 따라서 그들의 궤도는 서로 다른 극을 가지거나 지구는 그들 궤도의 중심이 아니어야 할 것이다.

행성들은 지구로부터 서로 다른 거리에 있으므로 지구에서 바라보는 우리에게는, 광학에서 증명되었듯이 행성이 지구로부터 가까울 때가 행성이 지구로부터 멀 때보다 더 크게 보인다. 이런 이유로 궤도의 동일한 부분을 다른 거리에서 볼 때, 그들은 같은 시간에 다른 거리를 움직인 것으로 보이는 것이다.

그러므로 천체의 연구에 있어서, 우리에게 가장 가까운 지구에 의한 것을 놓치지 않고 또 지구의 성질을 천체의 성질로 돌리지 않기 위해서는 하늘과 지구의 관계가 어떤 것인지를 매우 주의 깊게 관찰하는 것이 무엇보다도 중요하다.

제5장 지구는 원운동을 하는가? 그리고 그 위치는?

앞에서 지구가 구형이라는 것을 보였으므로, 이제 우리는 지구의 운동이 원형인지와 우주에서의 지구의 위치가 어디인지에 대해 생각해 보아야 한다. 왜냐하면 그렇게 하지 않고서는 천체의 운동에 관한 확실한 원인을 찾을 수 없기 때문이다.

지구가 우주의 중심에 정지해 있다고 말하는 권위자들이 너무나 많아 지구가 움직인다고 가정하는 것이 받아들여지지 않으며 터무니없다고까지 생각되고 있지만, 만약 우리가 주의 깊게 고찰해 본다면, 이 문제는 아직 해결되지 않았으며 따라서 웃음거리가 될 이유가 전혀 없다는 것을 알게 될 것이다. 어떤 물체의 위치가 변하는 것이 관측되는 경우는 관측자와 물체의 운동이 차이를 보일 때이다. 왜냐하면 같은 방향으로 동일하게 움직이는 물체 사이에서는 서로간의 운동이 지각될 수 없기 때문이다.

이제 우리에게 보여지는 천체의 운동은 지구의 운동에서 비롯되는 것이라 할 수 있다. 만약 지구가 어떤 운동을 한다면, 그것은 외부 우주에 재현되어 외계의 것이 반대 방향으로 움직이는 것처럼 보일 것이다. 특히 일주운동은 그런 운동이다. 왜냐하면 지구와 그 근방의 것들을 제외한 전우주가 일주운동에 의해 움직이는 것처럼 보이기 때문이다. 만약 하늘이 움직이는 것이 아니라 지구가 서에서 동으로 회전한다는 것을 인정하고 진지하게 고려해 본다면, 태양 · 달 · 별들의 출몰은 바로 이런 경우라는 것을 인정하게 될 것이다.

하늘은 모든 물체를 포함하는 것이고 모든 것의 공통된 장소이다. 왜 담긴 것이 아니라 담은 것이 움직여야 되고, 왜 장소에 놓여진 물체가 아니라 장소를 제공하는 것이 움직여야만 하는 걸까?

사실 피타고라스 학파의 헤라클레이데스와 에크판투스 그리고 시라쿠사(Siracusa)의 히케타스(Hicetas)는 지구가 움직인다고 생각했다. 키케로(Cicero)에 의하면, 그들은 지구가 세상의 중심에서 회전하므로, 별들이 지는 것은 지구의 간섭 때문이며 그 간섭이 중지되면 별들이 다시 뜨게 된다고 생각했다고 한다.

만약 어떤 사람이 지구가 세상의 중심이라는 것을 부정하고, 중심에서의 지구의 거리가 천구의 크기에 비해서는 무시할 만하지만 태양과 행성의 궤도에 비해서는 현저하다는 점을 인정한다면, 그리고 행성들의 운동이 지구의 중심이 아닌 다른 중심을 가지기 때문에 불규칙하게 보인다고 생각한다면, 그는 불규칙하게 보이는 운동의 적절한 이유를 완벽하게 제시할 수 있을 것이다.

행성들이 어떤 때는 지구에 가깝게 또 어떤 때는 지구로부터 멀리 있는 듯이 보인다는 사실로부터, 지구의 중심은 행성 궤도의 중심이 아니라는 점은 분명해진다. 그러나 지구가 행성에 가까이 갔다가 멀어지는 것인지, 행성이 지구로 가까이 왔다가 멀어지는 것인지는 확실하지 않다.

그러므로 일주운동 외의 또 다른 운동을 지구에 부여한다고 해도 이는 그리 불합리하지는 않을 것이다. 사실 플라톤이 그를 보기 위해 이탈리아에 갔었다고 전해질 정도로 대단한 수학자였던 피타고라스 학파의 필로라우스는, 지구가 원운동을 하며 또 다른 운동에 의해 떠도는 행성의 하나일 뿐이라고 생각했다고 전해진다.

그러나 많은 사람들은 기하학적 추론을 통해 지구가 우주의 중심임을 보일 수 있다고 생각하였다. 그들은 하늘의 광대함에 비할 때 하나의 점으로 간주할 수 있는 지구가 우주의 중심에 위치하고 있기 때문에, 우주가 움직이더라도 중심점인 지구는 움직이지 않으며 중심에 가까울수록 더 천천히 움직이게 된다고 생각하였다.

제6장 지구의 크기에 비한 하늘의 광대함에 관하여

이렇게 거대한 지구의 크기도 하늘의 크기에 대해서는 비교도 할 수 없이 작다는 것은 지평선(그리스어 '호리즌타스'를 번역한 말)이 전체 천구를 이등분한다는 사실로부터 알 수 있다. 이런 일은 하늘의 크기와 비교할 만큼 지구가 크다면 일어날 수 없다. 왜냐하면 구를 이등분하는 원은 구의 중심을 통과하며, 이런 원은 구를 자르는 원 중 가장 큰 원이기 때문이다.

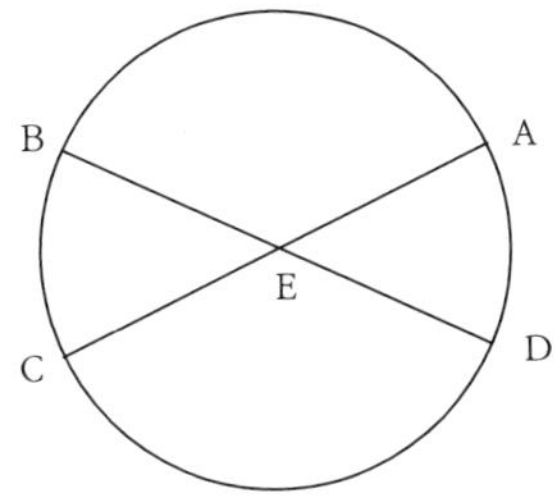

그림 1

원 ABCD를 지평선이라 하고, 우리의 시점이 있는 E를 지구라고 하자. 이 점은 또한 보이는 별과 보이지 않는 별을 나누는 지평선의 중심이다 **(그림 1)**.

디옵트라(dioptra)[6]나 점성용 별자리표(horoscope), 또는 수준기(水準器)가 E에 놓여 있을 때 게자리의 첫째 별이 C점에서 뜨는 것이 보인다면, 동시에 염소자리의 첫째 별이 A점에서 지는 것이 보일 것이다.

그런데 AEC는 디옵트라와 직선상에 있으므로 이 직선이 황도의 지름이라는 것은 명백하다. 왜냐하면 황도의 육궁은 반원을 만드는데 이 반원의 중심은 지평선의 중심과 마찬가지로 E이기 때문이다. 그러나 회전이 일어나 염소자리의 첫째 별이 B에서 뜰 때에는 게자리가 D에서 지는 것이 보일 것이다. 이때 BED는 직선이자 황도의 지름이 된다.

그러나 직선 AEC가 황도의 지름이라는 것은 이미 증명하였으므로, 그들의 중심은 두 직선의 교점 E가 될 것이라는 것은 명백하다. 그러므로 이런 식으로 지평선은 구의 대원인 황도를 언제나 이등분한다.

그러나 구의 대원을 이등분하는 원도 역시 대원이므로, 지평선은 대원이고 그 중심은 황도의 중심이라는 것도 명백하다. 지구의 중심을 지나는 선과 지구의 표면을 지나는 선은 다르지만, 그들은 지구에 비해 너무나 크기 때문에 마치 평행선과 같다. 또한 그들은 하나의 직선으로 보일 것이다. 왜냐하면 두 선의 길이가 그들의 간격에 비해 매우 클 경우, 광학에서 증명되었듯이 그 두 선은 하나의 선으로 보이기 때문이다.

이상의 논의에 의해 하늘은 지구에 비해 막대하게 크며 무한대의 양상을 보인다는 것과, 지구는 하늘에 비하면 하나의 점 또는 무한대에 대한 유한대의 물체에 불과하다는 것이 충분히 명백해진다. 그러나 우리는 이 이상은 알 수 없으며 이상의 논의로부터 지구가 우주의 중심에 정지해 있음을 증명할 수도 없다.

그리고 만약 우주의 일부분에 불과한 지구가 아니라 이렇게 광대한 우주 그 자체가 24시간 동안에 완전하게 회전해야 한다면 우리는 오히려 더욱 놀라야만 할 것이다. 왜냐하면 중심은 움직일 수 없고 중심에 가까운 것들이 매우 적게 움직인다고 말하는 것이 지구가 우주의 중심에 있다는 것을 입증하지는 않기 때문이다. 그것은, 하늘은 회전하지만 극은 회전하지 않고 극에 가까운 것은 매우 적게 움직인다고 말하는 것과 같다.

이런 식으로 북극성이 독수리자리나 시리우스(큰개자리의 별)보다 훨씬 적게 움직이는 것처럼 보이는 것을 설명할 수 있다. 왜냐하면 그들은 모두 하나의 구 위에 있는데, 북극성은 그 극에 가까이 있으므로 더 작은 원을 그리게 될 것이기 때문이다. 이렇게 하여 그들은 구의 회전에 의해 같은 시간에 다른 거리를 움직이게 된다.

지구가 천구의 한 부분이고 그것과 동일한 형태와 운동을 공유하기 때문에, 천구의 중심에 대단히 가까이 있는 지구는 거의 움직이지 않는다는 주장은 다음과 같은 결론에 도달하게 될 것이다. 지구는 중심이 아니고 물체이기 때문에 움직일 것이다. 그리고 지구는 천체와 같은 각속도로 회전하므로, 천구가 그리는 호보다는 작을지라도 일정 시간에 일정 길이의 호를 그릴 것이다. 이 결론이 얼마나 잘못되었는가는 너무나 명백하다. 왜냐하면 전체와 부분의 움직임이 하나가 되어 분리될 수 없으므로, 앞서 말한 결론대로라면 반드시 지구의 어느 한 곳은 언제나 정오이며 다른 한 곳은 언제나 한밤중이어야 할 것이기 때문이다.

하지만 본성의 다양함에 의해 구분되는 것들 사이의 비율이 완전히 다르기 때문에, 작은 궤도를 그리는 것들은 큰 궤도를 그리는 것들에 비해서 좀더 빠르게 회전한다. 가장 높이 있는 행성인 토성은 30년에 걸쳐 1회전을 하는데, 지구에 의심할 바 없이 가장 가까이 있는 달은 한 달에 1회전을 완료하며, 마지막으로 지구 자체는 1주야에 1회전을 한다.

여기서 다시 이 일주운동에 관련된 문제가 등장한다. 그리고 이번에는 지구의 위치도 확실히 정해지지 않는다. 왜냐하면 그 설명은 하늘이 지구에 비해 무한대의 크기를 가지고 있다는 것 이외에는 아무것도 증명하지 않기 때문이다. 하늘이 얼마나 광대하게 뻗어 있는지는 전혀 알려져 있지 않다. 반대로 원자라 불리는, 너무나 작아서 분할이 불가능한 입자는 지각할 수 없으므로, 이들이 두 개나 그 이상의 작은 수로 모일 때 눈에 보이는 물체가 만들어지지는 않지만, 결국 눈에 보이는 크기를 형성할 만큼 많은 양으로 모일 수는 있다.

이것은 지구의 위치에 관해서도 마찬가지이다. 지구가 우주의 중심에 있지 않더라도 우주의 중심으로부터 지구까지의 거리는 특히 우주의 중심으로부터 항성구까지의 거리와 비교할 때 거의 없는 것과 마찬가지이다.

제7장 고대인들은 왜 지구가 우주의 중심에 정지해 있다고 생각했는가

그러므로 고대의 철학자들은 다른 이유들로 지구가 우주의 중심에 정지해 있다고 단언하려 했다. 주요한 원인으로 그들은 무거움과 가벼움을 내세웠다. 지구는 가장 무거운 것이므로, 무게를 가진 모든 것들은 그것을 향하려 하고, 그 중심으로 움직이려 한다.

무거운 물체는 그 고유의 성질에 의하여 모든 방향에서 지구의 표면에 수직으로 떨어지므로, 그것들이 지구의 표면에서 제지되지 않는다면 그들은 모두 중심에서 모일 것이다. 왜냐하면 구의 접면의 수선은 구의 중심을 통과하기 때문이다. 중심으로 향하는 물체들은 중심에서 정지하려고 한다. 그렇다면 지구는 더욱 더 중심에서 정지해 있을 것이다. 또한 지구는 떨어지는 물체들을 모두 받기 때문에, 그 무게로 인해 지구는 정지해 있을 것이다.

그들은 운동과 운동의 본성을 통해서 지구가 우주의 중심에 있음을 증명하려고 노력하기도 하였다. 아리스토텔레스는 단일한 물체는 단순한 운동을 하고, 단순한 운동에는 직선운동과 원운동이 있는데, 직선운동에는 위로 향하는 운동과 아래로 향하는 운동이 있다고 말했다. 그 결과 모든 단일한 운동은, 중심에 가까워지는 즉 아래로 향하는 운동이나, 중심으로부터 멀어지는 즉 위로 향하는 운동이나, 중심 주위를 도는 즉 원운동에 해당하게 된다.

무거우며 중심을 향하는 것에는 흙과 물이 있다. 반대로 가벼운 공기와 불은 중심으로부터 멀어진다. 직선운동을 이러한 네 원소에 부여하고 중심 주위로 도는 원운동을 천체에 부여하는 것이 적절한 것으로 보인다고 아리스토텔레스는 말했다.

알렉산드리아의 프톨레마이오스는, 만약 지구가 움직인다면 적어도 일주운동에 있어서는 위에서 말한 것과 반대의 결과가 필연적으로 일어날 것이라고 말했다.

왜냐하면 그에 따르면 24시간 만에 지구의 원주를 선회하는 이 운동은 매우 맹렬하여 비길 데 없이 빠를 것이고, 이 힘에 의해 갑자기 맹렬하게 소용돌이치게 되는 물체들은 절대 다시 결합될 수 없으며,

잘 결합된 물체라 할지라도 계속적으로 어떤 힘이 그들을 묶고 있지 않는 한 분산되어 버릴 것이기 때문이다. 그는 또한 만약 지구가 움직인다면, 터무니없지만, 지구는 오래전에 부서져 하늘 너머로 날아갔을 것이라고 얘기하였다.

그는 또한 만약 지구가 움직인다면 모든 생물과 모든 독립된 물체들도 그렇게 되었을 것이고, 자유낙하하는 물체는 그것이 향했던 장소에 도달할 수 없게 될 것이며, 우리는 구름과 같이 공중에 떠다니는 물체들이 언제나 서쪽으로 향하는 것을 보게 될 것이라고 말했다.

제8장 전술한 이유들의 불충분함, 그리고 반론

전술한 그리고 이와 유사한 이유들로 그들은 지구가 우주의 중심에 정지해 있으며, 이는 의심의 여지가 없는 것이라고 주장한다. 그러나 누군가가 지구가 회전한다고 생각할 때는, 그는 또한 지구의 운동이 자연스럽다고 생각하고 있는 것이다.

자연스러운 것은 무리한 것과는 다른 효과들을 산출한다. 힘이나 무리가 가해지는 것은 분해되고 오래 존속될 수 없지만, 자연스러운 운동을 하는 것들은 적절한 상태에서 최적의 구성으로 유지될 수 있다. 자연적인 회전에 의해 지구와 기타 지구 위의 모든 것들이 흩어질 것이라고 프톨레마이오스가 두려워했어야 할 이유는 없었던 것이다. 자연적인 효과는 인공 혹은 인간의 재능에 의한 효과와는 완전히 다르기 때문이다.

지구보다 크기 때문에 필연적으로 더 큰 속도로 움직여야만 하는 우주에 대해서는 그는 왜 걱정하지 않았을까? 하늘의 운동이 너무나 세차서 하늘은 그렇게 커져 버린 것일까? 그래서 만약 정지한다면 하늘은 붕괴하게 되는 것일까?

이 추론이 정당하다면, 확실히 하늘의 크기는 무한대로 확대될 것이다. 왜냐하면 운동에 의해 하늘이 위로 올라갈수록 24시간 안에 돌지 않으면 안 되는 원주는 더욱 커지게 되고, 이에 따라 운동은 더욱 빨라지기 때문이다. 또한 하늘의 크기는 운동의 증대와 함께 커질 것이다. 즉, 속도는 크기를 무한히 증가시키고, 크기는 속도를 무한히 증가시키게 된다. 그렇다면 "무한한 것은 어떤 방식으로든 움직여질 수 없다"라는 물리학 공리에 따라 하늘은 정지해야만 한다.

그들은 하늘 너머에는 물체 · 장소 · 진공 또는 그 어떤 것도 없다고 주장했는데, 그렇다면 하늘이 늘어날 장소도 없다. 이 경우 아무것도 아닌 것에 의해 무언가가 지탱될 수 있다는 것이 더 놀라운 일이다. 그러나 만약 하늘이 무한하지만 그 내부의 빈 공간에 대해서는 유한하다면, 하늘 바깥에는 아무것도 없다고 말하는 것이 그리 틀리지는 않을 것이다. 왜냐하면 어떤 크기의 것이든 하늘 안에 있게 되기 때문이다. 그러나 이 경우에도 하늘은 움직이지 않는다. 왜냐하면 우주의 유한성을 증명하는 최고의 근거는 운동이기 때문이다.

그러나 우주의 유 · 무한성에 대한 토론은 자연철학자들에게 맡기자. 적어도 우리는 지구의 양극 사이가 구면으로 한정된다는 것은 확실하게 알고 있다. 그렇다면 우리는 한계를 알지 못하고 또 알 수도 없는 우주 대신 지구에게 지구의 형태에 적합한 운동을 부여하는 것을 왜 주저해야 하는가?

또한 일주운동의 외양은 하늘에 속하지만 그것의 실체는 지구에 속한다는 것을 왜 받아들이지 않는가? 상황은 베르길리우스(Virgil)의 아이네아스(Aeneas)가 "우리는 항구 밖으로 출범한다. 그리고 육지와 도시들이 후퇴한다."라고 말한 것과 유사하다. 배가 고요하게 떠 있을 때 항해자는 외부의 모든 물체들이 움직이고, 그와 그의 주위의 물체들은 모두 정지해 있다고 생각하게 된다. 그러므로 지구가 운동하는 경우에도 반대로 전 우주가 움직이고 있다고 생각할 수도 있다.

그렇다면, 지구와 물처럼 서로 결합해서 움직이는 물체들 외에 공기 중에 있는 구름을 비롯한 기타 떠 있거나, 떨어지거나, 올라가는 물체에 대해서는 뭐라고 말해야 할까. 또 공기를 비롯한 기타의 것들은 지구와 어떠한 관계도 없는 것이라고 말할 것인가? 이러한 현상이 물체에 대한 지구의 운동이 아니라, 물체 자체의 운동에 의해 일어나는 것이라면, 흙이나 물이 혼합되어 있는 지표 근방의 공기가 지구와 같은 성질을 가지거나, 지표 근방의 공기가 지구와 같이 움직여야만 할 것이다.

위와 반대로, 공기의 가장 높은 부분은 천체의 운동을 따른다는 것은 그리스인이 '혜성' 또는 '수염 달린 별' 이라 불렀던 '갑자기 출현하는' 별이 증명한다. 왜냐하면 이 별은 공기의 그 높은 부분에서 빠르게 움직여 다른 별들과 마찬가지로 뜨고 지기 때문이다. 공기의 그 높은 부분은 지구로부터 매우 멀리 떨어져 있기 때문에 앞서 말한 지구의 운동을 함께 하지 않는다고 할 수 있을 것이다. 그러므로 지구 근방의 공기와 그 안에 떠다니는 물체는 만약 바람이나 여타 다른 힘에 의해 이리저리 움직여지지 않는다면 정지해 있는 것으로 보일 것이다. 즉, 공기 중의 바람은 바다의 조류와 같은 것이다.

지구로 떨어지거나 지구로부터 올라가는 물체에 있어서, 우리는 그 운동이 우주와 비교할 때 이중의 운동이고, 일반적으로 직선과 원이 합성된 운동이라는 것을 알고 있다. 그 무게 때문에 아래로 떨어지는 물체들에 대해서, 이는 그것을 이루고 있는 대부분의 성분이 흙이기 때문이다. 그 부분들이 전체와 같은 성질을 가지고 있다는 것은 의심의 여지가 없으며, 이는 또한 불타는 물체들이 힘을 받아 위로 향하는 것에서도 마찬가지이다. 왜냐하면 지상의 불은 지상의 물질로부터 만들어지는 것이기 때문이다. 그들은 불꽃이 빛을 내는 연기일 뿐이라 말한다. 그렇다면 그 불꽃을 팽창하게 만드는 것은 불의 속성이 된다. 그 속성은 너무나 강한 힘을 갖기 때문에 어떠한 방법이나 장치로도 그것을 막을 수는 없다. 그 팽창운동은 중심으로부터 원주로 향하므로, 만약 지구의 일부가 불붙는다면 그것은 중심으로부터 위로 올라갈 것이다.

따라서, 어떤 단일한 물체가 그 자연스러운 위치에서 개체로서 유지되는 한, 그 단일한 물체는 단일한 운동을 하게 된다. (이는 원운동에 대하여 먼저 증명되었다.) 사실, 이 장소에서의 운동이라는 것은, 완전히 그 자신 안에 머물러 마치 정지한 것처럼 보이는 원운동에 다름 아닌 것이다.

이에 반해 직선운동은 자연스러운 위치에서 멀어지거나 밀려난 물체에 부가된 운동이다. 그러나 어떤 물체가 자연스러운 위치에서 벗어나게 되면 우주의 질서와 형태에 모순된다. 따라서 직선운동은 자연적인 질서 가운데 있지 않고 그 성질에 완전히 합치되지 않아 단일성을 잃고 전체로부터 분리된 물체의 운동이다.

또한 위나 아래로 움직이는 물체들은, 원운동을 별도로 하더라도, 한결같고 동일한 단일한 운동을 하는 것이 아니다. 왜냐하면 그것들은 그 가벼움의 힘이나 무거움의 힘과 평형 상태에 있을 수 없기 때문이다. 아래로 떨어지는 것들은 처음에는 느리게 움직이나 점점 속도가 빨라진다. 반대로 지상의 불이(우리는 이 외의 것을 경험한 적이 없다.) 위로 올라가는 것을 보면 그 불은 지상의 물질의 영향을 받은 것처럼 곧 사그라든다.

원운동은 언제나 규칙적으로 움직이는데 이것은 원인이 끊임없기 때문이다. 이와 반대로 직선운동은 가속도를 잃어버리는데 이것은 물체가 그 고유의 위치에 도달하면 그들은 더 이상 무겁지도 가볍지도 않아서 운동이 끝나기 때문이다. 그래서 원운동은 전체에, 직선운동은 부분에 속하는 것이므로, 원과 직선이 함께 존재하는 것은 동물이 병을 앓고 있는 것과 같다고 말할 수 있다. 우리는 아리스토텔레스가 단일한 운동을 중심으로부터 멀어지는 운동, 중심으로 향하는 운동, 중심 주위를 도는 운동의 세 가지 유형으로 나눈 것을, 우리가 점·선·면을 구분하는—물체 혹은 서로가 없으면 존재할 수 없지만—것과 마찬가지로, 이성의 작용에 불과한 것이라 생각할 수 있다.

또한 부동의 상태는 변화와 불안정한 상태보다 고귀하고 신성하다고 생각되고 있다. 그래서 부동의 상태는 우주보다 지구에 더 적합하다는 것인데 나는 여기에 대해, 포함되고 놓여진 것, 즉 지구가 아니라, 포함하고 장소를 제공하는 것이 운동한다고 생각하는 것이 불합리하다는 것을 덧붙이고자 한다.

마지막으로, 행성이 지구에 가까워졌다 멀어졌다 하는 것은 명백하다. 지구가 행성 궤도의 중심에 있다면, 이러한 현상은 중심 주위의 하나의 운동이 중심으로 향하는 운동인 동시에 중심으로부터 멀어지는 운동이기도 하다는 것을 나타내는데, 이것은 모순이다.

그러므로 중심 주위를 도는 운동에 대해 좀더 일반적으로 생각할 필요가 있으며, 모든 운동은 각각의 중심에 관계되어 있다는 것이 그것에 대한 만족할 만한 설명이 될 것이다. 그래서 이런 모든 고찰의 결과, 지구가 움직인다는 것은 명백하다. 특히 지구의 일주운동에 관하여, 지구가 정지해 있다는 것보다 움직인다는 것이 좀더 그럴 듯하다. 이상으로 문제의 첫 번째 부분에 대해서는 충분하다고 생각한다.

제9장 여러 가지 운동이 지구로부터 발생할 수 있는가와 우주의 중심에 대하여

지구가 운동한다는 것에 모순되는 것은 아무것도 없으므로, 나는 이제 지구에 하나 이상의 움직임이 있는지를 살펴보고 지구가 행성의 하나로 간주될 수 있는지를 알아보아야 할 것이라고 생각한다.

행성들의 운동은 불규칙하게 보이고 행성과 지구 사이의 거리는 변하는데, 이것은 그들이 지구를 중심으로 한 동심원상에 있다면 일어날 수 없다. 따라서 지구가 모든 회전의 중심이 아니라는 것은 명백하다. 우주에는 많은 중심들이 있으므로, 지구의 중심이 바로 우주의 중심이라는 생각을 의심하는 것이 반드시 불합리한 것만은 아닐 것이다.

나 자신은, 중력 또는 무거움이라는 것이, 우주를 창조한 분의 신성한 섭리에 의해 우주의 일부분들이 각각 떨어지지 않고 그 단일성과 전체성을 간직하며 구체로 모일 수 있도록 각 부분들에 부여된 어떤 자연적인 욕구일 뿐이라고 생각한다.

이 성질이 태양, 달 그리고 다른 행성들에 존재하고 그들을 눈에 보이는 구체로 남아 있게 한다고 생각하여도 그리 불합리하지는 않을 것이다. 만약 지구가 그것의 중심에서 회전하는 것 외의 운동을 한다면 그 운동은 다른 천체들의 운동과 비슷할 것이다.

연주운동을 생각해 보자. 만약 태양을 움직이지 않게 하고 태양의 운동을 지구가 한다고 해도 우리는 태양이 움직일 때와 동일한 황도 12궁과 항성들의 출몰을 보게 될 것이다. 그리고 행성들의 유, 역행, 순행은 행성의 움직임이 아니라 지구의 움직임으로 만들 수 있으며, 이것들은 단지 지구의 움직임에 의한 겉보기 현상에 불과하다는 것도 알 수 있다.

결국 태양이 우주의 중심을 차지하고 있다고 여겨질 수 있을 것이다. 우리는 두 눈으로 사물을 바라볼 때에만 우주의 질서와 법칙 그리고 조화를 볼 수 있을 것이다.

제10장 천체 궤도의 질서에 관하여

나는 눈에 보이는 것 중에 별이 위치한 하늘이 가장 높다는 것을 의심하는 사람을 보지 못했다. 고대의 철학자들은 공전 궤도의 크기에 따라 행성의 순서를 정했는데, 그 이유는 유클리드가 『광학』에서 증명했듯이, 같은 속도로 움직이는 물체는 멀리 떨어져 있는 것일수록 느리게 움직이는 것처럼 보이기 때문이다.

그래서 그들은 지구에 가장 가까이 있는 달이 가장 작은 원주를 회전할 것이므로 달이 그 궤도를 가장 짧은 시간에 돈다고 생각했다. 그리고 그들은 가장 긴 원주를 가장 긴 기간에 도는 토성이 가장 높이 있고, 토성 아래에는 목성이, 목성 아래에는 화성이 있다고 생각했다.

금성과 수성에 관해서는 의견이 일치하지 않는데, 그것은 그것들의 최대 이각이 외행성들과는 달리 180°가 되지 않기 때문이다.

플라톤은 『티마에우스』(*Timaeus*)에서 금성과 수성이 태양 위에 있다고 주장했고, 프톨레마이오스와 현대의 많은 사람들은 그것들이 태양 아래 있다고 생각했다. 알페트라기우스(Alpetragius)는 금성은 태양 위에, 수성은 태양 아래 있다고 생각했다.

플라톤의 추종자들은 모든 행성들, 다시 말해 어두운 것은 태양으로부터 빛을 받아 빛난다고 생각한다. 그들은 태양과 행성의 거리가 그렇게 큰 것이 아니므로, 만약 행성이 태양 아래 있다면 초승달이나 하현달의 경우에서처럼 그 행성들이 받는 빛은 대부분 태양 쪽으로 반사되기 때문에 행성은 그 구의 절반 혹은 일부분만 보이는 것이라 생각한다. 게다가 그들은 태양이 행성들의 위치에 따라 그것에 가려 때때로 어두워질 것이고 그 정도는 행성의 크기에 비례할 것이라고 말한다. 그리고 그들은 이런 일이 결코 일어나지 않는 것처럼 보이므로 금성과 수성이 절대 태양 아래 있을 수 없다고 생각한다.

반면 금성과 수성이 태양 아래 있다고 주장하는 사람들은 그들이 알아낸 태양과 달 사이의 거리를 그 이유로 든다. 왜냐하면 그들은 지구의 반지름을 1단위라 할 때 지구와 달의 최대 거리는 64 1/6단위이고, 지구와 태양 사이의 거리는 이 거리의 18배라는 것을 발견했기 때문이다.

이 거리는 1,160단위이므로, 태양과 달 사이의 거리는 1,096단위이다. 그들은 이렇게 넓은 공간을 텅 비워 둔 채로 남겨두지 않기 위해, 지구로부터 행성까지의 최대 거리와 최소 거리의 차로 궤도의 두께를 추론하여, 이들의 합이 태양과 달 사이의 거리와 거의 비슷하다는 것을 발견했다.

이런 방식으로 달의 원지점 다음에 수성의 근지점이, 수성의 원지점 다음에 금성의 근지점이, 마지막으로 금성의 원지점이 태양의 근지점 바로 아래 위치하게 된다.

사실 그들은 수성의 원지점과 근지점 간의 거리가 약 177 1/2단위이고 나머지 공간은 금성의 근지점과 원지점 사이의 거리인 910단위에 거의 근사하다는 것을 계산해 냈다.

그들은 수성과 금성에 달과 같이 어두운 부분이 있다는 것을 인정하지 않으며, 수성과 금성은 자신의 빛으로 빛나거나 행성 전체에 태양 빛이 스며든다고 생각한다.

또한 이들은 이들 행성은 많은 경우 태양과 위도가 달라서, 이들이 태양을 가리는 것은 매우 드문 일이고, 게다가 그것들은 태양에 비해 너무나 작기 때문에 태양이 가려지는 일은 일어나지 않는다고 말한다.

알 바타니(al-Battani)는 금성이 수성보다 크기는 해도 태양의 경우 100분의 1만을 가릴 수 있는데, 이는 태양의 지름이 금성의 지름보다 열 배가 크기 때문이고, 따라서 금성이 태양을 가린다 해도 그 밝은 빛 속에서 작은 반점을 보기란 쉽지 않을 것이라고 말한 바 있다.

한편 아베로이스(Averroes)는 프톨레마이오스의 주석서에서, 그가 계산한 태양과 수성의 내합 시기에 어떤 거무스름한 것을 보았다고 말했다. 그래서 그들은 이 두 행성이 태양 궤도 아래서 움직인다고 결론지었던 것이다.

그러나 이 추론이 얼마나 불확실하고 명확하지 않은지는, 지구의 반지름이 1단위일 때 달까지의 최소 거리가 38단위임에도 불구하고 (프톨레마이오스가 이렇게 주장했지만, 좀더 정확한 계산에 의하면 49단위이다.) 이 광대한 공간에 공기 이외의 어떤 것도 없고 만약 있다 하더라도 그들이 불의 원소라 부르는 것밖에 없다는 사실로부터 명백해진다.

또한 금성이 태양과 45° 의 이각을 이루려면 금성의 주전원의 지름은 지구로부터 금성의 근지점까지의 거리의 여섯 배가 되어야만 한다. 그렇다면 그들은 지구, 공기, 에테르, 달, 수성, (만약 금성이 부동의 지구 주위를 회전한다면) 금성의 광대한 주전원을 포괄하게 될 이 공간에 무엇이 있다고 말할 것인가?

더욱이 프톨레마이오스는 180° 의 최대 이각을 가지는 행성과 그렇지 않은 행성 사이에 태양이 위치한다고 주장했는데, 이것이 설득력이 없다는 것은 달의 최대 이각이 180° 라는 사실로부터 명백하다. 또한 금성을 태양 아래 두고 수성을 그 아래 두는 사람들과 기타 다른 순서로 위치시키는 사람들은 이 행성들이 다른 행성들처럼 태양 궤도로부터 독립된 궤도를 돌지 않는 이유로 무엇을 내세울 것인가?

그러므로 필연적으로 지구가 행성들의 순서와 궤도에 관한 중심이 아님을 인정하거나, 혹은 금성과 수성의 순서에 대한 이유나, 목성이나 다른 행성이 아닌 토성이 가장 높은 행성이 되어야 하는 이유가 불분명해짐을 인정해야 할 것이다.

『백과전서』를 쓴 마르티아누스 카펠라와 다른 라틴 책의 저자들은, 금성과 수성은 태양을 중심으로 회전하고, 다른 행성들과 달리 지구를 중심으로 돌지 않고 (항성의 궤도 안에서) 교환 가능한 원지점과 근지점을 가지기 때문에 그들 궤도의 크기가 허용하는 이상의 이각을 가지지 않는다고 주장했는데, 나는 이 주장이 경멸당할 만한 것이 아니라고 생각한다.

왜냐하면 이 주장은 바로 수성과 금성 궤도의 중심이 태양이라는 것을 말하고 있기 때문이다. 수성의 궤도는 수성의 궤도보다 두 배 이상 커야만 하는 금성의 궤도 안에 둘러싸여 있을 것이고, 그 안에는 수성을 위한 충분한 공간이 있을 것이다. 그리고 토성 · 목성 · 화성도 같은 중심을 돌고, 그 궤도의 크기는 지구를 그 안에 포함하고 둘러쌀 만큼 클 것이다. 이것은 행성의 운동의 비율을 정리해 놓은 표를 통해 명백히 알 수 있다.

행성이 밤에 뜰 때, 다시 말해 행성이 태양의 반대편에 있고 지구가 태양과 행성 사이에 있을 때 지구와 행성의 거리는 최소이다. 반대로 행성이 밤에 질 때, 태양이 행성을 가릴 때, 태양이 행성과 지구 사이에 있을 때는 그 행성과 지구의 거리는 최대이다. 이 모든 것에 의해 행성들의 중심이 태양과 관계되어 있다는 것과 또한 그것이 금성과 수성의 회전의 중심과 같다는 것은 충분히 증명된다.

따라서 이 궤도들은 모두 같은 중심을 가지므로, 금성 궤도와 화성 궤도 사이의 공간은 두 궤도와 동심원을 이루는 궤도 또는 구로 보아야 하고, 이 공간에는 지구, 지구의 위성인 달 그리고 달의 회전으로 만들어지는 구에 포함된 모든 것이 들어갈 필요가 있다. 왜냐하면 절대로 달은 지구로부터 떨어지지 않고, 달은 의심할 바 없이 지구에서 가장 가까우며, 이 공간은 달이 들어갈 정도로 충분히 넓기 때문이다.

그러므로 우리는 지구의 중심과 달을 포함한 전체가 다른 행성들 사이를 지나면서 태양 주위를 1년에 1회전한다고 생각하는 것이다. 우주의 중심은 태양이며, 지구는 다른 행성들처럼 태양 주위의 거대한 궤도를 돌며 연주운동을 한다. 태양은 영원히 움직이지 않는다. 지구와 태양 사이의 거리는 항성구의 크기에 비해 너무나 작기 때문에, 태양의 운동으로 보이는 모든 것은 지구의 운동에 의한 것이다.

지구를 우주의 중심에 놓으려고 한다면 수많은 구로 이론을 혼란스럽게 만들게 되므로, 이것을 인정하는 것이 훨씬 쉽다고 생각한다. 우리는 필요 없는 여분의 것을 극도로 피하면서 하나의 물체에 여러 가지의 작용을 부여하는, 자연의 지혜를 따를 필요가 있다.

비록 이 모든 것들이 거의 인지를 초월할 정도로 어렵고 대중의 의견과는 완전히 반대될지라도, 나는 다음의 논의에서 그것들을 명쾌하게 풀어 주는 신의 도움을 통해, 적어도 수학에 무지하지 않은 사람들은 이 가설을 명확히 이해할 수 있도록 하려 한다.

만약 제1법칙이 아직도 유효하다면(왜냐하면 궤도의 크기가 시간의 크기로 측정되어야 한다는 것은 가장 적절한 법칙일 것이므로) 구들의 순서는 다음과 같을 것이다. 높은 것부터 시작하여, 가장 첫 번째의 것은 항성구이다. 이 구는 그 자신과 다른 모든 것을 포함하며, 따라서 움직이지 않는다. 사실 이 구는 우주이다.

다시 말해, 이 구는 다른 모든 별들의 운동과 위치의 기준이 되는 구이다. 항성구도 때로는 움직이는 것처럼 보이는데, 우리는 지구의 운동을 추론하는 과정에서 그런 현상의 원인을 설명할 것이다. 항성구의 아래는 토성이 첫 번째 행성으로 위치하는데, 토성은 그 궤도

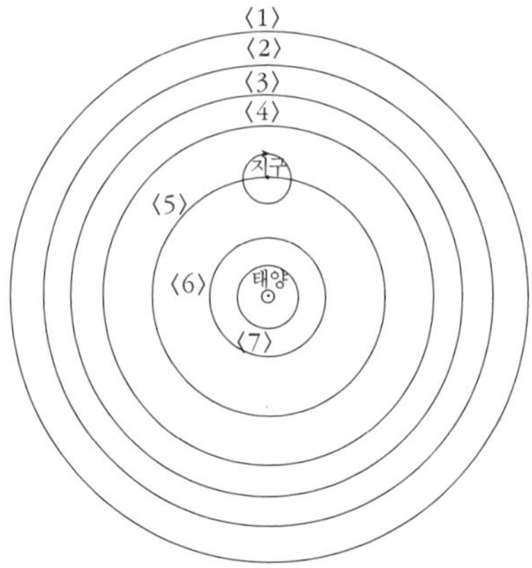

〈1〉 고정된 항성구
〈2〉 토성은 30년에 1회전을 한다.
〈3〉 목성은 12년에 1회전을 한다.
〈4〉 화성은 2년에 1회전을 한다.
〈5〉 지구와 월구는 1년에 1회전을 한다.
〈6〉 금성은 7 1/2달에 1회전을 한다.
〈7〉 수성은 88일에 1회전을 한다.

그림 2

를 30년 만에 돈다. 토성 뒤로 12년 만에 1회전을 하는 목성이 오고, 다음으로 2년마다 궤도를 도는 화성이 온다. 네 번째로는 궤도를 1년에 1회전하는 지구가 달의 궤도와 함께 포함된다. 다섯째 자리에는 7 1/2달에 1회전을 하는 금성이 있다. 마지막 여섯째 자리에는 88일에 1회전을 하는 수성이 있다. 태양은 모든 궤도의 중심에 정지해 있다 (**그림 2**).

이 아름다운 전당의 등불을 모든 것을 동시에 비출 수 있는 그 중심 말고 어느 곳에 놓을 수 있겠는가? 어떤 이들은 태양을 초롱, 어떤 이들은 우주의 마음, 또 어떤 이들은 우주의 지도자라 불렀는데, 이는 결코 부적절하지 않다. 트리스메기스투스(Trismegistus)[7]는 태양을 '보이는 신' 이라 불렀고, 소포클레스(Sophocles)는 『엘렉트라』(*Electra*)에서 태양을 '모든 것을 응시하는 자' 라 불렀다.

태양은 왕좌에 앉아 주위를 회전하는 별들의 가족을 다스린다. 지구는 달의 봉사를 받을 것이며, 아리스토텔레스가 『동물지』에서 말했듯이, 달과 가장 가까운 사이를 유지할 것이다. 거기에다 지구는 언제나 태양의 양분을 공급받을 것이다.

그러므로 우리는 이 놀랄 만한 질서 가운데, 우주의 조화와 모든 구의 운동과 크기의 어떤 관계를 발견할 수 있고, 그것은 다른 방법으로는 결코 발견할 수 없는 것이다.

왜냐하면 이제 주의 깊은 관찰자라면 왜 목성의 순행과 역행은 토성보다는 크고 화성보다는 작게 보이는지, 어째서 금성의 순행과 역행이 수성보다 크게 보이는지, 어째서 이런 왕복운동이 목성보다 토성에서 더 자주 일어나고 또 왜 화성과 금성보다 수성에서 더 자주 일어나는지, 또한 어째서 토성 · 목성 · 화성이 평균 태양과 충(衝)의 자리에 있을 때에 태양에 가려지거나 태양으로부터 나타날 때보다 지구에 더 가까운지, 또 특별히 어째서 화성이 태양 반대편에 있을 때는 그 크기가 목성과 비슷하여 목성과 화성을 단지 화성의 붉은색으로만 구분할 수 있지만, 다른 때에는 육분의(六分儀)로 주의 깊게 관찰해야만 화성을 발견할 수 있는지, 또 어째서 그때 화성의 크기는 이등성과 비슷한지를 알 수 있게 될 것이기 때문이다. 이 모든 것은 동일한 이유로 생기는 것이고, 그 이유는 지구의 운동이다 (그림 3).

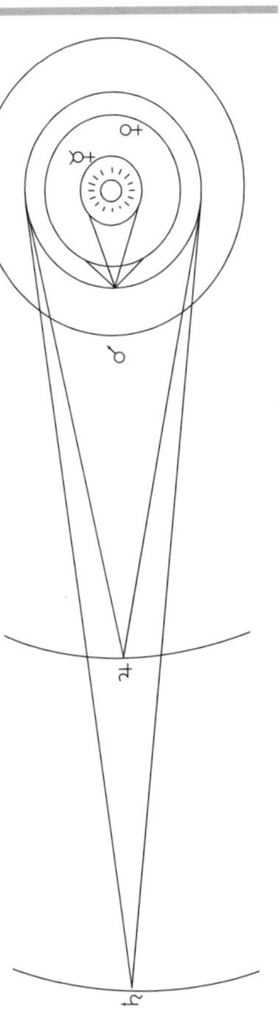
그림 3

이와 반대로 항성에는 이런 현상이 없다는 것은 그들이 한없이 멀리 떨어져 있다는 것을 증명한다. 그렇게 멀리 떨어져 있으므로 항성의 연주운동은 우리가 감지할 수 없는 것이다. 왜냐하면 광학에서 증명된 바와 같이, 어떤 물체든 어떤 거리 이상 멀어지면 눈에 보이지 않게 되기 때문이다. 항성의 빛이 찬란한 것으로부터 행성 중 가장 높이 있는 토성과 항성구 사이에 매우 큰 거리가 있음을 알 수 있다. 항성과 행성을 구분하는 것은 바로 이러한 특징이다. 움직이는 것과 움직이지 않는 것 사이에는 큰 차이가 있는 것이 당연하지 않은가. 가장 위대한 창조자의 작품은 얼마나 장엄하고 훌륭한가!

제11장 지구의 세 가지 운동의 증명

지구가 움직인다는 것을 증명하는 행성의 운동은 너무나 많다. 따라서 우리는 이제 가설로서 인정된 그것의 운동으로, 명백하게 설명할 수 있는 데까지 지구의 운동을 설명해 볼 것이다.

일반적으로 세 가지 운동을 인정해야 한다.

첫 번째는 지구의 자전이다. 이는 그리스인들이 '니흐씨메리노스(νυχθ ημερινοξ : day and night)'라고 불렀던 낮과 밤의 순회를 정하는 일주운동이다. 지구는 축 주위를 서에서 동으로 돌아 주야 평분선을 그리며, 이 운동에 의해 우주는 동에서 서로 도는 것처럼 보인다.

두 번째는 지구의 중심이 1년 동안 움직이는 운동이다. 지구는 이 운동에 의해 황도 12궁을 따라 서에서 동으로 원을 그린다. 다시 말해 양자리에서 황소자리로 움직이는 것과 같이 계속 다음 궁으로 이동한다.

또한 지구는 이 운동을 하면서 금성과 화성 사이를 통과한다. 이 운동을 지구에서 태양을 보면 태양은 실제로 지구가 움직이는 것과는 반대의 방향으로 황도를 따라 움직이는 것처럼 보인다.

예를 들면, 지구의 중심이 염소자리를 지날 때 지구에서 태양을 보면 태양은 게자리를 지나는 것처럼 보이며, 지구가 물병자리를 지날 때 태양은 사자자리를 지나는 것처럼 보이게 된다.

지구의 적도와 축은 황도와 그 면에 대해 변화하는 기울기를 가지고 있음을 알아야 한다. 만약 이 각들이 고정되어 있다면, 주야의 부등(不等)은 없을 것이고, 지구의 모든 지역에서는 언제나 하지나 동지, 여름이나 겨울, 또는 1년 중 어느 한 때만이 계속될 것이다.

세 번째 운동은 적위의 운동이다. 이것도 역시 1년을 주기로 하는 운동이지만 운동의 방향은 두 번째 운동과 반대이다. 즉, 더 앞의 궁으로, 서쪽으로 그리고 지구 중심의 운동에 반대 방향으로 움직이는 운동이다.

거의 동일하면서 방향만 반대인 이 두 운동의 결과로 지구의 축과 적도는 마치 움직이지 않는 것처럼 보이게 되어 언제나 우주의 동일한 부분으로 향하게 된다.

그러나 지구의 운동에 의해, 우리는 지구의 중심이 우주의 중심인 것인 양, 태양이 황도상에서 비스듬히 움직이는 것을 보게 된다. 이것은 태양과 지구의 거리가 항성구에 비해서는 무한히 작다는 것을 생각한다면 어떠한 혼란도 발생시키지 않는다.

이것들은 그림으로 그려 설명하기로 하자 **(그림 4)**.

황도면에 지구의 연주운동 궤도인 원 ABCD를 그리고, 그 중심 E를 태양이라 하자. 나는 지금 AEC와 BED를 그려 이 원을 네 부분으로 나눌 것이다. 점 A를 게자리의, 점 B를 천칭

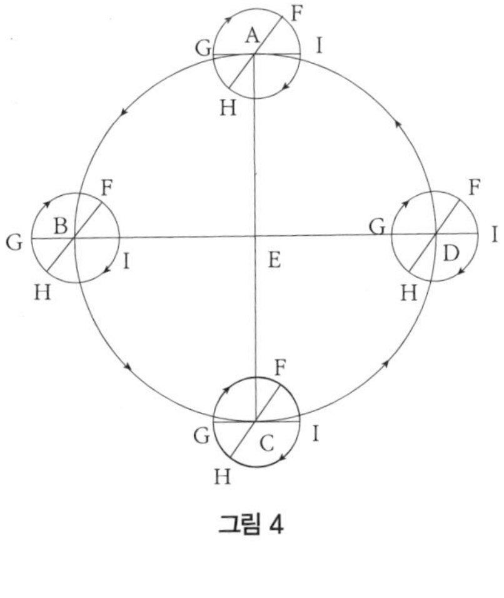

그림 4

자리의, 점 E를 염소자리의, 그리고 점 D를 양자리의 시작점이라 하자.

이제 지구의 중심을 A에 놓고 그 주위로 적도 FGHI를 그리는데, 황도와 같은 면이 아니면서 지름 GAI가 적도와 황도의 교선이 되도록 하자. 그리고 F를 적도의 남쪽 최대 경사의 한계로 하고 H를 북쪽 최대 경사의 한계로 하자.

이렇게 놓으면 지구에 사는 사람에게는 E에 있는 태양이 염소자리에 있는 하지점에 있는 것으로 보일 것인데, 이렇게 보이는 이유는 H가 태양을 향해 있기 때문이다.

직선 AE에 대해 적도가 기울어져 있기 때문에, 태양은 일주운동 동안 적도로부터 각 EAH만큼 떨어진 동지선(남회귀선) 위를 움직인다. 이제 지구의 중심이 서에서 동으로 나아가고, 같은 시간에 경사의 한계 F가 동에서 서로 나아가서 모두 B에 도달하면, 두 점은 각각의 원의 4분의 1씩을 그리게 된다. 한편, 운동은 한결같기 때문에 각 EAI는 항상 각 AEB와 같고, 직경 FAH와 GAI는 언제나 직경 FBH와 GBI에 평행이고, 적도는 원래대로이다.

앞서 말한 이유들 때문에 이 평행선들은 무한한 하늘 가운데서는 완전히 동일하게 보인다. 따라서 천칭자리의 시작점인 B에서는, E가 양자리에 있는 것으로 보일 것이다. 일주운동이 직선 GBIE와 경사가 없고 오직 그 선의 양쪽 어느 한쪽에만 있다는 것을 생각하면 적도와 황도의 교선은 직선 GBIE와 일치하게 된다. 그리하여 태양은 춘분점에서 보이는 것이다. 지구의 중심이 진행을 계속하여, 반원을 돌아 C에 오면, 태양은 게자리에서 보일 것이다. 이제는 적도의 남쪽 최대 경사점 F가 태양을 향해 있으므로, 태양은 각 ECF의 경사를 가진 하지선(북회귀선)에서 움직이게 된다. F가 제3 상한으로 들어가면 교선 GI는 직선 ED에 일치하게 되고, 이때 태양은 천칭자리에 있는 추분

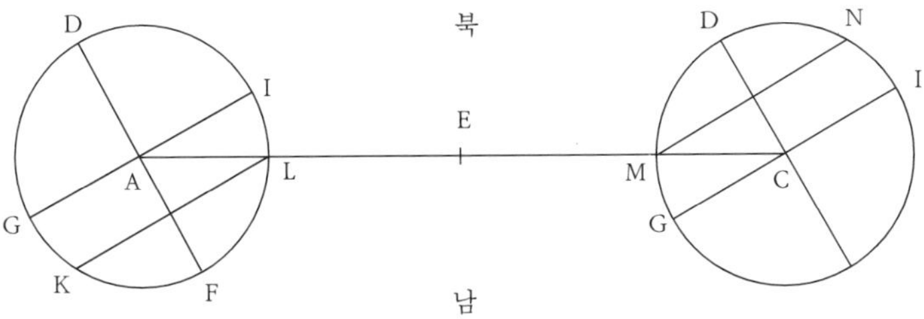

그림 5

점에 도달한다. 같은 운동을 계속하여 HF가 점차 태양 쪽으로 향하면, 최초의 출발 위치로 돌아온다.

또 다른 증명은 다음과 같다. 마찬가지로 AEC를 황도의 직경으로 놓자. 이것은 황도면에 수직인 원과 황도면의 교선이다(**그림 5**).

이 원에서 A와 C의 주위에, 다시 말해 게자리와 염소자리의 주위에 지구의 양축을 지나가는 자오선 DGFI를 그리자. 그리고 지구의 축을 DF, 북극을 D, 남극을 F, 적도의 지름을 GI로 잡자.

점 F가 점 E에 있는 태양을 향하고 적도가 각 IAE에 대해 북쪽으로 기울고 있을 때, 지구의 자전은 직경 KL과 LI만큼 떨어지고 적도에 평행한 원을 남반구에 그릴 것이다. 이 원은 남회귀선이다.

좀더 정확히 말해 지구의 자전에 의해 지구의 지름은 원뿔면을 그리게 되고, 이때 이 원뿔의 정점은 지구의 중심이고 그 밑변은 적도에 평행하게 그려진 원이다. 반대 지점인 점 C에서도 마찬가지의 일이 일어나지만, 그 방향은 반대가 된다.

이것에 의해 서로 반대 방향으로 움직이는 두 가지 운동이 지구의 축을 어떻게 같은 방향으로 고정시키는지, 또 어떻게 그들이 모든 것을 태양의 움직임처럼 보이게 하는지는 이제 명백하다.

이제 우리는 지구 중심과 경사의 연주운동이 '거의' 같다고 말했는데, 왜냐하면 만약 그들이 정확하게 같다면 분점들과 지점들, 항성구에 대한 황도경사는 변하지 않을 것이기 때문이다. 그러나 그 차이는 아주 작기 때문에, 시간이 갈수록 커지지 않는다면 드러나지 않는다.

사실 프톨레마이오스의 시대로부터 우리 시대에 이르기까지 약 21°의 분점들과 지점들의 세차운동이 있었다. 이런 이유로 어떤 사람들은 항성구가 움직인다고 믿었고, 그래서 그들은 아홉 번째 천구를 고안했다.

이것이 충분하지 않자 현대인들은 열 번째를 덧붙였지만, 그들의 이론은 우리가 지구의 운동을 가정하여 얻은 것과 같은 결과를 얻지는 못했다. 우리는 다른 운동을 증명하는 데 있어, 이 지구의 운동을 원리와 가설로 이용하고자 한다.

〔후략〕

갈릴레오

대 화

(1632)

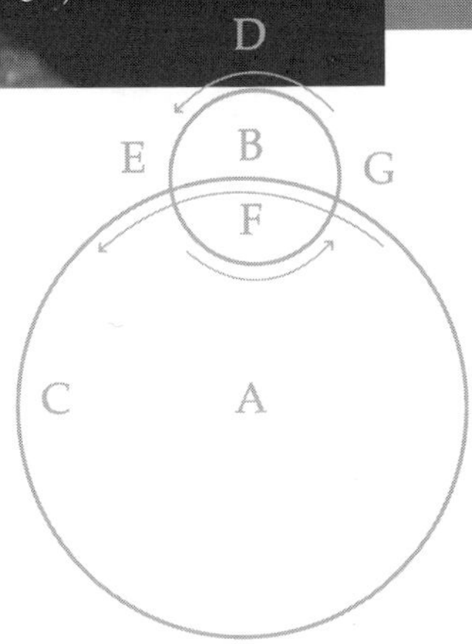

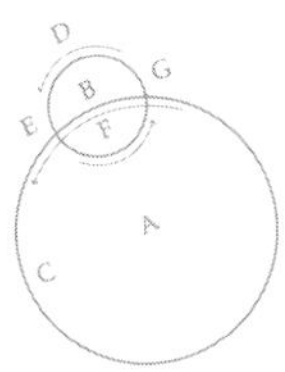

『**대화**』의 '혁명성'은 자연을 수학화하는 전통을 수립했다는 데에 있었다. 갈릴레오는 기하학을 사용해서 경사면 운동을 기술했고, 저항이 없는 표면에서의 운동과 같은 이상적 · 수학적 공간을 상정해서 관성의 운동을 설명했다. 그는 이러한 설명을 토대로 코페르니쿠스의 천문학이 던졌던 역학적 문제들을 하나씩 설명했는데, 자연을 추상화하고 수학화하는 근대 물리학의 전통은 이 『대화』로부터 시작했다.

1632년 초에 출판된 갈릴레오(Galileo Galilei, 1564-1642)의 『대화』는 몇 달이 되지 않아 '불온서적'의 혐의를 받고 '금서' 목록에 포함되었다. 다음해인 1633년, 갈릴레오는 종교재판에 회부되었고 "심각한 이단의 혐의"라는 유죄를 선고받은 뒤에 종신 가택연금에 처해졌다.

갈릴레오는 오래전인 1597년에 천문학자 케플러에게 보낸 편지에서 지구를 움직이지 않는 우주의 중심이라고 본 아리스토텔레스-프톨레마이오스의 천동설이 바다의 조수(潮水) 현상을 설명할 수 없기 때문에 자신은 오랫동안 코페르니쿠스 이론을 신봉해 왔다고 썼다. 1610년에 갈릴레오는 망원경을 통해서 태양의 흑점, 달의 울퉁불퉁한 표면, 금성의 차고 기욺, 목성의 네 개의 위성을 관찰했고, 이러한 천체 현상이 코페르니쿠스의 우주론을 지지한다는 주장을 담은 책(*Sidereus Nuncius* - 별의 메신저)을 출판했다. 계속해서 코페르니쿠스의 이론을 옹호하고 설파하던 갈릴레오는 이 이론이 이단이라는 벨라르민(Bellarmine) 추기경의 경고를 받고, 1616년에 더 이상 코페르니쿠스의 지동설을 논의하거나 옹호하지 않겠다고 서약을 했다. 그렇지만 그의 친구이자 후원자인 바르베리니(Barberini) 추기경이 1623년에 교황 우르반(Urban) 8세로 즉위한 뒤에 갈릴레오는 교황을 설득해서 코페르니쿠스 체계와 아리스토텔레스 체계의 장단점을 모두 비교하는 책을 쓸 수 있도록 허락을 얻어냈다.

갈릴레오는 이 책을 『조수에 관한 대화』라고 불렀고, 5년 동안의 집필 과정을 거쳐서 1630년에 원고를 완성했다. 갈릴레오가 검열을 위해 교황청에 제출한 원고의 제목도 『밀물과 썰물에 관한 대화』였다. 하지만 제목에 '조수'를 허용하면 이것이 마치 갈릴레오의 조수 이론을 인정하는 셈이 된다고 생각한 검열관은 제목에서 조수라는 단어를 삭제하라고 명했다. 결과적으로 이 책은 『프톨레마이오스-코페르니쿠스 두 개의 주요 우주 체계에 대한 대화』(*Dialogo di Galileo Galilei sopra i due Massimi Sistemi del Mondo Tolemaico e Copernicaon*)라는 긴 제목으로 1632년 2월에 피렌체에서 출판되었다.

『대화』는 두 명의 철학자와 한 명의 지적인 시민이 코페르니쿠스의 체계와 아리스토텔레스-프톨레마이오스 체계에 대해서 4일 동안 토론하는 형식으로 되어 있다. 코페르니쿠스의 체계를 옹호하는 철학자는 살비아티(Salviati)이며, 아리스토텔레스주의 철학자는 심플리치오(Simplicio), 사회를 보는 중립적인 입장의 시민은 사그레도(Sagredo)였다. 살비아티와 사그레도라는 이름은 갈릴레오의 친구들의 이름을 따서 붙였으며, 심플리치오는 6세기에 살았던 아리스토텔레스주의 철학자의 이름에서 연유했다.

『대화』는 네 장으로 구성되었다. 첫 장인 '첫날'에서는 지구와 천체들, 망원경으로 관측한 달의 생김새와 같이 천문학적 현상에 대해서 애기하고 있으며, '둘째 날'에서는 지구의 자전을, '셋째 날'에서는 지구의 공전을 논의하며, 마지막인 '넷째 날'은 갈릴레오가 가장 핵심적이라고 보았던 조수 현상을 다루었다. 이 책은 대놓고 코페르니쿠스의 정당성을 주장하지는 않았다. 갈릴레오는 코페르니쿠스의 체계를 수학적인 가설로서 취급하겠다고 약속했으며, 서문에서 이를 다시 한번 강조했다. 또 주인공 세 사람은 각각 코페르니쿠스, 프톨레마이오스, 중립의 입장을 취하면서 균형을 잡고 있었다.

그렇지만 책의 내용의 전개는 이런 겉모습과 판이하게 달랐다. 책을 읽은 독자들은 『대화』가 코페르니쿠스주의를 옹호하고 있다는 것을 쉽게 알 수 있을 뿐만 아니라, 이 책의 주장에 고개가 끄덕여질 정도로 갈릴레오는 확실히 한쪽 편을 들고 있었다. 살비아티는 매우 설득력 있게 심플리치오의 주장을 조목조목 비판하며, 중립을 지켜야 하는 사그레도도 시간이 갈수록 살비아티에 가세하는 경향을 보였다. 게다가 당시의 보통 학술서가 라틴어로 집필된 데 반해 『대화』는 이탈리아어로 집필되었으며, 쉽고 재미있게 서술되었기 때문에 일반인들에게도 큰 인기를 끌었다.

여기에도 조금 번역되었지만, 지구의 공전과 자전 운동의 중합으로 밀물과 썰물을 설명하려 했던 갈릴레오의 조수 이론은 그가 『대화』 중에서 가장 중요하고 독창적이라고 생각한 부분이다. 갈릴레오에게 이것은 지구의 운동을 증명하는 결정적인 증거였다. 그렇지만 갈릴레오의 조수 이론은 열두 시간마다 밀물과 썰물이 반복된다고 예측했지만 실제로는 이 주기가 여섯 시간이라는 심각한 문제를 안고 있었다. 갈릴레오가 가장 중요하다고 생각했던 그의 조수 이론은 이후에 뉴턴의 중력 이론으로 대치되었다.

『대화』의 '혁명성'은 조수 이론이 아니라 자연을 수학화하는 전통을 수립했다는 데에 있었다. 갈릴레오는 기하학을 사용해서 경사면 운동을 기술했고, 저항이 없는 표면에서의 운동과 같은 이상적 · 수학적 공간을 상정해서 관성의 운동을 설명했다. 그는 이러한 설명을 토대로 코페르니쿠스의 천문학이 던졌던 역학적 문제들을 하나씩 설명했는데, 자연을 추상화하고 수학화하는 근대 물리학의 전통은 이 『대화』로부터 시작했다.

국내 번역본은 이무현 역, 『그래도 지구는 돈다 - 천동설과 지동설, 두 체계에 관한 대화』(상 · 하)(교우사, 1997)가 있다. 여기 수록된 번역은 국내 번역본을 기초로 Stillman Drake가 번역한 *Dialogue Concerning the Two Chief World Systems, Ptolemaic & Copernican* (University of California Press, 1953)과의 대조 · 교열을 거쳤다.

대 화

둘째 날

〔전략〕

심플리치오 하지만 지구가 움직이면 수천 가지 문제가 생기는데?

살비아티 그 문제들은 깊이 생각하면 다 사라져. 우선 처음으로 그리고 가장 일반적인 이유는 지구가 회전하는 것이 우주의 다른 부분들이 회전한다는 것보다 더 가능성이 있다는 것이지. 그렇다고 해서, 이것이 어겨서는 안 되는 법칙이라고 강요하는 것은 아니야. 나는 다만 그럴 듯하다고 제시했을 뿐이야. 왜냐하면 이것이 틀렸음을 보여주는 하나의 실험이나 확실한 증명이 이런 이론들이나 많은 다른 논증들을 모두 엎어버리기에 충분하거든. 그러니 토론을 여기서 멈추어서는 안 되지. 심플리치오의 반론을 들어보세. 그가 반대 입장에서 어떤 가능성들과 주장을 제시하는지 보세.

심플리치오 우선 이 모든 것들을 고려해 일반적인 사항을 이야기하고, 그 다음에 하나하나 특정한 부분들을 살펴보겠네. 내가 보기에, 살비아티의 주장은 어떻게 해야 쉽고 간단하게 같은 결과를 낳을 수 있느냐에 기반을 두고 있어. 자네는 인과관계에 따라 지구만 움직이는 것이 지구를 제외한 우주 전부를 움직이는 것과 같고, 움직임의 관점에서, 지구를 움직이는 편이 나머지 우주 전부를 움직이는 것보다 쉽다고 이야기했지. 이것에 대해 나는 다음과 같이 생각하네. 우리가 우리의 힘을 생각하면 유한하고 아주 약해. 하지만 무한한 조물주의 힘을 생각해 볼 때, 우주를 움직이는 것은 지구를 움직이는 것과 마찬가지로, 또는 밀짚을 움직이듯이 쉬운 일이야. 힘이 무한하다면 많은 힘을 쓰지 무엇 때문에 작은 힘을 쓰겠어? 따라서 내가 보기에 이런 일반적인 논리는 설득력이 없어.

살비아티 조물주의 힘이 부족해 우주를 못 움직인다고 내가 말한 것처럼 여겼다면 그건 오해를 한 거야. 자네 덕분에 오해를 바로잡을 수 있게 되었군. 힘이 무한하다면 수만 개의 물체를 움직이는 게 한 물체를 움직이는 것만큼 쉽다는 것을 나도 인정하네. 내가 말한 것은 절대자에 대한 것이 아니라 움직이는 물체들에 대한 것이었네. 지구의 저항이 우주의 저항보다 더 적을 게 확실하지. 그러나 나는 물체들의 저항뿐만 아니라 여러 사항들을 고려해서 한 말이야.

그 다음, 자네는 무한한 힘에서 큰 부분을 쓰는 것이 작은 부분을 쓰는 것보다 낫다고 했지. 무한대에서 두 부분을 골랐을 때 두 부분이 모두 유한하다면, 어느 한 부분이 다른 부분보다 더 크다고 말할 수 없어. 무한히 많은 수에서 10만 개의 수를 골라도 그게 두 개의 수보다 더 큰 부분을 차지하는 것은 아니거든. 비록 10만 개는 두 개보다 5만 배 더 크지만 말이야. 만약 우주를 움직이는 데 유한한 힘이 필요하다면, 비록 이 힘이 지구 하나를 움직이는 데 필요한 힘보다 훨씬 크다 하더라도, 무한한 힘에서 더 큰 부분을 쓴 게 아니고, 쓰지 않고 남은 힘이 무한대보다 작아지는 것도 아니야. 그러니까 어떤 현상을 위해 큰 힘을 쓰든, 작은 힘을 쓰든 아무런 상관이 없어. 게다가 그렇게 힘을 쓴다면 그 목적이 아마 일주운동을 위해서만은 아닐 거야. 우주에는 우리가 아는 것만 해도 여러 종류의 운동이 있고, 우리가 모르는 것도 아마 많이 있을 테니까.

그러니 지구를 움직이는 것과 우주를 움직이는 것 중 어느 편이 더 간단하고 쉬운가 하는 얘기는 그만두고, 움직이는 물체들에게 신경을 쓰도록 하세. 지구가 움직인다고 하면 온갖 것들이 간단해지고 편리해지거든. 이것을 보면, 일주운동이 지구를 제외한 나머지 우주 전부에 속하는 것보다 지구운동에만 속하는 것이 훨씬 더 옳아 보여. 이것은 "간단하게 해서 마찬가지 결과가 나오면 복잡하게 할 필요가 없다"는 아리스토텔레스의 참된 격언이 뒷받침해 주네.

심플리치오 자네는 격언을 인용하면서 지금 우리가 다루는 목적을 의미하는 가장 중요한 낱말 하나를 빠트렸군. 아리스토텔레스는 "마찬가지로 좋은"이라고 말했어. 그러니까 두 개의 가설들이 모든 면에서 동등하게 좋은 결과를 낳는지 확인해야 하네.

살비아티 두 가지 이론이 동등하게 좋은 결과를 낳는지 여부는 그것들이 만족시켜야 하는 현상들을 자세하게 검토하면 알 수 있어. 우리는 처음부터 지금까지, 그리고 앞으로도 계속, 두 이론이 실제로 나타나는 현상을 모두 만족하는지 여부를 따져볼 거야. 내가 고의로 빠트렸다고 주장하는 그 낱말은 자네가 쓸데없이 덧붙인 거야. "마찬가지로 좋은"이라는 말은 어떤 관계를 뜻하고, 따라서 적어도 두 개의 사항이 있어야지. 하나만 갖고 자신과의 관계를 생각하는 것은 이상한 것이니까. 예를 들어 조용한 것이 조용한 것과 마찬가지로 좋다고 말할 수는 없어. 그러니까 "간단하게 해서 마찬가지 결과가 나오면 복잡하게 할 필요가 없다."라는 말은 그 결과가 완전히 같은 것이며, 두 가지가 서로 다른 결과가 나오는 것이 아니지. 한 가지 일을 가지고 그걸 자신과 비교하며 마찬가지로 좋다고 말하는 것은 이상한 것이고, 결국 "마찬가지로 좋은"이라는 말은 중복이야.

사그레도 자네들, 어제처럼 헤매고 싶은가? 주제에서 벗어나지 말게. 심플리치오, 이 새로운 우주 질서가 옳지 않음을 보여 주는 증거나 보기를 보여 주게나.

심플리치오 이 이론은 새로운 게 아니야. 아주 오랜 옛날부터 있었지.

그런데 아리스토텔레스가 이것이 틀렸음을 보였고, 다음이 그가 논박한 내용이야.

"첫째, 지구가 중심에 놓여 있어서 혼자 돌든, 또는 중심에서 떨어져 있어서 원을 그리며 돌든, 그것은 자연스런 운동이 아니기 때문에 어떤 힘에 의해서 움직이는 것이다. 만약에 그것이 자연스러운 운동이라면, 지구를 구성하는 물질들도 그런 성질을 가질 것이다. 그러나 지구를 구성하는 물질들은 중심을 향해 직선으로 떨어지는 성질만을 가진다. 어떤 힘에 의해 움직이는 것은 비자연적인 현상이고, 따라서 영원히 계속될 수가 없다. 하지만 우주의 질서는 영원하며, 그러므로…….

둘째, 움직이는 바깥 천구를 제외한 천체들 중에서 도는 것들은 모두 약간씩 뒤로 처지며, 하나 이상의 운동을 한다. 지구 또한 두 가지 운동을 가질 필요가 있을 것이다. 만약 지구가 움직인다면, 하늘에 고정되어 있는 별들의 위치가 달라져야 한다. 하지만 그런 현상은 관측할 수 없다. 별들은 아무런 변화 없이 같은 위치에 있으면서 뜨고 진다.

셋째, 부분이든 전체이든 자연스런 운동은 우주의 중심을 향한다. 그래서 우주 중심에 있다면 움직이지 않고 거기에 머무른다."

그리고 아리스토텔레스는 물체들이 우주의 중심을 향해서 움직이려고 하는지, 아니면 지구의 중심을 향해서 움직이려고 하는지에 대해 설명한다네. 아리스토텔레스가 내린 결론은, 물체들은 우주의 중심을 향한다는 것이지. 그런데 마침 지구가 우주 중심에 있으니까, 지구 중심을 향해서 움직이는 것이 되는 거지. 이 문제는 어제 우리들이 길게 다루었던 것이야.

끝으로, 아리스토텔레스는 실험을 통해서 자신의 네 번째 주장을 확증하고 있어. 무거운 물체를 높은 곳에서 떨어트리면 수직으로 땅에 떨어지지. 마찬가지로, 똑바로 위로 던진 물체는 같은 수직선을 따라 내려오게 돼. 아무리 높이 던져도 말이야. 지구 중심은 움직이지 않으면서 떨어지는 물체를 기다려 받고, 물체는 지구 중심으로 향하는데, 이러한 증거들이 앞의 주장들을 뒷받침해 주지.

그리고 그는 마지막 부분에서, 천문학자들이 다른 이유들을 써서 같은 결론을 확인했다고 말하고 있어. 지구가 우주의 중심에 있고 움직이지 않는다는 결론 말이지. 그 이유들 중 하나는, 별들의 움직임 속에서 보이는 모든 현상들이 다른 경우에는 있을 수 없는 방식으로 지구의 중심과 대응한다는 것이지. 프톨레마이오스와 다른 천문학자들은 다른 증거들도 발견했지. 자네가 원한다면 자네가 아리스토텔레스의 주장에 대해 대답한 후에 내가 다른 증거들을 주겠네.

살비아티 증거로 제시한 것들은 두 종류로 나눌 수 있군. 하나는 별들과 관계없이 지구에서 일어나는 일이고, 다른 하나는 별들의 모습을 관찰한 데서 나온 것들이야. 아리스토텔레스의 주장은 대부분 우리 주위에서 일어나는 일들에서 유추한 것인데, 그는 나머지 부분을 다른 천문학자들에게 남겨 두었지. 자네가 동의한다면 우선 지구에서 실험한 것들에 대해 토론하고, 그 다음에 천체의 관측에서 나온 것들을 다루려고 해. 프톨레마이오스, 티코를 비롯한 많은 천문학자와 철학자들이 아리스토텔레스의 주장을 받아들이고, 확인하고, 지지했을 뿐만 아니라 그들도 그런 종류의 증거들을 제시했기 때문에, 이것들을 모두 한꺼번에 다루어서 비슷한 말을 두 번 하지 않도록 하세. 심플리치오, 자네가 원하면 이것들을 제시해 보게. 그런데 만약 부담이 된다면 내가 설명하겠네.

심플리치오 자네가 대신 제시하는 것이 낫겠네. 그러면서 더 공부가 되고, 많은 증거들을 더 잘 알게 될 거니까.

살비아티 사람들이 가장 유력한 증거로 제시하는 것은, 무거운 물체가 높은 곳에서 떨어질 때 수직으로 땅에 떨어진다는 사실이야. 사람들은 이 현상이 지구가 움직이지 않음을 의심할 여지 없이 증명한다고 간주하지. 만약에 지구가 매일 한 바퀴씩 돈다면, 높은 탑 꼭대기에서 돌을 떨어트렸을 때 그 탑은 지구와 같이 움직일 테니까 돌이 떨어지는 동안 동쪽으로 수백 보 거리를 갔을 거구, 돌은 탑 밑바닥에서 상당히 먼 곳에 떨어지게 된다고 보니까.

다른 실험도 이 현상을 뒷받침한다고 하네. 배가 가만히 있으면 돛대 꼭대기에서 납공을 떨어트렸을 때 그 납공은 돛대 밑부분에서 아주 가까운 곳에 떨어지게 되는데, 배가 움직일 때 납공을 꼭대기에서 떨어트리면, 공은 지구 중심을 향해서 움직이려는 자연스러운 경향이 있기 때문에 납공은 자신이 떨어지는 시간 동안 배가 움직인 거리만큼 먼 곳에 떨어지게 된다는 거야.

이 현상은 또 어떤 물체를 매우 높이 똑바로 위로 던지는 실험을 통해서 뒷받침할 수 있다고 하지. 대포를 수직으로 세우고 쏴 보면 되겠지. 포탄이 올라갔다 내려오는 데 시간이 상당히 걸리니까. 지구가 움직이면 우리가 있는 위도에서는 대포와 우리들이 지구와 같이 동쪽으로 수십 리 움직일 거고, 포탄은 대포 근처에 떨어지지 않고 지구가 앞으로 간 만큼 서쪽에 멀찍이 뒤져 떨어지겠지.

또 다른 효과적인 실험 방법은 대포를 수평으로 조준하여 동쪽으로 쏘고, 그와 똑같은 대포를 같은 양의 화약을 채워 서쪽으로 쏴 보는 거야. 지구가 움직이면 서쪽으로 쏜 게 동쪽으로 쏜 것보다 훨씬 더 멀리 날아가야 한다고 하지. 왜냐하면 포탄을 서쪽으로 쏘면 지구에 의해 움직여진 대포는 동쪽으로 이동하고, 포탄이 떨어진 지점의 거리를 대포에서부터 재면 그 거리는 두 운동—포탄 자신이 서쪽으로 움직인 것과 대포가 지구운동 때문에 동쪽으로 간 것—의 결과를 합친 것이기 때문이지. 반대로, 동쪽으로 쏜 포탄이 날아간 거리는 포탄이 움직인 거리에서 대포가 움직인 거리를 뺀 것이 되지. 예를 들어,

포탄이 10리 날아가는데, 그때 걸리는 시간 동안 이 위도에서 지구가 5리 움직인다고 가정해 봐. 사람들은 이 경우 서쪽으로 쏜 포탄은 대포에서 15리 거리인 곳에 떨어진다고 보지. 자신이 서쪽으로 10리를 갔고, 대포는 동쪽으로 5리를 갔으니까. 하지만 동쪽으로 쏜 경우, 포탄은 포탄이 움직인 거리 10리에서 대포가 같은 방향으로 움직인 거리 5리를 뺀 5리 거리에 떨어지게 되고. 그러나 실제로 이 실험을 해 보면, 이 둘은 같은 거리만큼 날아가지. 따라서 대포는 움직이지 않았고, 지구도 움직이지 않는다는 것이지.

대포를 남쪽이나 북쪽으로 쏴 봐도 지구가 움직이지 않음을 확인할 수 있어. 만약 지구가 움직인다면 포탄이 처음 겨냥한 목표물에 맞지 않고 서쪽으로 빗나가겠지. 왜냐하면 포탄이 공중을 날아가는 동안, 지구가 움직이면서 목표물도 동쪽으로 움직이니까. 남북으로 쏘는 경우는 물론 동서로 쏘는 경우에도 목표물을 맞추기가 힘들 거야. 수평으로 조준해 쏘더라도 동쪽으로 쏜 것은 높이 올라가고, 서쪽으로 쏜 것은 낮게 내려갈 테니까. 두 경우 모두 포탄은 접하는 직선, 즉 지평선을 따라서 날아가고, 지구가 실제로 자전운동을 한다면(이 운동에 의해 별들이 동쪽에서 뜨고 서쪽으로 지게 된다), 지평선은 동쪽에서는 아래로 내려가고 서쪽에서는 위로 올라가기 때문에, 동쪽에 있는 표적은 아래로 내려가 포탄이 위로 지나가게 되고, 서쪽에 있는 표적은 위로 올라가니까 포탄이 아래쪽에 떨어지게 되지. 그러니 어떤 방향으로 쏘든 정확하게 맞출 수가 없네. 하지만 실제로 실험을 해 보면 그렇지가 않거든. 그러므로 지구는 움직이지 않는다고 생각하는 거야.

심플리치오 아주 멋진 논리야. 이것에 대해 반박한다는 것은 불가능할 것 같군.

살비아티 이런 이야기를 처음 듣나?

심플리치오 응, 처음이야. 우리들이 진리를 찾는 것을 도와주기 위해 자연이 여러 가지 멋진 실험들을 알려 주었군. 진리들은 서로 얼마나 잘 조화를 이루며, 거짓에 패하지 않기 위해 얼마나 서로 잘 단결하는가!

사그레도 아리스토텔레스 시대에 대포가 없었던 게 참 아쉽군. 대포만 있었더라면 아리스토텔레스가 사람들의 무지를 타파하고 우주에 대해서 거리낌 없이 말할 수 있었을 텐데.

살비아티 이 예들이 자네에게 새롭다니 다행이야. 대부분의 소요학파[1] 사람들은 아리스토텔레스의 말에서 조금이라도 벗어난 사람은 그의 증명을 이해하지 못한 것이라고 주장하는데, 이제 자네는 그들과 의견을 달리하겠군. 하지만 자네는 아주 색다른 것을 보게 될 걸세. 자네는 아리스토텔레스, 프톨레마이오스 그리고 비슷한 주장을 한 다른 학자들이 제시한 것들에서 어긋나는 관찰, 실험, 주장을 포함한 새로운 체계를 주창하는 사람들의 이론을 듣게 될 것이야. 그리고 자네는 그들이 자신들의 이론을 주장하는 것이 무지와 경험부족 때문이 아님을 알게 될 거야.

사그레도 내가 이 새로운 이론을 처음 접했을 때 있었던 몇 가지 일들을 자네들에게 이야기해 주겠네. 내가 한창 젊었을 때, 다른 것들을 공부하느라 철학 공부를 거의 포기하고 있었을 때였지. 그런데 크리스천 부르스타이젠(Christian Wursteisen)[2]이라는 외국인이 로스톡(Rostock)에서 내가 살던 지역에 온 일이 있었어. 그는 코페르니쿠스 이론의 추종자였는데, 학회에서 이 이론에 대해 두세 번 강연을 했어. 군중이 쇄도했다고 하더군. 아마 그 주제가 신기했기 때문일 거야. 나는 그런 이론은 그럴듯한 속임수일 거라고 생각하고 거기에 참석하지 않았지. 나중에 거기에 참석한 사람들을 붙잡고 물어 보았는데, 한 사람을 제외하고는 다들 그걸 비웃었어. 나는 그 사람이 보수적이라기보다 현명한 사람이라고 생각되었고, 그곳에 참석하지 않은 게 후회

되더군.

그 이후, 코페르니쿠스의 이론에 동조하는 사람들을 가끔씩 만났는데, 그때마다 그들에게 처음부터 이 이론을 신봉했는지 물어 보았지. 많은 사람들에게 물어 보았는데, 단 한 명의 예외도 없이 하는 말이, 원래는 그와 반대되는 이론을 믿고 있었는데 이 이론을 접하고 그 논리에 설득이 되어 이것을 믿게 되었다더군. 나는 그들이 반대편 이론을 얼마나 잘 알고 있는지 한 사람 한 사람 꼬치꼬치 캐물어 보았는데, 그들은 모두 잘 알고 있었어. 그러니까 그들이 기존의 이론을 버린 까닭은 무지나 허식 때문이거나, 혹은 그들의 영리함을 자랑하기 위해서가 아니야. 반면에, 소요학파 사람들과 프톨레마이오스 편인 사람들에게 코페르니쿠스의 책에 대해 얼마나 잘 알고 있는지 물어보니까, 대부분의 사람들이 그 책을 본 적도 없다고 했고, 그걸 이해하는 사람은 단 한 명도 없었어. 많은 사람들에게 물어 보았지만 말이야. 뿐만 아니라, 소요학파 이론을 충실하게 믿는 사람들에게 그들이 다른 이론을 받아들인 적이 있느냐고 물어 보았더니, 그런 적이 있다는 사람은 단 한 명도 없더군.

그러니까 코페르니쿠스의 이론을 믿는 사람들은 다들 처음에는 반대되는 이론을 믿고 있었고, 아리스토텔레스와 프톨레마이오스의 주장에 대해서도 잘 알고 있었어. 반면에, 아리스토텔레스와 프톨레마이오스의 이론을 믿는 사람들 중에는 코페르니쿠스의 이론을 믿다가 그것을 버리고 아리스토텔레스 편으로 귀의한 사람이 단 한 명도 없었지. 이런 일들을 보고 난 다음에 나도 조금씩 생각이 깨였어. 어떤 사람이 젖을 빨 때부터 받아들인 이론을, 그것도 대부분의 사람들이 지지하는 이론을 버리고 새로운 이론을 받아들일 때는 그게 그만큼 설득력이 있고 꼭 필요하기 때문이 아닐까? 더군다나 새 이론을 지지하는 사람들은 극소수이고, 모든 학교는 그것을 거부하고 있고, 얼핏 보면 큰 모순을 내포하고 있는 것처럼 보이는데도 말이야. 나는 호기심이 생겨서 이 문제를 바닥에서부터 파헤쳐 보기로 했어. 그리고 나는 자네들 두 사람을 만나게 된 것을 행운이라고 생각하네. 이 주제에 대해 지금까지 알려진 모든 것들, 알아낼 수 있는 모든 것들을 자네들이 말해 주겠지. 자네들의 추론과 주장을 통해 나도 의문에서 깨어나 어떤 확실한 입장에 서게 될 거야.

심플리치오 그렇지만 당신의 의견과 희망은 잘못된 것일지도 몰라. 왜냐하면 결국 더 깊은 혼란 속으로 빠지게 될 수 있기 때문이지.

사그레도 그런 일이 일어나는 건 불가능해 보이는데.

심플리치오 불가능하다고? 난 그렇다네. 가면 갈수록 점점 더 혼동이 돼.

사그레도 그건 자네가 지금까지 믿어 오던 이론이 있고, 그 이론이 옳다고 자네가 확신하고 있었는데, 지금 자네 마음속에서 그게 바뀌기 시작했기 때문이야. 자네가 완전히 반대편으로 넘어간 것은 아니지만 조금씩 기울기 시작한 거지. 나는 지금까지 어느 편에도 속하지 않았지만, 만족과 확신에 도달하게 될 것으로 믿네. 내가 이렇게 낙관적으로 생각하는 까닭을 자네에게 얘기하면 자네도 고개를 끄덕일 거야.

심플리치오 어디 말해 보게. 나도 그렇게 되었으면 좋겠어.

사그레도 그렇다면 몇 가지 질문에 답해 주게. 첫째, 심플리치오, 지금 우리가 알아내려고 하는 것은 아리스토텔레스와 프톨레마이오스의 주장처럼 지구는 우주 중심에 있으면서 움직이지 않고 하늘에 있는 모든 천체들이 움직이고 있다는 이론과, 아니면 항성 천구는 태양을 중심으로 한 채로 고정되어 있고 지구는 다른 곳에 있으면서 움직여 마치 해와 별들이 움직이는 것처럼 보인다는 이론 중에 어느 것이 옳으냐는 것이지?

심플리치오 그래. 그것이 우리가 논쟁하는 것의 결론이지.

사그레도 이 두 이론 중에 반드시 하나는 옳고 다른 하나는 틀렸지?

심플리치오 그렇지. 우리는 진퇴양난에 빠졌어. 하나는 반드시 옳고, 하나는 틀려야 하니까. 움직이는 것과 가만히 있는 것은 서로 반대되는 것이며, 그 중간이란 있을 수가 없지. 지구가 움직이지도 않고 가만히 있지도 않다고 말하거나, 또는 해와 별들이 움직이지도, 가만히 있지도 않다고 말할 수는 없어.

사그레도 지구, 해, 별들은 자연계에서 어느 정도의 비중을 갖는가? 이것들은 중요한가? 아니면 하잘것없는가?

심플리치오 그것들은 근본이 되는 물체야. 우주에서 가장 고귀하고, 절대로 빠트릴 수 없는 요소들이지. 굉장히 크고, 세상에서 제일 중요한 것이기도 하고.

사그레도 자연계에서 운동과 정지는 어떤 현상인가?

심플리치오 그것 또한 근본이 되는 중요한 현상이지. 자연이 이 현상에 따라 정의된다고 해도 과언이 아닐 거야.

사그레도 그렇다면 영원히 움직이는 것과 조금도 움직이지 못하고 가만히 있는 것은 자연계의 두 가지 중요한 조건이고, 이 둘은 완전히 다르고, 이 조건들은 우주를 구성하는 근본 물체들의 중요한 특성을 이루고 있는 것이군. 따라서 이 둘에서 나오는 결과들도 서로 많이 다를 거야.

심플리치오 확실히 그렇겠군.

사그레도 이것과는 다른 질문이 되겠지만, 자네는 변증법, 수사학, 물리학, 형이상학, 수학 또는 일반적인 추론에서 거짓인 것을 참인 것처럼 사람들을 설득할 수 있는 그런 강력하고 설명적인 논리가 있다고 생각하는가?

심플리치오 아니, 있을 수가 없지. 참이고 필연적인 명제에 대해서는 설득력 있는 증명 방법이 여러 개 나오게 마련이야. 그 명제는 아무리 따지고 수천 가지 비교를 하고 검토해 봐도 한 치의 어긋남도 없지. 궤변론자들이 그것들을 모호하게 만들려고 해도 그것들은 더욱 더 분명하고 확실해질 거야. 반면에, 거짓인 결론이 참인 것처럼 사람들을 설득하려고 하면 온갖 거짓, 궤변, 이율배반, 강변, 어긋나는 말들만 쏟아지게 되어 모순의 함정에 빠져 벗어날 수 없게 돼.

사그레도 잘 알겠네. 영원한 운동과 영구적 정지는 자연계의 아주 중요한 현상이며, 이 둘은 완전히 다르니까, 온갖 종류의 파생되는 결과들이 이것에 따라 달라지겠지. 해나 지구와 같이 우주에서 아주 큰 물체의 경우 특히 그래. 이 두 개의 반대되는 이론은 반드시 하나는 참이고, 다른 하나는 거짓이지. 거짓을 증명하려고 하면 거짓말만 쏟아지게 되고, 참을 증명하려고 하면 여러 확실하고 분명한 증명 방법이 나온다고 자네가 말했지? 그렇다면 자네들 두 사람 중에 누구든 진실을 주장하는 사람이 나를 설득하게 될 게 당연하지 않은가? 내가 판단을 왜곡되게 하고, 머리가 둔해서 추론을 할 줄 몰라 밝은 것과 어두운 것, 옥과 돌, 참과 거짓을 구별할 줄 모를 정도로 멍청하지만 않다면야.

심플리치오 내가 여러 번 말했지만, 궤변, 이율배반, 기타 여러 거짓들을 구별해 내는 법을 가장 잘 아는 사람은 아리스토텔레스야. 그런 그가 이것에 대해 착각했을 리가 없어.

사그레도 아리스토텔레스가 말을 할 수 없는 게 유감이겠군. 하지만 그가 지금 여기에 있다면 우리의 주장에 설득을 당하거나, 아니면 우리 주장을 하나하나 따진 다음 더 나은 논리로 우리를 설득하려 할 거야. 생각해 봐. 대포를 갖고 한 실험 이야기를 듣고 자네는 그게 아리스토텔레스의 주장보다 더 강하고 확실하다며 감탄했잖아? 하지만 살비아티는 그것을 제시했고 그것을 아주 꼼꼼하게 따져 보았지만, 그 이론에 의해 설득되었다고 이야기하지는 않았네. 심지어 그는 더 유력한 증거도 알고 있고, 우리들에게 들려 줄 거라고 넌지시 비추었지만, 그런 논리에 설득되지 않고 있지. 자네는 자연이 노망이 들어서 깊게 생각할 줄 아는 사색가들을 낳지 못하고, 단지 아리스토텔레스의 노예가 되어 그의 머리를 빌려서 생각하고, 그의 눈을 빌려서 볼 줄 아는 사람들만 낳는다고 주장하는데, 그 근거가 뭔가?

그러나 아리스토텔레스의 이론을 뒷받침하는 다른 예증들을 들어 보도록 하세. 그런 다음에 그것들을 분석하고, 도가니에 넣어 정련한 다음 시금 천칭에 올려 달아 보세.

살비아티 얘기를 계속하기 전에 사그레도에게 한 가지 말해야겠는데, 나는 코페르니쿠스의 가면을 쓰고 그의 역할을 하고 있을 뿐이야. 내가 겉으로는 그의 편을 들지만, 내가 실제로 그 논리들에 대해 어떻게 생각하고 있는가 하는 것은 그것을 가지고 판단하지 말게. 내가 분장을 한 채 무대 위에서 연극에 흠뻑 빠져 있을 때의 모습과 분장을 벗고 무대에서 내려온 뒤의 모습은 다를 테니까.

얘기를 계속하지. 프톨레마이오스와 그의 추종자들은 공중에 물체를 던지는 것과 비슷한 예를 또 하나 들었어. 그건 바로 땅에서 떨어져 허공에 오래 머무르는 구름이나 새들의 경우이지. 이들은 땅에 붙어 있지 않으니까 지구가 이들을 짊어지고 움직이는 게 아니지. 그러니까 그들이 지구와 같이 빠르게 움직이는 건 가능해 보이지 않아. 우리가 이들을 보면 매우 빨리 서쪽으로 움직이는 것처럼 보일 거야. 만약 우리가 스물네 시간에 적어도 2만 5천 킬로미터를 움직이는 지구에 의해 함께 이동한다면, 새들이 어떻게 따라올 수 있겠는가? 하지만 실제로 새들의 모습을 보면 동으로 가든, 서로 가든, 어떤 방향으로 가든 아무런 차이가 없어.

우리가 말을 타고 달리면 바람이 상당히 세게 얼굴에 와 부딪치잖아? 그걸 생각하면, 지구가 실제로 공기 속에서 그렇게 빨리 움직인다면 늘 동풍이 엄청나게 세게 불 거야. 하지만 실제는 그렇지가 않거든.

또 다른 실험을 통해서 이 이론을 뒷받침할 수 있어. 원운동을 하는 물체들은 중심에서 바깥으로 흩어져 나가려는 경향이 있어. 물체의 부분들이 너무 굳게 엉켜 있지 않고, 속력이 너무 느리지 않다면 말이야. 예를 들어, 방아에 쓰는 거대한 돌이나 거룻배를 다른 수로로 옮기려고 땅 위로 끌고 갈 때 쓰는 바퀴처럼 여러 사람들이 둥근 물체를 돌리는 경우가 있는데, 이때 각 부분들은 단단히 결합되어 있지 않으면 사방으로 흩어지게 돼. 그 겉부분에 바위나 다른 무거운 물체들이 붙어 있더라도, 이들은 충격을 이기지 못하고 바퀴의 힘에 의해 사방으로 흩어져 중심에서 멀어지게 되지. 만약 지구가 그렇게 빠른 속력으로 돈다면 어떤 힘, 혹은 어떤 풀이나 접착제의 응집력이 바위, 건물, 도시들을 묶어 놓고 있기에 그렇게 심한 소용돌이에도 하늘로 날려가지 않은 것이 아니겠는가? 사람이나 짐승들은 땅에 붙어 있지도 않은데, 이들은 어떻게 그러한 힘을 견딜 수 있지? 반면 조약돌, 모래, 나뭇잎처럼 아주 연약한 물체들도 날려 올라가기는커녕 반대로 땅으로 떨어지지.

심플리치오 이것들은 모두 지구 중심설에 바탕을 둔 유력한 예증들일세. 다른 종류의 예들도 있어. 즉, 천체 현상에 관계된 것들이지. 이 논증들도 지구가 우주의 중심이고, 코페르니쿠스의 주장처럼 어떤 중심을 두고 연주(annual)운동 하는 게 아니란 걸 보여주고 있어. 이것들은 다소 성격이 다르니까, 우리가 이미 제시한 것들을 자세하게 검토한 후에 다루도록 하세.

사그레도 심플리치오, 뭐라고 말하겠나? 살비아티가 프톨레마이오스와 아리스토텔레스의 이론을 완벽하게 알고 있고 설명도 잘하지? 소요학파 사람들이 코페르니쿠스의 이론을 이렇게 잘 이해하고 있을 것 같은가?

심플리치오 살비아티의 학문이 견실하고 지혜가 예리하다는 것은 이전의 토론을 통해 알고 있었어. 만약 그렇지 않았다면, 나는 더 이상 듣지 않고 지금 이 자리를 떠나고 싶었을 테니까. 이렇게 확실한 실험 결과들을 반박하는 것은 불가능해 보이거든. 그런데 더 이상 듣지 않는다면, 나는 나의 예전의 견해를 고수하려고 할 거야. 왜냐하면 이전의 견해가 비록 거짓이라 하더라도, 이렇게 확실해 보이는 많은 예증들을 통해 뒷받침되고 있으니 용서받을 수 있을 테니까. 그리고 만약 이 예증들이 다 거짓이라면, 어떤 참된 증명들이 이보다 더 멋있을 수 있겠는가?

사그레도 그러나 우리는 살비아티의 답을 듣는 편이 더 나을 것 같아. 살비아티의 답이 참이라면 그것들보다 훨씬 더 아름다울 거야. 만일 참과 아름다움은 하나이고 거짓과 추함이 하나라는 형이상학적 명제가 옳다면, 살비아티의 답은 한없이 더 아름다우며, 다른 것들은 추악한 것이 되지. 그러니 살비아티, 지체하지 말고 답을 해 주게.

살비아티 내가 기억하기로 심플리치오의 첫 번째 주장은 다음과 같아. 지구는 원운동을 할 수 없는데, 왜냐하면 그런 움직임은 힘에 의한 것이고 따라서 영원하지 않기 때문이지. 원운동이 자연스러운 운동이라면 지구의 각 부분들도 역시 자연스러운 운동을 할 텐데, 지구의 각 부분의 본성은 직선으로 아래로 내려가는 것이기 때문에 원운동은 자연스러운 운동이 아니야. 이런 이유로 원운동은 힘을 필요로 하지. 이에 대해 아리스토텔레스가 "각 부분들 역시 원운동 할 것"이라는 말을 할 때, 이것을 좀더 분명하게 설명했더라면 좋았겠어. "원운동 함"이라는 말은 두 가지로 이해될 수 있기 때문이지. 하나는 전체에서 분리된 모든 부분이 자신을 중심으로 조그마한 원을 그리며 움직인다는 말이고, 다른 하나는 지구 전체가 스물네 시간에 한 바퀴씩 돌고 있는데, 부분들도 마찬가지로 같은 중심에 대해 스물네 시간에 한 바퀴 돈다는 말이야. 첫 번째 것은 말도 안 되는 엉터리야. 원 둘레의 모든 부분들이 원이 되어야 한다거나, 지구는 공 모양이니까 지구의 모든 부분들이 공 모양이어야 한다는 말이 성립하겠는가? 전체에 성립하는 것은 부분에도 성립한다는 격언이 이런 뜻이겠는가? 아리스토텔레스가 말한 것이 두 번째 뜻이었다면, 각 부분도 전체를 따라 스물네 시간에 한 번씩 지구 중심을 따라 회전한다는 뜻이라면, 이건 실제로 이들의 움직임과 일치하네. 만약 아리스토텔레스가 말한 게 이런 뜻이 아니었다면, 심플리치오, 자네가 아리스토텔레스의 대변인이니까 이것이 아니라는 걸 증명해야 하네.

심플리치오 지구의 각 부분들은 우주의 중심을 향해 직선을 따라 움직이려는 자연스러운 경향이 있다고 말할 때, 아리스토텔레스가 그 부분에서 이것을 증명했어. 그러므로 원운동은 자연히 거기에 속하지 않지.

살비아티 그 말이 바로 이 답을 반박하고 있음을 깨닫지 못하겠는가?

심플리치오 어떻게? 어느 부분에?

살비아티 아리스토텔레스는 지구의 원운동은 힘에 의해 강요된 것이니까 영원하지 않다고 했지. 하지만 우주의 질서는 영원하니까 이건 틀렸다고 말했지.

심플리치오 그렇게 말했지.

살비아티 만약 힘에 의한 것이 영원할 수 없다면, 역으로 영원하지 않은 것은 자연스러울 수 없네. 지구의 각 부분들이 아래로 움직이려는 운동이 영원할 수는 절대 없고, 그러니까 그 경향은 자연스러운 것이 아니야. 뿐만 아니라, 지구에 관한 어떠한 움직임도 영원한 것이 아니라면 자연스러운 것이 될 수 없네. 그러나 만약 지구가 원운동을 한다고 놓으면 이건 지구와 모든 부분에 대해 영원할 수 있으니까 자연스러운 것이 되네.

심플리치오 직선운동은 지구의 각 부분들에서 가장 자연스럽지. 그 운동은 영원하며, 방해하는 것들이 없다면 이들은 직선 이외의 다른 방법으로는 절대 운동하지 않아.

살비아티 구차한 변명은 늘어놓지 말게. 내가 자네를 모호한 말장난에서 해방시켜 주겠네. 내가 묻는 말에 대답해 주게. 어떤 배가 지브롤터 해협에서 팔레스타인으로 항해한다면, 그 배가 같은 항로를 따라 팔레스타인을 향해 영원히 계속 움직일 수 있나?

심플리치오 그건 불가능하지.

살비아티 왜?

심플리치오 그 항해는 헤라클레스의 바위에서 팔레스타인 해변까지로 제한되어 있기 때문이지. 일부러 배를 반대쪽으로 돌려 되돌아갔다가 같은 항해를 되풀이하지 않는다면, 그 거리가 유한하니까 유한한 시간 동안에 지날 수 있어. 하지만 그런 경우는 움직임이 계속되는 것이 아니고 중지되었다가 다시 시작하는 것이지.

살비아티 맞아, 정답이야. 그렇다면, 마젤란 해협에서 시작해 태평양을 지나, 몰러카 해협을 지나, 희망봉을 돌아, 원래 출발했던 마젤란 해협을 지나, 다시 태평양을 지나고, 이런 식으로 계속하면 어떨까? 이 움직임은 영원히 계속할 수 있나?

심플리치오 그건 가능해. 이건 원운동이고 원래 위치로 되돌아가니까. 이렇게 계속 되풀이하면 중단되지 않고 영원히 계속할 수 있어.

살비아티 이 항로를 따라 움직이는 배는 항해를 영원히 계속하겠군.

심플리치오 배가 부서지지 않으면 그렇겠지. 하지만 언젠가는 배가 부서져 항해가 끝이 날 거야.

살비아티 그러나 지중해에서는 배가 부서지지 않더라도 그런 식으로 영원히 팔레스타인을 향해 항해할 수는 없겠군. 왜냐하면 항로가 끝이 있으니까. 따라서 어떤 물체가 쉬지 않고 영원히 움직이려면 두 가지 조건을 만족해야 해. 하나는 그 운동이 본성상 끝이 없고 무한해야 하고, 다른 하나는 움직이는 물체가 부서지지 않고 영원해야 한다는 것이지.

심플리치오 둘 다 꼭 필요한 조건이군.

살비아티 그렇다면 자네 스스로 어떠한 물체이든 직선을 따라 영원히 움직이는 것은 불가능하다고 고백한 것이네. 왜냐하면 직선운동은 위로 움직이든, 아래로 움직이든, 가장자리나 중심에 이르면 끝이 나니까. 움직이는 물체인 지구가 영원하다 하더라도, 직선운동은 본성상 영원하지 않고 끝이 있으니까, 지구는 그런 움직임을 자연스럽게 가질 수가 없네. 어제 우리가 얘기했지만, 아리스토텔레스 자신도 지구가 움직이지 않고 영원히 고정되어 있다고 주장해야만 했어. 그러니 자네가 지구의 각 부분들은 방해를 받지 않으면 언제나 아래로 움직인다고 말한 것은 터무니없는 말장난에 불과해. 반대로, 이들을 움직이려면 방해하고, 저지하고, 힘을 가해야 할 거야. 일단 땅에 떨어진 것을 다시 떨어지도록 만들려면 위로 높이 던져 올려야 하니까. 방해하는 작용은 단지 이들이 중심에 이르는 것을 막을 뿐이야. 만약 굴을 똑바로 아래로 뚫어 중심을 지나도록 하면, 어떤 힘이 흙덩어리를 밀어서 중심을 지나 움직이도록 하고, 나중에야 비로소 중심에 와 머물도록 놔두지 않는다면, 흙덩어리는 지구 중심을 지나 더 나아가지 않을 거야.

그러니 지구나 또는 지구의 각 부분들이 직선운동을 하는 게 자연스럽고 우주의 다른 모든 부분은 완벽한 질서를 유지한다는 생각은 버리게. 자네가 지구가 원운동을 함을 수긍하지 않을 거라면, 지구가 움직이지 않는다는 이론을 변호하는 데 힘을 쓰게.

심플리치오 지구가 움직이지 않음은 아리스토텔레스의 논증을 통해서, 또 자네가 제시한 예증들을 통해서 확실하게 증명된 것 같은데.

이것을 반박하려면 아주 특별한 방법을 써야 할 거야.

살비아티 그렇다면 두 번째 논증을 보세. 움직이는 바깥 천구를 제외하고, 원운동을 하는 모든 물체들은 두 종류 이상의 원운동을 하네. 그래서 지구도 원운동을 한다면, 두 종류의 원운동을 해야 하지. 그러면 별들이 뜨고 지는 게 약간씩 달라져야 하지만 그런 변화는 관측되지 않았어. 따라서 등등.

이 논증에 대한 제일 간단하고 적절한 반론은 바로 이 논증 안에 있어. 이 말을 하게 한 것은 바로 아리스토텔레스 자신이야. 심플리치오, 자네가 이걸 알아차리지 못했을 리가 없는데.

심플리치오 무슨 말인지 모르겠는데.

살비아티 놀랍군! 바로 거기에 분명하게 쓰여 있잖아?

심플리치오 어디? 책을 찾아 봐야겠어.

사그레도 즉시 책을 갖고 오게.

심플리치오 나는 이 책을 늘 주머니에 넣어 다니지. 어디 볼까? 난 정확한 위치도 기억하네. 아리스토텔레스가 쓴 *De Caelo*(『우주에 대해서』) 2권의 14장 97번째 단락.

"바깥 천구를 제외하고, 원운동을 하는 모든 천체들이 움직이고, 두 가지 이상의 운동을 하는 것이 관측되었다. 지구도 만약에 움직인다면, 중심의 둘레를 회전하든 중심에 있으면서 돌든, 두 가지 운동을 해야 한다. 만약에 그렇다면, 고정된 별들이 움직이고 그 위치가 달라지게 된다. 하지만 그런 현상은 관찰된 것이 없다. 별들은 항상 같은 곳에서 뜨고 진다."

여기서 난 잘못된 것을 찾을 수 없어. 내가 보기에 이 논증은 확실한 것 같아.

살비아티 나는 이 부분을 다시 읽으면서, 원래 내가 발견했던 문제를 재차 확인했을 뿐만 아니라, 또 다른 실수까지 발견했어. 이걸 봐. 아리스토텔레스는 두 가지 입장을 반박하려 하고 있어. 따라서 나는 두 가지 결론을 이야기하겠네. 하나는 지구가 중심에 있으면서 자기 스스로 돈다는 것이고, 다른 하나는 지구가 중심에서 떨어져 있으면서 중심을 따라 원운동을 한다는 이론이야. 아리스토텔레스는 같은 논증으로 두 입장을 한꺼번에 반박하고 있어. 이제 나는 그의 첫 번째 반론과 두 번째 반론이 모두 실수를 포함하고 있음을 설명하겠어. 첫 번째 것에 대해서는 말을 두 가지 뜻으로 쓰거나 오류 추리한 것이고, 두 번째는 그릇된 추론을 했지.

첫 번째 견해를 보면, 지구는 중심에 있으면서 자신의 중심을 돌고 있어. 이 이론에 대한 아리스토텔레스의 반박을 보세.

"바깥 천구를 제외한 모든 회전하는 천체들은 약간씩 뒤로 처지며, 두 가지 이상의 운동을 하는 것처럼 보인다. 그러므로 지구가 자신을 중심으로 움직이면서 중심에 놓여 있다면, 지구도 두 가지 운동을 해야 하고 뒤로 처져야 한다. 만약 그렇다면 별들이 뜨고 지는 것이 변화해야 한다. 하지만 이런 변화는 관측되지 않았다. 그러므로 지구는 움직이지 않는다. 등등."

이건 그릇된 추리야. 그걸 보이기 위해 다음과 같이 반박해 보세.

"아리스토텔레스여, 당신은 우주 중심에 위치한 지구가 자전할 수 없다고 했습니다. 그 까닭은 두 가지 운동을 해야만 하기 때문이었지요. 그러므로 지구가 반드시 두 가지 이상의 운동을 할 필요가 없다면, 지구가 그렇게 한 가지 운동만 하는 것이 불가능하다고 주장하지 않는 셈이 됩니다. 만약 지구가 한 가지 운동이라도 하는 게 불가능하다면, 지구가 움직이지 않는다는 것을 증명하기 위해 두 가지 운동을 하는 게 불가능하다는 것을 이용하지는 않았겠지요.

우주에서 회전하는 물체들 중 단 하나를 제외하고는 모두 두 가지 이상의 운동을 한다고 했습니다. 단 하나의 예외는 바깥 천구입니다.

이것에 의해서 고정된 별, 움직이는 별 등 모든 천체들이 일제히 동에서 서로 가는 것처럼 보입니다. 만약 지구가 바깥 천구처럼 될 수 있다면, 지구는 홀로 움직이면서 별들이 동에서 서로 움직이는 것처럼 보이도록 만들 겁니다. 이 운동을 부인하지는 않으시겠지요? 그런데 지구가 자신을 중심으로 자전한다고 주장하는 사람들은 별들이 동에서 서로 움직이는 것처럼 보이도록 만드는 운동만 지구에게 돌릴 뿐, 다른 어떠한 운동도 지구에게 돌리지 않습니다. 이것은 마치 지구가 바깥 천구라고 놓는 것과 비슷합니다. 바깥 천구에 대해서는 당신이 한 가지 운동을 허락하지 않았습니까?

그러니 아리스토텔레스여, 지구가 움직이지 않음을 증명하시려면, 지구가 중심에 있으면서 단 하나의 운동도 하는 것이 불가능함을 보이거나, 아니면 바깥 천구도 하나의 운동만을 가지는 것은 불가능함을 보여야 합니다. 그러지 않으면 당신의 추론은 거짓말이 됩니다. 같은 성질을 동시에 거부하기도 하고 인정하기도 한단 말입니까?"

이제 지구가 중심에서 멀찍이 떨어져 있으면서 중심을 따라 회전한다고 주장하는 두 번째 입장을 보세. 그러면 지구는 행성이나 떠돌이별이 되어 버리지. 아리스토텔레스의 논증은 이 입장을 겨냥했고, 형식적으로는 타당하지만 내용에는 오류가 있어. 지구가 그렇게 두 가지 운동을 한다고 하더라도, 별들이 뜨고 지는 데 어떤 변화가 꼭 일어나는 것이 아니야. 이건 나중에 적당한 때에 설명해 주지. 아리스토텔레스의 이 실수는 용서해 줄 수 있어. 아니, 코페르니쿠스를 반박하는 가장 절묘한 논증을 발견해 낸 그를 칭찬해야 마땅할 거야. 그리고 만일 반론이 날카롭고 그럴싸해 보인다면, 해결책은 얼마나 더 미묘하고 재치있는지 모르지. 코페르니쿠스처럼 통찰력이 뛰어난 사람이 아니면 발견할 수 없을 거야. 그것을 이해하는 것도 어려운데, 자네는 그걸 처음 발견해 낸 일이 얼마나 더 어려웠을까 짐작할 수 있을 거야. 당분간 이에 대한 답은 보류하겠네. 나중에 아리스토텔레스의 주장을 되풀이하고 그의 입지를 한층 강화한 다음 이것을 들려주겠네.

세 번째 논증도 역시 아리스토텔레스의 것인데, 이것에 대해 더 이상 상세하게 논할 필요는 없겠지. 어제와 오늘 충분하게 답을 했어. 여기서 그는 무거운 물체들의 자연스런 운동은 중심을 향해 직선운동하는 것인데, 그게 지구의 중심을 향하는지 아니면 우주의 중심을 향하는지 따지고 있어. 그리고는 자연스럽게 우주의 중심을 향하고, 지구 중심을 향해서 가는 것은 우연의 일치일 뿐이라고 결론내리지.

네 번째 논증을 보세. 이것은 길게 다루어야 하네. 이 논증은 실험에 바탕을 두고 있고, 앞으로 나올 논증들도 거의 다 이 실험에서 힘을 얻고 있어. 아리스토텔레스에 따르면, 지구가 움직이지 않는다는 가장 유력한 증거는 어떤 물체를 던져 올리면 그 물체가 같은 수직선을 따라 내려와 던졌던 바로 그 위치에 떨어진다는 것이지. 아무리 높게 던지더라도 말이야. 이런 일은 지구가 움직이고 있다면 일어날 수 없다고 그는 주장했어. 물체가 위로 올라가고 아래로 내려오는 동안에 물체는 지구와 떨어져 있고, 지구가 도니까 그 동안 물체를 던진 지점은 동쪽으로 멀찍이 갔을 것이고, 물체는 그 거리만큼 멀찍이 떨어진 장소에 낙하하게 되겠지. 아리스토텔레스와 프톨레마이오스가 사용한 논증들뿐만 아니라 대포나 다른 것들을 사용한 논증들도 여기에 넣을 수 있어. 그것들은 무거운 물체들이 엄청나게 높은 곳에서 지표면에 수직인 선을 따라 내려온다고 가정하지. 이제 이 매듭을 풀기 위해서 자네에게 물어보겠네. 심플리치오, 자유롭게 떨어지는 물체가 곧은 수직선을 따라 중심으로 떨어짐을 어떻게 증명할 수 있나? 아리스토텔레스와 프톨레마이오스를 인용하지 말고 해 보게.

심플리치오 눈으로 보면 알게 되지. 탑은 똑바로 수직으로 서 있고, 거기에서 돌을 떨어트리면 스칠 듯 탑을 따라 떨어지지. 머리카락 한

올만큼도 옆으로 벗어나지 않고 원래 떨어트렸던 곳의 바로 아래 지점에 떨어지게 돼.

살비아티 만약에 지구가 돌고 있어서 탑도 따라 움직였다면, 그럼에도 돌이 탑의 옆면을 따라 스치듯이 떨어졌다면, 그 돌의 움직임은 어떻게 되는가?

심플리치오 그렇다면 그 돌은 두 가지로 움직인 것이지. 한 가지는 위에서 아래로 떨어진 것이고, 다른 한 가지는 탑이 움직이는 것을 따라간 것이야.

살비아티 그렇다면 이건 두 움직임을 더한 것이겠군. 하나는 탑의 높이만큼 떨어진 것, 다른 하나는 탑을 따라 움직인 것. 이 둘을 더하면 돌은 더 이상 단순한 수직선을 그리며 떨어지지 않겠군. 비스듬한 선이 되겠지. 어쩌면 직선이 아닐지도 몰라.

심플리치오 직선이 될지 곡선이 될지 잘은 모르겠지만, 비스듬하게 되는 건 확실해. 그것은 지구가 움직이지 않은 경우에 그리는 수직선과 완전히 다르지.

살비아티 그렇다면 돌이 탑을 따라 스치듯 내려가는 것을 보았다고 하더라도, 그게 똑바로 수직선을 따라 떨어졌다고 확언할 수는 없군. 지구가 움직이지 않고 가만히 있다고 가정하지 않으면 말이야.

심플리치오 그렇지. 만약 지구가 움직인다면, 돌의 운동은 수직이 아니고 비스듬하게 움직이는 거지.

살비아티 그렇다면 아리스토텔레스와 프톨레마이오스가 추론을 잘못한 게 확실하군. 자네가 그걸 발견해 냈어. 그 사람들은 증명하려는 게 사실이라고 가정한 거야.

심플리치오 어떻게 말이지? 내가 보기에는 올바른 형식의 추론이고, 선결문제 요구의 오류(petitio principii)[3]는 아닌데.

살비아티 곰곰이 생각해 보게. 이 사람은 증명을 하려고 할 때 결론이 확실하게 밝혀지지 않았다고 여겼겠지.

심플리치오 그렇지. 확실하게 밝혀졌다면 증명할 필요가 없겠지.

살비아티 중명사(middle term)[4]를 보게. 이게 사실임이 밝혀져 있어야지?

심플리치오 물론이지. 그렇지 않으면 그것은 모르는 일을 모르는 일로써(ignotum per aeque ignotum) 증명하려는 게 되는 거지.

살비아티 지금 여기서 결론은 아직 밝혀지지 않았고 그걸 증명하려는 것인데, 우리의 결론은 "지구는 움직이지 않는다."라는 것이지?

심플리치오 맞아 그렇지.

살비아티 확실히 알려져 있어야 하는 중명사가 돌이 똑바로 수직으로 떨어진다는 거지?

심플리치오 그게 중명사이지.

살비아티 하지만 조금 전에 우리는 지구가 움직이지 않고 가만히 있다는 사실을 모르면, 돌이 수직으로 떨어지는지 아닌지 확언할 수 없다고 했잖아? 그러니까 이 추론에서 중명사의 확실성은 불확실한 결론에서 끌어낸 거야. 이게 얼마나 나쁜 오류 추리인지 보게.

사그레도 심플리치오 대신에 내가 아리스토텔레스를 변호해 볼게. 이게 잘 안 되면 자네의 추론을 더 잘 이해하고 받아들일 수 있게 될 거야. 여기서 중명사는 돌이 똑바로 수직으로 떨어진다는 것이고, 증명하려고 하는 결론은 지구가 움직이지 않는다는 것이지. 자네 말에 따르면, 지구가 가만히 있는지 어떤지 모르니까, 돌이 탑에 스칠 듯 떨어진다고 해서 그게 움직인 길이 꼭 수직이라는 보장이 없다는 것이지. 만약 탑이 지구와 같이 움직이고 돌이 그것을 따라 함께 움직인다면, 돌이 움직인 길은 수직이 아니고 비스듬할 테니까. 하지만 나는 이렇게 답하겠네. 만약 탑이 움직인다면, 돌이 그 탑에 스칠 듯이 바싹 붙어서 떨어지는 것이 불가능하네. 그러니까 그것을 보면 지구가 움직이지 않음을 추리할 수 있어.

심플리치오 그래. 탑이 지구를 따라 움직인다고 하면, 돌이 탑에 스칠 듯 떨어지기 위해서는 두 개의 자연스런 운동이 필요해. 하나는 중심을 향해 떨어지는 직선운동이고, 다른 하나는 중심에 대한 회전운동이야. 그런데 이건 불가능하지.

살비아티 그러니까 아리스토텔레스를 변호하려면 돌이 원운동과 직선운동을 동시에 하는 것이 불가능하다고 하거나, 아니면 최소한 그가 이것이 불가능하다고 믿었다고 간주해야 해. 왜냐하면 만약 그가 돌이 중심을 향해서 움직이면서 동시에 중심에 대해 도는 것이 불가능하다고 생각하지 않았다면, 탑이 가만히 있든 또는 움직이든 돌이 탑을 따라 스치듯 떨어지는 것이 가능함을 알았겠지. 그랬다면 그는 돌이 스치듯 떨어지는 게 지구가 움직이든 움직이지 않든 아무런 상관이 없음을 알았을 거야.

그렇지만 이것으로 아리스토텔레스의 잘못을 용서해 줄 수는 없네. 그것은 이 추론에서 핵심이 되는 부분이기 때문에, 만약 그가 이걸 알았다면 반드시 얘기를 했어야 하네. 게다가, 이런 일이 불가능하다거나 불가능하다고 아리스토텔레스가 생각했다고 말할 수도 없어. 내가 간단하게 증명하면, 전자는 가능할 뿐만 아니라 꼭 필요하기 때문에 말할 수 없고, 후자도 아리스토텔레스 스스로 불은 자연히 위로 올라갈 뿐만 아니라, 하늘이 모든 불의 원소와 공기의 상당 부분에 작용하는 회전운동 때문에 돌기도 한다고 시인하고 있기 때문에 말할 수 없게 되지. 따라서 만약 불의 원소와 달의 궤도에 이르기까지 존재하는 공기의 원소들이 위로 올라가는 운동과 원운동을 동시에 하는 것이 가능하다면, 돌이 똑바로 아래로 내려가면서 동시에 원운동을 하는 게 불가능할 까닭이 없지. 전 지구가 자연스럽게 원운동을 한다면 말이야. 돌은 지구의 일부분이니까.

심플리치오 나는 그렇게 생각하지 않네. 만약 불의 입자가 공기와 함께 돈다 해도, 불의 입자에게 이건 쉬운 일이며, 심지어 꼭 필요한 일일 거야. 불은 땅에서 멀리 떨어져 높이 올라가 공기 속을 지나면서 공기의 움직임을 전달받게 되고, 아주 엷고 가벼운 입자가 되어 쉽게 이동하게 되지. 하지만, 돌이나 대포알같이 무거운 것을 자유롭게 떨어지도록 했을 때, 공기나 다른 어떤 것들이 그것들을 움직이게 만든다고 믿기는 어려워. 뿐만 아니라, 이 현상에 대해 아주 적절한 실험 방법이 있지. 배가 가만히 있을 때 돛대 꼭대기에서 돌을 떨어트리면 돌은 돛대 밑부분에 떨어져. 하지만, 배가 항해하고 있을 때 돌을 떨어트리면 그 시간 동안에 배가 움직인 거리만큼 멀찍한 지점에 떨어지게 되지. 배가 빨리 움직이면 거리는 더 상당하게 될 거야.

살비아티 배가 움직이는 것과, 매일 회전하는 운동이 지구에 속한다는 가정 아래에서 지구가 움직이는 것 사이에는 상당한 차이가 있어. 배의 운동이 자연스러운 운동이 아니라는 것은 명백하니까, 배 안에 있는 모든 물체들의 운동은 우연적인 것이야. 그러니 돌을 돛대 꼭대기에서 잡고 있다가 자유롭게 떨어지도록 놔두었을 때, 그게 배의 움직임을 따라가려 하지 않더라도 이상할 게 없는 것이지. 하지만 매일의 회전운동이 지구에 속하는 자연스런 운동이라면, 지구의 모든 부분은 그것을 자연스럽게 각인하게 돼. 그러니까 돌이 탑 꼭대기에 있을 때, 그것은 지구 중심을 따라 스물네 시간에 한 바퀴 돌려고 하는 근본적인 경향을 가지게 되고, 어디에 있든지 이 자연스러운 경향은 영원히 작용하게 되지. 이것을 수긍하려면 자네 마음에 새겨진 낡은 생각만 바꾸면 되네. 다음과 같이 말해 보게.

"나는 지금까지 지구는 중심에 대해 정지해 있다고 생각했다. 지구의 모든 부분들도 마찬가지로 이렇게 조용히 놓여 있다는 사실에 대해 조금의 거부감도 없었고 이상하게 여기지도 않았다. 그와 마찬가지로, 만약 지구의 자연스런 본성이 중심에 대해 스물네 시간에 한 바퀴 도는 것이라면, 지구의 모든 부분들도 가만히 있지 않고 그렇게 따라 돌려고 하는 고유하고 자연스런 경향을 가지게 된다."

이렇게 생각하면 아무런 어려움 없이 다음과 같은 결론을 내릴 수 있어. 노를 저어 배에 힘을 가하면 그 힘은 배를 통해 배에 있는 모든 물체들에게 전해지지. 그러나 이 힘은 자연스러운 것이 아니고 이질적인 것이기 때문에, 돌이 배에서 분리되면 이 돌은 타고난 자연스러운 상태로 되돌아가서 그것에 따른 단순한 자연스러운 운동을 하게 되지.

한마디 덧붙이면, 가장 높은 산보다 아래에 있는 공기들은 지구 표면의 울퉁불퉁한 것들 때문에 같이 휩싸여 돌게 될 거야. 아니면 지구에서 내뿜는 갖가지 증기와 김이 섞여 있기 때문에, 지구를 따라 도는 게 자연스러운 경향일지도 몰라. 그러나 노를 저어 배가 움직이는 경우는 배 둘레의 공기가 움직이지 않겠지. 그러니까 배의 경우를 가지고 탑의 경우를 주장하는 것은 논리적인 힘이 약한 것이지. 돛대 꼭대기에서 돌을 떨어트리면 그 돌은 공기 속을 지나는데, 공기는 배와 같이 움직이는 게 아니야. 반면에 탑에서 돌을 떨어트리는 경우는 그 돌이 지나야 하는 공기는 전체 지구와 같이 움직이고 있어. 그러니까 돌은 공기에 의해 방해받는 것이 아니라, 공기의 도움으로 지구의 행로를 따라가는 거지.

심플리치오 공기가 깃털이나 눈같이 가벼운 물체는 움직일 수 있겠지만, 100근 정도 나가는 거대한 돌이나 쇠공, 납추에게 힘을 가해 공기와 같이 움직이도록 할 수 있을지는 모르겠어. 사실, 나는 그렇게 무거운 것들은 아무리 강한 바람이 불더라도 손가락 한 마디만큼도 벗어나지 않을 거라고 생각해. 이제 공기만으로 이것들을 움직일 수 있는지 없는지 판단해 봐야겠군.

살비아티 자네가 말하는 것과 내가 든 예 사이에는 큰 차이가 있어. 자네는 돌이 가만히 있는데 거기에 바람이 불도록 한 것이고, 내가 든 예는 바람이 부는데 그 바람과 같은 속력으로 움직이고 있는 돌을 넣은 거야. 그러니 바람이 돌에게 어떤 새로운 운동을 가하는 게 아니라, 단지 이미 갖고 있는 운동을 방해하지 않고 유지하도록 할 뿐이지. 자네는 돌에게 낯설고 이질적인 운동을 가하려 하고 있어. 우리는 돌이 갖고 있던 자연스러운 운동을 보존하고자 하거든. 만약 자네가 더 적당한 예를 제시하려고 한다면, 바람을 타고 떠 있는 독수리가 발톱에 쥐고 있던 돌을 떨어트리면 그 돌이 어떻게 될 것인가와 같은, 관찰되어질 수 있는 것을 말했어야 했어. 이것은 실제 눈으로 보기는 어렵겠지만 적어도 마음속에 그릴 수는 있지. 돌은 이미 바람과 함께 똑같이 날고 있고, 그래서 같은 속도로 운동하는 매질 속에 들어가게 되지. 그렇기 때문에 돌은 수직으로 떨어지지 않고 바람과 같이 옆으로 움직이면서 자신의 무게 때문에 아래로 떨어지니까 비스듬하게 떨어질 거라고 나는 확신하네.

심플리치오 그런 실험을 실행할 수 있고, 그 후에 그 결과에 따라 결정해야 해. 한편, 배의 갑판에서 나온 결과가 지금까지 나의 의견을 입증해 주고 있어.

살비아티 자네가 "지금까지"라고 말한 건 적절했어. 왜냐하면 순식간에 달라 보일 테니까. 자네가 더 이상 조바심을 하지 않도록 만들어 주겠네. 심플리치오, 자네가 보기에 배에서 행한 실험이 우리의 목적과 아주 잘 맞아떨어져서, 배에서 일어나는 일들이 반드시 지구에서 일어난다고 생각하는가?

심플리치오 지금까지는 그래. 비록 자네가 몇 가지 사소한 불일치를 제시했지만, 그것들이 나의 확신을 뒤흔들기에 충분할 만큼은 아니야.

살비아티 아니, 나는 자네가 그걸 고수하고, 지구에서 일어나는 일들이 배에서 행한 실험 결과와 일치한다고 주장하기를 바라네. 그래야 배에서 행한 실험이 자네에게 불리하다고 인식될 때, 자네가 마음을 바꾸려고 시도하지 않을 테니까.

자네의 주장을 보면, 배가 가만히 서 있을 때 돌을 돛대 꼭대기에서 떨어트리면 돌이 돛대 밑동에 떨어지지만, 배가 움직일 때 떨어트리면 거기에서 멀리 떨어진 지점에 떨어진다고 했네. 역으로, 돌을 떨어트려 보아 그게 돛대 밑동에 떨어지면 배가 움직이지 않고 가만히 있고, 멀찍한 지점에 떨어지면 배가 움직이고 있음을 알 수 있다고 했어. 배에서 일어나는 일은 지구에 대해서도 마찬가지로 성립하니까 탑에서 돌을 떨어트렸을 때 그게 탑 바로 아래에 떨어지는 것을 보면 지구가 움직이지 않음을 알 수 있지. 이것이 자네의 주장이지?

심플리치오 정확히 맞아. 아주 짤막하고 알기 쉽게 설명했네.

살비아티 그렇다면 말이야, 만약에 배가 빨리 움직이고 있을 때 돛대 꼭대기에서 떨어트린 돌이 정지해 있는 배에서 떨어트렸을 때와 같은 지점에 떨어진다면, 돌이 떨어지는 것을 가지고 배가 움직이는지 아니면 가만히 있는지 판단할 수 있겠나?

심플리치오 절대로 판단할 수 없지. 그건 마치 어떤 사람이 잠을 자는지, 깨어 있는지 맥을 짚어 보아 판단하려는 것과 비슷한 것이야. 맥은 늘 뛰니까 그것을 갖고 판단할 수는 없지.

살비아티 잘 알겠네. 그런데 자네는 실제로 배에 올라가 이 실험을 해 봤나?

심플리치오 해본 적은 없어. 하지만 나는 이 실험을 인용한 권위자들이 이걸 엄밀하게 관찰했을 거라고 믿어. 게다가 다르게 나올 이유를 정확하게 알고 있으니 의심할 여지가 없지.

살비아티 자네 자신을 보면 그 권위자들이 실험을 해 보지도 않고서 이것을 예시했을 가능성이 있음을 알 수 있어. 자네는 실제로 해 보지 않고서도 확실한 걸로 생각하고, 그 사람들의 언명을 굳게 믿고 있잖아? 그 권위자들도 아마 그런 식이었을 거야. 아니, 그런 식이었던 게 틀림없어. 다들 그들의 전임자를 믿고 기대었기에, 거슬러 올라가 봐도 누구 한 명 실제로 실험을 해 본 사람이 없어. 실제로 실험을 해 보면 책에 써 놓은 것과 반대가 됨을 알게 될 거야. 돌은 늘 갑판의 같은 지점에 떨어져. 배가 가만히 있든, 또는 어떠한 속력으로 움직이든 늘 마찬가지야. 배에 대해 성립하는 성질은 지구에 대해서도 마찬가지로 성립한다고 했으니까, 탑 꼭대기에서 떨어트린 공이 바로 밑으로 떨어진다 하더라도 그걸 갖고 지구가 가만히 있는지 아니면 움직이는지 추론할 수는 없네.

심플리치오 만약 자네가 실험이 아닌 다른 방법을 통해 나에게 제시했다면, 나는 우리의 논쟁이 끝나지 않았을 거라고 생각하네. 왜냐하면 내가 보기에 이 일은 우리의 생각과 너무 달라서 실제로 이렇게 된다는 것을 믿기가 어렵거든.

살비아티 실험을 해 보나 생각을 해 보나 마찬가지야.

심플리치오 그럼 자네도 실제로 실험을 해 보지 않았단 말인가? 그러면서 어떻게 그것이 확실하다고 단언할 수 있는가? 나는 믿지 못하겠네. 나는 저명한 학자들이 실제로 그 실험을 해보고 그 결과를 확인했다고 확신하네. 그리고 그것은 학자들이 말한 대로일 걸세.

살비아티 실험을 해 보지 않았지만, 내가 말한 대로 될 게 확실해. 왜냐하면 반드시 그렇게 되어야 하니까. 이게 달리 될 수 없음을 자네 스스로도 잘 알고 있어. 자네는 모르는 체하고 있지만 말이야. 나는 사람들 머리 속에 든 걸 잘 집어내지. 자네가 부인하려 해도 이걸 고백하도록 만들 수 있어.

사그레도가 너무 조용하구만. 조금 전에 몸을 움직이는 것을 보니 뭔가 말하고 싶어하는 눈치던데.

사그레도 뭔가 하고 싶은 말이 있었어. 그런데 자네가 심플리치오를 그런 식으로 협박해서 그가 숨기려고 하는 지식을 폭로하겠다고 하는 걸 보니, 내가 말하고 싶은 것이 사라졌어. 자네가 큰소리친 대로 해 보게.

살비아티 심플리치오가 내 심문에 기꺼이 대답해 준다면, 나는 실패할 리는 없지.

심플리치오 난 내가 할 수 있는 최선으로 대답하겠네. 문제가 될 게 없거든. 나는 거짓이라고 알고 있는 것에 대해서는 아무것도 모른다고 믿는데, 그 이유는 지식이 거짓이 아니라 참에 대한 것이기 때문이지.

살비아티 자네가 확실하게 아는 게 아니라면 답하지 않아도 되네. 이제 나에게 말해 주게나. 여기 어떤 평평한 표면이 있는데, 그게 거울처럼 매끄럽고 강철과 같이 단단한 물질로 만들어졌다고 해 봐. 이것은 지평선과 평행하지를 않고 약간 비스듬하게 놓여 있고, 그 위에 구리와 같이 단단한 물질로 만든 완벽하게 둥근 공을 올려놓아 봐. 공에서 손을 떼면 공은 어떻게 될 것 같은가? 자네도 나처럼 그 공이 움직이지 않고 가만히 있을 거라고 생각하지?

심플리치오 평면이 비스듬한데 말인가?

살비아티 그래, 비스듬하다고 가정했잖아.

심플리치오 그렇다면 공이 가만히 있을 리가 없지. 손을 떼자마자 저절로 굴러 내려갈 게 확실해.

살비아티 심플리치오, 곰곰이 생각해 보고 답을 하게. 내 생각에는 그걸 어디에 놓든 그 자리에 가만히 있을 것 같아.

심플리치오 아니, 살비아티, 이런 식으로 엉터리 주장을 하니 자네가 잘못된 결론을 이끌어 내는 게 당연하지.

살비아티 그렇다면 자네는 손을 떼자마자 공이 아래로 굴러갈 거라고 꽤 확신하는군.

심플리치오 그건 의심할 여지가 없어.

살비아티 자네는 이게 당연하다고 여기는군. 이건 내가 자네에게 가르쳐 주었기 때문이 아니야. 나는 오히려 그 반대라고 자네를 설득하려 했지만 자네는 상식을 써서 판단을 해 그렇게 결론을 내렸네.

심플리치오 아하, 이제야 감을 잡았어. 자네는 자네가 말한 것을 정말 믿기 때문이 아니라 상식을 말한 것처럼, 내가 스스로 올가미에 걸려들도록 하기 위해 그렇게 이야기한 것이군.

살비아티 그래, 맞았어. 이 공은 얼마나 오래 굴러갈 것 같은가? 그리고 얼마나 빠를까? 아주 매끄러운 평면이고 완벽하게 둥근 공임을 기억하게. 그래서 외부의 힘이나 우연히 생기는 방해가 없다고 하세. 공이 공기를 가르려면 저항이 생길 텐데, 그것도 그리고 그 외 다른 어떠한 훼방꾼도 없다고 하세.

심플리치오 이제 자네의 질문을 완전히 이해하겠네. 이렇게 대답하지. 공은 한없이 계속 굴러가고, 그 경사면을 끝없이 늘려 놓으면 공은 점점 빨라지며 끝없이 계속 움직이게 돼. 왜냐하면 무거운 물체는 그런 본성을 갖고 있기 때문에, 가면 갈수록 더 힘을 얻는 거야. 그리고 경사면이 가파르면 가파를수록 속력도 더 빨라지게 돼.

살비아티 이 경사면을 따라 공을 위로 올리고 싶으면 어떻게 해야 하겠나?

심플리치오 저절로 굴러 올라갈 리는 없지. 하지만 힘을 주어 당기거나 던지면 위로 올라가지.

살비아티 그 공에 어떤 힘을 가해 위로 굴러 올라가게 만들면 그 공은 어떻게 움직이겠나? 속력은 어떻게 되겠나?

심플리치오 공은 움직임이 차츰차츰 늦어져 속력이 줄어드는데, 그건 본성에 어긋난 것이지. 가한 힘이 크냐 작으냐 그리고 경사면이 완만하냐 가파르냐에 따라서 지속 시간이 길게 되기도 하고 짧게 되기도 해.

살비아티 맞았어. 지금까지 자네는 두 개의 다른 평면에서 일어나는 운동을 설명했어. 내리막에서 무거운 물체는 스스로 내려가게 되고 점점 가속되지. 그걸 정지시키려면 힘을 써야 하네. 오르막에서는 물체를 밀어 올리거나 가만히 있도록 하려면 힘을 가해야 해. 어떤 힘을 가해서 움직이도록 만들어도 움직임이 점점 약해져 나중에는 완전히 소멸되거든. 두 경우 모두 경사면이 가파르냐 완만하냐에 따라 차이가 나. 내리막의 경사가 급하면 속력이 더 빨라지지. 반대로, 오르막에서는 물체에 어떤 힘을 가했을 때 경사가 완만하면 완만할수록 물체는 더 멀리 움직여.

같은 물체를 오르막이나 내리막이 아닌 수평면 위에 놓으면 어떻게 되겠나?

심플리치오 곰곰이 생각해 봐야겠는데. 아래로 기울지 않았으니 움직이려는 경향이 생기지도 않을 것이고, 위로 경사진 것도 아니니 움직이는 것을 방해하려는 경향도 없을 것이고……. 그러니까 움직이려는 경향과 움직임을 방해하려는 경향 사이에 차이가 없게 되지. 그 결과 공은 자연스럽게 안정된 상태로 남아 있을 것 같네. 참, 사그레도가 어제 이야기했는데, 내가 깜빡 잊었군.

살비아티 공을 가만히 내려놓았다면 그렇겠지. 그런데 어떤 방향으로 힘을 가해 주면 어떻게 되겠는가?

심플리치오 그러면, 힘이 가해진 방향으로 움직일 게 확실해.

살비아티 어떤 종류의 운동을 하겠는가? 내리막의 경우처럼 점점 빨라지는가? 아니면 오르막의 경우처럼 점점 느려지는가?

심플리치오 위로도, 아래로도 기울지 않았으니 속력이 느려지거나 빨라질 이유가 없지.

살비아티 정확히 맞았어. 공의 속력이 느려질 이유가 없다면 공이 멈추게 될 이유도 없지? 그러면 이 공은 얼마나 멀리 움직일 수 있겠나?

심플리치오 표면이 위로 올라가거나 아래로 내려가지 않았다면, 공은 이 평면이 펼쳐진 한 계속 움직일 거야.

살비아티 만약 이 평면이 끝이 없다면, 공이 그 위에서 움직이는 것도 끝이 없겠군. 그러니까 영원히 움직이겠군?

심플리치오 만약 이 공이 아주 항구적인 물질로 되어 있다면, 그럴 거라고 생각해.

살비아티 그거야 물론 가정하고 있지. 우연히 생기는 방해도 없다고 했잖아? 움직이는 물체가 약해서 부서지면 일종의 우연히 생긴 방해겠지.

공이 내리막에서는 스스로 움직이는데, 오르막에서는 힘을 가해 주어야만 움직이는 이유가 뭐라고 생각하나?

심플리치오 무거운 물체들은 지구 중심을 향해서 움직이려는 경향이 있고, 지구 둘레에서 위로 올리려면 힘을 가해야만 해. 내리막을 따라 내려가면 중심에 더 가까이 가게 되지만, 오르막을 따라 올라가면 중심에서 멀어지게 되거든.

살비아티 그렇다면 어떤 표면이 위나 아래로 기울지 않으려면 모든 부분들이 중심에서 같은 거리에 있어야겠군. 이 세상에 그런 표면이 있는가?

심플리치오 많이 있지. 표면이 거칠고 울퉁불퉁하지 않고 매끄럽다면 지표면도 그런 표면이라고 할 수 있고. 수면도 평온하고 잔잔할 때 자네가 이야기한 표면이 되네.

살비아티 어떤 배가 잔잔한 바다를 항해하고 있으면, 그게 바로 위나 아래로 조금도 기울지 않은 표면을 따라 움직이는 것이겠군. 그리고 만약 모든 바깥의 우연한 장해물들을 없애면, 이 배는 맨 처음에 얻은 추진력에 따라 영원히 멈추지 않고 일정한 속력으로 움직이겠지?

심플리치오 그럼, 그래야 하지.

살비아티 이제 돛대 꼭대기에 있는 돌에 대해서 생각해 보세. 이 돌은 배와 더불어 움직이니까 지구를 중심으로 그린 원 둘레를 따라 움직이는 거지? 그러니 바깥의 모든 힘과 방해를 없애면, 이 돌은 영원히 움직이려는 근원적인 경향을 가지겠지? 그리고 이 돌은 배와 같은 속력으로 움직이고 있지 않은가?

심플리치오 다 맞는 말이야. 그런데 그 다음은 뭐지?

살비아티 자네 스스로 최종 결론을 내려 보게. 자네는 이미 필요한 모든 전제들을 스스로 알아냈어.

심플리치오 자네가 말하는 최종 결론이란, 완전히 각인된 운동으로 움직이는 돌이 배에서 멀어지지 않고 배를 따라 움직이며, 그리고 배가 가만히 있는 경우와 마찬가지로 돌이 같은 지점에 떨어진다는 거지. 만약 돌이 자유롭게 떨어지도록 놔준 다음에 바깥의 어떠한 힘도 이 운동을 방해하지 않으면, 그렇게 된다는 것에 나도 동의해. 하지만 실제로는 두 가지 방해 요인이 있어. 하나는, 물체는 자신만의 힘만 갖고 공기를 가를 수 없다는 것이야. 이 돌은 원래 배의 일부로서 노가 전해 준 힘을 받고 있었지만, 그걸 잃어버리면 돌 혼자 힘으로는 그렇게 할 수 없지. 다른 하나는, 이 물체가 아래로 움직이는 새로운 운동을 한다는 것이야. 이 운동은 다른 운동, 즉 앞으로 나아가려는 운동을 방해하게 마련이지.

살비아티 공기의 방해는 나도 부인하지 않네. 만약 떨어지는 물체가 깃털이나 양털 타래처럼 가벼운 것이라면, 속력이 늦어지는 정도는 상당할 거야. 하지만 무거운 돌의 경우에는 별 차이가 없네. 자네는 조금 전에 아무리 강한 바람이 불어도 무거운 물체들은 제자리에서 거의 움직이지 않는다고 했잖아? 그렇다면 가만히 있는 공기가 배와 같은 속력으로 움직이는 돌에 부딪혀 얼마나 힘을 가할 수 있겠나? 어쨌든 좋아. 이런 방해에 따른 효과가 조금은 있음을 나는 시인하네.

마찬가지로, 만약 공기가 배나 돌과 같은 속력으로 움직이면 이런 방해가 완전히 없음을 자네도 시인하겠지?

다른 하나는 아래로 움직이는 운동에 관한 것이야. 먼저 이 두 운동은(하나는 중심을 따라 도는 것이고 다른 하나는 중심을 향해 직선으로 떨어지는 것이니까) 서로 반대되는 것이 아니고, 서로 상쇄되는 것도 아니며, 양립하지 못하는 것도 아님은 분명해. 그리고 움직이는 물체도 그런 운동을 조금도 방해하지 않아. 자네가 이미 말했지만, 중심에서 멀어지려는 운동은 방해를 받고, 중심으로 가까이 가려는 운동은 힘을 얻으니까. 그래서 중심에서 멀어지지도 않고 가까이 가지도 않는 운동에 대해서는, 움직이는 물체가 어떤 저항이나 도움도 받지 않아. 그러니 이 물체에 가해진 이 성질이 줄어들 이유가 없지. 따라서 이 운동의 원인은 새로운 운동에 의해서 약해져야만 하는 하나의 원인이 아니라, 두 개의 완전히 다른 원인이 있는 거야. 이 물체의 무게는 이것이 중심을 향해 움직이도록 하는 데에만 쓰이고, 이 물체에 가해진 힘은 원운동을 하는 데에만 쓰여. 그러니 서로 어떤 방해도 하지 않지.

심플리치오 이 이론은 얼핏 보면 아주 그럴 듯하지만, 실제로는 극복하기 어려운 난제들로 인해서 상쇄되어 버리지. 자네는 온갖 것들을 가정했는데, 이것들은 아리스토텔레스의 가르침과 정면으로 위배되어, 소요학파 사람들이 쉽게 허락하지 않을 걸세. 어떤 물체가 원래 있던 곳에서 분리되었을 때, 그 물체가 그곳에 있으면서 전해받은 운동을 그대로 유지하는 게 명백한 사실인 것처럼 이야기했지. 소요학파 철학은 이렇게 전해진 힘을 어떤 물체에서 다른 물체로 우연적 성질이 전해지는 것처럼 싫어해. 잘 알고 있겠지만, 소요학파 철학에 따르면 던져 놓은 물체가 움직이는 이유는 매질이 그것을 밀어 주기 때문이야. 지금 이 경우는 공기가 되겠지. 그러니까 돛대 꼭대기에서 떨어트린 돌이 배를 따라 움직이는 것은 돌에 가해진 힘이 아니라 공기가 어떤 역할을 한 것이지. 그런데 자네는 공기는 배를 따라 움직이지 않고 가만히 있다고 가정했어. 게다가 돌을 떨어트리는 사람은 돌을 던진다거나 또는 돌에 어떤 힘도 가할 필요가 없어. 손을 펴기만 하면 돌은 떨어지거든. 그러니 돌은 사람에게서 전해받은 힘도 없고, 공기가 밀어 주지도 않아. 따라서 돌은 배를 따라가지 못하고 뒤처진 채로 남게 되겠지.

살비아티 자네 말대로라면 세상 누구도 돌을 던지지 못하겠군.

심플리치오 이 움직임은 던진 것이라고 말하기에 적합하지 않아.

살비아티 그러면 아리스토텔레스가 던진 물체의 움직임에 대해서 뭐라고 말했든, 그 물체를 움직이는 게 무엇이든, 우리가 하는 이야기와는 아무런 상관이 없는데, 그런 이야기를 무엇 때문에 꺼냈나?

심플리치오 그 이야기를 꺼낸 까닭은, 자네가 물체에 가해진 어떤 힘이 있고 그것을 뭐라고 이름 붙였는데, 그것이 실제로는 없고 있을 수도 없다는 것을 보이기 위해서야. 없는 것은 아무런 역할도 할 수 없으니, 그것은 아무런 일도 할 수 없지. 결국 운동의 원인은 투사체의 운동뿐만 아니라 자연스럽지 않은 모든 다른 운동의 경우에도 매질에 있어. 이런 사항을 자세하게 다루지 않았으니, 지금까지 자네가 주장한 이론은 아무 쓸모가 없어.

살비아티 참고 기다리게. 모든 일에는 다 때가 있는 법이니까. 자네의 반론은 가한 힘이 존재하지 않는다는 데에 바탕을 두고 있는데, 만약에 물체를 던졌을 때 그 물체가 던진 사람에게서 벗어난 다음 운동을 지속시키는 데 매질이 아무 역할도 하지 못함을 내가 증명한다면, 자네는 가해진 힘이 있다는 걸 수긍하겠나? 아니면 또 다른 방법을 써서 그것을 부인하려고 할 텐가?

심플리치오 만약 매질이 아무 일도 못한다면, 그 움직임은 움직이도록 가한 힘에 의존할 뿐, 다른 어떠한 것에서 유래할 수가 없어.

살비아티 던져 놓은 물체가 계속 움직이도록 매질이 어떻게 작용하는지 가능한 한 분명하고 자세하게 설명해 보게. 그래야 또다시 이것에 대해 논할 필요가 없겠지.

심플리치오 어떤 사람이 돌을 손에 들고 있다고 하지. 그가 힘과 속력을 가지고 자신의 팔을 움직이는 거야. 이 움직임에 의해 돌뿐 아니라 주위의 공기도 움직이게 돼. 돌은 사람의 손을 떠나자 공기에 둘러싸이게 되는데, 공기는 이미 움직이고 있으며, 공기가 돌이 계속 움직이도록 만드는 거야. 만약 공기가 아무 일도 안 하면 돌은 손을 떠나자마자 그 사람 발등에 떨어지겠지.

살비아티 자네는 그것을 반박하고 진리를 배울 감각을 가지고 있는데도, 이런 엉터리 이론에 그렇게 쉽게 속아 넘어가는가? 무거운 돌이나 대포알을 탁자에 올려놓으면 바람이 아무리 강하게 불더라도 꿈쩍도 않고 가만히 있을 거라고 자네가 조금 전에 말했지. 만약 이들 대신에 코르크 공이나 솜뭉치를 놓으면 바람이 이것들을 움직일 수 있을까?

심플리치오 바람이 이들을 휩쓸어 갈 게 확실해. 물체가 가벼우면 가벼울수록 속력이 빨라질 거야. 구름을 보면 생길 때부터 바람과 같은 속력으로 움직이니까.

살비아티 바람이란 도대체 뭔가?

심플리치오 바람은 그냥 움직이는 공기지.

살비아티 그렇다면 움직이는 공기는 가벼운 물체를 무거운 물체보다 더 빠르게, 더 멀리까지 보내는군?

심플리치오 그렇지.

살비아티 하지만 자네가 돌멩이를 집어던지고 그 다음 솜뭉치를 집어던지면, 둘 중 어떤 게 더 멀리, 더 빠르게 날아갈 것 같은가?

심플리치오 그야 물론 돌멩이지. 솜뭉치는 기껏해야 내 발등에 떨어지겠지.

살비아티 물체가 손을 떠난 다음에 그 물체를 움직이는 것은 팔에 의해 움직여진 공기라고 했지? 만약 움직이는 공기가 무거운 것보다는 가벼운 물질을 더 쉽게 민다면, 왜 솜뭉치가 돌멩이보다 더 멀리 그리고 더 빠르게 날아가지 않는가? 공기의 움직임에 덧붙여, 돌 속에 뭔가 보존된 게 있는 거야. 저 서까래에 같은 길이가 되도록 실을 두 개 매단 다음, 하나는 끝에 납공을 달고 다른 하나는 끝에 솜뭉치를 매달아 봐. 둘을 수직인 위치에서 같은 거리만큼 당긴 다음에 놓아두면, 둘 다 수직인 위치로 움직인 다음 그 움직이는 힘에 의해 어떤 거리만큼 계속 움직였다가 다시 돌아올 거야. 이 두 진자 중에 어떤 게 더 오래도록 흔들릴 것 같은가?

심플리치오 솜뭉치는 기껏 두세 번 왔다갔다 하겠지만, 납공은 수백 번 왔다갔다 할 거야.

살비아티 그러니까 움직이게 하는 힘의 근원이 뭔지는 잘 몰라도, 가벼운 물체보다 무거운 물체가 그걸 오랫동안 보존하는 거야. 또 다른 문제점을 제기하겠는데, 저 탁자 위에 있는 레몬은 어떻게 바람에 날려가지 않고 저기에 있나?

심플리치오 지금 바람이 안 불잖아?

살비아티 그렇다면 어떤 물체를 던지는 사람은 공기가 그 물체를 계속 움직이도록 하기 위해, 우선 공기를 움직여야 하겠군. 그러나 자네가 말했듯이 우연한 성질은 한 물체에서 다른 물체로 전달할 수 없기 때문에, 어떤 힘을 가하는 것은 불가능하지. 그런데 어떻게 팔이 공기를 움직일 수 있겠나? 팔과 공기가 다른 물체가 아니란 말인가?

심플리치오 공기는 공기 속에 있으면 가볍지도 무겁지도 않아서, 어떤 충격이든 잘 받아들이고 그것을 잘 보존하기 때문이지.

살비아티 글쎄, 진자들을 보면 물체가 가벼우면 가벼울수록 움직임을 보존하기가 어려움을 알 수 있는데, 공기는 공기 속에 있으면 전혀 무게가 없는데, 공기가 어떻게 움직임을 보존하는 유일한 물체가 될 수 있지? 팔의 동작이 멎자마자 주위의 공기도 움직임을 멈춘다고 나는 믿네. 자네도 이제는 이걸 믿을 거야. 저 방에 가서 수건을 갖고 공기를 휘저어 마구 움직이도록 해 봐. 그 다음에 수건을 멈추자마자 조그만 촛불을 켜봐. 아니면 거기에 아주 얇은 금박을 띄워 봐. 촛불의 불꽃이나 금박이 가만히 있는 걸 보면 주위 공기가 순식간에 평온을 되찾았음을 알 수 있어. 이 이외에도 많은 실험을 보여줄 수 있지만, 이 두 실험으로 충분하지 않다면, 말짱 헛일이지.

사그레도 활을 바람에 거슬러 쏠 때, 움직인 한 줄기 가는 공기가 화살과 같이 날아가다니 정말 대단하군! 아리스토텔레스의 관점에 대해 또 하나 궁금한 게 있어. 심플리치오, 자네가 답해 주면 고맙겠네.

만약 한 활을 갖고 화살을 쏘는데, 한 번은 보통 쏘는 대로 쏘고 다음번에는 화살을 옆으로 해서 쏜다면(즉, 화살을 줄과 나란하게 놓고 쏜다면), 둘 중 어느 게 더 멀리까지 날아가겠나? 내 질문이 너무 우스꽝스러워 보이더라도 대답해 주게. 내가 이렇게 멍텅구리처럼 구는 걸 용서해 주게. 그래야 내가 너무 지나친 억측은 하지 않지.

심플리치오 활을 옆으로 쏘는 건 한 번도 본 일이 없지만, 내 생각에 그건 정상적으로 쏘는 것에 비해 20분의 1도 채 날아가지 못할 거야.

사그레도 나도 그렇게 생각하네. 이걸 보면 아리스토텔레스의 언명이 실제 경험과 달라 의문이 드는군. 만일 바람이 강하게 불 때 탁자 위에 화살 두 대를 올려놓되 하나는 바람이 부는 방향으로, 다른 하나는 바람과 직각이 되는 방향으로 놓는다고 하세. 그러면, 바람은 후자를 곧 날려 버리지만 전자는 가만히 있거든. 만약 아리스토텔레스의 언명이 옳다면 화살을 쏠 때도 이렇게 되어야지. 화살을 줄과 나란하게 놓고 쏜 경우, 활시위가 움직인 공기에 의해 더 크게 영향을 받겠지.

화살의 길이만큼 더 영향을 받을 거야. 반면에 정상적으로 쏜 화살은 그 화살의 굵기에 해당하는 작은 원의 넓이만큼의 바람의 영향을 받을 거네. 이렇게 완전히 다르게 되는 이유를 잘 모르겠어. 그걸 정말로 알고 싶네.

심플리치오 내가 보기에 그 원인은 명백해. 정상적으로 쏜 화살은 적은 양의 공기를 뚫고 날아가는 반면, 나란히 놓고 쏜 화살은 그 전체 길이에 해당하는 공기를 헤치며 날아가야 하기 때문이지.

사그레도 아, 그래서 화살을 쏘면 그것이 공기를 뚫고 지나가야 하는 것인가? 만일 공기가 그들과 같이 움직이거나, 혹은 공기야말로 그들을 움직이게 만드는 것이었다면, 무엇을 뚫고 지나간단 말인가? 뚫고 지나간다면 화살이 공기보다 더 빨리 움직인단 말이잖아? 화살이 어떻게 더 빨리 움직일 수가 있나? 자네는 공기가 화살을 자신보다 더 빨리 움직이도록 만든다고 하지 않았나?

심플리치오, 자네도 이제는 깨달았을 거네. 이러한 것들은 아리스토텔레스가 말한 것과 정확히 반대이고, 그건 매질이 물체가 움직이도록 밀어 준다는 말처럼 거짓이야. 매질은 물체의 움직임을 방해하는 유일한 훼방꾼일 뿐이야. 일단 이걸 이해하면 모든 사실들이 분명하게 돼. 공기가 실제로 움직이는 경우, 옆으로 나란히 놓여 있는 화살은 쉽게 휩쓸어 가지만 바람 방향으로 놓여 있는 화살은 바람에 잘 버티게 돼. 전자의 경우 많은 양의 바람이 힘을 가하지만 후자의 경우에는 바람이 힘을 가할 수 있는 부분이 아주 작기 때문이지. 그러나 화살을 쏘는 경우에, 공기는 가만히 있기 때문에 나란히 놓고 쏜 화살은 많은 공기와 부딪쳐서 저항을 크게 받지만, 바로 놓고 쏜 화살은 부딪치는 공기가 아주 적으니까 그걸 쉽게 극복해 나가게 되지.

살비아티 아리스토텔레스의 과학 법칙들 중 상당수는 틀린 정도가 아니라 사실과 정반대로 기술해 놓았어. 이 경우에서처럼 말이야. 심플리치오도 이제는 돌이 언제나 갑판의 같은 지점에 떨어지는 것을 보고, 배가 움직이는지 아니면 가만히 있는지 판단할 수 없음을 깨달았을 거라고 믿네. 앞에서 말한 것들이 충분하지 않았더라도, 매질의 저항에 관한 사그레도의 이야기가 모든 것을 확실하게 만들어 주었어. 이 실험을 통해 알 수 있는 것은 기껏해야, 만약 떨어트린 물체가 아주 가볍고 공기가 움직이지 않고 있다면, 그 물체가 뒤처져 떨어질 거라는 점이지. 하지만 공기가 배와 같이 움직인다면, 이 실험이나 다른 어떠한 실험을 해도 조금의 차이도 발견할 수 없을 거야. 이건 내가 잠시 뒤에 설명해 주지.

만일 이 예에서 어떠한 차이도 생기지 않는다면, 높은 탑에서 돌이 떨어지는 것을 보고 무엇을 주장할 수 있겠나? 그 경우 원운동은 돌에게 어쩌다가 보니 생긴 것이 아니라 자연스럽고 영원한 경향인데, 그리고 공기도 탑과 마찬가지로 지구가 움직이는 것을 좇아 한 치의 오차도 없이 같이 따라 움직이고 있는데……. 심플리치오, 이 문제에 대해 다른 할 말이 있는가?

심플리치오 아니, 없어. 하지만 지구가 움직인다는 증거도 본 적이 없어.

살비아티 나는 지구가 움직임을 증명했다고 주장하지는 않고 있네. 지금까지 내가 한 일은 이 이론에 반대하는 사람들이 지구가 움직이지 않는 증거라고 내세운 것에서 어떤 결론도 이끌어 낼 수 없음을 보인 거야. 다른 증거들에 대해서도 마찬가지로 할 수 있어.

사그레도 살비아티, 잠깐만. 다른 것들을 다루기 전에 내게 생각난 의문을 제시하고 싶어. 자네가 심플리치오와 같이 배의 실험에 대해 끈기 있게 얘기하는 동안 내 머리 속에 이것이 맴돌았어.

살비아티 우리는 지금 여기에 토론을 하느라고 모여 있고, 누구든 어떤 반론이 생각이 나면 제시해도 좋아. 그게 바로 지식으로 가는 길이니까. 그러니, 말해 보게.

사그레도 배의 움직임이 돌에게 가한 힘이 계속 유지되어, 돌이 돛대에서 떨어진 다음에도 남아 있다면, 그리고 이 움직임이 돌의 자연스런 성향인 똑바로 아래로 떨어지는 운동을 방해하지 않는다면, 놀라운 일이 틀림없이 벌어질 걸세.

배가 가만히 있을 때 돌이 돛대 꼭대기에서 갑판으로 떨어지는 데 2초 걸린다고 하세. 배를 움직이게 한 다음에 같은 곳에서 같은 돌을 떨어트려 봐. 그러면 갑판에 떨어지는 데 걸리는 시간은 역시 2초야. 2초 동안에 배가 예컨대 20보 앞으로 간다고 해 보세. 이 돌이 실제 움직인 거리는 돛대의 높이인 수직 선분보다 훨씬 더 긴 대각선 길이일 거야. 그럼에도 불구하고 돌은 같은 시간에 떨어지지.

이제 배가 더 빨리 움직인다고 하세. 그러면 돌이 떨어지는 대각선도 이전보다 더 길어지지. 배의 속력이 얼마든지 빨라진다고 하면 돌이 떨어지면서 그리는 대각선도 점점 더 길어질 거야. 하지만 그것을 지나는 데 걸리는 시간은 똑같이 2초거든.

성벽 위에서 대포를 수평으로 조준한 다음 포를 쏘면, 화약을 적게 넣었느냐, 많이 넣었느냐에 따라 포탄이 1천 보, 4천 보, 6천 보, 1만 보 또는 더 멀리 날아가 떨어지게 돼. 하지만 이 모두가 걸리는 시간은 같고, 이 시간은 바로 대포의 주둥아리에서 포탄을 떨어트렸을 때 그게 땅바닥에 닿을 때까지 걸리는 시간과 같아.

포탄이 높이 50길인 곳에서 땅에 떨어지는 데 걸리는 짧은 시간 동안, 화약을 채워 쏜 같은 포탄이 400보, 1천 보, 4천 보, 또는 1만 보까지 날아갈 수 있다는 것은 놀라운 일이야. 수평으로 조준해 쏘면 모든 경우에 포탄이 공중에 머무르는 시간은 다 같거든.

살비아티 아주 신기하고 멋진 고찰이야. 만약 이게 사실이라면 감탄할 일이지. 나는 실제로 그럴 거라고 믿어 의심치 않네. 공기가 어떤 돌발적인 방해만 하지 않으면, 대포를 쏘는 동시에 다른 대포알을 같은 높이에서 아래로 떨어트리면 둘은 동시에 땅에 닿게 돼. 전자가 수천 보 거리를 움직이고 후자는 50길 거리만 움직이더라도 말이야. 물론 지표면이 평평하다고 가정을 해야지. 이걸 확실하게 하려면 대포를 호수 위에서 쏘면 될 거야. 공기에 의한 방해는 탄환의 속력을 늦추는 요인일 테니까.

자네들이 이것에 대해 만족했으면 이제 다른 예증들을 검토해 보세. 물체가 떨어지는 것을 가지고 유추해 봐야 아무 쓸모가 없음을 심플리치오도 수긍했으니까.

심플리치오 의문이 다 사라진 것은 아니야. 하지만 그건 내가 사그레도처럼 지혜와 재치가 있지 않기 때문이지. 자네가 말한 대로, 돌이 돛대의 꼭대기에 있을 때 배가 전해 준 움직임을 배에서 떨어진 다음에도 계속 간직한다면, 어떤 사람이 말을 타고 달리다가 돌을 떨어트리면 그 돌이 뒤로 처지지 않고 계속 말을 따라 움직여야 할 거야. 하지만 나는 말을 탄 사람이 달려가는 방향으로 돌을 힘껏 던졌을 때를 제외하고, 이런 경우를 본 적이 없어. 설사 그런다 하더라도 돌은 땅에 닿으면 거기에 머물 거라 믿어.

살비아티 자네는 완전히 속고 있군. 실제로 실험을 해 보면 돌이 땅에 닿은 다음에도 말과 같은 방향으로 움직이게 됨을 볼 수 있어. 물론 땅이 고르지 않고 거칠 테니까 돌의 움직임을 약간 방해하게 되겠지. 그렇게 되는 이유는 명백해. 자네가 가만히 서 있으면서 돌을 어떤 방향의 땅 위로 던지면, 돌이 자네 손에서 벗어난 다음에도 계속 그 방향으로 움직이지 않나? 표면이 매끄러우면 돌은 더 멀리 나가겠지. 예를 들어 얼음 위라면 아주 멀리까지 갈 거야.

심플리치오 만약 팔에 힘을 주었다면 그건 맞아. 하지만 내가 말한 보기에서 말을 탄 사람은 돌을 살짝 떨어트리기만 했어.

살비아티 매한가지야. 팔을 휘둘러 돌을 던졌을 때, 돌이 손에서 떠난 다음 돌 속에 남아 있는 게 무엇이겠나? 자네 팔을 통해서 전달받은 운동이 남아 있어서 계속 그렇게 움직이는 것이 아닌가? 그것을 손을 통해서 전했든, 말을 통해서 전했든 무슨 상관이 있는가? 사람이 말을 타고 있으면, 그 사람의 손과 그 손에 든 돌도 말과 같이 빨리 움직이잖아, 그렇지? 그러니까 손을 펴면 돌은 그때까지 전달받은 속력을 지닌 채 떨어져 나가. 사람이 팔을 휘둘러서 속력을 전달받은 게 아니고, 말의 움직임에 따른 속력이 말에서 사람에게, 그 사람의 팔에게, 그 사람의 손에게, 그리고 손에서 돌에게 전달되는 거지.

말을 탄 사람이 돌을 뒤쪽으로 던지면, 그 돌은 땅에 떨어진 다음 말이 움직이는 방향으로 움직일 수도 있고, 제자리에 가만히 있을 수도 있어. 만약에 그 사람의 팔이 돌에게 가한 속력이 말의 속력보다 더 빠르다면, 돌은 뒤쪽으로 움직일 거야. 기마병이 말을 타고 달리면서 창을 앞으로 던진 다음, 말을 재빠르게 몰아 창을 따라잡아야 그걸 다시 잡을 수 있다고 말하는 사람들이 있는데, 이건 어리석은 말이야. 내가 이것이 어리석다고 한 이유는, 던진 물체를 다시 잡고 싶으면 가만히 있을 때와 마찬가지로 바로 머리 위로 던져 올려야 하기 때문이야. 어떤 방향으로 움직이든 계속 한결같이 움직이면 이게 성립해. 던진 물체가 아주 가볍지만 않다면, 아무리 높이 던져도 던진 사람의 손으로 다시 떨어지게 돼 있어.

사그레도 이 원리에 대해 들으니까 투사체에 대한 호기심나는 문제가 생각나는데, 그중 첫 번째는 심플리치오에게는 아주 이상하게 들릴 거야. 그 문제는 다음과 같아. 내가 보기에 어떤 사람이 어느 방향으로든 빨리 움직이면서 공을 떨어트렸을 때, 그 공이 땅에 닿은 다음 그 사람을 따라가는 정도가 아니라 오히려 앞지르는 게 가능해. 이 문제는 수평으로 던진 물체가 땅에 닿았을 때 그 물체가 원래 던져졌던 속력보다 더 빨라질 수 있다는 사실과 관계가 있어.

나는 사람들이 나무 원판을 가지고 경기를 하는 것을 볼 때, 가끔씩 이 놀라운 현상을 관찰하곤 해. 나무 원판이 사람의 손을 떠난 다음 어떤 속력으로 공중을 날다가 땅에 닿으면 속력이 더 빨라지더라구. 땅을 굴러가다가 어떤 장애물에 부딪쳐 공중으로 붕 뜨면 속력이 갑자기 느려져. 그랬다가 다시 땅에 닿으면 또 빠른 속도로 움직이거든. 그러나 이 중 가장 이상한 현상은 그게 공중을 날 때보다 땅 위를 구를 때 더 빠를 뿐만 아니라, 땅에 두 번 튕겨졌을 때 두 번째 경우의 속력이 첫 번째 경우보다 더 빠를 때가 있어. 심플리치오, 이걸 어떻게 설명해야 할까?

심플리치오 첫째, 나는 그런 현상을 본 적이 없네. 둘째, 그런 일은 일어날 수도 없어. 그리고 셋째, 만약 자네가 그걸 고집하고 실제로 그런 일을 나에게 보여준다면, 자네는 악마임에 틀림없어.

사그레도 지옥에서 온 악마가 아니라 소크라테스의 악마이겠지. 보고 안 보고는 자네한테 달렸네. 하지만 내가 자네에게 충고하겠는데, 진리는 스스로 이해를 해야지 다른 사람이 이해하도록 만들어 줄 수는 없네. 나는 단지 자네에게 진실도 아니고 거짓도 아닌 어떤 일들을 제시해 줄 수 있을 뿐이야. 그러나 진리란 반드시 그렇게 되는 것이고, 그것과 다르게 될 수는 없지. 보통의 지능을 가진 사람이면 누구나 진리를 스스로 깨닫거나 혹은 진리를 영원히 알 수 없게 되지. 살비아티도 이 의견에 동의할 거야. 따라서 지금 이 문제의 경우도 자네는 그 원인을 알고 있어. 단지 그걸 깨닫지 못하는 거지.

〔후략〕

넷째 날

사그레도 오늘은 자네가 평소보다 실제로 늦게 왔는지, 이런 중요한 문제에 대해서 자네의 설명을 들을 생각을 하니 기대가 커서 그렇게 느껴지는 것인지 모르겠군. 자네를 데리고 오라고 곤돌라를 보냈는데, 그게 언제나 돌아오나 창밖을 내다보며 이제야 저제야 초조하게 기다리고 있었어.

살비아티 우리가 늦게 온 건 아닌데, 자네가 너무 초조하게 기다렸기 때문에 늦은 것처럼 느끼는 거겠지. 더 이상 필요 없는 말로 시간을 끌지 말고, 우리가 다루려던 주제로 바로 들어가세.

여러 가지 이유들을 써서 지구가 움직인다는 것을 알아냈는데, 바닷물의 조수는 이 이유에 포함되지 않았었지. 이제, 밀물과 썰물이 지구의 운동과 관계가 있는지, 그런 식으로 정확하게 설명할 수 있는지 보세. 어떻게 자연이 우리에게 그것을 제시해 주는지를 말이야. (실제 사실이 그렇든, 아니면 우리의 상상력을 자극하기 위해 그런 것처럼 변덕을 부리든 간에) 역으로, 밀물과 썰물이 그 자체로 지구의 운동을 입증하는 증거가 될 수 있는지 보세.

지금까지 우리들은 지구가 움직인다는 사실을 천체 현상에서 유추해 내었어. 지구에서 일어나는 어떤 것도 어느 한 이론을 증명해 보이기에는 설득력이 약했어. 지구가 가만히 있고 해와 별들이 움직일 때 일어나는 모든 일들이 지구가 움직이고 해와 별들이 움직이지 않더라도 마찬가지로 일어난다고 길게 설명했지. 달 궤도 아래에 있는 물체들 중에 바닷물만이 운동과 정지에 관한 지구의 움직임을 표시해 줄 수 있을 거야. 바닷물은 매우 광대하고, 고체처럼 지구에 붙어서 연결되어 있는 게 아니라, 유동성 때문에 자유롭고 분리되어 있기 때문이지.

나는 이와 관련된 현상들과 결과들을 여러 번 꼼꼼히 검토해 보았어. 바닷물의 움직임에 대해 남들에게서 전해들은 이야기들, 내가 직접 본 것들……. 많은 사람들이 밀물과 썰물의 원인이라고 제시한 엉터리 답들에 대해서도 읽고 들어 봤어. 마침내 나는 두 가지 결론에 도달했네. 이 결론들은 경솔하게 이끌어 내고 인정한 게 아니야. 첫 번째로, 몇 가지 필요한 가정들을 하는 경우에, 지구가 움직이지 않으면 바닷물의 밀물과 썰물은 자연히 일어날 수가 없다는 것. 그리고 두 번째로, 우리가 지구에게 운동을 부여한다면, 바닷물은 실제로 우리가 관찰하는 것과 모든 면에서 똑같이 밀물과 썰물이 일어나게 되어 있다는 것.

사그레도 이건 아주 중요한 법칙이군. 이 자체로 중요한 것은 물론, 여기서 생기는 결과들도 매우 중요해. 그러니 이걸 설명해 주고 입증해 주게. 정신 바짝 차리고 듣겠네.

살비아티 이런 종류의 자연과학 문제를 다룰 때는, 그 결과들을 잘 알아야 그 원인을 발견하고 조사할 수 있어. 결과들을 모르면 눈을 감고 여행하는 것과 같거나 그보다 더 불확실할 거야. 우리는 어디로 가고 싶은지 알 필요는 없지만, 맹인은 적어도 어디로 가고 싶은지 알기 때문이지. 그러니 다른 무엇보다 먼저, 우리가 찾고자 하는 원인의 결과에 대해 잘 알아야 해. 사그레도, 밀물과 썰물에 대해서는 자네가 나보다 훨씬 더 잘 알고 있겠지. 자네는 여기 베니스에서 태어나 오랫동안 여기에서 살았어. 베니스의 조수는 그 규모가 대단한 걸로 유명하지. 그리고 자네는 시리아로 항해한 일이 있지. 자네는 영리하고 호기심이 많으니까 여러 가지 관찰을 했겠지. 그러나 나는 여기 아드리아 해의 끝에서 일어나는 현상을 관찰한 지 얼마 되지 않아. 그리고 이 바다 아래쪽 티레니아 해변에서 일어나는 일들은 다른 사람의 말을 통해서 듣게 되는데, 대개의 경우 말들이 서로 어긋나 믿을 수가 없어. 우리가 사색하는 데 도움이 되기보다 오히려 혼란만 불러일으킬 수 있어.

그렇지만 주된 현상을 비롯하여 우리가 확실하게 알고 있는 것들을 바탕으로, 참되고 으뜸가는 원인이 뭔지 찾는 게 가능할 것 같아. 새롭고 내가 미처 생각해 볼 시간이 없었던 현상들에 대해 적절하고 충분한 원인들을 모두 찾아낼 수 있다고 가정하는 건 아냐. 나는 다만, 아직 아무도 걸어 보지 못한 새로운 길로 통하는 문을 열어 주려는 것뿐이야. 나는 지금 이 길을 드러내는 데 그치겠지만, 나보다 더 날카로운 통찰력을 가진 사람이 이 길을 넓히고 더 멀리까지 탐험해 나갈 거야.

우리에게서 멀리 떨어진 다른 바다에서는 여기 지중해와 다른 일들이 일어날지도 모르지만, 내가 제시할 이유와 원인이 여기 지중해에서 일어나는 현상들을 잘 설명하고 확증하게 되면, 그것들은 다른 곳에서도 옳을 거야. 비슷한 종류의 현상들에 대해서는 궁극적으로 단 하나의 참되고 으뜸가는 원인이 있을 테니까. 그러니 내가 알기에 실제 존재하는 현상들에 대해 얘기해 주겠네. 그리고 나서 그 현상들의 원인이라고 생각하는 것을 말하겠네. 자네들이 알고 있는 현상들을 제시해 보게. 내가 제시한 원인이 그 현상들도 설명할 수 있는지 보도록 하세.

우선, 바닷물의 밀물과 썰물에는 세 가지 주기가 있어. 가장 중요한 첫 번째 주기는 매일의 조수이지. 즉, 바닷물이 몇 시간 간격으로 밀려들어 오고, 빠져 나가는 현상이야. 여기 지중해의 대부분 지역에서는 각각이 여섯 시간 정도 계속되지. 즉, 여섯 시간 동안 밀려들어 오고, 그 다음 여섯 시간 동안 빠져 나가지. 두 번째는 한 달 주기인데, 달의 움직임에서 유래하는 것 같아. 이건 새로운 종류의 조수를 낳지는 않지만, 앞에서 말한 조수의 크기를 바꾸게 돼. 달이 초생이냐, 보름이냐, 아니면 상현 · 하현이냐에 따라 조수의 크기가 엄청나게 달라져. 세 번째는 1년 주기인데, 아마 해에서 유래하는 것 같아. 이것도 역시 조수의 크기를 바꾸는 것인데, 춘분 · 추분과 하지 · 동지인 때에 크기가 달라지게 돼.

우선 매일의 밀물 · 썰물에 대해서 이야기하겠네. 이게 가장 중요한 것이지. 달과 해의 영향은 한 달, 1년을 주기로 여기에 부수적으로 작용하지. 세 가지 종류의 조수가 관찰되네. 어떤 장소에서는 바닷물이 진행하지는 않으면서 오르내리지. 다른 어떤 장소에서는 오르내리지는 않으면서 동쪽으로 갔다 서쪽으로 갔다 하기만 해. 또 다른 어떤 장소에서는 높낮이와 흐르는 방향 둘 다 바뀌기도 해. 여기 베니스에서는 그렇게 되지. 물이 밀려들어 오면서 높아졌다가, 빠져 나가면서 낮아지니까. 이런 현상은 동서로 펼쳐져 있고 넓은 해변을 가진 만의 끝부분에 일어나는데, 물이 올라오면서 퍼질 공간이 있는 경우에 일어나지. 만약에 산이나 둑이 물길을 막으면, 물은 앞으로 나아가지 못하고 오르내리기만 하지. 다른 곳에서는 물이 높이는 바뀌지 않으면서 가운데 부분에서 이리로 갔다, 저리로 갔다 움직이게 돼. 칠라와 카리브디스 사이의 메시나(Messina) 해협[5]을 보면 이 현상이 특히 두드러져. 해협이 좁아서 바닷물이 매우 사납게 흐르기 때문이지. 탁 트인 지중해와 섬들 근처에서도 이런 현상이 일어나. 발레아레스, 코르시카, 사르디니아, 엘바, 시칠리아(아프리카 방향), 몰타, 그레테 등등의 섬에서 보면 높이 변화는 아주 작지만 바닷물의 흐름은 상당해. 섬들 사이나 섬과 대륙의 사이 바다가 좁아지는 곳을 보면 특히 그래.

다른 현상들은 모른다 하더라도, 이렇게 알려져 있는 실제 현상만 놓고 보더라도, 자연의 범위 내에서 생각하는 사람은 누구나 다 지구가 움직인다는 사실에 설득당하게 될 거야. 지중해의 수반(水盤)이 그렇게 단단히 붙어 있으면서 거기에 담긴 물이 그런 식으로 움직이도록 만든다는 것은 정말이지 내 상상력을 뛰어넘어. 나뿐만 아니라 이 문제에 대해 곰곰이 생각해 본 사람이라면 누구든지 말이야.

심플리치오 이런 일들은 최근에 생긴 게 아니야. 까마득한 옛날부터 있었고, 수없이 많은 사람들이 보아왔지. 상당수의 사람들은 이것을 설명하기 위해서 이러저러한 이유를 고안해 내곤 했어. 여기서 멀지 않은 곳에 위대한 소요학파 철학자가 한 명 살고 있는데, 그가 최근에 아리스토텔레스의 책에서 이 현상에 대한 원인을 끌어내었다네. 기존의 학자들이 아리스토텔레스의 책 내용을 제대로 이해하지 못했던 거지. 그 현상은 바로 바다의 깊이 차이에서 생긴다는 것을 아리스토텔레스의 책에서 이끌어 낸 것이야. 가장 깊은 곳에 있는 물은 양이 많고 무겁기 때문에 더 얕은 곳의 물을 밀어내지. 이렇게 올라간 물들은 다시 내려가려고 하는데, 이런 계속되는 싸움에서 바닷물의 조수가 생기게 돼.

밀물과 썰물이 달에서 유래한다고 생각하는 사람들도 많이 있다네. 달은 바닷물을 통솔하는 특별한 능력이 있다는 것이지. 최근에 어떤 성직자가 쓴 조그마한 책에 보면, 달이 하늘에 돌아다니면서 물을 자신에게로 끌어당겨서 자기를 따라 움직이도록 만든다고 쓰여 있어. 그렇기 때문에 달 바로 아래 부분은 늘 밀물이 되지. 그런데 달이 지평선 아래로 내려가고 난 다음에 다시 밀물이 되는데, 이것에 대해서는 제대로 설명을 하지 못하고 있어. 그래서 달이 물을 자연스레 끌어당기는 힘이 있을 뿐만 아니라, 그 힘을 황도대의 반대편 별들에게 전해 주는 게 아닌가 하고 써 놓았네. 잘 알고 있겠지만, 어떤 사람들은 달이 물에 열을 가하기 때문에 물의 온도가 올라가 부피가 커져서 밀물이 된다고 설명해 놓았어. 또 어떤 사람들은…….

사그레도 심플리치오, 그만해 두게. 그들을 일일이 손꼽는다고 해서 득이 될 게 뭐가 있겠나? 그들을 반박할 필요도 없어. 이런 식의 하찮은 말장난에 고개를 끄덕인다면 자네의 판단력에 해를 끼치게 되네. 우리가 알기로, 자네는 이제 막 실수의 굴레에서 벗어난 참인데.

살비아티 사그레도, 그렇게 닦달하지 말게. 심플리치오, 자네가 방금 말한 이런 것들이 실제로 가능성이 있다고 보는가? 내가 자네를 위해 짤막하게 설명해 주지.

심플리치오, 물의 표면이 더 높으면 낮은 위치에 있는 물을 밀어내. 그러나 물이 더 깊다고 해서 다른 물을 몰아낼 수는 없어. 높은 물이 낮은 물을 밀어내더라도, 그들은 곧 정지하고 평형을 이루게 되지. 자네가 말한 소요학파 철학자가 생각하기로는 이 세상의 모든 호수들과 (호수들은 밀물, 썰물이 없으니까) 조수의 변화가 없는 바다들은 바닥이 완전히 평평한 모양이지? 설령 깊이를 재는 방법이 없다 하더라도, 섬들이 물 위로 올라와 있는 것을 보면 바닥이 고르지 않다는 것을 알 수 있어. 달은 매일 전체 지중해 위를 지나지만, 물이 올라가는 것은 동쪽 끝과 여기 베니스에서만 일어나는 현상이라고 그 성직자에게 일러 주게.

달이 열을 가해 바닷물이 부풀어 오른다고? 병에다 물을 담은 다음에 불로 데워 보라고 그래. 병의 물이 손톱만큼이라도 올라갈 때까지 병을 잡고 있으라지. 그러고 나서 바닷물이 부풀어 오르는 것에 대해 글을 써보라고 해. 달이 왜 어떤 부분의 물은 부풀어 오르게 하면서 다른 어떤 부분은 그냥 놔두는지 물어보게. 여기 베니스에서는 간만의 차가 크지만 앙코나, 나폴리, 제노바에서는 차가 작거든.

감성이 풍부한 사람들은 두 부류로 나눌 수 있지. 하나는 이야기를 꾸며내는 사람들이고, 다른 하나는 그것들을 믿는 사람들이지.

심플리치오 지어낸 이야기임을 안다면 믿을 사람이 있겠는가? 밀물, 썰물의 원인에 대해 여러 가지 이론들이 많이 있지만, 진짜 주된 원인은 단 하나만 있을 테니까, 이것들 중 기껏해야 하나만이 옳고 나머지 것들은 모두 터무니없는 거짓말이라는 건 나도 잘 아네. 어쩌면 지금까지 제시된 이론들 중에 정답이 없을지도 모르지. 내가 보기에는 그런 것 같네. 만약 진짜 원인이 있다면 그게 더 밝게 빛을 내 다른 거짓 원인들의 어둠과 구별이 되겠지. 우리들끼리니까 솔직하게 말하는데, 지구의 움직임 때문에 조수가 생긴다는 것은 내가 지금까지 들은 다른 이론들과 마찬가지로 엉터리 같군. 이 자연현상에 잘 어울리는 그럴 법한 설명이 제기되지 않는 한, 나는 이게 초자연적인 현상이라고 주저 없이 말하겠네. 따라서 이것은 기적이며, 사람들의 머리로는 헤아릴 수 없는 것이지. 신의 전능한 손길이 닿은 것들 중 상당수가 그렇듯이 말이야.

살비아티 자네는 너무 신중하군. 그리고 자네가 한 말은 아리스토텔레스의 주장에서 벗어나지 못하고 있어. 자네도 알다시피, 그가 쓴 『기계학』(*Mechanics*)[6]의 시작 부분에 보면 원인이 밝혀지지 않은 일들은 모두 기적이라고 치부해 놓았거든. 그러나 내가 보기에 자네가 밀물, 썰물의 원인을 알 수 없다고 생각하는 가장 큰 이유는, 지금까지 진짜 원인이라고 제기한 이론들을 가지고는 우리가 적당한 기구를 가지고 실험해서 이 현상이 나타나도록 할 수가 없었기 때문인 것 같아. 햇빛이든 달빛이든, 열을 가하든, 수반의 깊이가 다르게 하든, 그릇에 담긴 물이 한 곳에서만 오르내리고, 이리저리로 왔다갔다 하도록 만들 수는 없어. 그릇이 움직이지 않는다면 말이야. 그러나 그릇을 움직이기만 하면 다른 어떤 재주를 부리지 않아도 바닷물에서 일어나는 온갖 변화들이 똑같이 일어나게 돼. 그러니 이 원인을 부인하고 기적이라 부르지 말게.

심플리치오 나는 차라리 기적이라고 생각하겠네. 그릇을 움직이지 말고 뭔가 다른 방법을 써서 설명해 주게나. 바닷물을 담고 있는 지구라는 그릇은 움직이지 않고 있으니까 말야.

살비아티 하지만 신이 전능한 힘을 쓰면 이 지구가 초자연적으로 움직이도록 만들 수 있지 않겠나?

심플리치오 누가 그걸 의심하겠나?

살비아티 심플리치오, 바닷물에 밀물과 썰물이 생기게 하기 위해서 기적을 도입해야만 한다면, 지구가 기적처럼 움직여서 바닷물에 조수가 자연스럽게 생기도록 만드세. 이렇게 하는 것이 기적들 중에 쉽고 자연스러운 편에 속하지. 많은 천체들이 돌고 있으니, 지구도 돈다고 하는 편이 물이 움직인다고 하는 것보다 쉬워. 엄청난 양의 물이 이쪽 저쪽으로 움직이고, 어떤 곳에서는 더 빨리 움직이고, 어떤 곳에서는 아예 움직이지 않고, 이런 모든 변화가 한 물그릇 안에서 일어나야 한다니……. 이건 여러 개의 기적이 일어나는 것이잖아? 지구가 움직이면 기적이 하나만 일어나면 충분하지. 뿐만 아니라 만약에 물이 움직인다면 또 다른 기적이 지층에 일어나야지. 물의 힘에 대항해 땅거죽을 단단히 붙들고 있어야 하니까. 만약 지층이 땅거죽을 기적적으로 붙들고 있지 않으면 물의 움직임에 따라서 땅거죽이 이리저리로 왔다 갔다 할 테니까.

사그레도 살비아티가 제시한 이 새로운 의견이 거짓인지 아닌지 판단하는 일은 잠시 뒤로 미루세. 심플리치오, 이것을 자네가 제시한 터무니없는 의견과 같은 것으로 분류하려 하지 말게. 기적이란 말은 함부로 쓰면 안 돼. 자연이라는 울타리 속에서 모든 주장들을 다 검토하고 난 다음에야 기적을 찾아야 해. 비록 신이 창조한 자연과 이 모든 것이 내게는 기적으로 여겨지기는 하지만…….

살비아티 나도 그렇게 생각하네. 밀물과 썰물이 지구의 움직임 때문에 자연히 생긴다고 해서 그게 기적이 아니라는 말은 아니지.

우리가 토론하던 걸로 돌아가세. 내가 다시 한번 강조하겠는데, 지중해에서 관찰할 수 있는 온갖 종류의 바닷물의 움직임들은 지금까지 누구도 그 원인을 제대로 설명하지 못했어. 물을 담고 있는 땅바닥이 움직이지 않는다면 말이야. 이 문제를 수수께끼로 만드는 건 매일 관찰할 수 있는 여러 현상들 때문이네. 내가 이런 현상들을 설명할 테니 귀기울여 듣게.

우리는 여기 베니스에 있는데, 지금은 물이 빠졌어. 바다는 잔잔하고, 바람도 잠이 들었어. 물은 이제 막 올라오기 시작하려는 참인데, 대여섯 시간 후에는 지금보다 열 뼘 이상 높이 올라와 있을 거야. 이렇게 올라오는 까닭은 원래 물이 부풀어 오르기 때문이 아니고, 새 물이 여기로 몰려오기 때문이야. 물론 새 물은 원래 물과 똑같은 물이야. 염도도 같고, 밀도도 같고, 무게도 같아. 그 위에 떠 있는 배는 머리카락 굵기만큼도 더 잠기지 않네. 물을 한 통 떠내면 같은 양의 원래 물과 비교해 무게가 조금도 더 늘지 않네. 차가운 것도 마찬가지야. 한마디로 말해서, 리도 해협의 입구를 통해 최근에 들어오는 걸 본 바로 그 물이지.

자, 이 물이 어떻게 여기로 오게 되었는지 설명해 주게. 바다 수반(水盤)에 거대한 구멍이 뚫려 있어서, 지구가 엄청나게 큰 고래가 숨을 쉬듯이 그 구멍을 통해 물을 빨아들이고 내뿜기 때문에 그렇게 된 건가? 만약 그렇다면 앙코나, 두브로브닉, 코르푸에서는 왜 여섯 시간 동안 물이 올라가지 않는가? 왜 그런 곳에서는 거의 눈에 띄지 않을 정도로 적게 올라가는가? 새 물을 거대한 물그릇에다 부어서 한 장소에서는 물이 올라가고 다른 장소에서는 물이 올라가지 않도록 만들다니, 도대체 누가 이런 재주를 가졌나?

이 새로운 물은 지브롤터 해협을 통해서 대서양에서 빌려 오기라도 했단 말인가? 그렇다고 해서 이런 난점들이 사라지지는 않지. 오히려 더 어렵게 되지. 우선, 물이 지브롤터 해협으로 들어온 다음 어떤 길을 따라서 움직이기에 불과 여섯 시간 만에 지중해의 반대쪽 끝에 닿을 수 있나? 자그마치 2-3천 마일이나 되는 거리가 아닌가? 되돌아가는 것은 또 어떻고? 바다에 떠 있는 배들이 어떻게 될 것 같은가? 그 해협은 어떻게 되겠는가? 엄청난 양의 물이 폭포를 이루며 끊임없이 흐를 텐데……. 불과 8마일 폭의 해협이 여섯 시간 동안에 수백 마일 너비에 수천 마일 길이인 넓이에 홍수가 일어나도록 물을 쏟아 부어야 한다니……. 호랑이나 송골매라 할지라도 그렇게 빨리 달리고 날지는 못할 거야. 시속 400마일의 속력으로 말이야.

해협을 가로질러 흐르는 물살이 있다는 걸 부정할 수는 없지. 보트의 속력이 약간 떨어지기는 하지만, 물살은 매우 느려서 보트를 타고 노를 저으면 물살을 이길 수 있어. 그리고 만약 물이 해협을 통해서 들어온다면 또 다른 난점이 생겨. 왜 거기에서 멀리 떨어진 여기는 물이 그렇게 높이 올라가는데, 해협 가까이에 있는 곳에서는 비슷하게 혹은 더 많이 올라가지 않는가? 요약하면, 아무리 억지를 부리거나 아무리 교묘하게 머리를 써도 이런 난점들을 극복하고 지구가 고정되어 있다고 주장할 수는 없어. 자연의 한계 내에서 생각하면 말이야.

사그레도 지금까지 말한 것들은 잘 알겠는데, 만약 지구가 움직인다고 가정하면 이 놀라운 현상들이 어떻게 해서 자연스럽게 생기게 되는지 정말 궁금하군. 어서 설명해 주게.

살비아티 이러한 현상들은 자연스러운 지구의 움직임에 따라서 저절로 생기게 돼. 어떤 장애나 저항도 없을 뿐 아니라 쉽게 따라오게 되지. 쉽게 따라오는 정도가 아니라, 이 방법 이외의 다른 어떠한 방법으로도 이런 현상들이 생기지 않도록, 필연적으로 따라나와야 해. 왜냐하면 자연스럽고 참된 일들은 반드시 그런 조건과 성질을 가지니까.

우리가 감지하는 물의 움직임과 그 물을 담고 있는 그릇이 움직이지 않는 것을 동시에 설명하는 것은 불가능하다는 걸 입증했으니, 물그릇을 움직이면 실제로 관찰한 것과 같은 현상들이 일어날 수 있는지 따져 보세. 그릇에 담긴 물이 이쪽 끝으로 움직였다 저쪽 끝으로 움직였다 하고, 거기서 오르내리게 할 수 있도록 그릇을 움직이는 방법은 두 종류가 있네. 첫 번째는 그릇의 한쪽을 낮추고 그 다음에는 다른 쪽을 낮추고 하는 거야. 그렇게 하면 물이 낮은 쪽으로 흐를 테니까 양쪽 끝에서 번갈아서 올라가고 내려가게 되지. 그러나 이렇게 그릇이 내려가고 올라가는 것은 지구 중심에 가까이 가거나 멀어지는 것이니, 이 지구를 커다란 물그릇이라고 생각했을 때, 그런 움직임을 지구 자체에 부여할 수는 없어. 왜냐하면 지구에 부여될 수 있는 움직임이 무엇이든지 간에, 물그릇의 어떤 부분도 그런 움직임에 의해서 지구의 중심에 가까워지거나 멀어질 수는 없기 때문이지.

다른 종류의 운동은 그릇을 기울이지 않고, 때로는 가속되고 때로는 감속되면서, 즉 일정치 않고 변화하는 속력으로 움직이면서 가속되거나 감속되는 경우에 발생하지. (물은 그릇에 담겨 있지만 고체와 달라서 단단히 붙어 있는 게 아니지.) 그런 속도의 변화에서부터, 물이 유동성 때문에 비교적 자유롭게 움직일 수 있다는 것과, 그릇이 변하는 대로 변하지는 않는다는 것이 따라나오게 되지. 그래서 그릇의 속력이 늦춰지는 경우, 물은 이미 전해받은 힘〔impetus〕을 간직하고 있으니, 앞쪽으로 계속 움직여서 물이 반드시 올라가게 되지. 반대로 그릇의 속력이 빨라지면, 물은 느린 상태를 계속 지니고 있으니, 이 새로운 힘〔impetus〕에 익숙해지기까지는 뒤로 처지게 되지. 뒤쪽 끝으로 몰리게 되니까, 그 부분에서 약간 물이 올라가지.

이 도시에서 사용할 물을 가득 싣고 푸지나에서 오는 짐배(바지선)

의 예를 보면, 이런 현상들을 분명하게 설명하고 확인할 수 있어. 물을 담은 배가 얕은 바다를 적당한 속력으로 움직이고 있다고 상상해 봐. 배에 담긴 물은 잔잔히 수평을 이루고 있겠지. 그러다가 배가 어떤 장애물에 부딪히거나 또는 장애물을 피해 돌기 위해서 속력을 크게 줄였다고 해봐. 이제 물은 이전에 배와 똑같이 받았던 힘〔impetus〕을 곧장 잃어버리지는 않을 거야. 힘을 계속 지니고 있기 때문에, 물은 앞으로 움직여 이물(뱃머리) 쪽으로 쏠리게 돼. 이물 쪽에서는 물이 올라가고, 반대로 고물(船尾) 쪽에서는 물이 내려가지. 만약 배가 평온한 바다 위를 움직이다가 갑자기 속력이 빨라지면, 배에 담긴 물은 그 속력을 전해받을 때까지 느린 상태를 유지하기 때문에 고물 쪽으로 처지게 돼. 고물에서는 물이 올라가고 이물에서는 물이 내려가지. 이 현상은 하도 명백해서 의심할 여지가 없어. 언제라도 실험을 해 확인할 수 있어. 이 현상에 대해 특히 주목해야 할 사항이 세 가지 있어.

첫째, 그릇의 한쪽 끝에서 물이 올라가도록 하기 위해서 물을 새로 더해 주어야 하는 것도 아니고, 물이 반대편에서 그쪽으로 흘러야 하는 것도 아니야.

둘째, 배가 아주 빨리 움직이고 장애물이 아주 강하게 배에 부딪혀 진행을 막은 경우가 아니라면, 물의 가운데 부분에서는 눈에 띄일 정도로 높아지거나 낮아지는 것은 아니야. 만일 그런 경우라면 물이 앞으로 쏠리는 정도가 아니라 배 밖으로 쏟아져 나가겠지. 배가 느리게 움직일 때 갑자기 큰 힘을 가해 주어도 같은 일이 일어날 거야. 그러나 배가 보통으로 움직이다가 약간 가속이 되거나 감속이 된다고 해도, 가운데 부분의 높낮이 변화는 감지하기 어려울 정도야. 다른 부분들은 가운데와 가까워짐에 따라서 변화의 폭이 작아지지. 가운데에서 멀면 멀수록 변화가 더 커지고.

셋째, 가운데 주변의 부분들은 양 끝에 비해 오르내리는 변화가 매우 작지만, 물이 이리저리로 흐르는 정도는 양 끝에 비해 훨씬 크지.

자, 이것을 보게. 배가 그 속에 담긴 물에게 하는 일, 물이 자신을 담고 있는 배에게 하는 일은 바로 지중해 수반이 그 속에 담긴 바닷물에서 하는 일, 바닷물이 자신을 담고 있는 지중해 수반에게 하는 일과 완전히 똑같아. 그 다음에 우리가 할 일은, 지구 자체에는 고르고 일정한 운동이 부여될 수 있을지라도, 지중해와 다른 모든 바다의 수반이(즉, 지구의 모든 부분들이) 분명히 불규칙하게 움직인다는 사실을 보이는 것이네.

심플리치오 내가 수학자나 천문학자는 아니지만, 이것은 일견 커다란 모순 같네. 전체는 일정하게 움직이는데 거기에 늘 붙어 있는 각 부분들은 불규칙하게 움직인다니……. 전체에 대해 성립하는 원리는 부분에 대해서도 적용할 수 있다(candem esse rationem totius et partium)는 격언에 어긋나는군.

살비아티 심플리치오, 내가 이 모순이 옳음을 증명하겠네. 그리고 나서는 이것에 반대해 그 격언을 변호하든지, 아니면 둘이 조화를 이루도록 만들든지, 그건 자네가 알아서 하도록 하게. 아주 쉽고 간단하게 증명할 거야. 그것은 우리가 밀물과 썰물에 유리한 듯한 말을 꺼내지 않고도 지난 며칠간 길게 다루었던 지구의 움직임에만 바탕을 두어도 충분해.

우리가 이미 말했듯이, 지구는 두 종류의 움직임을 갖고 있어. 하나는 연주(공전)운동인데, 지구의 중심이 황도의 궤도를 따라 12궁의 순서대로(즉, 서에서 동으로) 움직이는 운동이지. 다른 하나는 지구가 자신의 중심 주위를 대략 스물네 시간에 한 바퀴씩, 역시 서에서 동으로 움직이는 자전운동이지. 자전은 약간 기울어져 있고 연주 공전의 축과 평행하지 않은 축을 중심으로 돌지. 이 운동들은 둘 다 균일하지

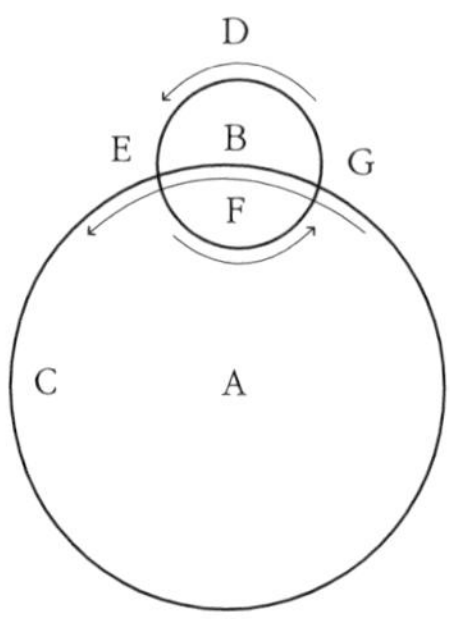

그림 1

만, 이 둘을 더하면 지구의 각 부분들은 고르지 않은 운동을 하게 되지. 이것을 더 쉽게 이해할 수 있도록, 그림을 그려서 설명해 주겠네.

그림 1에서 점 A를 중심으로 해서 지구의 공전 궤도 BC를 그리겠네. 그 위에서 점 B를 잡도록 하세. B를 중심으로 작은 원 DEFG를 그린 다음, 이게 지구를 나타낸다고 하세. 지구의 중심 B가 궤도를 따라 서에서 동으로 움직인다고 하세. 즉, B에서 C로 말이야. 그리고, 지구는 B를 중심으로 해서 서에서 동으로 자전한다고 하세. 즉, 스물네 시간에 한 바퀴씩 D, E, F, G 방향으로 도는 것이지.

이것을 자세히 보게. 원이 자신의 중점에 대해 자전을 하면, 원의 각 부분들은 다른 시간에는 반대되는 운동들을 하게 돼. 점 D 근처의 부분은 왼쪽으로 (E를 향해) 움직일 때, F 근처의 반대쪽 부분은 오른쪽으로 (G를 향해) 움직인다는 걸 고려하면, 이건 명백해. 그러면 점 D가 F로 가면, 그 움직임은 원래 D에 있을 때의 움직임과 반대가 되는 거지. 게다가 점 E가 아래로 F를 향해 내려갈 때, 점 G는 위로 D를 향해 올라가게 돼.

지구가 자신의 중점에 대해 자전을 할 때 각 부분들이 서로 반대되게 움직이기 때문에, 일주운동과 연주운동을 더한 절대운동은 표면의 각 부분이 시간에 따라서 가속이 되었다가 또 그만큼 감속이 되었다가 하게 되네. 우선 D 근처에 있던 부분을 보게. 여기서는 두 개의 운동이 같은 방향이어서, 즉 둘 다 왼쪽으로 운동하고 있으니까, 절대운동은 상당히 빨라. 왼쪽으로 움직이는 연주운동은 지구의 모든 부분에 공통이 되지. 일주운동의 경우 점 D 근처에서는 왼쪽으로 움직이지. 그러니 여기서는 일주운동이 연주운동과 합쳐져서 더 빨라지지.

D의 반대쪽 F 부근에서는 이게 반대로 돼. 연주운동은 지구 전체에 공통이 되니까 이 부분도 왼쪽으로 움직이는데, 일주운동은 이 부분을 오른쪽으로 이동하고 있어. 즉, 연주운동에서 일주운동을 빼야 해. 그렇기 때문에 이 둘을 합친 절대운동은 상당히 느려지게 돼.

점 E와 G 근처에서는 절대운동이 단순히 연주운동과 같아. 일주운동이 연주운동에 거의 아무런 영향도 끼치지 않기 때문이지. 일주운동에 의해서는, 왼쪽이나 오른쪽으로 움직이는 게 아니라 위 · 아래로 움직이고 있으니까. 이것을 보면 다음과 같이 결론을 내릴 수 있어. 지구가 일주이든 연주이든 어느 한 운동만 하면, 지구 전체는 물론 모든 부분들에서 일정한 속력으로 고르게 움직이지만, 이 두 운동을 섞으면 지구의 각 부분들이 이런 식으로 고르지 않게 움직이며, 연주운동에다 일주운동을 더하거나 빼야 하니까 가속되었다가 감속되었다가 하게 되네.

만일 (경험에 의해 증명된 것처럼) 물그릇의 경우에 속력이 빨라졌다 늦어졌다 하면 거기에 담긴 물이 전체 길이를 따라 뒤로 쏠렸다 앞으로 쏠렸다 하면서 양 끝에서 물이 높아졌다 낮아졌다 하는 것이 참이라고 한다면, 바닷물의 경우에도 이런 현상이 나타날 수 있다고(혹은 나타내야 한다고) 인정한다고 해서 무슨 문제가 있겠는가? 왜냐하면 수반(水盤)이 그런 식으로 움직이고 있기 때문이지. 동서로 펼쳐진 바다는 수반이 동서 방향으로 움직이고 있으니 특히 더 그렇겠지.

이게 바로 밀물과 썰물을 일으키는 가장 근본적이고 실제적인 원인이야. 이것 없이 밀물과 썰물은 생기지 않아. 그렇지만 서로 다른 시간과 장소에서는 매우 많고 다양한 현상들을 관찰할 수 있어. 이것들은 모두 근본 원인과 어떤 관계를 맺고 있지만, 여러 가지 부수적인 요인들에 의해서 결정이 되지. 그러니 다음에 할 일은 이런 다양한 현상들의 원인이 될 만한 여러 가지 요인들을 제시하고 검토하는 것이야.

첫째, 물그릇의 속력이 상당히 느려지거나 빨라져서 물이 앞이나 뒤로 쏠리게 되었다고 해도, 그 근본 원인이 사라지면 물은 그 상태로 머무르지 않아. 물은 자신의 무게와 수평과 평형 상태가 되려는 자연스런 성질이 있으니, 물은 다시 수평이 되려고 되돌아가게 돼. 물은 유체이고 무게가 있어서, 단지 평형 상태로 돌아갈 뿐만 아니라 그 이상까지 나아가게 돼. 자신의 힘 때문에 계속 움직여서 원래 내려갔던 부분이 오히려 올라가게 되지. 하지만 그 상태로 계속 머무는 것도 아니야. 계속되는 진동을 통해, 물이 얻은 속력은 갑자기 사라져서 정지 상태로 돌아갈 리가 없음을 알 수 있어. 속력은 차츰차츰 줄어들어 조금 조금씩 느려지게 돼. 줄에다 무거운 추를 매단 다음 가만히 있는 상태(수직 상태)에서 줄을 당겼다가 놓으면, 추는 상당히 오랫동안 왔다갔다 진동을 하지. 수직 상태를 지나 계속 움직이고, 되돌아오고 한단 말이야. 한참 후에야 수직 상태에 가만히 머물게 되지. 물의 움직임도 이와 마찬가지야.

둘째, 앞서 언급한 이런 왕복운동이 더 큰 진동수를 가지고 하는지 더 작은 진동수를 가지고 하는지(더 자주 하느냐, 아니면 드문드문 하느냐)는 물을 담고 있는 그릇의 길이에 달렸어. 물그릇이 짧으면 더 자주 왕복운동을 하게 되지. 물그릇이 길면 왕복운동을 드문드문 하게 되지. 이건 더 긴 줄에 추를 매달면 짧은 줄에 매단 추에 비해서 진동을 더 드물게 하게 되는 진자와 마찬가지야.

셋째, 물그릇이 얼마나 긴지 짧은지에 따라 물이 진동하는 주기가 달라지는 것뿐만 아니라, 물그릇의 깊이에 따라서도 주기가 달라지게 돼. 물그릇의 길이가 같더라도 깊이가 다른 경우에, 더 깊은 물이 더 자주 진동을 하게 되고, 더 얕은 물의 경우 같은 시간 동안 진동하는 횟수가 더 적어.

넷째, 이런 진동은 물에 두 가지 효과를 나타내는데, 이것들을 알아차리고 자세히 관찰을 해야 해. 하나는 양쪽 끝이 번갈아 가며 오르락내리락 하는 것이고, 다른 하나는 물이 수평으로 이리저리로 흐르는 것이지. 물의 서로 다른 부분은 이 두 가지 다른 운동을 다르게 지니고 있어. 물의 양쪽 끝은 위아래로 오르내리지. 가운데 부분은 위로 올라가거나 아래로 내려가는 움직임이 전혀 없어. 다른 부분들은 끝으로 가면 갈수록, 그에 비례해서 오르내리는 정도가 더 커져. 반대로 가운데 부분은 다른 운동을 심하게 해. 즉, 물이 앞으로 갔다 뒤로 갔다 하면서 흐르는 운동을 많이 해. 양쪽 끝 지점은 이 운동을 전혀 하지 않지. 물론 양 끝에서 물이 너무 높이 올라가 그릇 밖으로 넘쳐흐르면 이 운동도 하게 되겠지만, 양 끝에서 그릇의 둘레를 높여서 물을 막아 주면, 물은 다만 위아래로 오르내릴 뿐이지. 그렇다고 해서 가운데 부분의 물이 앞뒤로 흐르지 못하는 것은 아니지. 다른 부분에서도 마찬가지야. 가운데와 가까운지 아니면 먼지에 따라 더 심하게 흐르거나 더 적게 흐르거나 하지.

다섯째, 이건 특히 조심스럽게 따져 보아야 해. 이건 실험을 해서 재현할 수가 없으니까. 내가 말하고 싶은 것은 다음 사항이야. 우리가 앞에서 말한 거룻배처럼 물을 담고 있는 그릇의 경우는, 속력이 빨라지든 느려지든 그 그릇 전체와 모든 부분들이 똑같이 빨라지거나 느려지게 돼. 예를 들어, 배가 어디에 부딪혀 속력이 줄어들면, 배의 앞부분이든 뒷부분이든 마찬가지로 속력이 줄어들지. 가속이 될 때도 마찬가지야. 즉, 어떤 새로운 힘이 가해져 속력이 빨라지면, 이물이든 고물이든 똑같이 가속이 되는 거지. 그러나 바다의 수반(水盤)이라는 거대한 물그릇의 경우는(바다의 수반은 고체인 지구에서 움푹해진 부분에 불과하지만), 속력이 빨라지고 느려지는 것이 양쪽 끝에서 동시에 똑같이 일어날 수 없어. 지구의 두 운동인 연주운동과 일주운동을 합

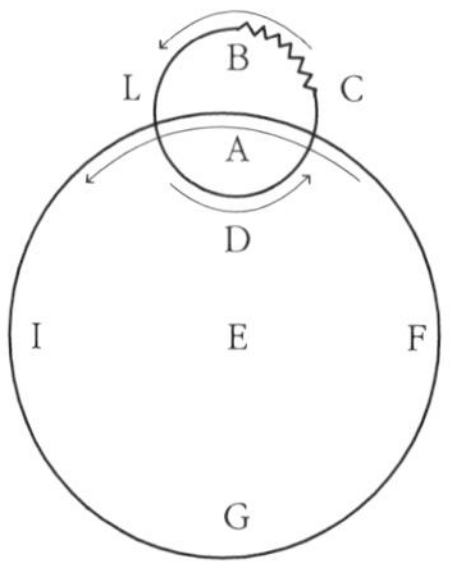

그림 2

했을 때, 이 거대한 그릇의 한쪽 끝은 속력이 매우 느려지는데, 반대쪽 끝은 오히려 속력이 빨라질 수도 있기 때문이지.

자네들이 쉽게 이해할 수 있도록, 앞에서 나온 그림을 다시 그려서 설명해 주겠네. **그림 2**를 보게. 어떤 바다의 길이가 사분원이라고 하세. 예를 들어, 호 BC가 바다라고 하세. 내가 이미 말했듯이, B 부근에서는 연주운동과 일주운동이 같은 방향이니 둘을 더하면 매우 빠르게 움직이게 돼. 그때 C 부근의 속력은 B와는 달리, 일주운동에 의해서 앞으로 움직이지 않기 때문에 약간 느려지게 돼. 예를 들어, 바다의 수반이 호 BC만큼 길다면, 양쪽 끝은 같은 시각에 움직이는 속력이 서로 달라. 바다의 길이가 매우 길어서 반원이 되고 그 바다가 호 BCD 위치에 놓여 있다면, 속력이 전혀 딴판이 돼. 한쪽 끝 B에서는 매우 빨리 움직이고, 반대쪽 끝 D에서는 매우 느리게 움직이게 되고, 가운데 부분 C에서는 중간 속력으로 움직이게 되기 때문이지. 바다의 길이가 짧아지면 짧아질수록, 각 부분들이 어떤 때에 제각각으로 빨리 움직이고, 느리게 움직이는 이상한 현상은 점점 줄어들지.

그릇 전체가 똑같이 빨라지거나 느려지는 것이 그릇에 담긴 물이 앞 · 뒤로 쏠리게 만드는 원인이 될 수 있음을 실험을 통해서 확인할 수 있다고 한다면, 그릇이 하도 이상한 위치에 놓여 있어서 각 부분들이 서로 다르게 가속이 되고 감속이 되면 물은 도대체 어떻게 되겠나? 물의 움직임이 더 이상야릇해지고 더 심하게 요동칠 게 당연하지 않은가? 대부분의 사람들은 인공적인 장치나 그릇을 가지고 그런 현상을 시험해 볼 수 없다고 생각하겠지만, 그게 완전히 불가능한 것은 아니야. 나는 이 놀라운 움직임의 결합을 자세하게 관찰할 수 있는 실험 기구(mechanical model)를 갖고 있네. 그러나 지금 우리가 하려는 일의 경우는, 우리가 지금까지 머리를 써서 생각해 낸 것만 해도 충분해.

사그레도 내 생각을 말해 볼까? 바다 수반에서 이런 놀라운 일이 일어나야 한다는 건 잘 알겠네. 동서로 길게 펼쳐진 바다의 경우 특히 심하겠지. 지구는 동서 방향으로 움직이니까. 이때 생기는 현상은 꿈도 꾸기 어렵고, 우리가 인공적인 도구들을 통해 이에 대응하는 움직임을 만들 수도 없어. 그러니 이때 생기는 현상은 우리가 실험을 통해 재현하기가 불가능할 거야.

살비아티 이런 것들을 염두에 두고, 밀물과 썰물에 관계되는 온갖 종류의 다양한 현상들을 검토해 보세. 우선, 작은 바다나 호수, 연못에는 왜 밀물과 썰물이 뚜렷하게 생기지 않는지 쉽게 알 수 있어. 두 가지 강력한 이유가 있지. 한 가지는, 수반의 길이가 그리 길지 않아서, 각 부분들의 속력 차이가 거의 없기 때문이지. 앞부분이든 뒷부분이든 똑같이 가속이 되고 감속이 돼. 즉, 동쪽이나 서쪽이나 마찬가지란 말이지. 그리고 속력의 변화는 매우 작게 조금 조금씩 일어나. 어떤 장애물에 부딪혀서 속력이 갑자기 줄거나 어떤 강한 힘이 갑자기 가해져 급격히 빨라지거나 하는 게 아니야. 물을 담고 있는 그릇의 모든 부분이 똑같이 천천히 같은 속력으로 변화하면, 이런 균질성으로 인해 그 속에 담긴 물도 거의 저항 없이 이런 일정한 힘을 전달받게 돼. 그러니 양쪽 끝에서 물이 오르내리거나 이리저리로 흐르는 현상은 거의 관찰하기 어려울 지경이지. 이 현상은 인공적인 물그릇에서도 관찰할 수 있어. 매우 느리게 일정한 정도로 가속을 하거나 감속을 하면 그 속에 담긴 물도 같은 정도로 가속이나 감속이 되거든. 그러나 동서로 길게 펼쳐진 바다에서는, 한쪽 끝에서는 매우 느리게 움직이고 다른 쪽 끝에서는 매우 빠르게 움직이기 때문에, 가속이나 감속이 훨씬 더 두드러지고 고르지가 않아.

두 번째 이유는, 물이 전해받은 힘에 따라서 왕복운동을 되풀이하는 데에 있어. 내가 이미 말했지만, 조그마한 그릇에서는 진동이 더 자주 되풀이 돼. 지구의 운동은 물에게 열두 시간을 주기로 하는 두 가지 힘을 주려는 경향이 있어. 물을 담고 있는 이 지구는 하루에 한 번씩 가속이 되고, 감속이 되고 하니까. 이 두 번째 원인은 물의 무게에 의존하고 있어. 물은 평형 상태로 돌아가려 하다가 진동을 하게 되지. 한 시간, 두 시간, 세 시간……. 이건 물그릇의 길이에 달렸어. 이 진동이 주된 움직임과 결합되어도, 조그마한 물그릇의 경우 주된 움직임도 매우 작기 때문에, 전체 움직임은 감지하기 어렵게 돼. 주된 힘은 열두 시간을 주기로 작용하는데, 그 힘의 작용이 끝나기도 전에 이렇게 물의 무게에 의한 진동이 겹쳐지게 되거든. 진동 주기는 한 시간, 두 시간, 세 시간, 네 시간, 이런 식으로 어떤 길이가 될 텐데, 이것은 그 수반의 길이와 깊이에 의해서 결정돼. 주된 힘과 어긋나게 작용하면서, 이 진동은 물이 원래 올라가려던 높이만큼 올라가지 못하게 막게 되어서, 원래의 절반도 못될 거야. 이런 상충하는 힘에 의해서 밀물과 썰물은 흔적조차 사라져 찾아볼 수 없게 되지. 바람이 계속 바뀌는 것은 어떻고. 물결이 일면 물이 약간 올라가거나 내려가는 것은 알아차릴 수 없게 되지. 물을 담고 있는 호수의 길이가 (경도) 한 눈금 정도라면 높이의 변화는 손가락 한 마디 정도일 거야.

그 다음, 밀물과 썰물의 주된 원인은 열두 시간을 주기로 작용할 것 같은데(열두 시간 동안 빨리 움직이고, 열두 시간 동안 느리게 움직이니까), 왜 실제 밀물과 썰물의 주기는 여섯 시간으로 보이는지 설명해 주지. 그 까닭은 주된 원인 하나에서만 유래하는 게 아니야. 이차적인 원인들을 도입해야만 하지. 즉, 수반(水盤)이 얼마나 긴지 짧은지 그리고 거기에 담긴 물이 얼마나 깊은지 얕은지를 따져야 해. 이러한 원인들이 물을 움직이게 만들지는 않지만(물의 움직임은 주된 원인에서만 나와.

그게 없으면 물은 움직이지 않지), 이들은 진동이 지속되는 시간을 결정하게 되지. 그 역할이 하도 중요해서 주된 원인도 이들에게 고개를 숙여야 해. 그러니 여섯 시간이란 다른 어떠한 시간 길이보다 진동을 하기에 가장 알맞고 자연스러운 주기일 거야. 하지만 그게 여기 지중해의 주기이기 때문에, 가장 일반적으로 관찰되는 주기였을 수도 있었는지 몰라. 사실, 지중해 이외의 장소에서는 밀물과 썰물을 수세기에 걸쳐 자세하게 관찰한 적이 없어. 게다가 지중해의 모든 곳에서 이 주기를 관찰할 수 있는 것도 아니야. 에게 해나 헬레스폰트와 같이 좁은 곳에서는 주기가 훨씬 짧아. 그리고 주기들이 서로 제각각인 경우가 많아. 이렇게 차이가 생기는데도 아리스토텔레스는 그 까닭을 알 수가 없어서, 오랜 세월 동안 에우보아 절벽에서 그것을 관찰하다가 절망에 빠져 자살하기 위해서 바다에 뛰어들었다고 말하는 사람도 있어.

세 번째로, 홍해와 같은 바다에서는 왜 밀물과 썰물이 생기지 않는지 알 수 있어. 비록 매우 길기는 하지만, 그 길이가 동에서 서로 뻗은 게 아니고 남동에서 북서로 뻗어 있거든. 바닷물의 힘은 늘 자오선에 부딪히며 작용하고, 그것과 평행하게 작용하는 일은 없어. 그러니 극 방향으로 길게 뻗어 있고 동서 방향은 좁은 바다는 밀물과 썰물이 일어날 수 없어. 물론 그게 다른 바다와 통해 있으면서 크게 움직일 수 있다면 예외가 되겠지만 말이야.

네 번째로, 밀물과 썰물이 왜 만의 끝부분에서 물의 높낮이 변화가 크고, 가운데 부분에서는 변화가 작은지 그 까닭을 쉽게 이해할 수 있어. 우리가 매일 경험하고 있지만, 여기 베니스는 아드리아 해의 한쪽 끝에 놓여 있고, 높낮이 변화는 대개 대여섯 자(feet) 정도 돼. 그러나 끝부분에서 멀리 떨어진 지중해 영역에서는 그 변화가 훨씬 작아. 코르시카 섬이나 사르디니아 섬, 또는 로마나 레그호온의 해변에서는 변화가 반 자 정도에 불과해. 다른 한편으로, 왜 높낮이 변화가 작으면 물이 이리저리로 흐르는 정도가 크게 되는지 이해할 수 있어. 내가 말했지만, 이러한 현상들의 원인을 설명하는 것은 간단한 일이야. 온갖 종류의 물그릇들을 만들어 이런 현상들을 관찰해 볼 수 있기 때문이지. 그릇을 불규칙하게 움직이면 이런 현상들은 자연히 생겨나. 즉, 물그릇을 빨리 움직였다, 느리게 움직였다 하면 돼.

다섯 번째로, 일정한 양의 물이 넓은 해협을 지날 때는 느리게 움직이지만, 좁은 곳을 지날 때는 왜 격렬하고 사납게 흘러야 하는지 생각해 보세. 이것을 알면 칼라브리아와 시칠리아 사이의 좁은 해협에서 왜 격류가 생기는지를 이해하는 데 어려움이 없을 거야. 바다의 동쪽 부분은 광대한 섬과 이오니아 해 사이에 물이 갇혀 있지. 그 부분은 넓으니까 물이 느리게 서쪽으로 움직이지만, 칠라와 카리브디스 사이의 메시나 해협은 아주 좁으니까, 물살이 엄청나게 빨라져 커다란 소용돌이가 생기지. 이것과 비슷하지만 좀더 규모가 큰 물살이 아프리카와 마다가스카르 섬 사이에서 생긴다고 하더군. 두 개의 거대한 바다인 인도양과 남대서양 사이에 놓여 있으니, 물이 흐르다가 아프리카와 마다가스카르 사이의 좁은 공간을 빠져 나가려면 제약을 받게 되니까. 남대서양과 남태평양을 이어 주고 있는 마젤란 해협의 격류는 특히 엄청날 거야.

여섯 번째로, 이 분야에서 관찰할 수 있는 좀더 심오하고 흥미 있는 현상들을 설명하려면, 조수의 두 가지 근본 원인에 대해서 또 다른 중요한 숙고를 해 보아야 해. 그 둘을 서로 합치고 섞으면 어떻게 되는지 말이야. 내가 여러 번 말한 것처럼, 첫 번째 가장 간단한 원인은 지구의 각 부분들의 가속과 감속인데, 그것으로부터 물이 가지는 일정한 시간 주기가 결정되고, 스물네 시간 동안에 동으로 갔다가 서로 되돌아왔다가 하는 거지. 두 번째 원인은 물 자체의 무게에 의존하지. 주된 원인에 의해서 일단 움직이게 되면, 평형 상태로 돌아가려 하기 때문에 계속 진동을 하게 되지. 이것은 어떤 주기가 미리부터 정해져 있는 게 아니야. 그 물을 담고 있는 바다 수반의 길이와 깊이에 따라서 주기가 달라지게 돼. 그 주기가 두 번째 원인에 의해서 달라지기 때문에, 어떤 경우에는 한 시간을 주기로 되돌아오고, 어떤 경우는 두 시간, 네 시간, 여섯 시간, 여덟 시간, 열 시간 등등을 주기로 되돌아오게 돼.

만일 열두 시간을 주기로 작용하도록 하는 첫 번째 원인에다가 두 번째 원인을 더한다고 생각해 봐. 예를 들어, 두 번째 원인이 다섯 시간을 주기로 작용한다고 가정하지. 주된 원인과 부수적인 원인이 우연히 같은 방향으로 힘을 가하게 되면, 그때 밀물은 매우 크게 되겠지. 만장일치로 음모를 꾸민 것과 같아. 때에 따라서 주된 힘과 부수적인 힘이 서로 반대 방향으로 작용할 수도 있지. 그런 경우에는 서로가 힘을 빼앗으니까, 바닷물의 움직임이 약해져 거의 움직이지 않고 평온한 상태를 유지하지. 또 다른 어떤 때에는 두 힘이 서로 반대로 작용하지도 않고 완전히 일치하지도 않아서, 바닷물이 다른 방식으로 오르내리도록 변화하겠지.

좁은 해협을 통해 서로 이어져 있는 두 개의 거대한 바다는, 두 개의 운동 원인들이 뒤섞여 작용하다가 보면, 마침 한 바다에서는 밀물이 되는데 다른 바다에서는 반대가 될 수도 있지. 이런 경우는 그 둘을 잇는 해협에서 엄청난 격류가 생길 거야. 서로 반대되는 움직임에 의해 소용돌이가 일고 아주 위험하게 파도가 칠 거야. 이런 현상에 대한 이야기도 많이 들을 수 있어. 이런 식의 혼란스러운 움직임은 그 해협의 길이와 상태에 따라 달라질 뿐만 아니라, 이어져 있는 바다의 깊이 차이에 의해서 더욱 변화가 생기게 돼. 바람도 전혀 없고 대기가 잠잠해서 그런 물살이 일어날 까닭이 없는데도 여러 가지 종류의 복잡한 소용돌이가 일어나 선원들이 당혹해하는 경우가 많아.

바람에 의한 교란도 다른 것들과 함께 조심스레 고려해야 해. 그리고 주된 원인과 부수적인 원인에 의존하는 관찰 결과들을 크게 뒤바꾸어 놓을 수 있는, 세 번째 원인으로 간주해야 해. 예를 들어, 바람이 동에서 서로 강하게 계속 불면 물을 막아 주어서 썰물이 되지 않도록 만들 수 있어. 그때 정해진 시간이 되어 다시 밀물이 되거나, 또는 세 번째로 밀물이 되거나 하면 물은 매우 높이 부풀어 오를 수 있어. 이런 식으로 며칠 동안 바람의 힘이 물을 막아 두면 물이 평소보다 훨씬 높이 올라가 엄청난 해일이 일어날 수 있어.

우리는 바닷물을 움직이게 하는 요인으로 또 하나를 고려해야 하는데, 이게 일곱 번째 문제가 되겠군. 이것은 크지 않은 바다로 쏟아져 들어오는 강물의 양에 의존하는데, 바다를 서로 잇는 해협에서 물이 늘 한 방향으로 흐르는 경우는 이 이유 때문이지. 콘스탄티노플 아래에 있는 보스포러스 해협이 이런 경우이지. 거기에서는 바닷물이 항상 흑해에서 마르마라 해로 흘러들어 가거든. 흑해는 너무 짧아서 밀물과 썰물의 주된 원인이 큰 힘을 발휘하지 못해. 반면에, 여러 개의 커다란 강들이 흑해로 흘러들어 가니, 이 엄청난 양의 물을 보스포러스 해협을 통해 배출해 내야지. 보스포러스 해협의 물살도 상당히 유명한데, 거기서는 물이 늘 남쪽으로 흘러. 보스포러스 해협은 매우 좁기는 하지만 칠라와 카리브디스 사이의 해협과는 달리 물살이 심하게 요동치지는 않아. 보스포러스 해협의 경우 북쪽에 흑해가 있고, 남쪽으로는 마르마라 해, 에게 해, 지중해가 이어져 있거든. 그것들이 길기는 하지만, 내가 이미 언급했듯이, 바다가 남북 방향으로는 아무리 길어도 조수가 생기지 않아. 그러나 시칠리아 해협은 지중해의 부분들 사이에 놓여 있고, 지중해는 동서로 길게 펼쳐져 있으니 조수의 흐름 방향과 일치하며, 따라서 매우 센 물살이 생기지. 만약 지브롤터 해협이 더 좁다면 헤라클레스의 관문에서 그보다 더 센 물살이 일어날 거야. 마젤란 해협의 해류는 엄청나게 강한 것으로 알려져 있잖아.

하루 주기의 조수의 근본 원인으로 내가 생각해 낸 것과 그에 따라서 생기는 온갖 다양한 현상들을 내가 자네들에게 설명해 주었네. 이것과 관련해 하고 싶은 말이 있으면 지금 하도록 하게. 이걸 다 다루고 난 다음에 다른 두 개의 주기에 대해서 생각해 보세. 즉, 한 달과 1년을 주기로 한 움직임 말이야.

심플리치오 자네의 주장이 정말 그럴 법하다는 것은 인정하지. 하지만 그건 가정을 했기 때문이야(*ex propositione*). 즉, 코페르니쿠스가 지구에게 부여한 두 가지 운동에 따라서 지구가 움직인다고 가정했기 때문이지. 만약 이 운동들을 배제하면 이 주장은 헛되고 또 부당하네. 이 가설들을 배제해야 한다는 것은 자네의 추론에 의해서 분명히 지적된 것이야. 자네는 지구가 두 가지 운동을 한다고 가정하고는, 밀물과 썰물의 원인을 제시했지. 그리고는 역으로, 밀물과 썰물을 보면 지구가 두 가지 운동을 하는 것을 알 수 있다고 주장했네. 이는 순환적이야. 좀더 구체적으로, 물은 유체이기 때문에 땅에 단단히 붙어 있지 않고, 그 때문에 지구의 모든 운동을 꼭 그대로 따라 하지 않아도 된다고 주장했지. 이것으로부터 밀물과 썰물을 추론해 냈고.

자네의 주장을 그대로 따라서, 나는 다음과 같이 반박하겠네. 공기는 물보다 더 희박하고, 더 유동성이 강하지. 그리고 지구의 표면에 붙어 있는 정도도 덜하고. 물은 그래도 자신의 무게 때문에 매우 가벼운 공기보다는 지표면에 붙어서 무겁게 내리누르고 있지. 공기는 지구의 운동을 따라 하는 정도가 그만큼 덜할 거야. 그러니까 지구가 실제로 그렇게 움직인다면, 지구에 살고 있는 우리들은 지구와 같은 속력으로 움직이고 있기 때문에, 동풍이 엄청난 힘으로 항상 우리를 때리게 될 거네. 우리가 매일 겪는 경험을 통해서 반드시 이렇게 될 거라는 것을 알 수 있지. 예를 들어, 공기가 잔잔할 때 말을 타고 시속 8

내지 10마일 정도의 속력으로 달리면, 바람이 상당한 속력으로 우리 얼굴을 때리는 듯한 느낌이 들어. 그러나 우리가 한 시간에 800 내지 1천 마일의 거리를 움직이면, 공기는 그렇게 움직이지 않고 있으니 얼마나 강한 바람이 생길지 상상해 보게. 하지만 그런 현상은 전혀 느낄 수 없어.

살비아티 이 반론은 설득력이 있어 보이지만, 나는 다음과 같이 대답하겠네. 공기가 물보다 가볍고 엷기 때문에 무겁고 거추장스러운 물에 비해 땅에 잘 붙어 있지 않은 것은 사실이야. 그러나 자네가 이런 선행조건들을 바탕으로 이끌어 낸 결론은 옳지 않아. 자네에 따르면, 공기는 가볍고 희박하며 땅에 달라붙어 있지 않기 때문에 물보다 더 자유로워서 지구의 움직임을 따라가지는 않을 걸세. 그렇기 때문에 우리들처럼 지구와 완전히 같이 움직이는 사람들은 공기의 움직임을 분명히 느낄 수 있겠지. 그러나 사실은 이와 정반대야. 기억을 곰곰이 되살려 보게.

바닷물에 밀물과 썰물이 생기는 원인은, 물이 자신을 담고 있는 물그릇의 불규칙한 움직임을 따라하지 않고 원래 받은 힘을 그대로 지니고 있기 때문이지. 물그릇의 속력이 빨라지고 느려지는 것과 마찬가지로 빨라지고 느려지지 않기 때문이야. 새로 속력이 빨라지거나 느려져도 그것에 따르지 않는 것은 원래 받은 힘을 보존하기 때문이지. 그러니 움직이는 물체들 중에 이것을 잘 보존하는 물체가 그것을 보존함으로 해서 생기는 현상을 가장 잘 나타내는 데 가장 적절하지. 물이 한 번 요동치기 시작하면, 그렇게 되도록 만든 원인이 사라지고 난 다음에도 그 움직임을 보전하려는 성질이 강해. 바람이 강하게 불어서 물결이 이는 것을 보면 알 수 있어. 바람이 잠들어서 잔잔해진 다음에도 오랜 시간 계속 물결이 일거든. 시성은 이것을 다음과 같이 표현했지.

"에게 해는 깊어.

휘몰아치던 북풍은 잠이 들었지만,

바다는 잠들지 않네.

파도는 여전히 소리치며 일고 있네."

이런 식의 동요가 계속되는 정도는 물의 무게에 달려 있어. 내가 다른 기회에 얘기해 왔듯이, 가벼운 물체들은 무거운 물체들보다 움직이도록 만드는 것은 더 쉽지만, 일단 움직이도록 만든 원인이 사라지면, 가벼운 물체들은 자신들에게 가해진 움직임을 유지하기가 어려워. 공기는 매우 희박하고 가볍기 때문에 작은 힘만 가해도 움직이게 되지만, 움직이게 만들던 원인이 더 이상 작용하지 않으면 그 운동을 보존할 능력이 거의 없어.

공기는 이 지구를 둘러싸고 있으니, 물과 마찬가지로 지구와 접하여 함께 움직이게 돼. 특히 용기에 담긴 부분이 그렇게 될 것인데, 공기를 담고 있는 용기란 바로 산맥들에 둘러싸인 평야이지. 그 부분에 있는 공기가 산맥의 울퉁불퉁함에 휩쓸려 같이 움직인다고 주장하는 것은, 소요학파 철학자들처럼 공기의 윗부분이 천체의 움직임에 휩쓸려 따라 움직인다고 주장하는 것보다 훨씬 더 이치에 맞아.

지금까지 내가 말한 것들이 심플리치오의 반론에 대한 해명으로 충분해 보이는군. 그렇지만 나는 또 다른 반론을 제기하고 그것을 해명해서 심플리치오가 더욱더 만족하도록 만들어 주지. 이건 아주 놀라운 실험에 바탕을 두고 있고, 동시에 사그레도를 위해 지구가 움직인다는 사실을 뒷받침해 주고 있어.

공기들, 특히 그 중에서도 가장 높은 산봉우리보다 더 낮은 곳에 위치하는 공기들은 지표면의 울퉁불퉁함에 의해서 따라 움직이게 된다고 말했지. 그러니 만약 지구가 울퉁불퉁하지 않고 아주 평평하고 매끄럽다면, 공기가 지구를 따라 움직일 이유가 없을 거야. 아니면 공기가 그렇게 고르게 움직이도록 만들기는 어려울 거야. 물론 이 지구의 표면 전부가 울퉁불퉁하고 산맥으로 덮여 있는 것은 아니야. 아주 평평한 부분도 상당히 넓게 펼쳐져 있어. 바로 커다란 바다의 표면이지. 그 부분은 그들을 둘러싼 산맥들과 매우 멀리 떨어져 있으니, 그 위에 있는 공기가 같이 움직이지는 않을 것으로 보이네. 그러니 공기를 같이 움직이도록 만들지 못하는 데에서 파생되는 결과들을 감지할 수 있겠지.

심플리치오 나도 똑같은 반론을 제기하려던 참이었네. 이건 아주 강력해 보이는군.

살비아티 심플리치오, 자네가 이렇게 말한 것은 아마 지구가 도는 것에 따라 생기는 그런 공기의 움직임을 감지할 수 없으니, 지구는 움직이지 않는다고 주장하려고 그러는 것이겠지. 그렇지만 지구의 운동에 따라서 반드시 파생된다고 자네가 주장하는 이 현상이 실제로 생긴다고 하면 뭐라고 말하겠는가? 이 지구가 움직인다는 유력한 증거라고 수긍을 하겠는가?

심플리치오 만약 그렇다면, 나 혼자만을 상대로 이야기하려 하지 말게. 만약 실제로 그렇다면, 다른 사람들은 그 원인을 알고 있을지도 모르지 않는가.

살비아티 그러면 아무도 자네를 상대로 이길 수가 없겠군. 늘 지기만 하겠어. 그렇다면 이런 경기는 아예 할 필요도 없겠군. 그럼에도 불구하고 지금 심판이 지켜보고 있으니, 얘기를 계속하겠네.

내가 방금 말한 것에다 몇 마디 덧붙여서 다시 말하겠네. 공기는 희박한 유체이고 지표면에 단단히 붙어 있지 않으니까, 지구의 움직임을 꼭 따라서 움직일 이유는 없어. 그렇지만 지표면이 울퉁불퉁하니까 그 속에 담겨 있는 공기들은 같이 움직여야 하지. 가장 높은 산꼭대기에서 그렇게 멀리 떨어지지 않은 공기들도 아마 같이 움직여야 할 거야. 이 부분에 있는 공기는 지구의 움직임을 거역하려는 성질이 아주 약해. 이 공기는 지표면에서 나오는 증기, 연기, 김으로 가득 차 있고, 이들은 땅덩어리의 성질을 지니고 있는 물질들이니 자연히 지구와 마찬가지로 움직이게 돼. 그러나 운동의 원인이 없는 곳에서는, 즉 표면의 넓은 부분이 평평하게 펼쳐져 있고 땅에서 나오는 증기들이 섞인 양이 적은 곳에서는, 공기가 지구의 움직임을 똑같이 따라 갈 이유가 부분적으로 감소하게 돼. 그러므로, 지구는 서에서 동으로 움직이는 반면, 그런 곳에서는 바람이 늘 동에서 서로 부는 것을 감지할 수 있을 거야. 이 바람은 아마 지구가 가장 빠르게 도는 곳에서 가장 강하게 불 거야. 즉, 극에서 가장 멀리 떨어져 있고, 지구 일주운동의 큰 원과 가장 가까운 곳에서 말이야.

사실은 실제 경험이 이런 철학적 주장을 강하게 뒷받침하고 있어. 열대 지방(회귀선들 사이의 지역)의 넓은 바다 가운데는 육지와 멀리 떨어져 있으니 땅에서 나는 증기도 포함하지 않고 있고, 따라서 늘 동풍이 끊이지 않고 계속 불고 있어. 그 덕분에 서인도 제도로 가는 배들은 쉽게 항해할 수 있지. 마찬가지로, 멕시코 해변을 떠난 배들은 태평양을 가로질러 동인도 제도로 편안하게 항해할 수 있지. 동인도 제도는 지금 우리가 있는 곳에서 동쪽에 놓여 있지만, 멕시코에서 보기에는 서쪽에 놓여 있지.

반대로 인도에서 동쪽으로 항해하는 것은 매우 어렵고 불확실하게 돼. 같은 항로를 따라 되돌아오는 게 아니고, 육지에 가까운 항로를 잡아서 항해하는 게 보통이야. 그래야만 여러 가지 다른 원인에 의해서 생기는 온갖 다양한 바람의 도움을 받을 수 있지. 뭍에 살고 있는 우리들은 매일 경험하잖아? 여러 가지 다양한 원인들에 의해서 그런 바람들이 생겨나는데, 지금 그것들을 제시할 필요는 없겠지? 이렇게 때때로 부는 바람은 지구의 모든 방향으로 제멋대로 불어. 특히 적도에서 멀리 떨어져 있고 거친 지표면과 가까이 있는 바다들을 휘젓게 돼. 이런 우연적인 공기의 교란이 주된 바람을 방해하고 훼방놓게 되는데, 주된 바람은 우연적인 공기의 교란이 없을 때 대양에서 지속적으로 느낄 수 있는 것이지.

이것을 보게. 물과 공기의 움직임이 이 지구가 움직인다는 사실을 뒷받침하고 있군. 천체 관측을 통해 얻은 결과와 꼭 일치하는군.

사그레도 이보다 더 멋진 예를 소개해 주지. 이건 아마 자네가 모르고 있는 듯한데, 이것도 역시 이 결론을 확인해 주고 있어. 살비아티, 자네는 열대 지방에서 선원들이 부딪히는 현상들에 대해 얘기했지. 동풍이 끊임없이 부는 것 말이야. 나도 항해를 자주 하는 사람들로부터 이 이야기를 여러 번 들었어. 재미있는 것은 선원들은 이것을 '바람'이라고 부르지 않고, 다른 무엇으로 부르는 말이 있는데, 지금 그 낱말이 떠오르지 않는군. 그게 매우 고르게 부는 것에서 따온 이름 같았어. 이 바람을 만나면 돛대의 밧줄을 묶어 놓고는 다시 건드릴 필요조차 없어. 누워서 잠을 자도 항해하는 데 지장이 없어. 이 영원한 미풍을 사람들이 알아차릴 수 있었던 것은 다른 바람의 방해를 받지 않고 계속 불기 때문이지. 다른 바람이 이 바람을 방해한다면, 이 바람은 하나의 특이한 바람이라고 구별해 낼 수 없었을 거야.

이 생각을 바탕으로, 나는 지중해에도 이 현상이 나타날지 모른다고 추측했어. 늘 다른 바람과 뒤섞여 그것을 알아차리지 못했을 뿐일 거라고. 나는 심사숙고한 끝에 이런 말을 하는 거야. 내가 우리나라의 영사로서 알레포에 간 일이 있는데, 시리아로 가는 항해를 통해 배운 것을 바탕으로 얻은 이론이 이것을 뒷받침하고 있어. 배가 알렉산드리아, 알렉산드레타, 그리고 여기 베니스의 항구에 도착하고 떠난 날짜와 시각을 정확하게 기록해 두었지. 그 기록을 검토해 보면 매우 홍미 있는 결과를 거듭 확인할 수 있어. 여기로 돌아오는 항해에 (즉, 동에서 서로 지중해를 지나는 데) 걸린 시간은 반대 방향으로 움직일 때에 비해 25퍼센트 정도 적게 걸렸어. 그러니 대체로 보아서 동풍이 서풍보다 더 강함을 알 수 있어.

살비아티 이렇게 자세한 사항을 알게 되어서 기쁘군. 지구가 움직이고 있다는 것을 확인하는 데 적잖이 기여하고 있어. 많은 강들이 지중해에 물을 쏟아붓고 있으니, 그 물을 비우기 위해서는 지중해는 늘 지브롤터 해협으로 흐르고 있을지도 몰라. 그러나 물살의 힘이 그렇게 큰 차이를 만들 정도로 강하다고는 생각하지 않네. 파로스에서 보면 바닷물이 서로 흐르는 것 못지않게 동으로도 흐르거든.

사그레도 나는 심플리치오와 달리 나 외의 다른 사람을 설득하려고 염려하지 않네. 그리고 이 첫 부분에 대해 만족스럽게 생각하네. 살비아티, 이제 그 다음으로 넘어가도록 하지.

살비아티 자네 뜻에 따르겠네. 그렇지만 심플리치오가 어떻게 생각하는지 듣고 싶군. 심플리치오가 하는 말을 들으면 소요학파 철학자들이 내 주장에 대해 어떻게 생각할지 알 수 있어. 내 주장이 그들 귀에 들어간다면 말이야.

심플리치오 내 의견을 갖고 다른 사람들의 판단을 짐작하는 기초로 사용하지 말았으면 하네. 내가 여러 번 말했지만, 나는 이런 종류의 공부를 이제 막 시작한 풋내기에 불과해. 철학의 가장 깊은 곳까지 통찰한 사람들이 생각해 낼 수 있는 것들을 나는 도저히 생각해 내지 못할 거네. 나는 이제 막 대문에 들어선 참이지. 그렇지만 내게도 번득이는 기지가 있음을 보여주겠네. 자네가 나열한 여러 현상들은, 특히 맨 나중의 것은 하늘이 움직인다고 가정하기만 하면 충분히 설명할 수 있네. 즉, 자네가 제시한 것과 정반대가 되는 것을 쓰면 되고, 그 이외의 다른 신기한 이론은 필요 없네.

소요학파 철학자들에 따르면, 상당한 양의 공기와 불의 원소들이 하늘의 움직임에 의해서 동에서 서로 움직이지. 그들을 담고 있는 달의 천구와 접하기 때문이야. 나는 자네의 발자국에서 조금도 벗어나지 않으면서 다음과 같이 주장하겠네. 즉, 그 위에서부터 가장 높은 산봉우리의 꼭대기에 이르기까지 높이의 공기들은 이 운동을 하고, 산봉우리들이 이 운동을 방해하지만 않으면 여기 지표면에 이르기까지 모든 공기들이 그렇게 움직일 거네. 자네는 산봉우리들에 둘러싸인 공기들은 지구의 울퉁불퉁함에 의해서 지구와 같이 돌게 된다고 주장했지만, 나는 역으로 그 공기들을 제외하고 산봉우리보다 더 높이 있는 공기들은 하늘의 움직임을 따라서 같이 돌게 된다고 주장하겠네.

산봉우리 아래에 놓인 공기들은 지구가 울퉁불퉁해서 움직임을 방해하고 있지. 자네는 이런 울퉁불퉁함을 없애면 공기들이 자유롭게 된다고 주장했지만, 나는 지표면이 평평하게 되면 모든 공기들이 하늘의 움직임을 따라서 움직이게 된다고 주장하겠네. 넓은 바다의 표면은 평평하고 매끄러우니까, 그런 곳에서는 동풍이 쉬지 않고 계속 불게 될 거야. 특히 적도 근처의 열대 지방이 심하겠지. 하늘은 적도에서 가장 빨리 움직이고 있으니까.

하늘의 움직임이 그 속에 자유롭게 놓여 있는 공기가 따라 움직이도록 만들 정도로 강하다면, 물도 이와 마찬가지로 움직이도록 만들 수 있다고 말하는 것이 이치에 맞지. 지구는 움직이지 않지만, 물은 유체이니까 지구에 단단히 붙어 있지 않지. 이런 움직임은 그것을 유발하는 원인에 비해 훨씬 느리다고 말했으니, 내 주장을 뒷받침하는 셈이 되는군. 하늘은 지구 전체를 감싸며 하루에 한 바퀴를 돌아야 하니 한 시간에 수천 마일의 거리를 움직여야겠지. 적도 근처에서 특히 빨리 움직여야 할 거야. 반면에 탁 트인 바다에서 해류는 기껏해야 한 시간에 몇 마일 거리를 흐르거든. 이 때문에 서쪽으로 항해하는 게 더 편하고 빠르지. 동풍이 계속 불 뿐만 아니라, 바닷물도 그 방향으로 흐르니까.

이런 해류 때문에 밀물과 썰물이 생길지도 모르지. 해안이 곳곳에 놓여 있으니, 물살이 해안을 때린 다음에 반대 방향으로 움직일지도 모르고. 강물이 흐르는 것을 보면 흔히 그렇게 되네. 강둑이 불규칙하기 때문에 물살은 가끔 튀어나온 부분이나 수반이 우묵하게 패인 부분과 만나거든, 그런 부분에서는 물이 소용돌이쳐 항상 뒤로 흐르게 되지. 자네는 지구가 움직이기 때문에 이 모든 현상들이 생긴다고 설명했지만, 내가 보기에는 지구가 가만히 있고 하늘이 움직인다고 해도 이 모든 현상들을 마찬가지로 설명할 수 있네.

살비아티 자네의 주장이 매우 현묘하고 제법 그럴듯한 것은 사실이야. 그러나 겉보기에만 그럴듯할 뿐, 실제로는 그렇지가 않아. 자네의 주장은 두 부분으로 나눌 수 있어. 첫째, 자네는 동풍이 계속 불고 바닷물이 흐르는 이유를 제시하려 했어. 둘째, 자네는 밀물과 썰물도 마찬가지 이유로 설명하려고 했어. 내가 말했듯이, 첫 번째 부분은 어느 정도 가능성이 있어 보여. 그렇지만 지구가 움직일 때 생기는 것에 비하면 훨씬 부족해. 두 번째 부분은 그럴 법하지 않을 뿐만 아니라, 완전히 불가능하고 거짓인 주장이야.

첫 번째 부분을 보세. 달의 천구 안쪽의 오목한 부분이 불의 원소들과 가장 높은 산봉우리 위에 있는 모든 공기들을 따라 움직이도록 만든다고 했지. 나는 우선, 불의 원소라는 게 있는지 의심스럽다고 말하겠네. 그게 있다 하더라도, 달의 천구라는 게 있는지 정말 의심스러워. 아니, 다른 어떠한 '천구' 들도 실제로 있는지 의심스러워. 바꿔 말하면, 과연 그렇게 단단하고 매우 거대한 물체가 실제로 존재하는가 말이야. 어쩌면 공기가 없는 그 너머에는 공기보다도 훨씬 더 희박하고 순수한 어떤 것이 계속 펼쳐져 있을지도 몰라. 그래서 행성들은 그 속을 돌아다니고 있는지도 몰라. 이 철학자들도 대부분 이제는 이 의견을 믿기 시작했어.

그게 어떻게 되었든 간에, 불의 원소들이 그것의 표면에 닿아 있다고 해서 자신의 본성과 이질적인 그 운동을 완전히 따라서 할 것 같지는 않아. 그 표면은 매우 매끄럽고 고르다고 자네도 생각하고 있잖아. 이건 우리의 절친한 동료 학자가 *Il Saggiatore*[7]에 증명해 놓았어. 실제 실험을 통해 증명해 놓았지. 뿐만 아니라, 불의 원소들은 가장 희박한데, 그들이 그 운동을 공기에게 전하기는 어려울 거야. 공기가 물에게 전하는 것도 마찬가지이고.

그렇지만 표면이 거칠고 우둘투둘한 물체는 회전할 때 튀어나온 부분이 공기를 때리니 인접한 공기들이 같이 움직이는 게 그럴듯한 정도가 아니라 반드시 그렇게 되기 마련이지. 이건 경험을 통해서도 알 수 있어. 직접 보지 않더라도 이걸 의심할 사람은 아마 없을 거야.

남은 부분을 보세. 하늘의 움직임에 의해서 공기와 물이 움직인다 하더라도, 그런 움직임은 밀물 · 썰물과 아무런 상관이 없네. 한 가지 일정한 원인으로부터 한 가지 일정한 현상만 나타날 수 있으니, 바닷물은 동에서 서로 지속적으로 그리고 일정하게 움직일 수 있을 뿐이지. 그것도 지구를 한 바퀴 휘감고 도는 바다에서나 나타나지. 지중해는 육지로 둘러싸여 동쪽이 막혀 있으니 그렇게 움직일 수가 없지. 만약 하늘의 움직임을 따라 계속 서쪽으로 흐른다면 이미 수백년 전에 말라 버렸겠지. 그리고 여기 바닷물은 서쪽으로만 흐르는 게 아니고 규칙적으로 동쪽으로 다시 흐르곤 해. 강물의 예를 든 것처럼 바닷물은 원래 동에서 서로만 흐르지만, 여러 해안의 갖가지 차이가 물이 거꾸로 흐르도록 만든다고 자네가 계속 우기면, 나도 이것을 인정하겠네. 그렇지만 그 때문에 물이 거꾸로 흐르는 경우는, 물은 곧 다시 돌아오게 돼 있어. 물이 똑바로 흐르는 경우는 계속 같은 방향으로 흐르지만 말이야. 자네가 말한 강물의 예를 보면 알 수 있지. 바닷물의 경우는 같은 곳에서 이쪽 방향으로 움직였다, 저쪽 방향으로 움직였다 하는 이유를 발견해서 제시해야 하네. 이 현상들은 서로 반대되고 불규칙하니까 하나의 일정한 원인에서 유래하는 게 아니야. 이것은 바닷물의 밀물 · 썰물이 하늘의 움직임에서 유래한다는 이론을 뒤엎을 뿐만 아니라, 지구가 자전만 하며 자전만을 갖고 밀물 · 썰물을 설명할 수 있다는 이론도 뒤엎고 있어. 이 현상이 불규칙하니, 그 원인도 불규칙하고 변해야 해.

심플리치오 뭐라 할 말이 없네. 나는 창의력이 부족하니 뭐라 말할 것이 없고, 이것이 워낙 새로운 이론이니 남들이 뭐라 말할지 짐작하지도 못하겠네. 그렇지만 만약 이런 주장을 학회에 나가서 제시하면, 이것의 의문점을 들춰낼 철학자들은 얼마든지 많이 있을 거야.

〔후략〕

갈릴레오
새로운 두 과학
(1638)

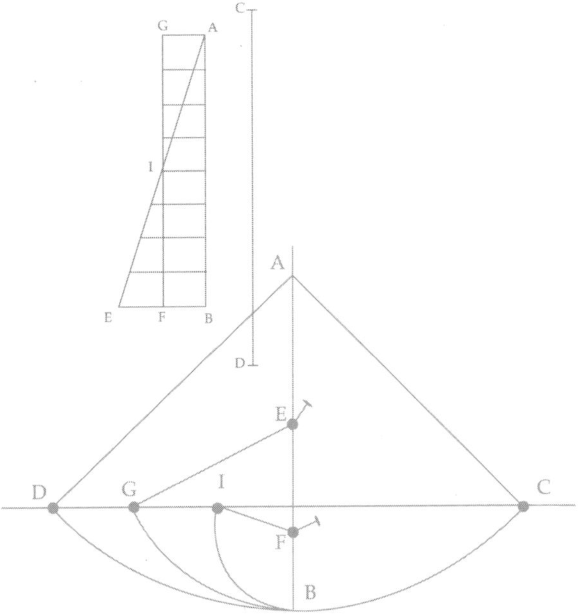

『새로운 두 과학』은 『대화』에서 코페르니쿠스 체계를 지지하기 위해 등장한 논변들을 체계적으로 정리하고 있다. 가장 중요한 주장은 운동의 상대성인데, 갈릴레오는 『대화』에서 제시했던 논의를 다시 사용하여 정지와 운동 상태가 상대적임을 주장하고 이러한 주장에 바탕해서 동시에 같은 운동을 하는 경우 실제로는 운동을 하고 있음에도 불구하고 이를 감지할 수 없음을 보인다. 즉, 배에 타고 있는 사람이 배의 움직임을 감지 못하듯이, 운동하는 지구 위에 있는 사람이 지구의 운동을 느끼지 못하는 것이다.

근대 역학의 기초를 세운 갈릴레오의 『새로운 두 과학』의 원제목은 *Discorsi e dimostrazioni mathematiche intorno a due nuove scienze*(*Discourses and Mathematical Demonstrations Concerning Two New Sciences*)로 1638년 네덜란드 레이덴(Leiden)의 Appresso gli Elsevirii(현재의 Elsevier 출판사)에서 출판되었다. 갈릴레오의 『대화』와 마찬가지로 이 책은 이탈리아어로 씌어졌다. 제목에서 '두' 과학이란 물질의 강도에 대한 기계학과 물체의 운동에 대한 운동학을 의미한다.

『새로운 두 과학』은 갈릴레오의 『대화』(1632)의 속편과도 같은 느낌이 드는데, 그 이유는 이 책도 『대화』와 마찬가지로 살비아티, 사그레도, 심플리치오 세 명의 등장인물이 4일간 대화를 나누는 내용으로 구성되었기 때문이다. 첫째 날과 둘째 날에 이들은 물질의 구성, 수학의 성질, 과학에서 실험과 이성의 위치, 공기의 무게, 소리의 본성, 빛의 속도에 대해서 대화를 나누고, 셋째 날과 마지막 넷째 날에는 등속운동과 가속운동, 투사체의 포물선운동에 대해서 대화를 나눈다. 물체의 낙하운동의 경우 낙하한 거리는 무게와 무관하고 시간의 제곱에 비례한다는 갈릴레오의 유명한 낙하법칙은 이 『새로운 두 과학』에서 처음으로 증명되고 있다.

『새로운 두 과학』은 『대화』에서 코페르니쿠스 체계를 지지하기 위해 등장한 논변들을 체계적으로 정리하고 있다. 가장 중요한 주장은 운동의 상대성인데, 갈릴레오는 『대화』에서 제시했던 논의를 다시 사용하여 정지와 운동 상태가 상대적임을 주장하고 이러한 주장에 바탕해서 동시에 같은 운동을 하는 경우 실제로는 운동을 하고 있음에도 불구하고 이를 감지할 수 없음을 보인다. 즉, 배에 타고 있는 사람이 배의 움직임을 감지 못하듯이, 운동하는 지구 위에 있는 사람이 지구의 운동을 느끼지 못하는 것이다.

또 이 책에서는 다양한 운동을 수학적으로 분석한다. 예를 들어, 갈릴레오는 등속운동과 등가속운동을 수학적으로 정의한 후, 등가속운동의 법칙이 실제 물체의 낙하의 결과와 일치함을 보임으로써 자유낙하를 하는 물체의 운동 거리가 물체의 무게에 무관하고 시간의 제곱에 비례한다는 자유낙하의 법칙을 증명했다. 이를 바탕으로 갈릴레오는 대포와 같은 투사체의 운동을 수평 방향의 운동과 수직 방향의 운동으로 나누어 고찰함으로써 투사체운동이 수평 방향의 등속운동과 수직 방향의 등가속도운동의 합임을 유도했다.

『새로운 두 과학』의 집필과 출판이 순조로운 것은 아니었다. 갈릴레오는 이 책의 원고를 종교재판 이후 연금 상황하에서, 게다가 시력이 현저히 나빠진 채로 집필했다. 책이 출판될 때에 그는 완전히 눈이 먼 상태였다. 게다가 종교재판에 의해서 갈릴레오 책의 출판이 금지된 관계로 이 책의 원고는 이탈리아에서 몰래 프랑스로 빼돌려졌고, 결국 네덜란드 레이덴의 엘시비어 출판사가 책의 출판을 맡게 되었다. 책이 나오고 4년 뒤인 1642년에 갈릴레오는 사망했다.

국내에 나온 번역본으로는 이무현 역, 『새로운 두 과학 : 고체의 강도와 낙하법칙에 관한 대화』(민음사, 1996)가 있으며, 여기서 수록한 번역은 이 책을 기초로 Stillman Drake가 번역한 *Two New Sciences, Including Centers of Gravity & Force of Percussion*(University of Wisconsin Press, 1974)과 대조 · 교열을 거쳤다.

셋째 날 이야기

위치의 이동(운동)

이 글을 쓰는 목적은 매우 오래된 주제를 가지고 새로운 과학을 정립하는 것이다. 아마도 자연에서 운동보다 더 오랫동안 다루어진 주제는 없으며, 이에 관해서 철학자들은 엄청난 분량의 책을 써 왔다. 하지만 나는 실험을 통해서 그것의 속성들 중에 알 만한 가치가 있고 지금까지 관찰되거나 증명되지 않은 것들을 발견했다. 예를 들어, 낙하하는 무거운 물체의 자유로운 운동이 계속해서 가속된다는 것이 피상적으로 목격되었지만, 과연 어느 정도로 가속되는지는 알려진 바 없다. 내가 알기에, 물체가 정지 상태에서 떨어질 때, 그 물체가 일정한 시간 간격 동안 움직인 거리가 1, 3, 5, 7, 9,……가 됨을 지적한 사람은 아무도 없다.

돌을 던지거나 대포를 쏘았을 때 그것이 어떤 종류의 곡선을 그리는 것은 관찰했지만, 그 곡선이 포물선이 된다는 사실을 지적한 사람도 없다. 이 이외에도 나는 꼭 알아야 할 많은 중요한 사실들을 증명하였다. 그러나 이보다 더 중요한 사실은 아주 흥미롭고 굉장히 넓은 새로운 과학이 우리 눈앞에 활짝 열렸으며, 내 연구는 겨우 시작에 불과할 뿐이고 나보다 더 똑똑하고 뛰어난 사람들이 새로운 방법과 수단을 사용해서 이 과학의 구석구석을 탐험해 밝힐 것이라는 점이다.

이 글은 세 부분으로 나뉜다. 첫 번째 부분은 일정한 속력으로 움직이는 등속운동, 두 번째 부분은 자연에서 일어나는 가속운동, 세 번째 부분은 강제된(violent) 운동[1)]이나 돌을 던졌을 때 나타나는 포물선운동 같은 경우들을 다룬다.

등속운동〔Uniform Motion〕

등속운동을 다루기 위해서는, 다음과 같은 하나의 정의가 필요하다.

정의

나는 임의의 시간 간격 동안에 움직이는 물체의 이동 거리가 서로 같은 것을 등속운동이라 정의한다.

주의

기존에 속력이 일정하다는 말은 같은 시간 간격 동안 같은 거리를 움직인다는 뜻으로 정의되었다. 나는 여기에 "임의의"라는 말을 덧붙였는데, 그 이유는 모든 길이의 시간 간격을 나타내기 위해서이다. 즉, 물체가 움직일 때 어떤 일정한 시간 간격 동안에는 같은 거리를 움직이지만, 그보다 작은 어떤 시간 간격 동안에는 움직인 거리가 제각각 다를 수 있기 때문이다.

위의 정의로부터, 네 가지 공리들이 따라 나온다.

공리 I

일정한 속력으로 움직일 때, 더 긴 시간 간격 동안 움직인 거리는 더 짧은 시간 간격 동안 움직인 거리보다 더 길다.

공리 II

일정한 속력으로 움직일 때, 더 긴 거리를 지나는 데 걸리는 시간은 더 짧은 거리를 지나는 데 걸리는 시간보다 오래 걸린다.

공리 III

일정한 시간 간격 동안, 빠른 속력으로 이동한 거리는 느린 속력으로 이동한 거리보다 더 길다.

공리 IV

같은 시간 간격 동안에 긴 거리를 움직이는 데 필요한 속력은 짧은 거리를 움직이는 데 필요한 속력보다 더 크다.

정리 I, 명제 I

어떤 물체가 일정한 속력으로 균일하게 움직일 때, 두 거리를 움직이는 데 필요한 시간의 비는 그 거리들의 길이의 비와 같다.

어떤 물체가 일정한 속력으로 움직이면서 두 거리 AB, BC를 지난다고 하자 (**그림 1**). 이때 걸리는 시간을 각각 DE와 EF로 나타내자. 여기서 나는 AB와 BC의 길이의 비가 DE와 EF의 시간의 비와 같음을 보이겠다.

거리와 시간을 각각 G, H와 I, K의 양쪽으로 연장하자. AG를 AB

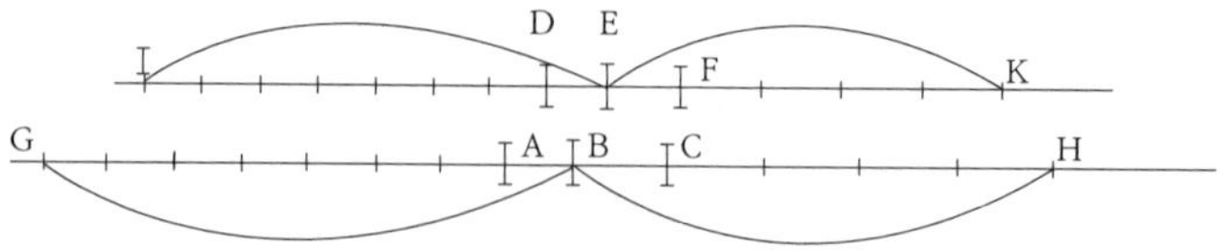

그림 1

와 같은 길이의 선분으로 등분한다. 그 다음 DI를 DE와 같은 간격으로 등분을 하되 그 개수가 AG를 등분한 개수와 같도록 한다. 다시 CH를 BC와 같은 길이의 선분으로 등분한다. 이 개수는 앞에서 말한 개수와 다를 수 있다. 그 다음 FK를 EF와 같은 간격으로 등분을 하되 그 개수가 CH를 등분한 개수와 같도록 한다. 그러면 거리 BG와 시간 EI는, 어떤 같은 수를 거리 BA와 시간 ED에 곱해서 얻은 값이 된다. 마찬가지로 거리 HB와 시간 KE는 앞에서 나온 수와는 다른 어떤 수를 거리 BC와 시간 EF에 곱해서 얻은 값과 같다.

그리고 DE는 AB를 지나는 데 걸리는 시간이기 때문에, 거리 BG를 지나기 위해서는 시간 EI가 필요하다. 이 물체가 움직이는 속력이 일정할 때, EI에 들어 있는 DE와 같은 시간 간격의 수는 BG에 들어 있는 BA와 같은 거리 간격의 수와 같다. 마찬가지로 KE는 HB를 지나는 데 걸리는 시간을 나타낸다.

그러나 그 물체는 일정한 속력으로 움직이기 때문에, 만약에 거리 GB와 거리 BH가 같다면 시간 IE도 시간 EK와 같아야 한다. 그리고 만약에 거리 GB가 거리 BH보다 더 길다면 시간 IE도 시간 EK보다 더 길어야 한다. 만일 거리 GB가 거리 BH보다 더 짧다면 시간 IE도 시간 EK보다 더 짧아야 한다. 즉, 네 개의 양(quantity)—첫째 AB, 둘째 BC, 셋째 DE, 넷째 EF—이 있으며, 거리 GB와 시간 IE는 첫째와 셋째 양, 그러니까 거리 AB와 시간 DE의 임의의 배수이다.

그러나 이 둘(IE, GB)은 시간 EK와 거리 BH와 비교해 보았을 때, 더 크거나, 더 작거나, 아니면 같다는 것이 이미 증명되었다. EK와 BH는 둘째 양 BC와 넷째 양 EF에 어떤 임의의 수를 곱해서 얻은 것이다. 그러므로 첫째와 둘째의 비, 곧 AB 대 BC의 길이의 비는 셋째와 넷째의 비, 곧 DE 대 EF의 시간의 비와 같다. (증명 끝)

정리 II, 명제 II

만일 어떤 물체가 두 거리를 같은 시간 동안에 지난다면, 이 두 거리의 비는 속력의 비와 같다. 역으로, 만일 두 거리를 이에 비례하는 속력으로 지난다면, 걸리는 시간은 같다.

그림 1에서 AB와 BC가 두 거리이고, 이것들은 같은 시간 동안에 지난다고 하자. AB를 지나는 동안의 속력을 DE로 나타내고, BC를 지나는 동안의 속력을 EF로 나타내자. 그러면 거리 AB 대 BC의 비가 속력 DE 대 EF의 비와 같음을 보이겠다.

앞에서와 같이, 어떤 같은 수를 AB와 DE에 곱해 GB와 IE를 얻고 다른 어떤 수를 BC와 EF에 곱해 BH와 EK를 얻으면, 앞에서와 같은 이유로 GB와 IE는 BH와 EK에 비해 더 크거나, 같거나, 작아야 한다. 따라서 이 법칙이 증명되었다. (증명 끝)

정리 III, 명제 III

속력이 서로 다른 경우, 어떤 거리를 지나는 데 걸리는 시간은 속력에 반비례한다.

두 속력 중에서 빠른 것을 A, 느린 것을 B라고 나타내자 (**그림 2**). 이 두 속력으로 어떤 거리 CD를 지난다고 하자. 그러면 속력 A로 CD를 지나는 데 걸리는 시간과 속력 B로 같은 거리를 지나는 데 걸리는 시간의 비가 B 대 A의 비와 같음을 보이겠다.

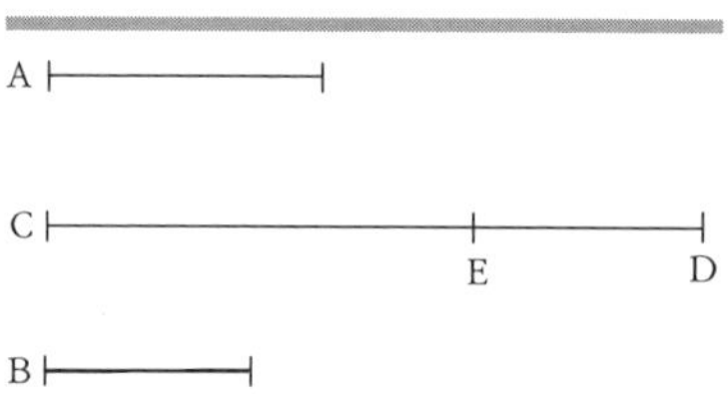

그림 2

CD 대 CE의 비가 A 대 B의 비와 같도록 점 E를 잡아라. 앞에서 증명한 것에 따르면 속력

A로 CD를 지나는 데 걸리는 시간은 속력 B로 CE를 지나는 데 걸리는 시간과 같다. 그러나 속력 B로 거리 CE를 지나는 데 걸리는 시간과 같은 속력으로 거리 CD를 지나는 데 걸리는 시간의 비가 거리 CE와 CD의 비와 같기 때문에, 그 결과 속력 B와 속력 A의 비가 같다. (증명 끝)

정리 IV, 명제 IV

만일 두 개의 물체가 등속이지만 서로 다른 속력으로 운동한다면, 이 둘이 서로 다른 시간 동안에 움직인 거리의 비는 속력의 비와 시간의 비를 곱한 것과 같다.

등속운동하는 두 물체를 E와 F로 (그림 3), 이들의 속력의 비를 A와 B의 비율로 나타내자. 그리고 E가 움직인 시간과 F가 움직인 시간의 비를 C와 D의 비로 나타내자. 그러면 물체 E가 속력 A로 시간 C 동안 움직인 거리와 물체 F가 속력 B로 시간 D 동안 움직인 거리의 비가 A와 B의 비와 C와 D의 비를 곱한 것임을 증명하겠다.

물체 E가 속력 A로 시간 C 동안 움직인 거리를 G로 나타내자. G와 I의 비가 속력 A와 속력 B의 비와 같도록 I를 그린다. 그 다음 I와 L의 비가 시간 C와 시간 D의 비와 같도록 L을 그린다. 그러면 G와 I의 비는 속력 A와 B의 비와 같기 때문에, E가 G를 지나는 시간 동안 F가 지나는 거리가 바로 I이다. 그리고 I와 L의 비는 시간 C와 D의 비와 같기 때문에, 만일 F가 시간 C 동안 지나는 거리가 I라면, L은 F가 시간 D 동안 지나는 거리가 된다. 이때 속력은 B이다.

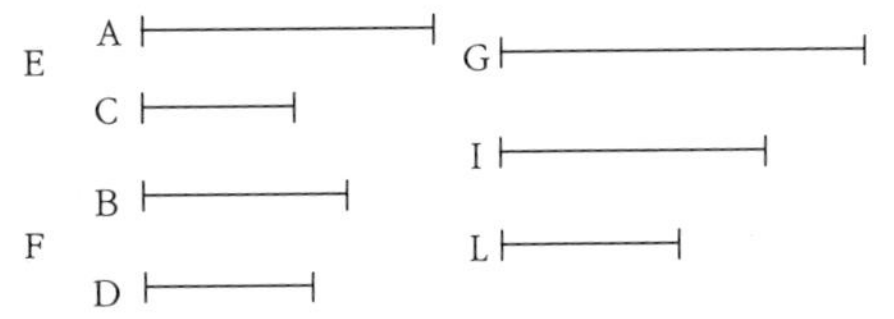

그림 3

한편, G와 L의 비는 G와 I의 비와 I와 L의 비의 곱이다. 즉, 속력

A와 B의 비와 시간 C와 D의 비를 곱한 것이다. (증명 끝)

정리 V, 명제 V

등속운동을 하는 두 물체가 서로 다른 속력으로 서로 다른 거리를 움직인다면, 걸린 시간의 비율은 거리의 비와 속력의 역비를 곱한 것과 같다.

두 움직이는 물체를 A와 B로 나타내자 (그림 4). 이 둘의 속력의 비가 V와 T의 비가 되도록 하자. 같은 방식으로 이 둘이 움직인 거리의 비를 S와 R의 비로 나타내자. 그러면 A가 움직인 시간과 B가 움직인 시간의 비가 속력 T와 V의 비와 거리 S와 R의 비를 곱한 것임을 보이겠다.

A가 움직인 시간을 C로 나타내자. 그리고 C와 E의 비가 속력 T와 V의 비와 같도록 E를 그린다.

그리고, 여기서 C는 A가 속력 V로 거리 S를 지나는 데 걸리는 시간이고, B의 속력 T와 A의 속력 V의 비는 C와 E의 비와 같기 때문에, E는 B가 S를 지나는 데 걸리는 시간이 될 것이다. E와 G의 비가 거리 S와 R의 비와 같도록 G를 잡으면, G는 B가 R을 지나는 데 걸리는 시간을 나타낸다. C와 G의 비는 C와 E의 비에다 E와 G의 비를 곱한 것이고, C와 E의 비는 각각 A와 B의 속력의 역비(T : V)이고, E와 G의 비는 거리 S와 R의 비이므로, 이 정리는 증명되었다.

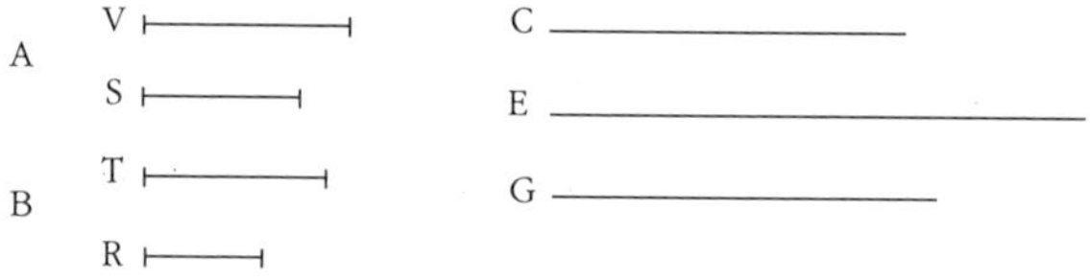

그림 4

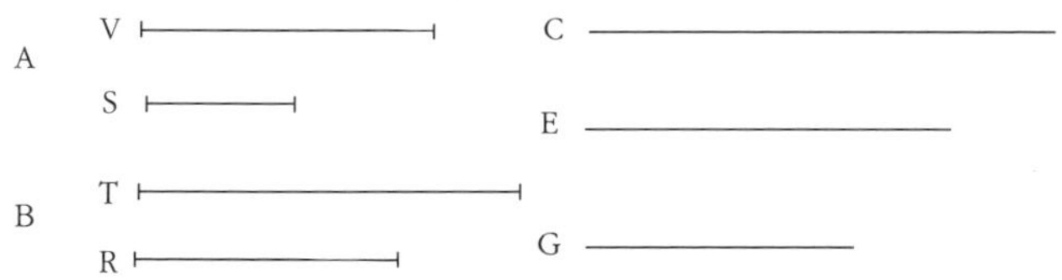

그림 5

정리 VI, 명제 VI

만일 두 물체가 등속으로 움직인다면, 이 둘의 속력의 비는 이들이 움직인 거리의 비와 이때 걸린 시간의 역비를 곱한 것과 같다.

등속으로 움직이는 두 물체를 A와 B로 나타내자 (그림 5). 이들이 지나간 거리의 비는 V와 T의 비로, 이때 걸린 시간의 비는 S와 R의 비로 나타내자. 그러면 A와 B의 속력의 비는 거리 V와 T의 비에다 시간 R과 S의 비를 곱한 것임을 보이겠다.

A가 시간 S 동안 거리 V를 지날 때의 속력을 C로 나타내자. 속력 C와 속력 E의 비가 T와 V의 비와 같도록 한다. 그러면 E는 물체가 시간 S 동안 거리 T를 지나는 경우의 속력이다. E와 G의 비가 시간 R과 시간 S의 비와 같도록 G를 잡으면, 속력 G가 바로 물체 B가 거리 T를 시간 R 동안 지날 때의 속력이다. 그러니까 물체 A는 속력 C로 거리 V를 시간 S 동안에 지나고, 물체 B는 속력 G로 거리 T를 시간 R 동안에 지난다. 여기서 C와 G의 비는 C와 E의 비에 E와 G의 비를 곱한 것이며, C와 E의 비는 정의에 의해서 거리 V와 거리 T의 비와 같고, E와 G의 비는 R과 S의 비와 같다. 그러므로 이 명제가 증명된다.

살비아티 이 내용은 내 동료 학자[2]가 일정한 속력으로 움직이는 것에 대해 설명해 놓은 것이야. 이제부터는 더욱 새롭고 다른 책에서는 볼 수 없는 내용이 나오지. 그것은 무거운 물체가 떨어질 때 일반적으로 경험되는 것과 같은, 자연스럽게 가속되는 운동이야. 이제 그 도입 부분을 보도록 하세.

자연스럽게 가속되는 운동

등속운동에 속하는 성질들은 앞부분에서 다루었다. 이제 가속운동에 대해서 생각해 보자.

우선, 자연현상과 가장 잘 맞아떨어지는 정의를 발견하고 설명하는 것이 바람직해 보인다. 왜냐하면 사람들은 누구나 임의적인 종류의 움직임을 생각해 내고 그 성질을 연구할 수 있기 때문이다. 예를 들어, 나선형이나 소용돌이 모양의 움직임을 생각해 내고 이 곡선들이 그 정의에 따라서 갖는 성질들을 훌륭하게 확립한 사람들도 있다. 하지만 이런 운동은 자연에서 찾아볼 수 없다. 우리는 자연 상태에서 실제로 떨어지는 물체가 점점 빨라지는 것처럼 속력이 변화하는 경우를 연구하고, 실제 관찰된 가속운동의 본질적인 성질들이 드러나게 가속운동을 정의하기로 마음먹었다. 오랫동안 애를 쓴 결과, 마침내 우리는 가속운동을 정의하는 데 성공했다고 믿게 되었다. 이렇게 확신할 수 있는 까닭은 실험 결과들이 우리가 증명해 낸 온갖 성질들과 일치하고 정확하게 대응함을 확인했기 때문이다. 마지막으로 우리는 자연스럽게 가속되는 운동을 연구할 때, 자연이 온갖 과정을 통해 자신을 드러내는 관습을 좇아서, 가장 일반적이고, 간단하고, 쉬운 방식을 채택했다.

물고기가 헤엄을 치거나 새가 나는 것은 그들의 본능에 따라서 그러는 것이며, 그보다 더 쉽고 간단하게 그 일을 하는 방법이 있다고는 아무도 생각하지 않을 것이다.

그래서, 처음에 정지해 있던 돌이 어떤 높이에서 떨어지고 속력이 계속 빨라지는 것을 보았을 때, 그 속력의 증가가 모든 사람이 알 수 있는 간단하고 분명한 방식으로 일어난다고 믿는 것이 자연스럽지 않은가? 이것을 좀더 깊게 연구해 보면, 빨라지는 것이나 커지는 것 중 가장 간단한 방법은 항상 같은 정도가 되풀이되는 것임을 알 수 있다. 이는 우리가 시간과 운동의 밀접한 관계를 고려해 보면 쉽게 이해할 수 있다. 속력이 일정하다는 것은 같은 시간 간격 동안에 같은 거리를 움직이는 것이라고 정의한 것처럼(그렇기 때문에 일정하다고 부른다), 비슷한 방법으로 같은 시간 간격 동안의 속력의 증가도 복잡함 없이 일어나는 것으로 생각할 수 있다. 즉, 어떤 물체가 일정하고 지속적으로 가속되는 것은, 어떠한 같은 시간 간격 동안에 속력의 증가분이 같다는 것이다. 따라서 물체가 가만히 있다가 떨어지기 시작한 시간부터 시간을 임의의 같은 간격으로 자른다면, 처음 두 마디의 시간 간격 동안 속력의 증가분은 처음 한 마디의 시간 간격 동안 속력의 증가분의 두 배가 된다. 그리고 세 마디의 시간 간격 동안에 늘어난 정도는 세 배이고, 네 마디 동안에 늘어난 정도는 네 배가 된다. 이것을 더 분명하게 하자면, 만약 어떤 물체가 첫 마디 시간 간격 동안에 얻은 속력을 계속 지키며 움직인다면, 그 운동은 첫 마디 동안에 얻은 속력으로 일정하게 가속된 물체가 두 마디 시간 동안에 얻을 속력에 비해서 절반이 된다는 것이다.

이것을 보면, 속력의 증가분이 시간의 증가분과 비례한다고 말해도 크게 틀리지 않다. 그러니 우리가 논의하고자 하는 운동의 정의를 "어떤 움직임이 일정하게 가속된다는 말은, 같은 시간 간격 동안 동일한 속력의 증가분을 가진다."라는 것으로 정의할 수 있을 것이다.

사그레도 어떤 사람이 자기 책 속에서 어떤 말을 어떠한 뜻으로 정의하였든 그것을 반박할 논리적 근거는 없지. 정의란 쓰는 사람 마음대로 정하는 것이니까. 하지만 위와 같이 추상적인 방식으로 확립된 정의가 실제로 우리가 자연 상태에서 자유낙하하는 물체의 경우에 보게 되는 일종의 가속운동을 나타내고 설명하는가에 대한 의심은 그렇게 무례한 것은 아니겠지. 지금 이 사람은 여기서 정의한 움직임이 물체가 자유낙하할 때의 움직임이라고 주장하는 것이 확실하니까, 지금 여기서 생기는 문제들을 해결해야 나중에 법칙이나 증명이 나올 때 그것들을 좀더 진지하게 검토할 수가 있지.

살비아티 자네나 심플리치오가 그런 문제를 제기하는 것이 당연해. 지금 생각해 보니 나도 처음 이 글을 보았을 때 비슷한 의심이 생겼었어. 그런데 그런 문제들은 저자와 직접 이야기 나누고, 또 나 스스로 깊이 생각해 보고 해서 지금은 모두 풀렸지.

사그레도 한 번 생각해 보세. 무거운 물체가 가만히 있다가 떨어지기 시작하면 속력이 0이던 것이 시간에 비례해 점점 속력이 빨라지겠지. 예를 들어, 맥박이 여덟 번 뛰는 동안에 속력이 8이 된다고 하면, 네 번 뛰는 동안에는 속력이 4, 두 번 뛰는 동안에는 속력이 2, 한 번 뛰는 동안에는 속력이 1이 되겠지. 시간이란 얼마든지 잘게 쪼갤 수 있으니까, 이렇게 검토한 것들을 종합해 보면, 어떤 물체가 현재의 속력보다 이전의 속력이 일정한 비율로 느리다면, 이 물체가 한없이 느린 상태, 즉 정지 상태에서 움직이기 시작해 지금까지 움직이는 동안 그 아무리 느린 속력이라도 (느린 정도가 아무리 크더라도) 이 물체가 지나지 않는 지점은 없게 마련이지.

그러니까 맥박이 네 번 뛴 뒤에 이 물체의 속력이 (만약 계속 그 속력으로 움직인다면) 2마일을 한 시간에 갈 정도라면, 그 속력을 계속 유지하여, 맥박이 두 번 뛴 뒤의 속력은 1마일을 한 시간에 갈 정도가 되지. 이런 식으로 계속 유추하다 보면, 출발했던 그 순간에 가장 가까울 때에는 그 물체가 움직이는 것이 하도 느려서 그런 속력으로 움직이다가는 1마일을 가는 데 한 시간이 아니라 하루 종일, 1년, 천 년이 걸릴 정도일 거야. 아니, 그보다 더 긴 시간이 걸려도 그 거리를 못 갈 거야. 우리의 감각은 갑자기 떨어지는 무거운 물체가 큰 속력을 가지는 것을 보기 때문에, 이것은 도저히 상상을 못할 일이군.

살비아티 그 문제는 나도 처음에 경험했어. 하지만 나는 곧 해결을 했지. 해결한 방법은 바로 자네에게 어려움을 안겨준 같은 실험을 통해서였어. 자네 말에 따르면 실험을 해 보면 무거운 물체는 가만히 있다가 떨어지자마자 순식간에 상당한 속력이 된다고 했네. 하지만 나는 같은 실험을 통해 물체가 아무리 무겁더라도 처음 막 떨어질 때에는 그 움직임이 매우 느리고 약하다는 사실을 확인했네. 부드러운 물질 위에다 무거운 물건을 올려놓아 보게. 그걸 그대로 놔두면 그 물건이 누르는 힘은 자신의 무게에서만 나오지. 그런데 그 물건을 한두 자 높이로 들어올린 다음에 그것을 놓으면 그 물건은 떨어지면서 그냥 놓여 있던 것과 비교해 더 큰 압력과 충격을 가하거든. 이 현상은 물건의 무게에다 떨어지면서 얻은 속력을 더했기 때문에 생겨. 떨어지는 높이가 크면 클수록 떨어질 때 속력이 더 커져서 이 효과가 더 커지게 돼. 이 충격의 강도와 정도를 재면 떨어질 때의 속력이 얼마인가 정확하게 계산할 수 있어.

생각해 보게. 벽돌을 네 자 정도 높이에서 말뚝 위로 떨어뜨렸을 때 그 말뚝을 네 뼘 정도 땅에 박는다고 하면, 벽돌을 두 자나 한 자 높이에서 떨어뜨리면 말뚝을 땅에 박는 깊이가 더 줄어들 것이 아닌가? 벽돌을 손톱 정도 높이에서 떨어뜨리면 그건 말뚝 위에 살짝 놓이는 정도이지 무슨 일을 할 수 있겠나? 거의 충격이 없어. 만약에 벽돌을 나뭇잎 두께 정도로 들었다가 놓으면, 그 효과는 눈에 띄지도 않을 거야. 떨어질 때의 충격은 속력에 따라서 결정되니까, 이렇게 충격의 효과가 거의 없다면 그 움직임이 매우 느리고 속력이 거의 없다는 사실을 의심할 수 있겠는가? 이제 진리의 힘을 보게. 이 실험은 처음에 언뜻 보았을 때는 자네 말이 맞는 것 같지만, 자세히 관찰해 보면 그것과 반대임을 증명하고 있어.

이 실험이 매우 확실하게 결론을 제시하고 있지만, 위의 실험 없이 추론만으로 이 결론을 이끌어내는 것도 어렵지 않아. 무거운 돌을 공기 중에 정지해 두었다가 받치던 것을 치우고 돌을 자유롭게 내버려 두었다고 상상해 보게. 돌은 공기보다 훨씬 무거우니까 떨어지기 시작하지. 이때 속력이 일정하지가 않고 처음에는 느리게 떨어지다가 점점 빠르게 떨어지게 돼. 속력은 얼마든지 빨라지거나 느려질 수가 있으니까 이 물체가 한없이 느린 상태, 곧 정지 상태에서 갑자기 10이라는 속력, 아니면 다른 속력, 뭐 4도 될 수 있고, 2, 1, 0.5, 0.01, …… 어떠한 작은 값이라도 될 수 있지 않겠나? 계속 들어보게. 나는 자네가 돌이 떨어질 때 점점 속력을 얻게 되는 과정이 이 돌을 원래 높이로 던져올릴 때 점점 속도가 줄어드는 과정과 같은 순서를 밟는다는 것을 부인하기가 쉽지 않을 것이라고 생각하네. 그렇지만 설령 이 사실을 인정하지 않더라도, 돌이 올라갈 때 속력이 점점 줄어들어서 완전히 멈출 때까지 무한히 느린 속력을 거치게 된다는 사실은 의심할 여지가 없어.

심플리치오 하지만 점점 느려지는 속력도 얼마든지 많이 있으니까 끝이 없는 거지. 따라서 돌이 올라가면서 멈추는 일은 결코 일어날 수 없고, 한없이 계속 느려지면서 조금씩 올라가게 돼. 그러나 이것은 실제 현상과 달라.

살비아티 만약에 이 돌이 어떠한 속력이든 일정한 길이의 시간 동안 유지한다면 그렇게 되겠지. 하지만 돌은 어떤 속력이든 순간적으로 가질 뿐 곧 속력이 바뀌게 돼. 시간 간격이 아무리 작더라도 그것을 한없이 많은 순간으로 쪼갤 수 있기 때문에, 언제라도 한없이 많은 느린 속력에 대응시키기에는 충분해.

무거운 돌이 올라갈 때 일정한 시간 동안 같은 속력을 유지하지 않는다는 것은 다음을 생각하면 분명하네. 만약에 어떠한 시간 간격의 첫 순간과 마지막 순간에 이 돌이 똑같은 속력으로 움직였다면, 그 다음 같은 시간 간격 동안에 앞에서와 똑같이 움직일 테니 같은 높이만큼 올라가게 돼. 이런 식으로 되풀이되니까 이 돌은 영원히 등속운동을 할 수밖에 없겠지.

사그레도 이러한 것들을 잘 검토하면 철학자들이 묻는 질문의 정답을 찾을 수 있겠군. 무거운 물체가 자유롭게 떨어질 때 속력이 빨라지는 까닭은 무엇인가? 내가 보기에 돌을 던질 때 사람이나 기계가 그 돌에 가한 힘(virtu)은 점점 줄어들어. 이 힘이 중력보다 더 클 때에는 돌이 위로 올라가고, 이 두 힘이 평형을 이룰 때 돌은 올라가는 것을 멈추고 제자리에 멈추게 돼. 이때 돌에 가한 힘은 파괴된 것이 아니고 단지 돌을 위로 올리는 것을 가능하게 했던, 돌의 무게보다 더 큰 부분을 다 소비한 것이야. 그 다음 가한 힘은 점점 줄어들고 중력이 이것을 제압하게 되니까 돌은 떨어지기 시작하지. 하지만 아직도 돌에는 가한 힘이 상당히 남아 있으니까 처음에는 느리게 떨어지지. 그리고 이 힘이 점점 줄어들어서 중력이 점점 더 이 힘을 누르게 되니까 속력이 점점 빨라지게 돼.

심플리치오 이 생각은 훌륭하지만, 보기보다 더 교묘한 데가 있어. 만약 그 논증이 결정적인 것이라고 해도, 그것은 단지 자연스러운 운동에 앞서서 강제된 운동이 있는 경우만을 설명한 것이니까. 이는 바깥에서 가한 힘이 남아 있는 경우만을 다룬 것이야. 이러한 힘이 없이 물체가 정지 상태에서 움직이는 경우에 이 이론은 설득력이 없어.

사그레도 자네가 착각을 하고 있구먼. 이것을 두 경우로 구별하는 것은 불필요한 일이고 실제로 두 경우가 따로 있는 것이 아니야. 돌을 사람이 던지거나 기계로 던질 때 매우 큰 힘 또는 작은 힘을 가할 수 있는 것처럼 돌을 100자 높이로 던질 수도 있고 스무 자, 또는 네 자, 한 자 높이로 던질 수도 있지?

심플리치오 그건 그렇지.

사그레도 그러니까 가해진 힘이 중력의 저항보다 약간 더 커서 돌을 손톱 높이만큼 들어올릴 정도가 될 수도 있고, 그 힘이 중력의 저항과 균형을 이루어 돌을 조금도 올리지 못하고 단지 제자리에 머물도록 할 수도 있지. 돌을 손에 들고 있으면 위로 올리려고 하는 힘이 아래로 잡아당기는 중력과 균형을 이루어 가만히 있게 되지 않나? 돌을 계속 들고 있으면 이 힘을 계속 돌에 가하고 있는 거잖아? 돌을 계속 들고 있을 때 이 힘이 시간이 지난다고 줄어들기라도 하나?

돌이 떨어지지 않도록 받치는 힘이 손바닥에서 나오든 탁자에서 나오든 또는 줄에 매달아 놓았을 때 그 줄에서 나오든 무슨 상관인가? 아무런 차이도 없어. 그러니까 돌이 떨어질 때 그 이전에 오랜 시간 가만히 있었든, 짧은 시간 동안 가만히 있었든, 또는 가만히 있었던 시간이 순간적이든 아무런 차이가 없네. 돌은 돌의 무게에 저항하여 그것이 정지 상태에 있도록 하는 힘에 의해 떨어지지 않게 되는 거야.

살비아티 지금은 자연 상태에서 떨어질 때 속력이 빨라지게 하는 원인이 무엇인지 연구하기에 적당하지가 않은 것 같군. 여기에 대해서는 많은 철학자들이 온갖 의견들을 내놓았지. 중심으로 끌려간다는 이론, 물체의 미세한 입자 사이에는 미는 힘이 있기 때문이라는 이론, 주위 매질들이 떨어지는 물체의 뒤를 채우면서 가하는 압력이 물체를 움직이게 만든다는 이론. 이런 온갖 종류의 상상들을 모두 검사해 봐야 하겠지. 하지만 그럴 값어치가 있을까? 지금 여기서는 글쓴이가 이런 움직임의 성질들을 연구하고 증명하려는 것뿐, 이렇게 움직이는 까닭이 뭔가 하는 것은 뒷전으로 밀쳐놓았어.

속력이 빨라진다는 말은 어떤 것이 움직이는데 그 속력의 운동량(momentum of velocity)이 정지 상태에서 움직이기 시작한 이후 시간에 비례해 늘어난다는 뜻이야. 바꿔 말하면 같은 시간 간격 동안에 이 물체는 속력의 증가 정도가 같아. 이렇게 가속운동의 성질을 증명하고 난 다음, 자유낙하하며 가속되는 운동이 이런 성질을 나타냄을 보이면, 자유낙하하는 물체의 운동이 이 정의에 포함되게 되고 이들의 속력은 움직인 시간에 비례해 빨라진다는 것을 알 수 있게 되지.

사그레도 내가 보기에, 근본 개념은 바꾸지 않고도 가속운동의 정의를 좀더 분명하게 만들 수가 있겠어. 그러니까 일정하게 가속되는 운동은 그 속력이 움직인 거리에 비례해 빨라지는 것이라고 정의하면 돼. 예를 들어, 어떤 물체가 네 길 높이에서 떨어지면 두 길 높이에서 떨어진 것에 비해 속력이 두 배가 되고, 두 길 높이에서 떨어질 때의 속력은 한 길 높이에서 떨어질 때의 속력에 비해 두 배가 돼. 무거운 물체가 여섯 길 높이에서 떨어질 때 그 힘은 세 길 높이에서 떨어지는 때에 비해 두 배가 됨은 의심할 여지가 없어. 세 길 높이에서 떨어지는 것은 한 길 높이에서 떨어지는 것의 세 배가 되지.

살비아티 내 동료인 자네가 이런 실수를 범하다니 내겐 오히려 위로가 되는군. 나도 그런 생각을 갖고 이 글쓴이에게 말한 적이 있는데, 이 성질들이 하도 그럴 듯해 그 사람도 한때는 같은 오류에 빠졌었다고 시인하더군. 이 두 명제는 얼핏 보면 그럴 듯해서 사람들은 누구나 고개를 끄덕이지만, 정말 놀라운 것은 이것들이 단지 거짓일 뿐 아니라 불가능하다는 것이야. 나는 이것을 몇 마디 말로 증명할 수 있다네.

심플리치오 나는 그 명제들에 동의하는 사람들 중 한 명이야. 떨어지는 물체는 떨어지면서 힘을 얻으니까 속력은 거리에 비례해 빨라지게 돼. 그러니까 떨어지는 물체의 충격(momentum)은 두 배의 높이에서 떨어뜨리면 두 배가 되지. 내가 보기에 이 명제들은 논란의 여지도 없고 망설일 필요도 없이 받아들여야 하는 것이야.

살비아티 어떤 거리를 순식간에 움직이는 것이 가능하겠나? 이 명제도 그와 마찬가지로 거짓이고 불가능해. 내가 그것을 분명하게 증명하겠네. 만약에 속력이 움직인 거리나 움직일 거리에 비례한다면, 이 거리들을 같은 시간 동안에 지나야 하네. 그러니까 어떤 물체가 여덟 자 높이에서 떨어질 때의 속력이 처음 네 자 높이에서 떨어질 때 속력의 두 배라고 하면(거리가 두 배이듯이), 이 거리를 지나는 데 걸리는 시간은 서로 같아. 하지만 한 물체가 여덟 자 높이에서 떨어지는 것이나 네 자 높이에서 떨어지는 것이나 시간이 같이 걸린다면, 아래 네 자 거리는 순식간에 떨어진단 말인가? 실제로 관찰을 해 보면 물체가 떨어질 때 시간이 걸리고, 네 자 높이를 떨어질 때 걸리는 시간은 여덟 자 높이를 떨어질 때 걸리는 시간보다 짧아. 그러니까 속력이 거리에 비례해서 빨라진다는 것은 거짓말이야.

마찬가지로 다른 명제도 거짓임을 보일 수 있다네. 어떤 물체가 떨어지며 내리칠 때 그 충격의 차이는 속력에 의해서 결정되지. 만약에 두 배 높이에서 떨어질 때 두 배의 충격을 준다고 하면 그 물체의 속력이 두 배여야 하지. 하지만 속력이 두 배이면 같은 시간에 두 배의 거리를 움직이게 되고, 관찰을 해 보면 긴 거리를 떨어질 때 걸리는 시간이 더 길어.

사그레도 자네는 난해한 문제를 아주 쉽고 분명하게 만드는군. 너무 쉬워서 이것들을 어려운 방법으로 풀었을 경우와 비교해 보면 그 가치를 깨닫기가 어려울 지경이군. 내 생각에, 사람들은 어떤 지식을 쉽고 간단하게 얻으면 그것을 오랜 시간 불투명한 논쟁을 통해 얻은 것에 비해 덜 쳐주는 경향이 있어.

살비아티 많은 통속적 믿음들이 가진 오류를 간결하고 분명하게 보이는 사람들이 감사는커녕 경멸적인 대우를 받는다고 해도, 그 상처는 견딜 만하다고 할 수 있어. 그러나 어떤 연구 분야의 전문가라고 주장하는 사람들이 쉽고 간단하게 거짓임이 드러나는 결론들을 당연한 것이라고 받아들이는 것을 보면 매우 불쾌하고 짜증이 나네. 그런 감정은 질투와는 달라. 질투는 대개 이런 오류를 지적한 사람에 대한 미움과 증오로 바뀌거든. 나는 그것을 새로이 발견된 진리를 받아들이기보다 잘못된 옛 실수를 지키려는 강한 욕심이라고 부르겠네. 이런 욕심은 때때로 그들이 진실에 대항하여 뭉치게 만들거든. 마음속으로는 그것들을 믿으면서도 다른 사람들이 생각 없는 군중들에 의해 받는 존경을 깎아내리기 위해서지. 실제로 거짓임을 쉽게 증명할 수 있는 많은 것들이 진실로 통용된다는 말을 내 동료 학자에게서 들었어. 그것들 중에서 어떤 것은 나도 기억하고 있네.

사그레도 우리에게 숨길 필요는 없네. 달리 시간이 필요할지도 모르지만 적당한 때에 우리에게 얘기해 주게. 하지만 지금은 우리가 얘기하던 줄거리를 따라서, 현재까지 우리가 일정하게 빨라지는 운동에 대해 정의한 것은 다음과 같이 표현할 수 있겠군.

어떤 운동이 균일하게 가속된다는 것은, 그 운동량이 정지 상태에서 출발해서 같은 시간 동안에도 같은 정도씩 증가하는 운동을 의미한다.

살비아티 이제 정의를 했고, 다음으로 글쓴이는 한 가정을 했네.

어떤 물체가 기울기가 다른 경사면들을 따라 내려갈 때, 그 경사면들의 높이가 같으면 그 물체의 속력이 같다.

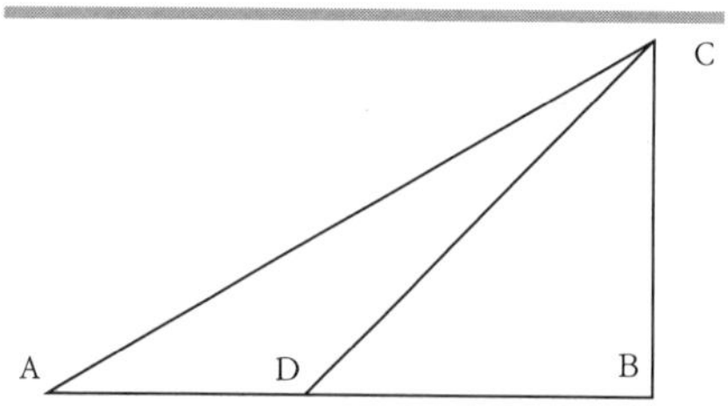

그림 6

여기서 경사면의 높이라는 말은 그 경사면의 아래쪽 끝에서 수평으로 평면을 그렸을 때 그 경사면의 위쪽 끝에서 그 평면까지의 수직 거리를 뜻하네. **그림 6**을 보면, 직선 AB가 수평이 되도록 하고 경사면 CA와 CD가 비스듬하게 놓이도록 하게. 여기서 수직 높이 CB가 바로 경사면 CA와 CD의 높이이지. 그러니까 한 물체가 경사면 CA를 따라 내려가 A로 가든 경사면 CD를 따라 내려가 D로 가든 얻는 속력이 같다고 가정을 한 거야. 여기서 두 경사면은 높이가 CB로 같으니까, 그리고 그 속력은 이 물체가 C에서 B로 바로 떨어질 때 얻는 속력과도 같아.

사그레도 이 가정은 매우 합리적이라서 의문의 여지가 없이 인정을 해야 할 거야. 하지만 몇 가지 조건이 필요하지. 바깥의 저항이 없어야 하고, 경사면은 단단하고 매끄러워야 하며, 이 물체는 생김새가 완전히 둥글어서 경사면이나 물체 둘 다 조금도 거칠지 않아야 해. 모든 저항과 방해를 없애고 나면, 무겁고 둥근 공이 경사면 CA, CD, CB를 따라 내려가 끝 점 A, D, B에 이르렀을 때 같은 운동량을 가짐을 추론할 수 있어.

살비아티 자네 설명도 그럴 듯하지만, 이것은 실험을 엄밀하게 해서 실제로 그렇다는 점이 의심의 여지가 없도록 만들어야 하네.

수직으로 된 벽에다 못을 하나 박아 무거운 납덩어리 하나를 아주 가는 실에 매달아 여섯 자 정도 높이로 늘어뜨려. 이것을 **그림 7**의 AB로 나타내세. 여기에 직각이 되도록 벽에 수평 직선 DC를 그어. 실 AB는 벽하고 거리가 손톱 두 개 정도 되도록 하고. 이제 실 AB를 끌어당겨서 AC의 위치로 올린 다음 손을 놓아서 자유롭게 움직이도록 해. 그러면 납덩어리는 곡선 CBD를 따라 움직이지. 우선 CB를 따라 내려가 B를 지나서 BD를 따라 올라가 수평 직선 CD의 높이에 거의 다다르게 돼. 약간 못 미치게 되는데 그 까닭은 공기 저항이 납덩어리와 실에 작용하기 때문이지. 이것을 보면 납이 곡선 CB를 따라 내려가 B에 이르렀을 때 얻는 운동량은 그것을 비슷한 곡선 BD를 따라 같은 높이까지 올릴 만큼이라는 것을 알 수 있어. 이 실험을 여러 번 되풀이한 다음, 벽에다 선분 AB의 중간 어디에 못을 박아. 예를 들어 E나 F에 못의 길이가 상당히 길어서 툭 튀어나오도록 박아. 그러면 납을 매단 실이 CB를 따라 내려온 다음 B 지점에 이르렀을 때 실이 못 E에 걸리겠지. 그래서 E를 중심으로 한 원둘레 곡선 BG를 따라 납덩어리가 움직이도록 하는 거야. 이 실험을 통해 납이 B에서 시작해 곡선 BG를 따라 직선 DC 높이까지 올라가는 운동량이 같음을 알 수 있어. 이 경우에는 납이 직선 DC 높이에 있는 점 G까지 올라감을 흥미롭게 관찰할 수 있어. 못을 좀더 아래쪽 F에 박으면, 곡선 BI를 따라서 역시 직선 CD의 높이까지 납이 올라감을 알 수 있어. 하지만 못을 직선 CD와 점 B의 중간보다 더 아래쪽에 박으면 실의 길이가 직선

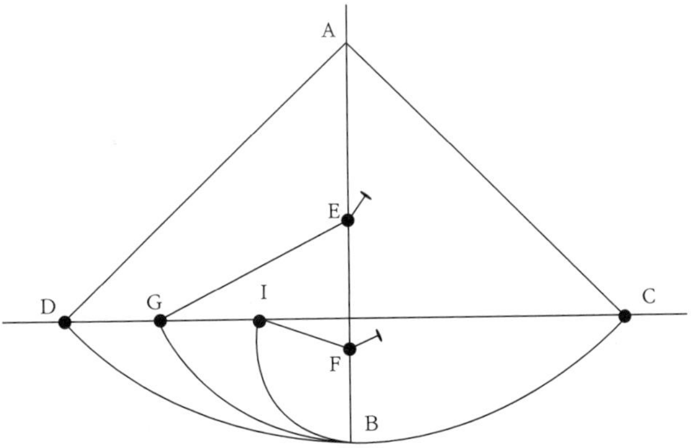

그림 7

CD에 닿을 수가 없으니 실이 못을 휘감아 엉키게 돼.

이 실험을 보면 이 가정이 옳다는 것이 의심의 여지가 없어. 두 곡선 CB와 DB는 생김새가 같고 같은 위치에 놓여 있으니 곡선 CB를 따라 떨어지면서 얻는 운동량은 곡선 DB를 따라 떨어질 때 얻는 운동량과 같아. CB를 따라 떨어져서 B에 이를 때까지 얻은 운동량은 이 물체를 DB를 따라 올리기에 꼭 알맞은 양이야. 그러니까 DB를 따라 떨어질 때 얻는 운동량은 그 물체를 같은 곡선을 따라 B에서 D까지 올릴 수 있는 양과 같지. 일반적으로 어떤 곡선을 따라 떨어질 때 얻는 운동량은 그 물체를 같은 곡선을 따라 올릴 수 있는 운동량과 같아. 여기서 곡선 BD, BG, BI를 따라 올릴 수 있는 운동량은 모두 같은데, 왜냐하면 실험을 통해 보았지만 이 경우 CB를 따라 떨어지면서 얻은 운동량이 바로 이 곡선들을 따라 올릴 수 있는 양과 동일하기 때문이지. 따라서 곡선 DB, GB, IB를 따라 떨어질 때 얻는 운동량은 모두 같아.

사그레도 이 논증은 매우 확실해 보이고 이 실험도 그 가정을 확립하기에 딱 맞게 되어 있으니 이 가정은 증명되었다고 해도 과언이 아니겠군.

살비아티 사그레도, 이것을 갖고 너무 많은 시간을 보내고 싶지는 않군. 앞으로 우리들은 이 원리를 주로 평면을 따라 움직이는 운동에만 적용할 거야. 곡선을 따라 움직일 때는 속력이 바뀌는 것이 완전히 달라서 평면에 대해 가정한 것을 적용하기가 어려워.

이 실험은 물론 곡선 CB를 따라 떨어졌을 때 그 운동량이 같은 높이의 곡선 BD, BG, BI를 따라 올릴 정도라는 것을 보이고 있지. 하지만 이 점들을 잇는 경사면을 만들어 완전히 둥근 공을 그 경사면을 따라 굴려서 이 실험을 하면 같은 결과가 나오도록 할 수가 없네. 면들은 점 B에서 어떤 각을 만드니까 공이 선분 CB를 따라 내려왔을 때 선분 BD, BG, BI를 따라 올라가려 할 때 그것이 방해가 돼.

공이 이들 경사면을 때릴 때 운동량의 일부를 잃을 테니까 이 공은 직선 CD의 높이만큼 올라갈 수가 없어. 그러나 실험을 방해하는 이 장애물을 없앨 수만 있다면, 공이 내려오면서 얻는 운동량은 그 공을 같은 높이까지 올릴 수 있다는 것이 분명해. 그러니 지금은 이것을 가설로 받아들이세. 이것이 정말로 옳다는 것은 여기로부터 유추되는 결론들이 실험 결과들과 대응하고 일치한다는 것을 보면 알 수 있어. 글쓴이는 이것을 받아들이고 그 다음 여기에서 끌어낼 수 있는 법칙들로 넘어갔어. 다음이 첫 번째 정리야.

정리 I, 명제 I

어떤 물체가 정지해 있다가 일정하게 가속되어 어떤 거리를 이동했을 때 걸린 시간은, 그 물체가 가속되기 바로 직전의 속도와 가장 빠른 속력의 평균값으로 일정하게 운동해서 같은 거리를 이동했을 때 걸리는 시간과 같다.

어떤 물체가 C에 정지해 있다가 일정하게 속력이 빨라져서 CD 구간을 지났다고 하고 **(그림 8)**, 그때 시간을 AB로 나타내자. 이 시간 동안에 점점 속력이 빨라져서 끝에 가서 가장 빠른 속력이 되는데, 그것을 선분 AB에 수직이 되도록 선을 그어 EB로 나타내자. 그 후 선분 AE를 그어라. 그러면 선분 BE와 평행하도록 그은 일정한 간격을 지닌 모든 AB 위

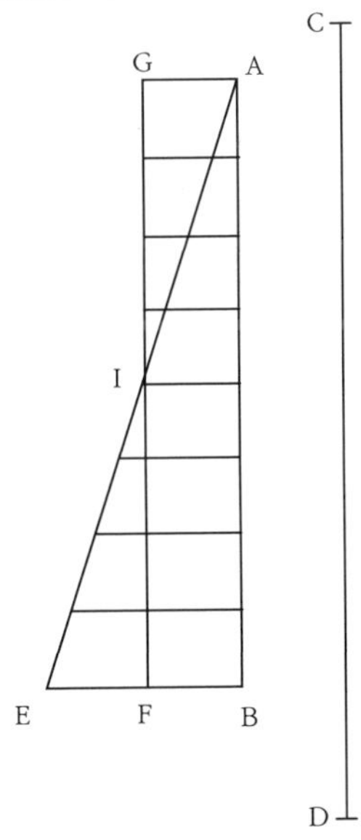

그림 8

의 선들이 A에서 시작해 이 물체의 속력이 점점 빨라지는 것을 나타내게 된다. 선분 BE의 중점을 F라고 하고 선분 FG를 BA와 평행하도록 긋고, 선분 GA를 FB와 평행하도록 그어라. 그러면 직사각형 AGFB는 넓이가 삼각형 AEB와 같다. 왜냐하면 선분 GF는 선분 AE를 중점 I에서 이등분하고, 삼각형 AEB에 있는 일정한 간격의 선들을 GI까지 연장해 그으면, 사각형 안에 있는 평행선들의 합은 삼각형 AEB 안에 있는 것들의 합과 같으며, 작은 삼각형 IEF 안에 있는 것은 작은 삼각형 IAG 안에 있는 것과 같고, 사다리꼴 AIFB 안에 있는 것은 공통이기 때문이다.

시간 AB 동안의 모든 순간순간은 선분 AB 위에 대응하는 점을 가지고 그 점에서 평행선을 그어 삼각형 AEB 안에 놓이도록 하면, 그 선은 그 순간의 속력의 증가치를 나타낸다. 직사각형 안에 있는 평행한 선들은 속력이 일정하고 증가하지 않을 때의 속력을 나타낸다. 그러니까 속력이 빨라지는 경우 물체의 움직임은 삼각형 AEB 안에 있는 점점 길어지는 평행선들로 나타낼 수 있고, 속력이 바뀌지 않을 경우는 직사각형 ABFG 안에 있는 평행선들로 나타낼 수 있다. 속력이 빨라지는 경우 처음 부족한 운동량은 (이것은 삼각형 GAI 안에 있는 평행선들로 나타난다) 나중에 삼각형 IEF 안에 있는 평행선들로 나타나는 운동량에 의해 보충되어진다.

그러니까 한 물체는 정지 상태에서 출발해 일정하게 가속되고, 다른 물체는 가속된 물체의 최고 속력의 절반 속력으로 등속운동할 때, 이 둘은 같은 거리를 같은 시간 동안에 지나게 된다. (증명 끝)

정리 II, 명제 II

정지해 있다가 일정하게 가속되면서 떨어지는 물체가 움직인 거리는 그 거리를 지나는 데 걸린 시간의 제곱에 비례한다.

시간을 A에서 시작하는 선분 AB로 나타내자 (그림 9). 여기에서 두 개의 시간 간격 AD와 AE를 임의로 잡자. 어떤 물체가 H 지점에서 가만히 있다가 일정하게 속력이 빨라지면서 떨어지는 거리를 HI로 나타내자. 시간 AD 동안 떨어진 거리를 HL로 나타내고, 시간 AE 동안 떨어진 거리를 HM으로 나타내자. 그러면 거리 HM과 HL의 비가 시간 AE의 제곱과 AD의 제곱의 비와 같음을 보이겠다. 이는 간단히 거리 HM과 HL이 AE와 AD의 제곱 관계로 되어 있다고 말할 수 있다.

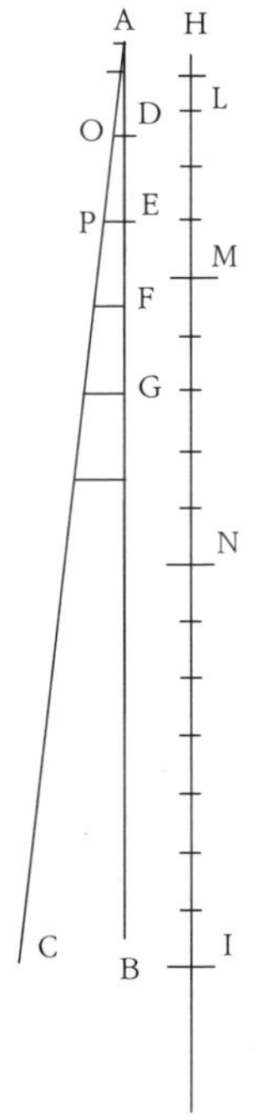

그림 9

선분 AB와 어떤 각을 이루도록 선분 AC를 그어라. 점 D와 E에서 평행선 DO와 EP를 그어라. 이 두 선분들 중 DO는 시간 AD 동안 얻은 최대 속력을 나타내고, EP는 시간 AE 동안 얻은 최대 속력을 나타낸다. 그런데 물체가 움직인 거리는 그 물체가 가만히 있다가 일정하게 가속되면서 떨어졌든, 아니면 최고 속력의 절반 속력으로 같은 시간 동안 떨어졌든 동일하다는 것이 막 증명되었다. 그러니까 거리 HM과 HL은 시간 AE와 AD 동안 EP와 DO가 나타내는 최고 속력의 절반으로 떨어진 것과 같다. 여기서 거리 HM과 HL의 비가 시간 AE의 제곱과 AD의 제곱의 비와 같음을 보이면 증명이 끝난다.

나는 앞부분에서[3)] 두 물체가 일정한 속력으로 움직일 때 그 거리의 비율은 속력의 비율과 시간의 비율을 곱한 것임을 보였다. 그런데 이 경우, 속력의 비율은 시간의 비율과 같다. (AE와 AD의 비율은 $^1/_2$EP와 $^1/_2$DO의 비율 또는 EP와 DO의 비율과 같다.) 그러니까 움직인 거리는 시간 간격의 제곱의 비율과 같다. (증명 끝)

그렇다면 움직인 거리의 비율은 맨 나중 속력의 제곱의 비율, 즉 EP와 DO의 제곱들의 비율과 같다는 것은 명백하다. 왜냐하면 이들의 비율은 AE와 AD의 비율과 같기 때문이다.

따름 정리 I

운동의 시작점에서부터 동일한 시간 간격을 AD, DE, EF, FG와 같이 자르고, 이때 지나는 거리를 HL, LM, MN, NI로 나타내자 (**그림 9 참조**). 그러면 이 거리들은 1, 3, 5, 7,……과 같은 홀수들의 비와 같게 된다. 이는 (시간을 나타내는) 선분들의 제곱들의 차의 비, 혹은 1부터 시작한 자연수들의 제곱들의 차라고 말할 수 있다.[4] 따라서 일정한 시간 간격 동안에 속력이 자연수처럼 증가할 때, 같은 시간 간격 동안 이동한 거리는 홀수 1, 3, 5, 7,……처럼 늘어난다.

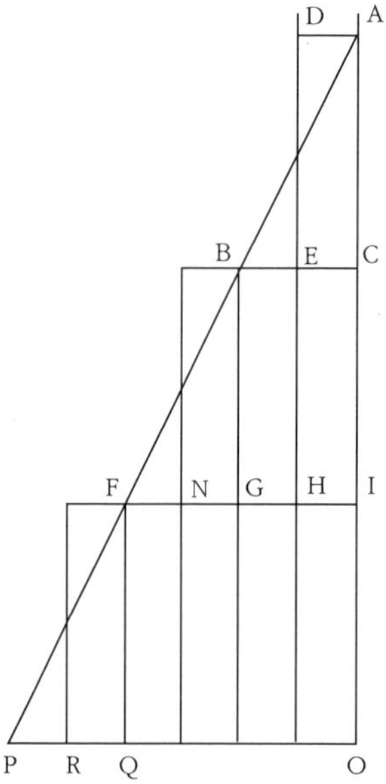

그림 10

사그레도 잠시 토론을 멈추게. 나한테 좋은 생각이 떠올랐어. 그림을 그려서 자네나 내가 더 분명하게 알 수 있도록 하지.

그림 10에서 보듯이 선분 AI를 그어서 이것이 처음 순간 A에서 시작해 시간이 흐른 것을 나타내도록 해. 그 다음 A를 지나 적당한 각을 이루도록 직선 AF를 그어. 양 끝점 I와 F를 연결하고, 시간 AI의 한 가운데 C를 잡아 이등분을 해. C에서 IF와 평행하도록 CB를 긋는 거야. 여기서 CB가 최고 속력이라고 생각할 수 있

어. 속력은 처음에 0이었다가 시간에 비례해 점점 빨라지는데 BC에 평행하도록 선을 그어서 그게 삼각형 ABC와 만나도록 하면 그 선분의 길이가 바로 속력이 되지. 속력은 시간에 비례하니까 앞에서 설명한 것에 따르면 어떤 물체가 이런 식으로 떨어졌을 때 그 거리는 같은 물체가 같은 시간 동안 일정한 속력 EC—즉, 최고 속력 CB의 절반—로 떨어진 것과 같음은 의심할 여지가 없네. 게다가 물체가 떨어지면서 속력이 점점 빨라져서 C일 때에는 속력이 BC가 되지. 만약에 이 물체가 일정한 속력 BC로 떨어진다면, 다음 시간 간격 CI 동안에 움직인 거리가 AC 동안에 움직인 거리의 두 배가 되고, 일정한 속력 EC는 BC의 절반이 되지. 그런데 떨어지는 물체는 같은 시간 간격 동안에 속력이 빨라지는 정도가 같기 때문에, 다음 시간 간격 CI 동안에 속력 BC는 삼각형 BFG 안에 들어가는 선들만큼 속력이 빨라져. 이 삼각형은 ABC와 크기가 같지. 그러니까 속력 GI에다 속력 FG의 절반을 더하면 시간 CI 동안에 같은 거리를 움직이기 위한 일정한 속력을 구할 수 있어. 여기서 FG는 가속운동에서 얻은 최대 속도이고 삼각형 BFG 안에 놓이는 선에 따라서 결정되지. 이 속력 IN은 속력 EC의 세 배니까, 시간 CI 동안에 움직인 거리는 시간 AC 동안에 움직인 거리의 세 배가 되는 거야.

이제 또 같은 시간 간격 IO 동안 운동이 계속된다고 생각해 보세. 그러면 삼각형 APO를 그려야지. 만약에 시간 IO 동안에 이 물체가 일정한 속력 IF로 떨어진다면, 그러면 IO 동안에 이 물체가 움직이는 거리는 첫 시간 AC 동안에 움직인 거리의 네 배가 되지. 왜냐하면 속력 IF는 속력 EC의 네 배이니까. 하지만 삼각형을 크게 해서 작은 삼각형 FPQ를 집어넣어 가속도가 일정하게 되는 ABC와 같게 하려면, 우리는 일정한 속도에 EC와 동일한 증가분 RQ를 추가해야 하네. 이때 시간 간격 IO 동안에 이 물체의 일정한 속력은 시간 AC에서 평균 속력에 비해 다섯 배가 되지. 그러니까 이때 움직인 거리는 처음 시간 AC 동안에 움직인 거리의 다섯 배가 돼.

이렇게 단순하게 계산을 해 보면, 물체가 가만히 있다가 속력이 시간에 비례해 빨라지면 그 움직인 거리가 일정한 시간 간격 동안에 1, 3, 5, 7,……처럼 됨을 알 수 있어. 움직인 전체 거리를 생각하면, 두 배의 시간 동안에는 네 배의 거리가 되고, 세 배의 시간 동안에는 아홉 배의 거리를 움직이게 돼. 일반적으로 움직인 거리는 시간의 비율을 곱한 것과 같아. 즉, 시간의 제곱에 비례해.

심플리치오 이 단순 명쾌한 논리가 글쓴이가 설명한 것보다 더 재미있고 맘에 드네. 이 책의 증명법은 나에겐 뭔가 불분명해 보이거든. 우리가 일정하게 가속된 운동의 정의를 받아들인다면, 이것들은 앞서 기술된 것과 같다는 것을 확신할 수 있어. 하지만 자연에서 물체가 떨어질 때, 실제로 속력이 이렇게 빨라지는 것인지 의심스럽군. 나뿐만 아니라 나와 같은 생각을 가진 많은 사람들을 위해 이 실험 중 하나를 소개할 때 같아. 나는 여러 방법으로 결론들이 도출되었다고 알고 있는데.

살비아티 과학을 연구하는 사람으로서 자네가 요구하는 것은 매우 합당한 것이야. 생각해 보면 원근법, 천문학, 역학, 음악, 또는 다른 종류의 과학에 수학적 증명을 적용할 때는 먼저 엄밀한 실험을 통해서 근본이 되는 법칙들을 엄선한 다음 그것을 기초로 해서 전체 구조를 만드는 것이 보통이고, 또 그래야 하니까. 이 첫 번째 근본 문제에 관해서 상당히 긴 시간을 들여서 토론을 할 텐데 그것을 시간 낭비라고 생각하지 말게. 온갖 종류의 결과들이 이것에 따라서 결정이 되고 이 책에 그 일부가 실려 있어. 글쓴이는 지금까지 사색적인 생각에 막혀 있던 길을 뚫기 위해서 엄청난 노력을 했고, 실험을 경시하지 않았네. 그리고 물체가 떨어질 때 속력이 빨라지는 것이 실제로 그렇다는 것을 나 스스로 확신하기 위해서 나도 종종 저자와 함께 다음과 같은 방법으로 실험을 했네.

길이가 12큐빗(cubit),[5] 폭은 반 큐빗, 두께는 손가락 길이 정도 되는 긴 나무판을 하나 구했어. 그 다음 거기에다 폭이 손가락 하나 정도 되는 홈을 팠어. 이 홈을 매우 곧고 매끄럽도록 닦은 다음 그 안에 양피지를 대었어. 양피지도 역시 매우 매끄럽게 다듬은 것이었지. 그 다음 그 홈을 따라 단단하고 매끄럽고 매우 둥근 구리공을 굴렸어. 나무판의 한쪽 끝을 한두 큐빗 정도 올려서 경사지게 놓은 다음 홈을 따라 공을 굴렸지. 그리고 공이 내려오는 데 걸리는 시간을 잰어. 이 실험을 여러 번 되풀이하여 그 시간을 재서 시간의 차이가 맥박수 1/10 이하가 될 정도로 정확하게 잰어. 이 실험을 해서 그 정확성을 믿을 수 있게 된 다음 거리를 1/4로 줄여서 굴려 보았어. 그러니까 내려오는 데 걸리는 시간이 정확하게 절반이 되었어.

그 다음 거리를 바꿔서 실험을 했어. 전체 길이를 내려올 때 걸리는 시간과 절반, 또는 2/3, 또는 3/4, 또는 어떠한 분수로 표현되는 거리들에 대해 실험을 했어. 이런 실험을 100번 이상 되풀이했는데, 항상 움직인 거리는 걸린 시간의 제곱에 비례했어. 이것은 공이 굴러 내려오는 나무판의 기울기가 얼마이든 상관없이 늘 사실이었어. 그리고 경사가 다른 경우들을 서로 비교했을 때 공이 내려오는 데 걸리는 시간은 글쓴이가 예측하고 증명한 것과 일치했어. 이것은 나중에 설명해 주지.

시간을 재는 방법으로, 우리는 커다란 물통을 어떤 높이에 올려놓고 물통 아랫부분에 조그마한 파이프를 달아서 물이 가느다란 한 줄기로 나오도록 만들었어. 그 물줄기를 공이 내려오는 동안 유리잔에 받았지. 공이 전체 길이를 내려오든 또는 일부분을 내려오든, 이렇게 받은 물을 매우 정확한 저울로 무게를 잰어. 이 무게들의 차이와 비율은 바로 시간들의 차이와 비율을 나타내지. 이것은 하도 정확해서 같은 실험을 여러 번 되풀이했는데도 그 차이가 거의 없었어.

심플리치오 나도 이 실험들을 할 때 같이 있었다면 좋았을 텐데. 하지만 실험을 조심해서 했고 결과가 그렇게 믿을 수 있도록 나왔다니, 나도 만족하고 이 결과들이 사실이고 믿을 수 있다고 받아들이겠네.

살비아티 그렇다면 이건 논쟁의 여지가 없이 넘어가도 되겠군.

〔후략〕

메르센느
과학의 진리
(1625)

메르센느(Marin Mersenne, 1588-1648)는 철학과 수학에 관심이 많았던 신부로 파스칼, 페르마, 데카르트, 가상디 등과 교류하면서 자신의 연구를 진행했을 뿐만 아니라, 이들의 연구를 교환하고 공유하게 하는 중재자의 역할을 담당했다. 그는 참된 지식의 근거를 부정하는 회의주의 철학(피론주의)이 팽배하던 17세기 초엽에, 이에 대항해서 진정한 과학 지식의 가능성을 옹호했다. 믿을 만한 지식이 존재하고 우리가 그 지식을 알 수 있다는 그의 신념이 잘 나타난 책이 바로 『과학의 진리』이다.

이 책의 원제는 『회의주의자와 피론주의자에 대항하는 과학의 진리』(원제 : *La vérité des sciences contre les Sceptiques ou Pyrrhoniens*)이다. 메르센느(Marin Mersenne, 1588-1648)는 철학과 수학에 관심이 많았던 신부로 파스칼, 페르마, 데카르트, 가상디 등과 교류하면서 자신의 연구를 진행했을 뿐만 아니라, 이들의 연구를 교환하고 공유하게 하는 중재자의 역할을 담당했다. 그는 참된 지식의 근거를 부정하는 회의주의 철학(피론주의)이 팽배하던 17세기 초엽에, 이에 대항해서 진정한 과학 지식의 가능성을 옹호했다. 믿을 만한 지식이 존재하고 우리가 그 지식을 알 수 있다는 그의 신념이 잘 나타난 책이 바로 『과학의 진리』이다. 『과학의 진리』는 1625년에 파리에서 불어로 출판되었다.

이 책은 회의주의자, 연금술사, 그리고 기독교인 철학자 세 명의 대화로 구성되어 있다. 기독교인 철학자는 회의주의자와 연금술사를 모두 비판하면서 믿을 만한 지식의 존재를 입증하는 사람이다. 우선 그는, 자연은 합리적이고 이해 가능하다는 점에서 아리스토텔레스에 동의하지만, 아리스토텔레스의 정성적이고 사변적인 자연철학에 대해서는 반대하면서 자연은 합리적이고 정량적인 법칙에 따라 지배받는다고 주장한다. 또 그는 자연에 실제로 조작을 가할 수 있게 만들어주는 지식도 믿을 만하다고 한다. 이렇게 정량적으로 예측가능하고 실제적인 지식을 참된 지식이라고 할 수 있다는 생각은 회의주의를 비판하고 새로운 과학의 철학적 기초를 세우는 데에 큰 역할을 했다.

『과학의 진리』는 국내 번역본이 없으며, 여기서의 번역은 미국 프린스턴 대학교의 과학사 교수 마호니(Michael Mahoney)의 영어 번역본을 다시 번역한 것이다.

(http : //www.princeton.edu/~hos/mike/texts/mersenne/mersenne.htm)

과학의 진리

서문

세상에 진리만큼 우리의 마음을 넘어서는 권능을 가진 것은 없으며, 또한 거짓만큼 그에 반대되는 것도 없다. 진실로 진리는 영혼을 넘어 상승하는 힘을 가지고 있어 우리의 마음은 참된 모든 것을 따르게 될 수밖에 없다. 왜냐하면 명백한 진리를 이해하게 되면 이를 거부할 자유를 가질 수 없기 때문이다. 이와 같은 진리의 권능은 아주 즐겁고 귀중한 것이어서 대부분 사람들의 사고는 진리를 찾고 수호하며 보존하는 것 말고는 다른 어떤 목적을 가지지 않는다. 신학과 철학을 공부하는 사람들 사이에서 벌어지는 논쟁이나, 우리가 책을 쓰고 논증하는 것이 모두 진리를 위한 것이기 때문에 세상에서 진리라는 빛의 혜택을 받지 못하는 사람은 아무도 없다.

그러나 뻔뻔스럽게 벌받을지도 모른다는 두려움에 대한 불경함을 보이려 하지 않으면서도, 세상에는 흥망성쇠가 계속 반복되는 것처럼 확실한 것이라고는 아무것도 없다고 무지한 자들을 가르치려는 일군의 자유사상가들이 진리의 반대편에 줄지어 서 있다. 그들은 자유사상과 모든 쾌락, 호기심에 매혹당한 젊은이들의 마음에 이를 주입하려고 한다. 그래서 그들은 하나님께 오르는 사다리인 과학과 자연물들에 대한 진리를 의심하면서 신앙과 관련된 것에도 똑같은 일을 한다.

내가 이 책을 쓰고자 했던 이유는 바로 앞의 사악함을 치유하고 적어도 다른 이들이 이 주제에 대해 더욱 자세히 쓰도록 자극하며, 또한 오늘날 진리를 의심하는 데 많은 이들이 이용하는 무모한 피론주의 교육을 금지하기 위한 것이었다. 이를 통하여 그들은 밝은 마음을 지니고 있음을 보이고 동료들 사이에서 존경을 얻기 위해 진리에 대한 애정 이상의 것을 하게 된다.

나는 그들이 과학에 반대하여 제기하는 (특정한) 반론과 함께 그들의 일반적인 원리들을 논박하는 것 이외에는 어떤 계획도 가지고 있지 않았었다. 그러나 알고 있는 것들을 간단히 떠올리기 위해 많은 이들이 모든 과학들의 요약본을 가지고 행복해 하는 모습을 보면서, 나는 일반적인 내용들뿐만 아니라 구체적인 것들도 논의하는 것이 적절할 것이라고 생각했다. 이러한 일들을 내 연구에서 너무 길지도 짧지도 않게 다루어 왔기 때문에 각각은 유용하면서도 즐겁게 이용될 수 있으리라고 생각한다.

시간을 내어 이 책을 읽는다면, 과학에는 참된 것들이 많이 있다는 사실을, 스스로의 판단과 이성을 잃고 싶지 않다면 피론주의를 버려야 한다는 사실을 거리낌없이 인정하지 않을 회의론자는 없다고 믿는다. 그러나 이 책을 읽기 전에 인쇄업자가 다른 작업에서 했던 식으로 이 책도 마무리했음을 기억해야 한다. 왜냐하면 그는 많은 실수를 하였는데 여기에 대해서 나는, 누군가 인쇄상 몇몇 실수를 찾았을 때 의지할 수 있는 특별한 목록 속에 그 실수들을 정리해 두는 것 말고 다른 해결책을 제안할 수 없었기 때문이다. 그럼에도 불구하고 나는 의미를 이해하는 데 방해가 되지 않는 것들 및 생략되거나 여분의 점이나 대시(—)들로 이루어진 실수들은 생략하였다.

사색적인 혹은 실용적인 음악에서 즐거움을 찾는 사람들은 이 책에서 마음을 끄는 몇 가지 내용들을 찾을 수 있을 것이다. 왜냐하면 두 번째와 세 번째 권에서 이러한 과학에 속하는 많은 재미있는 내용들을 보이면서 설명했기 때문이다. 예를 들어, 주어진 주제에 대해 만들어질 수 있는 노래들 중 가장 아름다운 곡을 작곡하기 위해서는 무엇을 알아야 하는가. 혹은 음계, 화음, 음조는 얼마나 많이 구분될 수 있는가 등. 따라서 이 두 권은 음악에서 아주 재미있는 것을 이해하기에 충분하다.

그저 재미있는 말들에서 즐거움을 찾으려는 사람들, 혹은 잘 짜여지고 배치된 담론에만 관심을 갖는 사람들이라면 이 책에서 아주 종종 볼 수 있는 화법을 읽으면서 즐거움을 얻지는 못할 것이라고 나는 생각한다. 그럼에도 불구하고 상등(相等) 동등함, 과다 부등, 과소 부등, 초적절 부등, 점근적 부등(asymptotic inequality), 그리고 많은 다른 유사 용어들과 같은 전문적인 용어들은 그것이 필요하고 적절한 경우에는 사용했음을 밝힌다.

그러나 다른 한편으로 언어보다 진리를 더 많이 다루는 모든 사람들은 그런 나약한 생각에 머무르지는 않을 것이라는 것을 나는 안다. 그리고 그들은 이 네 권의 책들에서 다루는 것들과 관련된 담론 및 해석을 모호하게 만드는 구절들에 만족하거나 단어들을 선택하기보다는, 과학을 위해 사용되는 적절한 단어들을 찾으려 할 것이라는 사실도 나는 안다. 또한 내가 대화체를 사용하는 것을 부적절하게 여겨서는 안 된다. 왜냐하면 나는 독자들의 만족을 위해서, 그리고 다른 이유보다 내가 주장하고 싶은 것을 더 쉽게 이해할 수 있도록 그렇게 했기 때문이다. 더군다나 회의론자들의 질문들은 너무 간단하고 그 수도 적어서, 독자들은 거기에서 단지 위안 정도만 얻을 수 있을 것처럼 보인다.

완전한 만족을 위해서 나는, 하나님에게서 기원했기 때문에 다시 하나님의 영광으로 귀결되어야 하는 진리로부터 사람들이 덕을 볼 수 있기를 원할 따름이다. 너무나 생각과 판단이 짧아 수학의 진리가 무용하거나 신성과 신앙에 봉사할 수 없다고 생각하는 사람들이 있다는 사실을 유감스럽게 생각하는 이유가 바로 이것이다. 이러한 생각은 오직 무지에서 나오는 것이라고 나는 확신한다. 그런 사람들은 이러한 (수학적) 과학 안에 성경, 성부, 신학, 철학 그리고 법률학을 이해하는 데에 필수적인 것, 신을 알고 사랑하게 하는 데 중요한 역할을 하는 것이 존재한다는 사실을 자유롭게 인정하게 될 때에야 비로소, 내가 이 책에서 논의하고자 하는 바를 이해하게 될 것이라고 나는 믿는다.

신학 이후에 수학만큼이나 우리 앞에 놓여져 수많은 경이로움을 볼 수 있게 만드는 과학은 존재하지 않는다. 수학은 마음을 계속 상승시키고 신격을 인식할 수 있도록 한다. 그리고 정역학, 수력학, 기체역학은 놀라운 결과들을 낳아서 사람들이 신의 아주 놀라운 업적들을 모방하는 것처럼 보이게 한다. 사람들은 물체들을 옮길 수 있고 1피트의 물로 바다의 모든 물만큼 무게가 나가게 할 수도 있으며, 땅에 닿지 않고 말뚝도 박지 않은 채 공중에 다리를 지을 수도 있고, 작은 구 안에 별들과 행성의 모든 운동 궤도를 모형으로 만들 수 있기 때문이다. 나는 이 책이나 다른 곳에서 볼 수 있거나 하나님의 더 큰 영광을 위해 사용하고 싶었던 것들보다 더욱 놀랄 만한 수천 가지 일들을 생략하였다. 따라서 우리가 여기 아래에서 가지는 모든 과학을 당신의 영광으로 돌리신 이후에 하나님은 우리가 열망하는 가장 축복받은 과학, 더없는 행복의 기쁨을 우리에게 주실 것이다.

제1편 회의론자들의 의견이 논박될 지점

제1장 여기서는 연금술이 확실한 과학이라고 증명하려는 연금술사에 대한 회의론자들의 논쟁을 다룬다.

회의론자(연금술사에게) 선생님, 연금술이 참된 것이라고 생각하기에는 당신의 이야기는 만족스럽지 못하군요. 그리고 이 세상에서 확실한 것을 알 수 있는 사람은 없다고 나는 믿습니다. 누가 어떤 것을 본질 그대로 알겠습니까? 우리 눈에 보이는 것 이상의 어떤 별들이나 체계가 있는지를 우리는 알 수 없습니다. 바다 속에 무엇이 있는지, 고기들, 조개들의 본성과 그 기원은 무엇인지, 그 성질은 무엇인지를 안다고 누가 주장할 수 있겠습니까? 왜냐하면 지금까지 아무도 밀물과 썰물의 이유와 그 운동을 이해할 수 없었기 때문입니다. 뿐만 아니라 우리는 지구의 일부분만을 볼 수 있기 때문에 지구가 무엇인지를 알 수도 없습니다. 그것은 이가 머리의 작은 부분만을 보거나 개미가 나무나 산의 일부만을 보는 것과 같은 이치입니다. 지구 전체를 본 적이 없기 때문에 더 이상을 알 수도 없는 것처럼, 우리의 코만을 보았기 때문에 인간이란 과연 무엇인지도 알지 못합니다. (자연의) 역사를 통해 그것(예를 들어, 지구)을 안다고 말하는 것은 충분치 못합니다. 왜냐하면 다른 사람의 입을 통해 먹는 것이 단지 영양을 공급받지 않는 것처럼 그것은 아는 것이 아니기 때문입니다. 결론적으로, 모든 과거의 것들은 우리의 지식 너머에 있고, 미래의 것들은 아직 우리에게 주어져 있지 않으며, 현재의 것들은 우리에게 완전하게 알려져 있지 않습니다. 왜냐하면 우리가 비참하고 작은 벌레처럼 살아가는 전체 지구에 비하면, 우리가 보는 것이란 단지 하나의 점일 따름이기 때문입니다.

우리의 감각에 도달하는 것을 생각해 보면, 우리는 매 순간마다 현혹당합니다. 우리에게 태양은 1보폭보다도 작게 보이고, 우리는 그것이 움직이는지 혹은 항상 한 곳에 머물러 있는지 알지 못하기 때문입니다. 만약 세상에서 가장 분명한 태양조차 우리가 알 수 없다면 하물며 나머지 것들은 어떻겠습니까? 당신이 보고 싶은 어디라도 힐끗 한 번 보십시오. 우리는 사물의 표면과 색깔들만 볼 수 있을 따름이고 그 맛만 볼 수 있습니다. 그 내부에 대해서는 우리는 아무것도 보지 못합니다. 우리는 외피를 만지고 냄새를 맡으며 그림자를 보는 것으로 만족하는 이들과 다를 바가 없습니다. 우리는 실체와 실질에 대해서 아무것도 알지 못합니다.

이것이 바로, 소요학파의 대가라 불리는 몽상가가 이해야말로 사물의 정수를 아는 것이라고 말한 오류를 범한 이유입니다. 왜냐하면 그 어떤 것이라도 감각을 통하지 않고는 지성에 다다를 수 없다고 보았기 때문입니다. 심지어 우리가 사물의 내부에 있다고 할지라도, 우리는 그것을 더 잘 알 수는 없을 것입니다. 우리는 외부 사건들만을 지각하기 때문이지요.

더군다나 그 원인을 알지 못한다면 우리는 그 결과를 완전히 알 수 없는데, 원인이라는 것은 결과로만 알 수 있는 것이지요. 따라서 모든 원인들에 대한 지식에 도달하기 위해서는 이런 과정을 무한히 진행할 필요가 있겠지요. 그런데 무한이라는 것은 우리 마음의 한계 안에 포섭될 수 있는 것이 아닙니다. 비록 저는 사람과 다른 사물들을 연결하는 것이 무엇인지를 알지는 못합니다만, 우리 스스로가 모든 것을 알 수 있다고 믿게 하고 싶어했던 아리스토텔레스의 어리석음을 생각해 보십시오. 그렇지만 우리는 단 하나의 사물의 정수를 알지 못합니다. 또한 베드로가 남자라는 것이나 파리가 도시라는 것을 안다고 할 때에도 그 정수를 알 수 없습니다. 우리는 파리라는 도시의 벽이 무엇인지, 그 속의 루브르(Lovure)와 가옥들, 정부는 어떠한지 알아야 할 것입니다. 마찬가지로 베드로를 알기 위해서는 그에 대한 모든 것을 말할 수 있어야 할 것입니다. 이것이 바로, 소요학파가 자신들 무지함의 피난처로서 보편자를 옹호한다고 내가 생각하는 이유입니다. 그 보편자라는 것은, 셀 수 없이 많고 더군다나 훼손되기 쉬울 뿐만 아니라 우리가 알 수도 없는 개별자들의 특정한 지식들을 가정하기 때문에, 그 근거가 매우 박약합니다. 따라서 그 보편자들은 어떤 과학에 대한 토대 역할을 할 수 없습니다.

플라톤주의자들은 그 무엇보다 이데아에 대해서 아는 것이 없기 때문에, 그들이 이데아에 의존하는 것은 미친 짓입니다. 또한 만약 우리가 이데아를 안다고 해도 그것이 이승의 지식은 아닐 것입니다. 왜냐하면 이승에서의 사물은 물질적인 것인 반면, 이데아란 영적인 것이기 때문이지요. 외과의사가 자신의 환자를 형상(Form)에서 치료하는지를 생각해 보시기 바랍니다.

아리스토텔레스는 많은 개별자들에 대한 지식이 보편적이고 참되며 영원한 개념을 형성하기에 충분한 것이라 대답하겠지요. 그러나 제기할 수 있는 몇 가지 반대 주장은 차치하더라도, 나는 누군가가 어떤 개별자를 알 수는 없다고 생각합니다. 왜냐하면 우리가 쓰고 있는 종이가 잘 알려진 것처럼 보여도, 우리가 모든 원인을 파악하여 그것에 대한 지식을 가지는 것은 아니기 때문입니다. 만약 누군가가 그것의 질료와 형상이 무엇인지, 누가 그것을 만들었고 그 장소는 어디인지, 그것을 만드는 데 필요한 공이와 용액, 도구는 무엇인지 묻는다면, 우리는 대답할 수 없을 것입니다. 그럼 만약 우리가 그것의 모든 원소를 찾고 싶다면 어떻게 할까요? 어떻게 그 모든 부분들을 다시 붙일 수 있을까요?

린네르 헝겊을 보고 그것이 베니스에서 만들어졌다는 사실을 아는 건 하찮을 따름입니다. 왜냐하면 우리는 린네르가 어떤 씨앗에서 어떻게 자랐는지, 어느 별 아래에서 어떤 경도와 위도의 지역에서 얼마나 자랐는지, 그리고 왜 다른 식물이 아닌 린네르가 그 토양에서 자랐는지를 알아야 하기 때문입니다. 태초 이래로 린네르의 질료 속에는 얼마나 많은 형상이 있었는지, 언제부터 종이와 같은 형상을 가지게 되었는지, 모든 원인들과 신성한 사고들을 경유하여 어떤 생각에 따라 그것이 만들어졌는지를 알아야 하기 때문입니다. 그리고 하나님과 대자연, 기술들은 그것에 어떤 기여를 했는지, 왜 하필 그 시점에 만들어졌는지, 그 탄생 이전에 별들의 운행과 시기는 어떠했는지를 알아야 합니다. 또한 하늘과 대지, 바다의 모든 부분들은 종이가 만들어지는 용액에 대해 얼마만큼 어떠한 관계와 비율을 가지고 있는지를 알아야 할 것입니다.

그것을 만든 이의 이름은 무엇인지, 균질적이고 비균질적인 부분들은 무엇이며, 그의 영혼은 무엇입니까? 그리고 언제 그것이 그에게 스며들었으며, 왜, 어떻게, 언제 그는 그의 이름을 가지게 된 것입니까? 카발라(cabala: 유대교의 신비철학)나 성명학(onomancy: 이름으로 운세를 판단하는 것)으로 말할 수 있는 그것의 철자바꾸기 게임은 무엇일까요? 그리고 그의 아버지와 그의 선조들은 누구입니까? 그는 왜 제지업자가 되고 싶었을까요? 왜 하나님은 그에게 이러한 소망을 주었습니까? 왜 하나님은 이 사람이 다른 일 말고 종이를 만들게 했을까요? 하나님은 왜 세계를 더 일찍 창조하지 않았을까요? 만약 하나님이 그의 영광을 보여주기 위하여 세계를 창조하신 것이라면, 우리는 왜 개미들에게 우리의 영광을 보여줄 수 없을까요? 하나님은 선한데도 왜 세상에는 악이 많습니까? 왜 그는 다른 무엇이 아닌 하나님입니까?

개별자를 완전하게 알고 싶다면, 그것이 세계의 작은 일부에 지나지 않기 때문에 알아야만 하는 것들이 이렇게나 많습니다. 때문에 세계에 속하는 모든 것을 알지 못한다면, 종이에 대해서 뿐만 아니라 다른 무엇이라도 알 수가 없습니다. 나뭇잎밖에 보지 못한 사람은 나무를 알지 못하는 것과 마찬가지 이치입니다. 종이가 왜 하얀지, 하얗다고 하는 것은 무엇이며 어느 정도의 빛과 열에서 나오는 것인지, 그럼 빛은 무엇이며 그것이 반사되는 방식은 얼마나 많은지를 묻는다면 어떻게 하시겠습니까? 아리스토텔레스가 자신의 과학을 정립하고 옹호하기 위해 대략적인 원인들과 원리들로 후퇴하는 것을 보면 즐거운 일입니다. 왜냐하면 그는 피타고라스[1)]와 플라톤, 데모크리투스[2)]와 다른 이들에게 자신의 대략적인 원소들이 어떠한 것인지를 논해 왔던 터라, 이것들이 멀리 떨어진 것들〔eloignez〕이라는 사실을 알기 때문입니다. 따라서 나는 우리는 아무것도, 혹은 그만큼 아주 적은 것만을 알 뿐이라고 말하고 싶습니다.

기독교도 철학자 선생님, 진리와 싸우느라 고생이 많으셨겠지만, 당신의 논증은 매우 약해 보이는군요. 만약 당신이 다른 예를 들지 않는다면, 아마 당신의 적이 승리의 월계관을 차지하지 않을까 싶군요. 왜냐하면 누구라도, 당신의 주장은 우리가 아는 것이 거의 없다는 사실만을 말하는 것이라고 간단히 대답할 수 있기 때문입니다. 여기서 다음과 같은 속담이 나올 수도 있겠군요. "우리가 아는 것의 가장 큰 부분은 우리가 알지 못하는 것의 가장 작은 부분이다." 그러나 그것이 우리가 무언가를 알 수 없다는 걸 뜻하지는 않습니다. 아리스토텔레스에 반대해서 당신이 예로 제시한 것들은, 우리는 개별자들과 종들의 궁극적인 차이들을 알지 못한다는 사실만을 말해 줍니다. 또한 이해라는 것은 우연의 방식에 의하지 않고서는 실체를 관통할 수 없다는 사실만 말해 줄 뿐입니다. 그것들은 틀림없습니다. 왜냐하면 우리가 신을 향해, 보이지 않는 실체들을 향해 올라가기 위해 결과들을 사용하기 때문이고, 그 결과들이란 내부에 존재하는 것을 지각하기 위해 꿰뚫어 봐야 하는 수정(crystal)과 같은 것이기 때문이지요. 이제 지식이란 우리의 행동을 이끌어 주는 역할을 하기에 부족합니다.

1보폭의 크기라고 생각되는 태양에 대해 당신이 말한 것은 잠시 제쳐두기로 하죠. 왜냐하면 이성은 태양 및 멀리 떨어진 물체들의 크기와 관련된 시각의 오류를 수정하기 때문입니다. 다시 말해, 지구의 그림자 경계가 피라미드 모양으로 줄어드는 것을 보면서, 우리는 태양이 지구보다 크다고 분명하게 결론짓습니다. 플라톤이 옳건 그르건 이데아에 따르면, 장인은 자신의 일을 하려면 어떤 생각을 가지고 있어야 합니다. 그렇지 않고서는 목적을 이룰 수 없을 테니까 말이죠. 그러나 종이란 무엇인지와 같은 질문처럼 뭘 알기 위해서는, 당신이 언급한 모든 것들을 알아야 합니다. 이것이야말로 내가 인정할 수 없는 것입니다. 그것이 아무리 하나님이 아는 것만큼 알기 위해 필요한 것이라도 말이죠. 그렇다면 무언가에 대한 지식을 가지기 위해서는, 모든 개별자 및 다른 종들과 구별할 수 있는 방법으로 그것의 결과와 작동, 용도에 대해 아는 정도면 충분합니다. 그 이상의 크고 세부적인 어떠한 지식들은 우리들의 탓으로 돌릴 수는 없습니다.

나는 아무것도 확실히 알지 못하는 우리의 감각기관에 기초한 더욱 강력한 논증을 기대했었습니다. 미각은 종종 틀리기 때문에 한때 달콤하고 기분좋은 것이라고 여긴 것들이 어떤 때에는 그렇지 않은 상황, 혹은 다른 사람은 그것을 얼얼하고 쓴 것으로 여기는 상황이 생깁니다. 또한 우리에게는 쓰고 얼얼하며 이상한 것이 많은 야수들에게는 매우 맛있는 것이 되는 상황도 그렇습니다. 아이들이 좋아하는 향을 나이 든 사람이 싫어하는 것을 보면 향기도 같은 경우라고 말할 수 있겠습니다. 다양한 체질이 있는 것처럼 많은 향기도 아주 다릅니다. 따라서 상반된 종류의 것들이 상이한 개체들에게는 상반되지 않을 수도 있습니다. 어떤 이는 나무라고 생각한 것을 다른 사람은 사람이라고 여길 수도 있으며, 무식한 사람이 유식한 사람으로, 부유한 사람이 가난한 사람으로, 야만인들 사이의 현자가 우리들 중에서는 단순한 사람으로 여겨질 수밖에요. 또한 신성한 것으로 여겨진 것이 우리에게는 불경한 것으로 생각되거나, 그 반대의 경우가 일어날 수밖에요.

병자에게는 뜨거운 것이 차갑게 여겨지고, 우리에게는 뜨겁고 딱딱하며 무겁고 두꺼운 것처럼 보이는 것이 다른 사람이나 짐승들에게는 차갑고 부드러우며 가볍고 얇은 것처럼 여겨지기 때문에, 촉각에 대해서도 똑같이 말할 수밖에 없을 것입니다. 그렇기 때문에 우리의 감각 아래 있는 모든 것들은 상상이나 관심, 관계들에 지나지 않는 것처럼 보입니다.

만약 우리가 우리의 귀에 대해 생각해 본다면, 또 그만큼 방해받고 있음을 알게 될 것입니다. 왜냐하면, 우리는 공기 중에서 또 우리 자신에게서 만들어지는 수천 가지의 소리를 듣지 못하며, 젊은이에게 듣기 좋은 소리가 나이 많은 사람이나 야수들에게는 그렇지 않을 수 있기 때문입니다. 그리고 즐거운 소리로 느껴지는 것은 그의 성격이나 기분에 맞는 것임을 알게 될 것입니다.

서로 결합되면 아주 듣기 좋은 8도 음정과 5도 음정, 그리고 음악의 기본적인 화음들이 모든 종류의 생물들에게도 그러한지조차 우리는 확실히 알지 못합니다. 당나귀나 뱀은 그 속에서 전혀 즐거움을 느낄 수 없을 것이며, 어쩌면 우리에게는 화음이라는 것이 그들에게는 불협화음일 수도 있습니다. 왜냐하면 체질이 다르면 요구하는 음악도 다르다는 걸 알기 때문입니다. 이는 다른 체질이나 국가에 미치는 다양한 영향에 맞추어 자신들의 음악과 리듬을 다양하게 할 줄 모르는 우리 시대의 음악가들이 알지 못하는 것들입니다. 이를 훈련하지 않으면, 그들은 결코 가치있는 것을 만들어내지 못할 것입니다.

가장 섬세하고 아주 보편적이면서도 예민한 감각인 시각 역시 종종 현혹되고는 합니다. 우리는 빛과 색이 무엇인지조차 알지 못합니다. 태양 아래에서는 샤프란 꽃 색깔을 띠는 것이 촛불 아래에서는 녹색으로 보입니다. 바다는 깊이마다 색깔이 다르며 바깥쪽은 하얗습니다. 개미에게는 산으로 보이는 것이 코끼리에게는 그렇게 보이지 않으며 당신에게는 커 보이는 것이 나에게는 작게 보입니다. 보는 장소에 따라 형태와 크기, 색깔이 다르게 보이는 대상을 가장 잘 보려면 어느 정도 떨어져서 봐야 하는지조차 우리는 알지 못합니다. 어떤 장소에서 가장 잘 볼 수 있는지도 모릅니다. 어떤 사람이 가장 잘 볼 수 있을까요? 원형의, 혹은 타원형의 시각기관을 가진 동물들 중에서 어떤 동물이 가장 잘 볼 수 있을까요? 제일 확실하게 대상을 지각하려면 어떤 체질을 가지고 있어야 할까요?

결론적으로, 만약 우리가 모든 감각과 그 작동 방식, 그 작동 과정에서 볼 수 있는 다양함을 생각해 보면, 우리가 아무것도 알지 못한다는 것을 분명히 알 수 있으며, 또한 우리 고유의 것과는 다르게 새로운 철학을 만들기 위해서 동물의 감각을 따르는 것이 더 확실한지 여부를 생각할 수 있는 근거를 가지게 될 것입니다. 사물들은 우리에게 보이는 것보다 독수리나 거미, 야행성인 고양이, 그리고 우리 눈에 보이지 않는 수천 가지를 지각하는 미소생물들의 시야에서 더욱 예민합니다. 개나 늑대 혹은 다른 동물들에게서 볼 수 있듯이 사물들의 냄새 또한 그러합니다. 당나귀의 울음소리가 그들에게 더 듣기 좋다고 해서, 자연을 기준으로 할 때 우리의 음악보다 덜 듣기 좋은지 여부를 어떻게 알 수 있겠습니까? 미각에 대해 말하자면, 우리는 개나 늑대가 사체를 먹을 때 소금이나 양념이 필요하지 않다는 것을 알고 있습니다. 아마도 그들은 우리보다 맛을 더 판단할 수 있을 것입니다. 촉각에 관해 말하자면, 수많은 동물들이 우리를 능가한다는 사실은 의심할 수 없습니다. 이제, 만약 동물들이 사물의 본성을 따른다면, 그리고 어떤 색깔과 밝기, 후각과 미각 및 청각에 부드럽던 것들이 다른 색과 어두움, 악취와 불쾌함으로 느껴진다면, 이해라는 것은 감각들을 통하지 않고서는 얻어질 수가 없음을 감안할 때 우리는 스스로의 지식에 대해 어떻게 생각해야 할까요?

연금술사 선생님, 나는 왜 당신이 "헤라클레스라도 한 번에 두 명과 싸울 수는 없다."라는 격언과는 모순되게도 회의론자를 도우려 하는지 이해할 수 없습니다. 나는 그의 주장에 대응할 책임만 맡았습니다. 그의 첫 번째 반대에 대해서 나를 위해 응수해 준 은혜만큼 혹은 그 이상으로, 당신이 그의 입장을 옹호해서 나를 너무 당황스럽게 만들었습니다. 이것이 더 이상 그를 돕는다면 이 논쟁을 그만둘 수밖에 없는 이유입니다.

회의론자 당신이 두려움에 떨었다니 기쁘군요. 그렇다면 당신을 완전히 설득하기 위해 한두 가지의 주장만 필요할 것 같습니다. 만일 그가 당신을 위해 한 것과 같은 종류의 일을 당신이 나를 위해 했다면 나도 당신과 같은 불평을 늘어놓았겠지요.

기독교도 철학자 당신들 중 불쾌한 사람이 있었다면 유감이군요. 당신들을 화해시키려고 설명했던 것을 다시 반박하면 아마 당신들은 원하는 만큼 논쟁을 할 수 있겠군요. 내가 말한 바는 누군가가 어떤 지식을 갖지 못하도록 하는 것이 아닙니다. 왜냐하면 감각 대상이 기관의 다양한 기질에 따라 다르게 나타날 수 있다는 것을 적어도 사람들은 알기 때문입니다. 이 때문에 우리는 왜 특정한 맛이 어떤 이에게는 좋은 반면 다른 사람에게는 안 좋은지, 혹은 염소에게는 달콤한 가시금작화가 사람에게는 쓰게만 느껴지는지를 생각할 수 있는 것입니다. 우리가 모든 소리를 들을 수 없고 모든 빛과 색을 볼 수 없으며 모든 향기를 맡거나 모든 향을 맛볼 수 없으며, 차고 뜨거운 것들을 모두 구별할 수 없다는 사실을 알고 있습니다. 이는 사물들이 감각기관 속의 자신들과 유사한 것들을 (강도 면에서) 능가해야 하기 때문입니다. 다양한 정도를 가진 모든 종류의 성질과 작용들이 우리의 감각들에 비해 굉장히 미묘하다는 사실을 우리는 의심할 수 없습니다. 사물을 하얗게 보이게 하는 빛이 아주 불투명해지면, 하얀 것을 노랑이나 보라 혹은 녹색으로 보이게 한다는 것도 의심할 여지가 없습니다. 그리고 한 색깔에서 다른 색깔로 바뀌는 과정에서, 그 정도가 미약하거나 속도 혹은 수반되는 변화 때문에 우리가 알지 못하는 수천 가지의 색들을 낳는다는 것도 의심할 수 없을 것입니다.

이제 이해라는 것이 감각을 단순히 깨닫는 것에서 나오는 것이 아닌 이유, 그리고 과학적이고 공고하게 사용하고 싶은 개념과 판단을 형성하기 전에 모든 것들을 비교하는 이유가, 바로 이러한 다양성 때문이라는 것을 확실하게 알게 되었습니다. 눈이 실수하는 것은 문제가 되지 않습니다. 왜냐하면 참된 지식에 필수적인 확실성에 도달하기 전에 인간은 다른 감각들을 이용하여 스스로를 바로잡기 때문입니다. 동물들이 우리의 언어를 알지 못하는 것처럼 우리도 그들의 말을 이해할 수 없기 때문에, 동물들이 우리와 다르게 물체를 지각한다고 해도 걱정할 필요가 없습니다. 우리들에게 보여진 그대로 사물들을 아는 것만으로도 충분합니다. 도덕, 다시 말해 인간 문명과 교회법에 대해서 말하자면, 우리에게 많은 것을 요구하지는 않으시는 하나님의 계율과 돌봄, 그리고 우리의 삶의 방식에 그것이 잘 조화되어 있는 것으로 충분합니다. 야만인이 우리를 어리석은 존재로 생각해도, 그것은 우리와 거의 관계가 없습니다. 왜냐하면 우리는 우리의 풍습을 수호하기 위해 준비가 되어 있을 뿐만 아니라 천부적이면서도 신성한 법도를 가지고 있기 때문입니다. 이러한 법도는 우리의 구원에 합당한 모든 것으로 인도할 것이며, 누군가 이야기할 수 있는 어떤 것이라도 초월할 수 있는 헤아림입니다. 이제 당신들이 서로 이야기하고 토론할 시간이군요. 〔중략〕

제5장 회의론자의 주장에 대한 기독교도 철학자의 대답

기독교도 철학자 모든 과학을 우리의 감각에 따라 대상을 다루는 것들(예를 들어, 의학, 수사학, 시, 음악, 투시화법, 점성학, 문법 등), 혹은 우리의 감각과 상관없이 사물의 참된 본성과 정수에 따라(예를 들어, 물리학과 형이상학) 구분하여 나누어 보려는 시도에 박수를 보냅니다. 이는 똑같은 사물에 대해 질문을 받을 때 모든 사람이 같은 방식으로 대답하기를 기대해서는 안 되는 이유입니다. 왜냐하면 어떤 사물이 우리에게 유용하고 적합하다는 것 외에 아는 것이 없는 사람은 사물을 절대적으로 판단할 수 없기 때문입니다. 예를 들어, 외과의사는 양상추는 차갑고, 물은 우리가 어떤 냄새도 맡을 수 없으니 냄새를 가지지 않는다고 말할 것입니다. 반면, 물리학자는 엄격히 말해 양상추는 열로부터 양분을 받아 자라기 때문에 뜨거운 것이며, 물은 우리로서는 아무 냄새도 맡을 수 없어도, 개라면 잘 알아차릴 수 있는, 그 물을 지나갔을 사슴이나 늑대 혹은 여우나 토끼가 남긴 냄새를 가질지도 모른다고 할 것입니다. 맹수가 먹잇감이 되는 새의 냄새를 공기를 통해 느끼지 못하는지 여부를 누가 알 수 있습니까?

점성학자는 달은 냉정하며 토성은 심술궂다고 말합니다. 그러나 철학자는 반대로 이 별들이 뜨겁고 호의적이라고, 아니면 적어도 그 별들이 뜨겁지도 차갑지도 않다고 말할 것입니다. 음악가는 우리가 듣지 못하는 사물들은 소리를 내지 못하며, 다만 소리에는 오직 세 개 내지 네 개의 화음이 있다고 말합니다. 그러나 우리의 능력과 상관없이 사물을 그 자체로 참되게 아는 사람이라면, 우리가 듣지는 못할지라도 공기와 물의 운동과 파열이 소리를 만든다고 확신할 것입니다. 그리고 우리에게 듣기 싫은 소리지만 동물들에게는 듣기 좋은 소리가 많이 있기 때문에 다양한 여러 가지 화음이 존재한다는 것도 확신할 것입니다. 투시화법은 우리에게 보이는 대로 색과 크기, 모양을 나타냅니다. 간단히 말해, 많은 사람들은 자신들이 보는 것에 대해서 그것이 감각기관에 어떻게 들어오는지에 따라 그리고 자신들의 취향과 성향에 따라 이야기합니다. 수사학자들이 키케로(Cicero)[3]와 베르길리우스(Vergil)[4]의 언변을 높이 칭송하면서도, 더 명확하고 의미 있는 말들을 찾기 위해 연구하는 철학자들과 신학자들의 언변을 다소 부적절하게 비판하는 이유가 바로 이것입니다.

물리학과 형이상학은 여기저기 흩어진 것들에 상관없이 모든 것들을 절대적으로 말합니다. 따라서 그것들이 꾸밈없는 진실을 다루면서 우리에게 있는 그대로 가르칠 때, 우리는 사물을 그 자체로 음미하고 즐길 수 있기 때문에 형이상학과 물리학은 '지혜'라고 불리는 것입니다. 이제 내가 약속했던 것을 하기 위해 형이상학으로 시작하여 그것의 두 번째 사촌이라 할 수 있는 논리학을 이야기하겠습니다. 전자가 존재자 및 피조물의 본질에 대한 일반적인 원리를 담고 있는 것이라면, 후자는 모든 것에 적합한 명제와 이야기들을 담고 있습니다.

형이상학은 존재자들과 본성들이 존재한다는 사실 및 그 자체로 본질이거나 또는 본질을 가지는 모든 것은 하나이며 참되고 선한 것이라 가르칩니다. 하나의 원리로서 형이상학은 하나의 사물 및 이와 똑같은 사물이 존재하면서 존재하지 않는 것은 불가능하다고 설명하는

데, 이 원리가 참으로 진실되기 때문에 아무런 생각이나 판단력이 없는 사람이라도 그것을 의심할 수는 없습니다. 그 원리가 의미하는 바를 모르지 않는다면, 그 누가 이 원리를 부정하고 싶어했거나 부정할 수 있었다는 사실은 믿을 수 없는 일입니다. 어떤 사악한 사람들 혹은 바보들은, 녹색으로 보이는 것이 다른 이들에게는 회색이나 붉은색으로 보이거나 나에게는 단맛이 나는 것이 당신에게는 쓰게 느껴질 때, 무엇인가 잘못된 것이라고 결론을 내립니다. 그리하여 그들은 하나의 동일한 것이 달면서 쓰다거나, 녹색이면서 녹색이 아니라는 아주 모순된 결론을 내렸습니다. 그렇지만 그런 식으로 말하기 전에 그들은 형이상학의 공리로서 주어진 감각에 대한 가르침을 받아야 했습니다. 즉, 주어진 사물에 대해 우리가 논의한 바에 따르면 하나의 사물 및 이와 동일한 사물이 동일한 시간 및 감각 그리고 동일한 판단과 생각과 관련될 수도, 그렇지 않을 수도 있다는 것은 불가능하다는 가르침 말입니다. 그렇지 않고서는 하나의 사물을 서로 다른 장소의 두 사람이 보게 될 때, 아니면 같은 사람이 다른 장소에서 보게 될 때, 나아가 새로운 환경이 추가될 때, 그 사물이 둥글면서도 동시에 네모처럼, 혹은 크면서도 작게 보인다고 해도 크게 이상하지 않을 것입니다. 왜냐하면 공리의 진리는, 하나의 물체가 변하거나 줄어들거나 어떤 환경이 추가되는 것을 허용하는 탓에, 그러한 사물로까지 확장되지는 않을 것이기 때문입니다.

비슷하게 논리학은 아주 확실한 원리들을 가지고 있습니다. 왜냐하면 논리학에서 처음으로 가르치는 도식들이 전개되면서 만들어지는 (이를 '삼단논법'이라고 부르는데) 이야기들이 선하며 확실하다는 것은 분명하기 때문입니다. 하지만 논리학의 주요 원리는 형이상학과 비슷합니다. 즉, 누군가 말하고 있는 사물에 대해 이야기하는 것은 참 아니면 거짓이지, 동시에 그리고 같은 생각에 의하여 참이면서 거짓일 수는 없는 것입니다. 왜냐하면, 사물이 존재하는 동안에는 그것이 존재하지 않는 일이 생기지 않으며, 어떤 사물이 그 무엇인 한 동시에 아무것도 아닌 것이 되는 일은 일어나지 않기 때문입니다. 아무리 의심이 많더라도 세계에 무엇인가 존재하며, 비록 감각의 다양한 위치에 따라 다르게 판단하더라도 만지고 맛보고 보는 것이 그 무엇이라는 나의 생각에 동의하지 않을 회의론자는 없으리라고 확신합니다.

가장 의심스러워 보이는 물리학도 잘 알려진 대상을 가지고 있습니다. 왜냐하면 그 누가 물질과 운동이 존재한다는 사실을 부정할 수 있을까요? 물리학이 취급하는 빛과 양(量)들, 우리 감각에 미치는 수천의 다른 사물들이 존재하지 않을 수 있겠습니까? 자연의 원리들을 다루는 아주 많은 다른 의견들이 있다는 것은 별로 중요하지 않습니다. 왜냐하면 그러한 의견들이 모든 원인과 상황, 결과들을 고려하지 않기 때문에 오류 속에서 섞이기도 하지만, 모든 사람들은 진실된 무엇을 알고 있기 때문입니다.

이제 그들이 말한 것이 옳은지 그리고 어디서 오류를 범했는지를 살피는 것은 우리에게 달렸습니다. 따라서 그것을 완전하게 만들기 위해 혹은 오류를 거부하기 위해 진실된 것을 받아들일 수 있습니다. 이제 고대 학자들, 특히 탈레스[5]의 의견 속에서 이를 확인해 보시길 바랍니다. 탈레스는 무한한 물 위에 지구가 떠 있다고 생각하여(지구 반대편에 대한 이야기를 들어본 사람이 없기 때문에) 모든 사물의 원소를 물이라고 말했습니다. 나아가 그는 생식적인 힘이 체액 내에 존재하는 것처럼 보이며, 공기는 희박화된 물인 반면 흙은 물이 두꺼워지면서 만들어졌다고 하였습니다. 하지만 탈레스는 물이(무한하다는 것 외에) 활동적이지 않으며 다른 물을 발생시키지 않는다는 점에서 실수를 범했습니다. 오히려 물은 태양에 의해 부드러워진 흙에서 만들어집니다. 또한 필연적으로 씨앗은 열에 의해 만들어지는 것입니다.

흙이 안개나 공기가 확장된 것이라는 믿음 때문에, 아낙시만드로스[6]와 디오게네스[7]는 모든 세계는 안개 혹은 공기라고 생각하는 실수를 범했습니다. 하지만 흙이 안개로 바뀐다면 그것은 공기만큼 거대해야 할 것이기 때문에 그들은 틀렸습니다. 더구나 공기가 자연에서 가장 큰 힘을 가진 것은 아니기 때문에 세계의 근본 원소가 될 수 없습니다. 헤라클레이투스[8]는 불을 선택하면서 더욱 진리에 접근하였습니다. 그리고 여기에다 뜨거움과 차가움, 밝음과 어두움, 운동과 정지, 희박함과 응집의 성질을 가지게 하려고 흙을 추가해야 했습니다. 나는 이 두 가지 원소들에 의해 자연의 모든 것을 설명할 수 있다고 생각합니다. 왜냐하면 물은 흙에서, 공기는 희박해진 물에서 만들어지는 탓에, 물과 공기를 자연 속 사물의 주요 원소로 삼을 필요가 없기 때문입니다.

나는 플라톤의 추종자들에 대해서 말하지는 않으려고 합니다. 그들에 대해 말하는 건 자연의 결과의 체계들을 설명하는 것에 그칠 따름입니다. 이것은 굳이 스토아 학파의 사상과 신성한 예술을 제쳐두는 것과 마찬가지입니다. 왜냐하면 나는 여기서 전지전능하고 항상 옳은 제1의 원인을 이야기하는 것이 아니기 때문입니다. 그런 것들은 형이상학이나 신학에 속하는 문제입니다.

연금술사들의 원소에 대해서 말하자면, 나는 소금이나 황, 수은은 근본 원소들이 아니라고 생각합니다. 왜냐하면 그 원소들은 흙과 물 둘로 다시 분해될 수 있기 때문입니다. 이러한 분해는 증류기 속에서 우리가 보는 모든 것을 일으키는 불의 힘에 의해서, 또는 새로운 생성이나 간단한 변화 혹은 분리에 의해서 일어나게 됩니다. 그리고 나는 이 세 가지의 원소들이 비록 근본 원소는 아니지만 제2의 혹은 제3의 지각 가능한 원소들이라고 생각합니다.

윤리학은 물리학만큼 확실합니다. 왜냐하면 자연 상태의 육체가 움직여질 수 있다는 것이 진실이라면, 우리는 악을 미워하고 멀리하며 선을 받아들이고 사랑해야 한다는 것도 참이기 때문입니다.

이 원리를 받아들이지 않는 사람이나 법은 없습니다. 이제 누군가가 제안하는 것이 선한지 여부를 알기 위해서는, 그것이 합리적인 한에서 우리의 본성을 보존하는 것인지를 살펴봐야 합니다. 만약 그것이 우리의 본성을 파괴하는 것이라면 나쁜 것이기 때문입니다. 혹은 더욱 탁월하고 확실한 규칙을 원한다면, 하나님을 기쁘게 하는 모든 것과 우리에게 명령하시는 모든 것은 선하며, 하나님을 불쾌하게 만드는 모든 것은 나쁜 것입니다.

그렇지만 행동에 대한 법규와 방식들은, 다양한 의견과 기질 때문에 세상의 다양한 지역들에서 아주 상이하다는 것을 기억해야 합니다. 그러나 그 모든 것들이 윤리학이나 정치학의 진리를 거부하지는 않습니다. 사람들이 선을 사랑하고 악을 증오하는 것은 항상 진리이기 때문입니다. 이제 선함과 악함을 알기 위해서는 그 목적을 살펴봐야 합니다. 왜냐하면, 이해의 규칙과 대상 그 이상 혹은 그 이하의 어떤 것도 지적인 문제에 대한 지침으로 우리가 따르는 진리가 될 수 없기 때문입니다. 윤리학이 인도되어야 하는 수준이 작용의 목적인 것과 같이 작용의 대상도 변하기 쉽기 때문에, 이성적인 피조물의 목적과 최고선에 반대되는 모든 것은 이성에 반대되는 것이며 결과적으로는 악한 것이기 때문입니다.

각자의 야만적인 욕구에 따라 세계 대부분이 타락하는 것은, 그리고 모든 방탕한 자들이 마귀들과 더불어 지옥으로 길을 재촉해 영원히 벌을 받는 것은, 목전의 목적과 최고선을 가지지 못하기 때문입니다. 부디 그런 고통의 나락으로 떨어지지 않기 위해 피론주의를 버리고 하나님에게로 가길 바랍니다. 영혼은, 쉼 없이 이리저리 떠돌아다니는 방랑자와 같이 스스로를 정착시킬 아무것도 없을 때만큼 많은 고통이나 고뇌, 불안을 가지지는 않습니다. 하나님을 당신의 궁극적인 목적과 최고선으로서 받아들이는 것이 어떨까요? 마음 속에 더욱 고귀한 생각이나 당신의 행동을 위한 더 확실한 모범을 가질 수 있을까요? 모든 정체(停滯)는 야만에 지나지 않습니다. 만약 윤리학의 토대를 받아들인다면, 평생 동안 회의론자의 의견에 즐거워했던 것 이상의 만족을 한 시간 만에 누릴 수 있으리라고 나는 확신합니다.

모든 가치들은 바로 이러한 목적에 대한 숙고를 통해 확립되었습니다. 선한 법들이 공화국의 가치가 되는 것이나 특정한 가치들이 개인들에게 법도가 되는 것이 이러한 방식을 통해서입니다. 정의가 지켜지고 무질서 상태가 배격되며 군주제 정부가 확립되고 귀족정과 민주정이 번영하는 것이 바로 이러한 도리를 위한 것입니다. 결국 이것이 세계 전체가 유지되는 방식입니다.

이제 당신들이 윤리학과 정치학을 반대하여 제기한 반론들에 대답해야겠습니다. 그리고 악을 선으로 받아들이는 것은, 그저 최고선을 모르거나 최고선이 우리에게 불어넣어 주는 것을 따르고 싶어하지 않기 때문이라고 말해야겠습니다. 당신이 손댄 적 있는 악덕과 죄악들과 같이 악한 것을 인정하고 받아들인 사람들이 추종했던 다양한 목적들, 그것들을 당신이 인정했던 순간을 스스로 생각해 보면 알 수 있을 것입니다. 포도주나 맥주, 아니면 다른 수많은 비슷한 일에 대해서 말하자면, 우리는 더이상 혼란스러워할 필요가 없습니다. 절제가 가능하다면 그러한 것들은 덕목이나 도덕에 아무 문제가 되지 않기 때문입니다.

전도서 7장에서 솔로몬은 허영으로 꽉 채워진 것처럼 보이는 것들 중 하나는 악한 자가 번영하며 그 악랄함 속에서 오랫동안 살아가는 것을 보는 일이라고 고백합니다. 그러나 타인의 재물을 되돌려 주어서는 안 된다고 말한 것은 아닙니다. 이제 왕과 황제들이 다른 왕들을 무찌르고 얻은 것들이 반환되어야 하는지, 그들이 하는 것을 어떤 법으로 보장할 수 있는지 이것을 아는 것은 더이상 지체할 수 없는 법의 문제이자 논쟁거리입니다. 이제 전도서에 적합한 것을 얻기 위해, 하나님의 섭리는 선한 사람이 고통받고 단명한다는 사실을 매우 잘 보여주고 있음을 말하고자 합니다. 이는 이승의 삶 이후에 그들에게 주어질 보상이 있음을 보여주기 위한 것이기 때문입니다. 악한 이들에게 영원한 고통이 주어지는 그곳에 바로 선한 사람들을 위한 불멸의 왕관도 놓여져 있습니다. 그러나 너무나도 사악해서 어떤 선행을 하지 않거나 한 번의 선한 말을 하지 않거나 혹은 최소한 선한 생각이나 의도를 가지지 않는 사람들은 없기 때문에, 항상 옳으신 하나님께서는 어떤 것도 보상없이 남겨지기를 원하지 않으십니다. 악한 자들이 사후에 아무런 보상도 받지 않으리라는 것을 아시는 가운데, 하나님은 종종 어여쁜 아이들과 커다란 부, 행복한 만남들과 건강과 장수 혹은 현세의 부유함을 악한 자들에게 주시어, 이승에서 행한 아주 적은 선행도 보상받게 하시는 것이 바로 이러한 이유입니다.

분명 하나님은 악한 자들이 축복과 총애와 은총을 알아, 자신들의 악행을 그만두고 모든 선의 창조자에게 다시 돌아와 감사하게 하기 위하여, 그들에게 이러한 위안을 주시는 것입니다. 반대로 선한 자들이 고통받고 오래 살지 못하는 것은, 그들의 삶의 기간 동안 눈에 띄지 않을 정도로 범하는 죄들을 지우기 위함이며, 사후에 어떠한 고통도 받지 않도록 하기 위함입니다. 그 고통들로 인하여 또한 선한 자들은 현세 삶의 모든 허영을 부끄럽게 여기고, 우리의 마지막 거처인 천국에 대한 열망을 가질 수 있습니다.

또 다른 구절은, 스스로가 아주 공정해서 우리 안에는 잘못이 아무것도 없다고 생각해서는 안 된다는 것과, 정의와 다른 선행을 성실히 수행한다고 할지라도 거만하고 오만해져서는 안 된다는 것을 가르칩니다. 우리가 가진 것은 모두 하나님으로부터 온 것이기 때문입니다. 하나님의 은혜 없이 미덕을 행할 수 있다고 생각하는 것은 참을 수 없는 만용입니다. 빛이 색을 보기 위함이고 불꽃과 열이 우리를 따스하게 하기 위함인 것보다도, 하나님의 은혜는 우리가 훌륭하게 행동할 수 있기 위해 더욱 필요한 것들입니다.

어떤 이들은, 너무 신실한 나머지 미신으로까지 나아간 사람들을 언급하면서 이 구절을 설명하기도 합니다. 어떤 이는, 같은 일을 두세 번 반복하지 않거나 기도문구를 소리높여 암송하며 울부짖지 않는다면, 결코 기도를 훌륭하게 한 것이 아니라고 생각하는 사람들을 이러한 부류에 포함시키기도 합니다. 고대인들은 솔로몬의 이 구절에 대해 "의미를 구하라." 혹은 "중용이 최선이다."라는 격언뿐만 아니라 "표준이 최선이다." 혹은 "과도한 것은 의미 없다."와 같은 격언을 만들었던 것 같습니다. 플루타크(Plutarch)[9]는 카멜리우스(Camillus)[10]의 인생에서 이 같은 의견에 다음과 같이 신성함을 추가하여 잘못을 비켜 갔습니다. "모든 것에서 신성함과 중용이 최선이다." 알페우스는 "과도한 것은 어떤 것도 나를 지나치게 기쁘게 하지는 못한다."며 꽤나 훌륭히 결론을 내렸습니다.

이러한 의미로 그 구절을 설명하는 것은 잘못이 아니라고 생각합니다. 즉, 누군가를 나무라거나 벌을 주거나 스스로를 변명할 문제가 있을 때, 다른 이의 삶을 너무 자세히 살펴본다든지, 너무나 많은 핑계들로 스스로 변명해서는 안 되며, 오히려 자신의 잘못을 시인해야 합니다. 또한 그 구절을 다음과 같이 이해할 수도 있습니다. 즉, 신의 영역을 꿰뚫어 보길 원한다거나, 지나친 호기심을 가지고 알려고 해서는 안 된다는 의미로 말입니다. "적합한 이상을 알지 못하는 사람을 하나님은 아신다."라는 말은 참이기 때문입니다.

그러나 윤리학은 이즈음에서 남겨 둡시다. 요점에 대해서는 당신을 만족시켰다고 믿으며, 신앙의 불확실함에 대해 당신이 제기한 반론으로 넘어갈 수 있을 것이라고 생각하기 때문입니다. 그 문제에 대해서 각각이 옳은 체하지만, 그럼에도 불구하고 복음의 빛을 따르지 않는 사람들은 복음의 가르침과 진리의 길로부터 멀어지는 것이라 당신에게 답하겠습니다. 악마도 자신의 것을 가지고 있기 때문에 만약 이교도들 사이에 어떤 순교자가 있다 해도 놀라서는 안 됩니다. 이제 당신에게서 그러한 어려움을 제거하기 위해, 나는 당신이 신앙의 문제에 적합할 만한 것을 인정해 주길 바랄 뿐입니다. 신앙은 모든 사물의 최고 조물주를 우리가 알고 예배하며 찬양하는 가장 합리적인 수단과 동기들을 가르쳐 줍니다. 악을 멀리하고 선을 위한 최고의 자리를 마련해 둘 것입니다. 가장 고결한 사람들을 가지고 있는, 그리고 하나님과 천사들 및 성인들에 대한 가장 위대한 증인들이 있는 신앙이야말로 의심할 여지 없이 참되며 하나님을 예배할 유일한 방법입니다. 훌륭한 판단력을 가지고 있으면서도 이것에 동의하지 않을 사람이란 이 세상에 존재하지 않는다고 믿습니다. 따라서 기독교, 가톨릭, 로마교(Apostolic, and Roman Religion)가 지금껏 내가 이야기한 것들이라는 사실을 보이는 일만 남았습니다. 그러므로 당신은 이 점에 대해 만족해야만 하며, 움직이는 모래와 같은 방탕한 자들의 변덕에 토대를 둔 의심을 버려야 할 것입니다.

첫 번째로 우리는 더 새로운 것보다는 고대의 믿음으로부터 오랫동안 대대로 내려온 것들을 믿어야 합니다. 우리는 참된 신앙보다 더 오래된 것을 가지고 있지 않습니다. 참된 신앙이란, 세상에서 가장 오래되고 믿을 만한 책이자 참된 하나님을 경배해 왔던 사람들이 항상 믿어왔던 모세 5경에 나와 있듯이, 아담, 아벨, 셋, 에노스와 그들의 자손들이 살던 태초에 만들어졌기 때문입니다.

그 책은 아주 많은 기적과 은혜를 보여주고 있어서 그 책에 쓰인 교리를 따르는 사람들은 하나님으로부터 다음의 것을 받았습니다. 하나님이 유대인과 이스라엘 사람들의 생각을 통해 보여주신 많은 은혜와 은총을 생각하면 선한 마음을 가진 이들은 하나님의 섭리를 찬양하며 받아들이고 숭배하지 않을 수 없다는 사실 말입니다. 그러니 부디 성경을 통해 어떤 예언과 기적이 일어났는지를 살펴보십시오. 그 누가 어떤 일이 일어나기 이전에, 예언자가 처해 있는 많은 상황들과 미래의 것을 예언한 적이 있습니까? 우리의 구세주 예수 그리스도가 참된 하나님에게서 영광을 받아 오시지 않았다면, 그 누가 지옥과 죽음에서 우리를 속죄하기 위해 죽음을 참아야 할 것이라고 생각할 수 있었겠습니까? "(주님이 말씀하시길) 성경을 상고하라. 이는 너희가 성경에 영생이 있다고 생각함이니, 그 성경은 나에 관하여 증거하고 있음이라."〔요한복음 5 : 39〕 그리고 나서, "너희가 모세를 믿었다면 나를 믿었으리니 이는 그가 나에 관하여 기록하였기 때문이라."〔요한복음 5 : 46〕

하나님과 성인들이 기독교를 위해 하셨던 모든 기적을 기록하려 했다면 나는 결코 끝낼 수 없을 것입니다. 기독교는 기적과 순교자들의 피에 의해, 예수의 선한 삶에 의해, 모든 철학자들 위에서 이룩했던 승리에 의해, 복음이 심어져 황제와 왕 및 왕자들, 철학자와 부자와 빈자, 현자와 바보들의 가슴과 마음, 의지에까지 복음이 전달되고 펴지게 한 방법에 의해 아주 강력하게 인정되고 검증되어 왔다고 말할 수 있습니다. 그리하여 이제부터는 이러한 기적들을 충분히 고려해서 만들어진 판단이 우리의 신념을 의심하는 것은 불가능한 일이 되어 버렸습니다. 우리 신념은 그 특권에 대한 하늘의 확실한 증표와 봉인을 유일하게 가진 것입니다.

유대인, 종파 분리론자나 터키인까지는 아니지만 어떤 이교도나 이단자라도, 신앙의 문제와 관련해서 자신들이 추종하는 교파나 의견을 증명할 기적을 결코 펼쳐 보일 수는 없었습니다. 이러한 기적은 오직 교황 로마 가톨릭에게만 마련된 것입니다. 하나님의 교회를 찬란히 비추어서, 무신론자와 이신론자 혹은 당신들 피론주의자들의 어두운 의견들에 의해, 또한 이단과 지옥의 모든 마귀들에 의해서도 하나님의 교회가 흐려질 수 없도록 한 예수의 참된 제자들에게도 마찬가지입니다. 정녕코 지옥으로 떨어지는 길 위에 남고 싶지 않다면, 당신은 양심과 영혼을 교회에 바쳐야 할 것입니다. 하나님이 우리를 먼저 속이지 않는다면, 물론 그것은 절대 불가능하지만, 교회는 결코 현혹될 수 없습니다. 하나님은 무한한 지식 때문에 당신이 현혹될 수 있는 것 이상으로 우리를 속이지 않으십니다.

이제 이 정도면 당신이 참된 신앙에 대해 더이상 의심을 품지 않는데 충분하리라 생각합니다. 내가 여유가 있다면, 그리고 다른 모든 교파들이 신념과 선한 윤리와 관련된 것들에 대해 많은 잘못을 범하고 있다는 것을 보여줄 필요가 있다고 생각되면, 나는 또 다른 즐거움으로 그 일을 할 것입니다. 그러나 당신이 시간을 들여 그 문제를 면밀히 살펴보는 수고를 한다면, 그러한 잘못들을 충분히 인식할 수 있으리라 믿습니다.

회의론자 선생님, 당신의 이야기는 아주 만족스러웠습니다. 당신의 이야기와 주장이 나의 마음을 움직이지 못했다면, 말대꾸하거나 끼어들지도 않고서 그렇게 오랫동안 앉아 있지는 못했을 것입니다. 그렇지만 내가 가톨릭이 아닌 다른 신앙을 결코 지지한 적은 없다는 사실을 알아 주십시오. 당신이 아주 정확하게 짚었듯이 세상의 모든 교파들 중에서 가톨릭 교회만큼이나 선을 높이 평가하고 악을 혐오하며, 자신의 토대로서 참된 기적들을 보일 수 있는 것은 없습니다. 그러나 내가 다른 자연과학들에 대해서 한 이야기, 특히 순수한 이상으로 보이는 수학에 대해서 당신은 대답하지 않았습니다. 이것이 바로, 사람들이 수학에 빠진 이들을 '바보 선생'이라고 부르는 근거가 있는 이유입니다. 왜냐하면 그들은 모두 정말로 바보 같고, 누군가를 수학자라고 말하는 것은 그가 바보라고 말하는 것과 거의 똑같은 것이기 때문입니다. 게다가 이름과 관련하여 내가 이야기한 것, 즉 각각의 이름들이 사물에 잘못 주어졌다고 한 나의 주장에 반대하는 이야기를 하지 않았습니다. 이 점에 대해 날 만족시킨다면, 나는 피론주의를 버리고 과학의 각 분야에서 참되다고 인정할 만한 것들을 받아들일 것입니다.

〔후략〕

데카르트
세계
(1629-33년 집필, 1664년 출판)

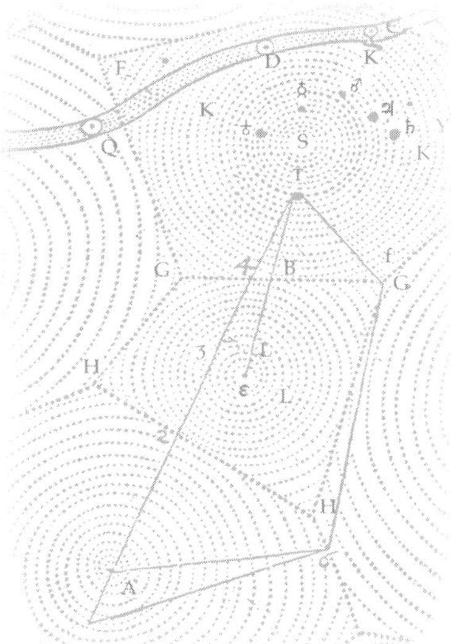

『세계』(*Le Monde, The World*)는 데카르트(René Descartes, 1596-1650)의 세계관을 가장 잘 볼 수 있는 책이다. 데카르트는 이 책을 1629년에서 1633년 사이에 네덜란드에서 집필했고, 1634년에 원고를 완성했지만, 1633년에 열린 갈릴레오의 종교재판 소식을 듣고 책의 출판을 보류했다. 이 책에 코페르니쿠스의 태양 중심설을 옹호하는 주장이 포함되어 있기 때문이었다. 『세계』는 데카르트가 사망한 뒤인 1664년에 프랑스 파리에서 불어로 출판되었다.

『세계』(*Le Monde, The World*)는 기계적 철학(mechanical philosophy)의 주창자였던 데카르트(René Descartes, 1596-1650)의 세계관을 가장 잘 볼 수 있는 책이다. 이 책은 『빛에 대한 논고』(*Traité de la lumière, Treatise on Light*)인 1부와 『인간에 대한 논고』(*Traité de l'homme, Treatise on Man*)인 2부로 구성되어 있다. 데카르트는 이 책을 1629년에서 1633년 사이에 네덜란드에서 집필했고, 1634년에 원고를 완성했지만, 1633년에 열린 갈릴레오의 종교재판 소식을 듣고 책의 출판을 보류했다. 이 책에 코페르니쿠스의 태양중심설을 옹호하는 주장이 포함되어 있기 때문이었다. 1부 중 빛에 대한 논의의 일부는 1637년에 출판된 『광학』에 포함되었지만 우주와 인간에 대한 논의는 출판 전에는 널리 알려지지 않았다. 『세계』는 데카르트가 사망한 뒤인 1664년에 프랑스 파리에서 불어로 출판되었다.

『세계』의 제1부인 『빛에 대한 논고』는 인간의 감각과 그것을 야기하는 입자의 운동의 차이에 대한 철학적 논의에서 시작해서, 운동에 대한 자연법칙을 서술하고, 우주를 구성하는 입자와 그 운동이 지금의 태양계와 같은 형태를 이루었음을 기술한 다음에, 입자들이 만드는 '소용돌이(vortex)'를 사용해서 태양에서 발산되는 빛, 행성과 혜성의 운동을 설명하고 있다. 이후 그는 이러한 입자들의 소용돌이로 중력이나 조수와 같은 지구상의 자연현상까지도 설명하고 있다.

『세계』의 제2부인 『인간에 대한 논고』는 우리의 육체를 본따서 신이 만든 복잡한 기계를 상정한 뒤에, 이러한 기계의 운동이 근육과 내장의 운동은 물론 사물을 감지하는 감각을 모두 설명할 수 있음을 보이고 있다. 결국 이 책에서 데카르트는 소화, 호흡, 혈액순환, 근육의 운동, 심장의 박동, 감각 정보의 전달과 같은 인체의 작용이 기계적으로 설명될 수 있음을 주장했던 것이다.

국내 번역서로는 제1부가 권오석 역, 『방법서설, 성찰, 세계론』(홍신문화사, 1991)에 번역되어 있으며, 여기에 실린 번역은 국내 번역본을 기초로 Stephen Gaukroger가 번역한 *The World and Other Writings*(Cambridge University Press, 2000)과의 대조 · 교열을 거쳤다.

세계

제1장 우리의 감각과 그것을 야기하는 사물의 차이에 관하여

이제부터 빛에 관하여 논하고자 하거니와, 우선 당신이 주의했으면 하는 점이 하나 있다. 그것은 우리가 빛에 대해 갖고 있는 감각, 다시 말해 눈을 매개로 우리의 상상 속에서 형성된 관념과 이러한 우리의 감각을 불러일으키는 대상 자체에 있는 것, 즉 불길이나 태양 속의 빛이라 불리는 것 사이에 차이가 있을 수 있다는 점이다. 일반적으로 모든 사람들은 우리의 생각 속의 관념과 그러한 관념을 유발시키는 대상이 완전히 같다고 믿고 있지만, 나는 이것이 진실임을 확신시켜 주는 어떤 근거도 찾아내지 못했으며, 반대로 이를 의심하게 하는 많은 사례들을 알고 있을 뿐이다.

알다시피, 단어는 그것이 나타내는 사물과 아무런 유사성을 갖지 않아도 우리로 하여금 그 사물을 떠올릴 수 있도록 해주며, 흔히 우리는 그 단어의 발음이나 철자에 주의조차 기울이지 않는다. 그러므로 우리가 무엇인가 들은 후에 그 의미를 완전히 이해했다 하더라도, 종종 그것이 어떤 언어로 이야기되었는지 말 못하는 경우가 생길 수 있는 것이다. 인간의 규약을 통해서만 무엇인가를 의미하게 되는 단어가 그것과 어떤 유사성도 갖지 않는 사물을 떠올리게 하는 데 충분한 것이라면, 자연 또한 이러한 신호를 갖추고 있지 못할 이유가 무엇이겠는가? 왜 자연에는 비록 빛에 관한 우리의 감각과 닮은 점이 없다 하더라도 그러한 감각을 유발시키는 어떤 신호가 마련될 수 없겠는가? 자연이 웃음과 눈물을 마련해 놓은 것은 우리로 하여금 인간의 얼굴에서 기쁨과 슬픔을 읽어내도록 하기 위함은 아닐까?

하지만 아마도 당신은 실제 우리는 귀를 통해서 단어의 음성을 듣고 눈을 통해서 울거나 웃는 사람의 표정을 살펴볼 뿐, 그러한 음성과 표정을 기억해 두고 동시에 그것들이 의미하는 바를 제시하는 것은 우리의 정신이라고 말할 것이다. 나는 마찬가지 이유에서, 빛이라는 작용이 눈에 닿을 때마다, 빛이라는 관념을 우리에게 제시하는 것도 바로 우리의 정신이라고 대답할 것이다. 하지만 이를 논증하는 데 계속 시간을 낭비하기보다는 또 다른 예를 드는 것이 더욱 도움이 되겠다.

단어의 의미에 주의를 기울이지 않고 그 소리만을 듣고 있을 때, 우리의 사고 속에서 형성된 소리의 관념이 그것의 원인이 되는 대상과 조금이라도 닮아 있다고 당신은 생각하는가? 인간은 입을 벌리고 혀를 움직이며 음을 내뱉는다. 나는 이러한 활동들 속에서 소리라는 관념과 매우 유사하기 때문에 우리로 하여금 그것을 상상하게 해주는 그 어떤 것도 발견하지 못했다. 또한 대부분의 철학자들은 소리가 우리의 귀를 때리는 공기의 울림에 지나지 않는다고 주장한다. 따라서 청각이 실제 이미지를 전달하는 것이라면, 우리는 청각을 통해 소리가 아니라 귀에 부딪혀 운동하는 공기의 운동을 생각해 내어야만 할 것이다. 하지만 모든 사람들이 이러한 철학자들의 말을 잘 이해하기란 힘들기 때문에 또 다른 예를 들어보겠다.

감각 중에서 촉각은 우리를 가장 적게 기만하고 가장 확실한 것이라 간주된다. 그러므로 촉각마저도 그것을 일으키는 대상과 전혀 닮지 않은 수많은 관념들을 우리에게 떠올리게 함을 내가 보인다면, 시각 또한 그러하다는 나의 주장이 그리 이상하게 들리지 않을 것이다. 모든 사람들이 외부 물체가 우리에게 닿을 때 우리의 생각 속에서 형성되는 간지러움과 고통과 같은 관념이 실제 외부 물체와 아무런 유사성이 없다는 점을 알고 있을 것이다. 누군가 잠들어 있는 아이의 입술 위로 깃털을 살며시 미끄러트리면, 그 아이는 간지러움을 느낄 것이다. 그 아이가 느낀 간지러움이라는 관념이 깃털의 그 무엇과 닮아 있다고 생각할 수 있을까? 한 병사가 전쟁터에서 돌아왔다. 그는 격렬한 전투가 진행되는 동안 미처 알아채지 못한 채 부상을 당했을 수도 있을 것이다. 하지만 냉정을 찾기 시작한 지금, 그는 고통을 느끼고 부상을 입었다고 여긴다. 이에 외과의사가 불려가 그의 갑옷을 벗겨내고 진찰을 한다. 그 결과 그가 느꼈던 것은 갑옷 아래 걸려 그를 압박하고 불편하게 했던 죔쇠나 가죽끈이었을 뿐이라는 점이 밝혀진다. 만일 촉각이 그가 가죽끈을 느끼도록 하고 그것의 이미지를 그의 사고 속에 그대로 각인시켰다면, 그를 진찰하기 위해 의사가 올 필요는 없었을 것이다.

아무튼 나의 견해로는, 빛이라는 감각이 그것을 불러일으키는 대상과 가지는 유사성이 간지러움과 고통의 감각이 깃털과 가죽끈의 작용과 가지는 유사성보다 클 것이라 여길 만한 이유가 하나도 없다. 그렇지만 내가 이러한 예들을 통해 대상 속의 빛이 우리 눈 속의 빛과 얼마간 다르다는 점을 당신에게 완전히 납득시키고자 했던 것은 아니다. 다만 이를 통해 당신이 빛에 대해 의혹을 품게 하여 위와는 반대의 선입관을 갖게 하는 것을 막고, 이제부터 나와 함께 빛의 본질에 대해 보다 잘 검토할 수 있도록 하기 위함이다.

나는 세계에서 빛이 발견되는 물체를 두 종류밖에 알지 못하는데, 천체와 불길(혹은 불)이 그것이다. 그리고 천체가 불이나 불길에 비해 인간의 인식이 미치기에 훨씬 먼 곳에 있는 것이 분명하므로, 우선 나는 불길에 관하여 직접 깨달은 바를 설명하도록 힘쓰고자 한다.

불길이 목재나 이와 유사한 재료를 태울 때, 우리는 불길이 목재의 구성 입자들을 움직여 서로 분리시킨 다음 그 중에서 미세한 입자들을 불, 증기, 연기로 바꾸고 거친 입자들을 재로 남겨두는 것을 확인할 수 있다. 원한다면 불의 '형상(form)'과 열의 '성질(quality)'과 연소의 '작용(action)'을 목재에 내재된 것과 전혀 상반된 것으로 상상해도 좋다. 나로서는 불타는 목재에 필연적으로 있어야만 하는 것 이외의 무엇인가를 더 가정한다면 잘못을 범하는 것이 아닐까 염려되며, 따라서 목재의 부분을 이루는 입자들의 운동에 국한시켜 생각하는 것으로 해두는 것이다. 왜냐하면 목재에 '불'을 붙이고 '열'을 가해 그것을 태웠을 때에, 목재의 몇몇 입자들이 움직이거나 인접한 부분으로부터 떨어져 나간다고 가정하지 않는다면, 그 목재가 변경 혹은 변화를 겪었다고 생각할 수 없기 때문이다. 반대로, 목재에서 '불'이나 '열'을 제거하여 불타지 않도록 했다고 하자. 그런데도 목재의 미세한 입자들을 격렬하게 움직이게 하고 이것들을 목재에서 분리시키는 어떤 힘이 존재한다면, 이것만으로도 목재가 타고 있을 때 관찰되는 모든 변화를 가져올 수 있을 것이다.

그런데 한 물체가 스스로 움직이지 않고서 다른 물체를 움직이게 하기란 불가능해 보이기 때문에, 나는 목재에 작용하는 불길의 본체가 서로 독립적이며 매우 빠르고 격렬하게 운동하는 미립자들로 이루어져 있다고 결론짓겠다. 그리고 미립자들이 이렇게 움직임에 따라,

그것에 닿는 물체의 온갖 부분 중 그다지 저항이 크지 않은 부분들이 불길의 미립자들에 밀쳐져 움직이게 되는 것이다. 나는 불길의 입자들이 서로 독립적으로 운동한다고 보는데, 종종 그것들 중 대다수가 함께 움직여 단일한 결과를 가져오더라도, 이러한 입자들 각각은 그것이 부딪히는 물체에 개별적으로만 작용하기 때문이다. 또한 나는 그것의 운동이 매우 빠르고 격렬하다고 보는데, 우리의 눈으로 식별할 수 없을 정도로 미세한 입자가 빠른 운동을 통해 그 크기의 부족함을 보충하지 않는다면, 다른 물체에 작용할 만큼의 힘을 가질 수 없게 될 것이기 때문이다.

나는 각각의 입자들이 움직이는 방향에 대해서는 무엇 하나 덧붙이지 않는다. 왜냐하면 물체를 움직이도록 하는 힘(power)과 운동의 방향을 결정하는 힘(power)은 전혀 다른 종류의 것이고, (『굴절광학』에서 설명했던 것처럼) 한쪽이 없이도 다른 쪽이 존재할 수 있음을 고려하면, 각각의 입자들은 그것들이 에워싸고 있는 물체의 배치에 따라 가장 저항이 적은 방식으로 움직일 것임을 쉽게 알아차릴 수 있기 때문이다. 하나의 불길 속에서도 상승하거나 하강하는 입자 혹은 직선운동을 하거나 곡선운동을 하는 입자가 있을 수 있다. 실제로 불길의 입자들은 모든 방향으로 나아갈 수 있는데, 그렇다고 하여 불길의 본성이 바뀌는 것은 아니다. 따라서 불길의 거의 모든 입자들이 위로 향하는 경향을 보인다고 하여도, 그 이유를 다음과 같은 것 이외에 있다고 생각할 필요가 없다. 즉, 불길에 닿아 있는 물체는 위쪽 이외의 다른 모든 방향에서 항상 큰 저항을 갖도록 배치되어 있는 것이다.

불길의 입자들이 이런 식으로 움직인다는 점을 이해하고, 또 불길이 어떻게 목재를 소모해 태워 버리는지 이해하기 위해서 그것의 운동을 고려하는 것만으로도 족하다는 점을 이해한 지금, 이것이 불길이 제공하는 열과 빛을 설명하는 데에도 충분한 것인지 고려해야 한다. 만일 그러하다면, 우리는 불길에 무언가 또 다른 성질을 부여할 필요가 없으며, 위에 기술한 입자들의 운동을 그것이 가져오는 서로 다른 효과에 따라 때로는 '열' 이라, 때로는 '빛' 이라 부를 수 있을 것이다.

먼저 열에 관한 나의 견해는, 그 입자의 운동이 격렬할 때 일종의 고통의 감각으로 여겨지고 그 운동이 온건할 때에는 일종의 간지러움의 감각으로 여겨진다는 것이다. 이미 우리의 사고 외부에 우리가 느끼는 간지러움과 고통과 같은 관념에 유사한 것이 아무것도 없음을 이야기했듯이, 열에 대한 우리의 관념과 닮은 것 또한 하나도 없다고 생각할 수 있다. 오히려 손이나 몸을 이루는 미세한 입자를 움직이게 하는 그 어떤 것이라 할지라도 우리에게 이러한 감각을 느끼도록 할 수 있는 것이다. 많은 경험들이 위와 같은 견해를 뒷받침해 준다. 단지 양손을 비벼대는 것을 통한 미세 입자들의 운동으로 손이 따뜻해지듯이, 다른 모든 물체들 또한 불에 가까이 하지 않은 채 그것을 비비고 마찰시켜서 가열할 수 있는 것이다.

우리가 빛이라 느끼는 감각도 불길 속에 존재하는 것과 같은 유형의 운동에 의한 것으로 생각할 수 있다. 하지만 내 연구의 핵심이 바로 빛을 다루는 것이므로, 이 문제에 대한 논의를 다시 시작할 때 보다 상세하고 충분하게 설명하고 싶다.

제3장 견고함과 유동성에 관해

나는 세계에 쉴 새 없이 계속되는 갖가지 운동이 무한히 있다고 생각한다. 그리하여 며칠, 몇 달, 혹은 몇 년 걸리는 상당히 긴 운동들을 관찰한 후에 나는 다음과 같은 인식에 도달했다. 즉, 지상의 증기는 끊임없이 구름 쪽으로 상승하거나 그곳으로부터 하강하고 있고, 바람은 공기를 교란시키며, 바다는 한시도 멈추어 있지 않는다. 또한 샘이나 강은 결코 그 흐름을 멈추지 않고, 가장 견고한 건물도 결국 붕괴되며, 동물과 식물은 성장하거나 사멸하게 된다. 요컨대 변화하지 않는 것은 그 어디에도 존재하지 않는다. 이로부터 내가 분명히 말할 수 있는 것은, 불길에만 쉴 새 없이 운동하는 수많은 미립자가 있는 것이 아니며, 다른 물체에도 이러한 입자들이—비록 그 작용이 우리의 감각에 의해 느껴질 정도로 격렬하지는 않을지라도—존재한다는 점이다.

나는 이러한 입자들의 운동 원인을 탐구하기 위해 지체하지는 않을 것인데, 세계가 존재하기 시작한 것과 동시에 입자들 또한 운동을 시작했다고 생각하는 것만으로도 충분하기 때문이다. 그리고 이러한 가정이 문제없다면, 입자들의 운동은 결코 멈추지 않을 것이며, 그것의 운동 주체가 바뀌는 것 이외의 변화는 일어나지 않을 것이다. 즉, 한 물체의 운동을 가능하게 했던 힘이나 동력이 완전히 혹은 부분적으로 다른 물체로 옮겨져 더이상 처음의 물체에서 나타나지 않을 수는 있어도, 그것이 완전히 세계에서 사라져 버리는 경우는 없을 것이다. 나는 이러한 추론에 충분히 만족하지만, 이제껏 당신에게 이것을 충분히 소개할 기회는 없었다. 그러는 와중에 당신은 대다수의 학자들의 의견을 좇아서, 무한히 빠른 속도로 세계의 둘레를 회전하는 어떤 제1동자(prime mover)가 그 안에 있는 다른 모든 운동의 원인이자 기원으로 생각했을지도 모른다.

아무튼 이러한 고찰을 통해서 이 세계에서 발생하는 모든 변화와 지상에서 벌어지는 온갖 현상을 설명해 주는 방법이 마련될 수 있는데, 여기서는 내가 화제로 삼고 있는 문제에 관련된 사항만을 이야기하고자 한다.

우선 단단한 물체와 유동적인 물체의 차이에 주목해 주길 바란다. 이를 위해 모든 물체가 극도의 작은 부분으로 나누어질 수 있음을 고려해야 한다. 나는 이것의 개수가 무한한 것인지 판단하는 데에는 별 관심이 없다. 다만 우리의 인식 범위와 비교할 때 그것은 분명히 무한하며, 눈에 보이는 가장 작은 모래알에서조차도 몇백만의 소부분이 있다고 가정할 수 있다는 점만은 확실하다.

그리고 두 미립자가 맞닿아 있고 서로 멀어지지 않는 상태에 있다면, 이 두 입자를 분리시키는 데에는 약간일지는 모르지만 어쨌든 일종의 힘이 필요함에 주의해야 한다. 왜냐하면 입자들이 이런 식으로 놓여진 이상, 그것들이 자발적으로 다른 방식으로 배치되려 하지는 않기 때문이다. 또한 물체에서 두 개의 미립자를 분리하려면 하나를 분리할 때의 두 배의 힘이 필요하며, 1천 개의 미립자를 분리하려면 1천 배의 힘이 필요함을 기억해야 한다. 따라서 몇백만의 미립자를 한번에 분리시키려고 할 때에 상당량의 힘이 필요하다는 점은 그리 이상하지 않은데, 단 한 올의 머리카락을 뽑아낼 때도 이러한 종류의 힘이 필요할 것이다.

반면에, 두 개 혹은 그 이상의 미립자들이 단지 일시적으로 접촉하고 있을 뿐 각기 다른 방향으로 운동하고 있는 경우, 그것들을 분리시키는 데에 필요한 힘은 입자들이 정지해 있는 경우보다 훨씬 적게 들 것임이 분명하다. 또한 이러한 미립자들을 분리시키는 데에 별도의 힘이 전혀 들어가지 않을 수도 있는데, 스스로를 분리시키는 데에 기여하는 미립자의 운동이 그것들을 떨어뜨리는 데에 필요한 운동과 같거나 혹은 더 클 때에 그러할 것이다.

나는 단단한 물체와 유동적인 물체의 차이에 관해서, 어떤 물체가 다른 물체에 비해서 전체로부터 훨씬 쉽게 미립자들이 분리될 수 있다는 점 이외에는 아무것도 찾아내지 못했다. 따라서 상상할 수 있는 가장 단단한 물체를 만들기 위해서는, 물체의 모든 부분들이 서로 접촉되도록 하여 그것들 사이의 공간이 남지 않도록 하고 그것들의 개별적인 운동을 불가능하게 하는 것만으로 충분하다고 나는 생각한다. 왜냐하면 한 입자를 다른 입자에 붙여놓는 아교나 접합제를 상상할 수는 없기 때문이다.

또한 상상할 수 있는 가장 유동적인 물체를 만들려면, 물체를 구성하는 미세한 입자들이 가능한 한 빠르고 다양한 방향으로 운동하도록 하는 것만으로 충분하다고 생각한다. 물론 이러한 입자들은 순간순간 서로 접촉할 수 있고, 마치 운동이 없을 때처럼 작은 공간 안에 정렬되는 경우도 있을 것이다. 마지막으로 모든 물체는 그것을 구성하는 입자들이 서로 분리되려는 경향의 차이에 따라 위에 말한 양쪽 극단 중 어느 한쪽에 유사한 특징을 보일 것이다. 그리고 이러한 견해는 내가 주목하는 모든 현상들을 통해서 입증된다.

이미 말했듯이, 불길은 그것을 구성하는 미립자들이 끊임없이 운동하는 것으로, 그 자체가 유동적일 뿐만 아니라 다른 대부분의 물체를 유동적으로 만들어 버린다. 또한 불길에 의해 금속이 녹는 경우, 그것에 작용하는 힘이 목재가 탈 때 작용하는 힘과 다른 종류의 것이 아님에 주목해야 한다. 금속의 구성 입자는 대체로 그 크기가 동일하기 때문에, 불길은 금속의 한 입자를 다른 입자를 이동시키지 않은 채 움직이게 할 수 없으며, 따라서 금속 전체를 유동적으로 만들어 버리는 것이다. 이에 반해 나무를 구성하는 입자는 그 크기가 동일하지 않은데, 이 때문에 불길은 나무의 나머지 부분들은 그대로 놔둔 채 그것을 구성하는 작은 입자들을 분리시켜 유동체로 만들어 버릴 수 있는 것이다.

불길 다음으로 유동적인 것은 공기인데, 우리들은 공기의 입자들이 서로 분리되어 움직이는 것을 맨눈으로 확인할 수 있다. 왜냐하면 햇빛을 통해 드러나는 먼지 입자라 불리는 미세한 물체의 운동을 유심히 살펴보면, 바람이 전혀 없을 때조차 그 먼지 입자가 수천 가지 다른 방식으로 이리저리 쉴 새 없이 날아다니고 있음을 확인할 수 있기 때문이다. 그리고 좀더 거친 유동체에서도 이와 비슷한 일이 생기는데, 갖가지 색으로 채색된 입자들을 섞어서 유동체의 운동을 좀더 쉽게 확인할 수도 있을 것이다. 마지막으로, 금속을 구성하는 입자들을 움직이고 분리시키는 산(酸)에서도 이러한 점을 뚜렷하게 살펴볼 수 있다.

하지만 여기서 여러분들은 나에게 다음과 같은 질문을 할 수도 있을 것이다. 무엇을 태우고 유동적으로 만들어 버리는 것이 단지 불길을 구성하는 입자들의 운동에 의한 것이라면, 마찬가지로 매우 유동적인 공기를 구성하는 입자들은 왜 무엇인가를 태워 버리는 힘을 지니고 있지 못한 것인가? 또한 우리들의 손이 공기를 거의 느낄 수 없는 이유는 무엇이란 말인가? 이에 대해서 나는 운동의 속도뿐만 아니라 입자들의 크기에도 주의를 기울여야 한다고 대답할 것이다. 즉, 보다 유동적인 물체를 구성하는 것은 작은 입자들이지만, 다른 물체에 작용하여 그것을 태워 버리는 힘은 입자가 커질수록 더욱 강해지는 것이다.

그런데, 여기에서 그리고 앞으로도 반드시 다음과 같은 점에 유의해야 한다. 나는 서로 결합되어 있고 그래서 서로 분리되려 하지 않는 모든 것들을—가장 작은 것이라 하더라도 미세한 입자들로 쉽게 나뉘기는 하겠지만—하나의 단일한 입자(single part)로 취급할 것이다. 따라서 지금부터는, 모래 한 알, 돌, 바위, 심지어 지구 전체라 하더라도, 우리가 그것들의 단일하고 한결같은 운동만을 고려할 때에는 단일한 입자처럼 취급할 수 있을 것이다.

먼지 입자가 그러하듯이, 만일 공기를 구성하는 입자들 중에서 다른 것들에 비해서 그 크기가 매우 큰 입자들이 있다면, 그것들은 매우 천천히 움직일 것이다. 또한 공기를 구성하는 입자들 중에서 매우 빠른 것이 있다면, 그것들의 크기는 매우 작을 것이다. 하지만, 불길의 입자들 중에 공기 입자들보다 작은 것이 몇몇 있을 수 있지만, 이것보다 큰 것들도 있을 것이고, 적어도 가장 큰 공기 입자와 같은 크기를 가지는 불길의 입자들이 많이 있을 것이다. 이에 더하여 이러한 불길의 가장 큰 입자들은 더욱 빠르게 움직일 것이고, 따라서 이것들만이 무엇인가를 태워 버릴 수 있는 힘을 지니게 되는 것이다.

불길 속에 공기 입자보다 작은 입자가 있다는 점은, 공기조차 스며들지 않는 미세한 틈(pores)만 가진 많은 물체들에까지 불길이 침투해 들어갈 수 있다는 사실에서 쉽게 추측될 수 있다. 불길 속에 공기 입자보다 크거나 그와 비슷한 크기의 입자들이 많이 있다는 점은 공기만으로는 불길을 유지시킬 수 없다는 사실로부터 충분히 명백해진다. 그리고 불길을 구성하는 입자가 매우 빠르다는 점은 그것들의 격렬한 작용에서 족히 확인할 수 있다. 마지막으로 불길을 구성하는 여러 입자들 중에서도 그 크기가 가장 큰 입자들만이 연소능력을 가진다는 점은, 브랜디나 다른 미세한 물체로부터 생기는 불길은 약한 반면, 단단하고 무거운 물체로부터 생기는 불길은 매우 뜨겁다는 점으로부터 명확해진다.

제4장 진공에 관해, 그리고 어떻게 우리의 감각이 어떤 물체들을 지각할 수 없는지에 관해

그러나 공기 또한 다른 것들처럼 주위에 많이 있지만, 왜 다른 물체와 달리 쉽게 감각되지 않는 것인지에 대해서 좀더 상세하게 살펴볼 필요가 있다. 이렇게 함으로써, 우리는 어린 시절부터 가져온 하나의 선입관과 오류로부터 벗어날 수 있게 된다. 즉, 이제까지 우리는 우리가 지각하는 것을 제외하고는 우리 주위에 아무 물체도 없다고 믿어 왔다. 그리고 어렴풋하게만 지각되는 공기가 이런 것들 중 하나라면, 좀더 실재적이고 명확하게 지각할 수 있는 것들은 적어도 아니라고 믿어 왔던 것이다.

이 주제에 관해, 우선 다음에 유의해 줬으면 한다. 즉, 단단하건 유동적이건 간에 모든 물체는 같은 물질로 되어 있으며, 이런 물체들 중에서 그 구성 입자의 모든 면이 서로 접촉해 있는 물체보다 더 견고하고 적은 공간을 차지하는 물체를 상상할 수는 없다는 점이다. 그러므로 나는 진공이 어디엔가 존재한다면, 그것은 유동적인 물체가 아닌 단단한 물체 안에 있어야만 한다고 생각한다. 왜냐하면, 전자의 입자들은 운동이 없는 후자의 입자들에 비해서 분명 그 운동에 의해서 서로 너무 쉽게 밀쳐지고 다시 정렬되기 때문이다.

예를 들어, 우리는 항아리 속에 분말을 넣을 때, 더 많이 넣기 위한 공간을 마련하고자 그것을 흔들거나 두드리거나 한다. 하지만, 항아리 안에 액체를 따를 때에는, 그것들은 그 즉시 재정렬되어 가장 작은 공간들에까지 차버리는 것이다. 이와 관련하여, 자연에 진공이 없어야 한다는 점을 보여주기 위해서 철학자들이 이용하는 실험을 고찰해 보면, 사람들이 비어 있다고 생각하거나 혹은 공기만이 느껴진다고 하는 모든 공간들이 실은 물질들로 꽉 채워져 있는 것임을 쉽게 이해할 수 있을 것이다.

어떤 기계를 사용할 때 살펴볼 수 있듯이, 자연은 물체나 그것의 입자들이 서로 접촉하지 못하도록 용인하기보다는, 오히려 이들의 접촉을 허용하기 위해 가장 무거운 물체를 치솟게 하고 가장 단단한 물체를 깨뜨려 버리곤 한다. 과연 이러한 자연이 쉽게 구부러지고 배열되는 공기 입자들을 각 면에 접촉되지 않은 채 놔두거나 그 입자들 사이에 어떤 다른 물체도 놓이지 않은 상태에 있도록 해주겠는가? 한편으로 우리는 우물의 물이 그것의 자연적 경향에는 어긋나지만 단지 펌프의 관을 채우기 위해 치솟게 된다고 생각하면서, 다른 한편으로 구름 안의 물이 그 아래의 공간—그것에 포함된 물체들의 입자들 사이에 일시적인 진공이 생긴 공간—을 채우기 위해서 떨어져서는 안 된다고 생각할 수 있을까?

그러나 여기서 당신은 다음과 같은 좀더 중요한 문제를 제기할지도 모른다. 즉, 내가 말한 것처럼 유동체가 쉴 새 없이 움직이려면, 그것들 사이에 어떤 빈 공간이 있어야 한다거나, 또는 적어도 그것들이 움직여 감에 따라 그것이 있던 원래 자리는 비게 될 것이라 말할지도 모른다. 만약 내가 세계에서 일어나는 모든 운동이 몇 가지 점에서 순환적인(circular) 운동임을 보여주는 다양한 관찰 경험에 대해서 알지 못했다면, 위와 같은 질문에 매우 난처해졌을 것이다. 즉, 한 물체가 그것이 있던 자리에서 떠날 때에는 항상 다른 물체가 있던 자리로 들어가는 것이고, 두 번째 물체는 또 다른 자리로 들어가는 것이다. 그리고 이런 식으로 계속되어, 마지막 물체는 맨 처음 물체가 있었던 자리를 차지하게 되는 것이다. 따라서 물체들이 정지하고 있을 때보다 그것들이 운동하고 있을 때, 더 많은 진공이 생기게 되는 것은 아니다. 그리고 또 한 가지 주의할 사항은, 함께 움직이는 물체의 모든 입자들이 실제 원처럼 둥글게 배치되거나, 그러한 입자들이 같은 크기와 모양을 가질 필요는 없다는 점이다. 왜냐하면, 이와 같은 불균등함(inequalities)은 또 다른 불균등함에 의해서, 즉 입자들의 속도 차이에 의해서 쉽게 벌충될 수 있기 때문이다.

보통 우리들은 공기가 비어 있는 공간이라고 생각하는 데 익숙해져 있기 때문에, 물체가 공기 중을 운동하고 있을 때 이와 같은 순환운동을 쉽게 알아차리지 못한다. 하지만, 연못 속을 헤엄치고 있는 물고기를 한번 관찰해 보라. 물고기가 수면 가까이로 오지 않는 이상, 물고기는 물 속을 대단히 빠른 속도로 지나다녀도 그 안에서 어떤 동요도 발생시키지 않는다. 이것으로부터, 물고기가 앞으로 밀어내는 물은 연못 안의 모든 물을 무차별적으로 밀어내는 것이 아니라, 물고기가 이동하면서 비게 되는 공간을 채우고 순환운동을 만들어내는 데 도움이 되는 물만을 밀어낸다는 점이 명백해진다.

그리고 이러한 관찰은 순환운동이 자연에 있어서 가장 쉽고 친숙한 운동임을 보여주기에 충분하다. 이제 나는 순환적이지 않은 운동은 결코 생겨나지 않는다는 점을 보여주기 위해서, 또 다른 관찰 경험을 제시해 보이겠다. 통에 들어 있는 포도주가 그 통의 윗부분이 완전히 닫혀 있기 때문에 아래쪽에 달려 있는 구멍으로 흘러나오지 않을 경우에, 흔히 사람들은 '진공에 대한 두려움(fear of a void)' 때문에 이런 일이 생긴다고 말하곤 하는데, 이는 부적절한 표현이다. 술이 무엇을 두려워할 정신을 가지지 않는다는 점은 누구나 알고 있고, 혹 술에 정신이 있다고 하더라도, 왜 그것이 (하나의 망상에 지나지 않는) 진공을 두려워해야만 하는지 나로서는 납득이 되지 않는다. 대신에 우리는, 그 외부가 완전히 채워져 있기 때문에 이 통으로부터는 술이 흘러나올 수 없다고 말해야 할 것이다. 그리고, 통의 윗부분에 구멍이 만들어지지 않으면, 술이 흘러나왔을 때 그 빈 자리로 가야 하는 공기의 한 부분이 우주의 어디에서도 자신이 찾아야 하는 자리를 발견하지 못하기 때문에 그러하다고 말해야 할 것이다.

그렇지만 여기서 내가 자연에는 진공이라는 것이 절대적으로 존재하지 않는다는 주장을 하려는 것은 아니다. 왜냐하면, 이를 보이려면 위에 든 예만으로는 불충분하고, 이를 위해 물질에 대해 상세히 설명해야만 하며, 그렇게 되면 이 책이 너무 길어지지 않을까 우려되기 때문이다. 그럼에도 불구하고 앞의 예들은, 아무것도 없다고 느껴지는 공간이 실은 같은 물질로 채워져 있으며, 최소한 그 안에 우리들이 지각하는 것보다는 더 많은 물체들이 담겨 있다는 점을 보여주기에는 충분하다. 따라서 항아리가 금 또는 납으로 채워져 있다 하더라도, 우리가 그 항아리가 텅 비어 있다고 생각할 때보다 더 많은 물질이 그 속에 포함되어 있는 것은 아니다. 이성이 손가락 끝 지점을 넘어서서까지 연장될 수는 없다고 주장하는 사람들이나, 세계에 우리가 만질 수 있는 것 외에는 아무것도 없다고 생각하는 사람들에게는, 이러한 이야기가 참으로 기묘해 보일 것이다. 하지만 당신이 감각으로 느낄 수 있는 것과 없는 것이 무엇인지 조금만 생각해 보았다면, 이러한 이야기에 믿을 수 없는 것은 조금도 포함되어 있지 않음을 알게 될 것이라 확신한다. 왜냐하면, 우리 몸 주위의 모든 사물들이 감각될 수 있는 것은 아니고, 오히려 주위에 흔히 있는 것들이 감각되는 일이 드물며, 더 나아가 주위에 항상 있는 것들은 결코 감각되지 않기 때문이다.

심장은 매우 뜨거운 것임에도 우리들은 그 열을 느끼지 못하는데, 그 열이 언제나 그곳에 있기 때문이다. 우리들의 체중은 상당하지만, 우리가 그 때문에 무겁고 답답하다고 느끼지는 않는다. 우리들은 옷의 무게조차 느끼지 못하는데, 그것을 입는 데 너무나 익숙해져 있기 때문이다. 이에 대한 이유는 충분히 명백하다. 어떤 물체가 우리의 감각기관에 어떤 변화의 원인이 되지 못한다면, 우리는 감각으로 그 물체를 지각할 수 없는 것이다. 즉, 어떤 물체가 우리의 감각기관을 구성하는 물질의 입자들을 자극하는 방식으로 움직이지 않는다면, 우리는 그 물체를 지각할 수 없게 되는 것이다. 늘 주변에 있는 대상이 아닌 경우, 그것이 충분한 힘만 지니고 있으면 감각기관에 이런 식의 변화를 일으키기에 충분하다. 왜냐하면, 대상이 작용할 때 감각기관의 일부가 손상되었다 하더라도, 이렇게 손상된 부분은 대상의 작용이 멈춘 후에 자연스럽게 회복되기 때문이다. 반면 우리와 계속 접촉해 있는 대상의 경우, 그것이 우리의 감각에 변화를 가져오는 혹은 감각기관 구성 입자들을 움직이는 충분한 힘을 가지고 있다 하더라도, 우리의 감각으로 쉽게 지각되지 않는다. 왜냐하면, 이러한 대상은 우리가 태어났을 때부터 감각기관의 구성 입자들을 항상 움직여 왔고, 이미 다른 대상들로부터 완전히 분리되었으며, 이러한 작용에 완강히 저항한 몇 안 되는 입자들만 남겨놨기 때문이다. 이로부터 미루어 볼 때, 우리 주변에 많은 공간이 있고 우리가 그 안에서 어떤 물체도 지각하지 못한다고 하더라도, 이러한 공간에 우리가 물체들이 많이 있다고 지각하는 공간보다 적은 물체들이 포함되어 있는 것은 아니다.

그렇지만, 숨쉴 때 폐 속으로 빨려 들어가는 거친 공기—운동 중일 때 바람으로 바뀌고, 풍선 안에 담겨졌을 때 단단해지며, 증기와 연기로 이루어져 있는 공기—가 물이나 흙만큼 단단한 것이라고 생각해서는 안 된다. 이에 대해서는 공기가 더욱 희박하다고 주장하는 철학자들의 일반적인 견해를 따라야 하는데, 이는 경험을 통해 쉽게 확인할 수 있다. 왜냐하면, 한 방울의 물을 구성하는 모든 입자들이 열의 작용에 의해 서로 분리될 때, 그것들은 공기가 되어 물로 있을 때보다 훨씬 더 많은 공간을 차지할 수 있기 때문이다. 이로부터 분명해지는 것은, 공기를 구성하는 입자들 사이에는 무수히 많은 작은 틈새들(gaps)이 존재하다는 점인데, 이것말고는 희박한 물체를 떠올릴 수 있는 방법이 없기 때문이다. 하지만, 이미 언급했듯 이러한 틈새들은 비어 있을 수 없기 때문에, 공기에는 하나 혹은 그 이상의 다른 물체가 섞여 있고, 이러한 물체가 공기 입자 사이의 작은 틈새를 빈틈없이 메우게 된다고 결론 내릴 수 있다. 이제 남겨진 것은, 이런 다른 물체가 대체 무엇인지 고찰하는 것이다. 이에 대한 고찰을 끝내면, 빛의 본성을 이해하는 것도 그리 어렵지 않게 될 것이라 기대해 본다.

제5장 원소의 수와 그 성질에 관해

철학자들[1]의 주장에 따르면, 구름 위에는 우리 주변의 공기보다 훨씬 미세한 종류의 공기가 있는데, 그것은 지구의 증기로 이루어진 것이 아니라 그 자체로 하나의 원소(element)만으로 이루어져 있다. 또한 철학자들은 이러한 공기 위에 불의 원소라 불리는 더욱더 미세한 공기가 있다고 이야기한다. 그리고 철학자들은 이러한 두 원소들이 물(의 원소)과 흙(의 원소)과 혼합되어 그 아래의 모든 물체를 만들어 낸다고 덧붙인다. 따라서 내가 이런 미세한 공기와 불의 원소가 우리가 호흡하는 거친 공기의 틈새를 메우고 있고, 이것들이 서로 얽혀 짜여져 구성된 물체들이 매우 단단한 덩어리를 만들어 낸다고 이야기한다면, 이는 단지 위와 같은 철학자의 견해를 따를 뿐인 것이다.

그러나 이 주제에 대한 나의 견해가 좀더 잘 드러나도록 하기 위해서나, 내가 철학자들이 원소들에 대해 이야기한 바를 모두 믿으라고 하는 것은 아님을 분명히 하기 위해서, 내 나름의 방식으로 이러한 원소들에 대해서 설명해야만 하겠다.

나는 불의 원소라 불리는 제1원소를 세상에서 가장 미세하고 침투성이 큰 유체라고 생각한다. 또한 앞서 유동적인 물체의 본성에 대해 이미 이야기했듯이, 그것의 입자들은 다른 물체의 입자들보다 훨씬 더 크기가 작으며 빠르게 움직인다고 생각한다. 또한 나는 자연에서의 진공이 존재한다고 여기지 않으므로, 제1원소가 어떤 정해진 형태나 크기를 갖는다고 생각하지도 않는다. 단지 제1원소의 운동이 충분히 격렬하기 때문에 다른 물체들과 충돌하면서 쉽게 쪼개질 수 있고, 또한 그것이 침투해 들어가는 공간의 모양에 맞춰 매순간 그 모양을 쉽게 바꿀 수 있다고 생각할 뿐이다. 따라서 다른 물체의 입자들 사이의 통로가 매우 좁거나 그 각이 매우 작다고 하더라도, 이 원소의 입자들이 침투해 들어갈 수 없는 경우는 결코 없을 것이다.

공기의 원소라 불리는 제2원소의 경우, 이것을 제3원소와 비교하면 매우 미세한 어떤 유체로 생각할 수 있겠다. 반면 이를 제1원소와 비교하면, 그것의 개별 입자들에 각각 크기와 모양을 부여해야 하는데, 그것을 모래 알갱이와 먼지 입자처럼 대략 구형인 것으로 생각할 수 있다. 따라서 이러한 제2원소는 그것들 사이에 어떤 작은 틈새도 남지 않을 정도로, 서로 재배열되거나 압축될 수는 없다. 그리고 제2원소의 입자들이 이러한 틈새를 채우기 위해 모양을 바꾸는 것보다는, 제1원소의 입자들이 이 사이로 미끄러져 들어가는 것이 훨씬 쉬울 것이다. 따라서 이 세계 어디에서도 순수하게 제2원소들만이 있는 경우는 없을 것이며, 항상 그 사이에는 제1원소가 어느 정도 포함되어 있을 것이다.

나는 위의 두 원소 외에는 흙의 원소라 불리는 제3원소만을 인정한다. 이것은 제2원소에 비하여 훨씬 크기가 크고 느리게 움직이는데, 나는 그 차이의 정도를 제2원소와 제1원소의 차이와 비슷할 것이라 판단한다. 그리고 이런 제3원소를 하나의 혹은 그 이상의 덩어리라고 생각하면 충분할 것인데, 그 덩어리의 각 부분들은 서로 위치를 바꾸는 것과 같은 운동을 거의 혹은 전혀 하지 않을 것이다.

이런 원소들을 설명하는 데 있어서, 내가 철학자들과 달리 '뜨거움', '차가움', '건조함', '습함' 과 같은 성질들을 사용하지 않는다는 점을 이상하게 여길지 모르지만, 내가 보기에 이러한 성질들은 오히려 설명되어야만 하는 것들이다. 그리고 내가 오해하지 않았다면, 이런 입자들의 운동, 크기, 모양, 배치만으로도 위의 네 가지 성질들뿐만 아니라 (무생물의 형성을 포함한) 다른 모든 성질들을 물질 내에 있는 무언가를 가정하지 않고도 설명할 수 있다. 따라서 내가 위의 세 가지 원소 외에는 어떤 다른 원소의 존재도 인정하지 않는 이유를 얼마간 이해할 수 있으리라 믿는다. 왜냐하면 원소들과 철학자들이 혼합물 혹은 합성물이라 부르는 다른 물체와의 차이는 다음과 같은 점에 불과하기 때문이다. 즉, 혼합물의 형상(forms)에는 서로 반대되거나 서로 거스르는 여러 성질들이 포함되어 있거나, 혹은 서로를 보존시키려는 경향이 없는 여러 성질들이 포함되어 있다. 반면에, 원소의 형상은 단순하며, 그 안에는 서로 완벽하게 조화되어 서로를 보존시키려 하는 성질들만이 포함되어 있다.

그런데 나는 이 세계에서 이와 같은 형상을 앞서 말한 세 가지 외에는 찾아낼 수 없었다. 내가 제1원소의 특징으로 본 형상은 그것을 구성하는 입자들이 매우 빠르고 미세하기 때문에 어떤 다른 물체도 이를 멈추게 할 수 없다는 것이고, 또 그러한 입자들은 정해진 크기, 모양, 위치를 가지지 않는다는 점에 있다. 반면, 제2원소의 형상은 그것을 구성하는 입자들이 중간 정도의 운동과 크기를 갖는다는 점에 있는데, 만일 이 세계에 그것들의 운동을 증가시키고 크기를 감소시키는 원인들이 많이 있다면, 이와는 반대되는 것을 가능하게 해주는 원인들 또한 많이 있을 수 있을 것이고, 따라서 제2원소들은 항상 동일한 평균적인 상태에 있는 것처럼 균형을 유지한 채 남아 있는 것이다. 마지막으로, 제3원소의 형상은 그것을 구성하는 입자들이 매우 크고 조밀하게 결합되어 있어서, 항상 다른 물체의 운동에 저항하는 힘을 가지고 있다는 점에 있다.

물질 입자의 다양한 모양, 크기, 운동, 배치에 의해서 혼합물에 부여될 수 있는 모든 형상들을 낱낱이 조사해 주기를 바란다. 내가 확신하는 바로는, 이러한 혼합물들의 어떤 형상을 들여다보아도, 그것을 변화시키는 경향을 보이거나 원소의 형상 중 하나로 환원되는 성질들을 포함하고 있지 않은 것은 하나도 없을 것이다.

앞서 이야기했듯이, 불길의 형상은 그 입자들이 매우 빠르고 어느 정도의 크기를 가져야 한다는 점에 있으므로, 불길은 꺼지지 않고 오래 지속될 수 없는 것이다. 왜냐하면 입자의 크기는 다른 물체에 대해 작용할 수 있는 힘을 주지만, 반대로 그 입자 자신의 격렬한 운동을 줄이는 원인이 되기 때문이다. 또한 운동의 격렬함은 다른 물체에 부딪혀 그것을 깨뜨려 버릴 수 있게 하지만, 반대로 그 입자 자체의 크기가 줄어드는 원인이 되기 때문이다. 따라서 불길의 입자들은 점차로 제3원소의 형상으로 환원되거나, 혹은 제2원소의 형상으로, 심지어 어떤 것들은 제1원소의 형상으로 환원되기도 할 것이다. 이런 식으로, 평범한 불과 앞서 말한 불의 원소와의 차이를 인식할 수 있을 것이다. 또한 당신은 공기의 원소(제2원소)와 흙의 원소(제3원소)가 우리가 실제 호흡하는 공기나 우리가 걸어다니는 흙과 조금도 닮아 있지 않다는 점을 인정해야만 하며, 우리 주변에 보이는 모든 물체는 혼합되거나 합성된 것으로 부식되기 쉬운 것임을 깨달아야 한다.

하지만 각 원소들이 향하려 하는 장소 혹은 원소들의 자연적 순수함이 보존될 수 있는 장소가 이 세계에는 없다고 생각할 필요는 없다. 오히려, 개별 물질 입자들은 항상 몇 가지 형상들 중 하나로 환원되려는 경향을 보이며, 한번 그렇게 환원되고 나면 계속 그 형상을 유지한 채 남아 있으려 한다. 따라서 태초에 신이 혼합물만을 창조했다고 하더라도, 모든 물체들은 자신의 형상을 버리고 원소의 형상을 취할 수 있는 기회를 가져왔던 것이다. 그러므로 우주의 주목할 만한 부분들로 간주될 수 있을 만큼 커다란 모든 물체들은 어느 한 원소의 형상을 띠고 있으며, 또 혼합물의 경우 이러한 물체들의 표면에서만 존재하게 된다고 생각할 수 있다. 더구나 커다란 물체의 표면에는 반드시 혼합물이 있어야 하는데, 원소란 것들은 서로 상반된 본성을 지니므로, 그것들 중 어느 두 개가 접촉하면 서로의 표면에 작용할 것이고 그리하여 그곳에 있는 물질에 혼합물의 다양한 형상을 부여하게 될 것이다.

이와 관련하여, 우리가 우주를 구성하는 모든 물체를 전체적으로 고찰하면, 커다랗고 그 주요 부분으로 꼽힐 수 있는 것들이 다음의 세 가지 종류로 국한됨을 알게 될 것이다. 즉, 첫 번째는 태양과 항성이고, 두 번째는 천공(heavens), 세 번째는 지구와 같은 행성 그리고 혜성이다. 그러므로 우리들은 태양과 항성이 자신의 형상으로 제1원소의 형상을, 천공은 제2원소의 형상을, 지구와 같은 행성과 혜성은 제3원소의 형상을 갖는다고 생각할 수 있다.

나는 행성과 혜성을 지구와 동등하게 취급하는데, 왜냐하면 그것들이 지구와 마찬가지로 빛에 저항하고 광선을 반사시키며, 그것들 사이에 어떤 차이도 발견되지 않기 때문이다. 또한 나는 태양과 항성을 동등하게 취급하고, 그것들이 지구와는 전혀 다른 본성을 지닌다고 생각한다. 왜냐하면, 태양과 항성에서 보이는 빛의 작용으로 인해, 그 물체들이 매우 미세하고 활동적인 물질로 이루어져 있음을 알아차릴 수 있기 때문이다.

그리고 천공에 관해서는, 그것들이 우리의 감각으로 지각될 수 없으므로, 이러한 물체에 대해서는 (그것의 작용을 우리가 인식하는) 반짝이는 물체와 (그것의 저항을 우리가 인식하는) 단단하고 무거운 물체의 중간에 해당하는 본성이 부여되어야 한다고 생각한다.

마지막으로, 우리들은 지구 표면에서만 혼합물을 발견할 수 있다. 그리고 혼합물을 포함하고 있는 전체 공간—즉, 가장 높은 구름에서부터 금속을 얻어내기 위해 인간이 굴착해 낸 가장 깊은 갱도에까지 이르는 공간—이 지구 전체나 천공의 무한한 전개에 비하면 극히 작다는 것을 알 수 있다. 또한 이로부터, 지구의 최상층에서 이를 둘러싼 천공의 물질이 섞이고 혼합되어 형성된 하나의 표층이 바로 앞서 이야기한 혼합물의 전부임을 쉽게 상상할 수 있다.

그리고 이런 식으로 하여, 호흡하는 공기뿐만 아니라 가장 단단한 돌이나 가장 무거운 금속에까지 이르는 모든 혼합물에서, 공기 원소의 입자들이 땅 원소의 입자들과 섞여 있고, 결과적으로—공기 원소의 입자들 사이에는 항상 불 원소의 입자들이 존재하므로—불 원소의 입자들과도 섞여 있게 된다는 점을 알 수 있는 것이다.

그러나 이런 모든 물체 속에 세 가지 원소의 입자가 서로 섞여 있는 것이라 하더라도, 세 번째 입자의 속성을 갖는 물질들만이 우리가 주변에서 보는 모든 물체들을 구성하는 것이라 말하는 것이 좀더 정확하겠다. 왜냐하면, 이러한 세 번째 원소는 충분한 크기를 갖고 운동이 거의 없는 데 반해서, 다른 두 원소의 입자들은 너무 미세하여 우리의 감각으로 지각되지 않기 때문이다. 그러므로 이런 모든 물체들을 마치 스펀지와 같은 것으로 볼 수 있다. 왜냐하면 스펀지에는 많은 틈새와 작은 구멍이 있고, 이 안에 공기나 물 혹은 다른 유체가 채워져 있지만, 사람들은 이러한 유체들이 스펀지의 조성 물질에 포함된다고 생각하지는 않기 때문이다.

이 밖에도 여기서 설명해야 할 것들이 많이 남아 있고, 나에게 있어 내 의견을 그럴듯하게 보이도록 하기 위해서 많은 논증들을 덧붙이는 작업은 즐거운 일이다. 하지만, 자칫 이 이야기가 너무 길어져 지루한 것이 되지 않도록 하기 위해서, 나는 우화를 만들어내 논증의 일부를 그 속에 포함시키려 한다. 그리고 이 우화를 통해서, 진리가 충분히 나타나기를 희망하며, 그 진리가 내가 직접적으로 해설할 때만큼 납득하기 쉬운 것이기를 소망한다.

잠시 동안 당신의 사고를 우리의 현실세계를 넘어가도록, 그래서 내가 가상의 공간에 불러낼 전혀 새로운 다른 세계를 향하도록 해주기 바란다. 철학자들은 이러한 공간이 무한하다고 말하는데, 이러한 공간은 바로 그들이 창안한 것이기 때문에 그렇게 믿어 줘야만 할 것이다. 하지만 이러한 무한성에 좌절하거나 당혹하지 않기 위해서, 그 공간의 맨 끝까지 가려고 애쓰지 말자. 그리고 우리들이 나아가려는 곳을 신이 5천 년 혹은 6천 년 전에 창조한 모든 피조물들이 시계에서 사라지는 지점까지의 어떤 유한한 공간으로 한정하자. 또한 신이 우리 주위에 많은 물질들을 새롭게 창조하였고, 우리의 상상력이 어떤 방향으로 확장되든지 간에 이곳에 비어 있는 공간은 어디에도 없다고 가정하자.

비록 바다가 실제 무한하지는 않고, 겉으로 보기에 바다 한가운데의 배 위에 있는 사람들은 그 시야를 무한으로 넓힐 수 있다고 하더라도, 그들이 바라보는 곳 너머에는 여전히 바다가 있게 된다. 마찬가지로, 우리의 상상력이 무한히 확대될 수 있고, 또한 이 새로운 물질이 무한한 것이라 가정하지는 않지만, 그럼에도 불구하고 이 새로운 물질이 우리들이 상상할 수 있는 공간보다도 훨씬 큰 공간을 채우고 있다고 가정해도 상관없는 것이다. 그리고 이러한 가정에 반론이 제기될 만한 것을 일체 없도록 하기 위해, 우리의 상상력이 무한히 뻗어나가도록 허용하지 말고, 이를 적당히 제한된 공간 안에 한정시키자. 예를 들어, 그것은 지구로부터 창공의 주요 별들이 있는 공간보다 크지 않게 될 것이다. 반면 신이 창조한 물질이 온갖 방향을 향해 무한히 확장되어 나간다고 가정하자. 왜냐하면, 신의 행위를 한계짓는 것보다는 우리의 정신 활동에 한계를 두는 것이 훨씬 더 도리에 맞기 때문이다.

이제 이러한 물질을 우리가 원하는 대로 상상할 수 있는 자유를 가지고 있으므로, 이 물질의 본성에는 우리가 완전하게 인식할 수 없는 그 어떤 것도 포함시키지 말도록 하자. 이를 위해서 이 물질이 땅, 불, 공기의 형상이나 그 밖의 특수한 형상들—이를테면, 나무, 돌, 금속의 형상—을 가지지 않는다고 가정하자. 또한 이 물질이 뜨거움과 차가움, 건조함과 습함, 가벼움과 무거움 같은 성질들, 그리고 맛, 냄새, 소리, 색깔과 같은 성질들, 그리고 그 본성을 명징하게 이해할 수 없는 모든 성질들을 갖고 있지 않다고 가정하자.

또한 이 물질을 철학자들이 이야기하는 제1물질(prime matter)[2]로 생각해서는 안 되는데, 그것들에는 명확하게 이해될 수 있는 형상이나 성질들이 전혀 포함되어 있지 않기 때문이다. 오히려 이 물질을 우리의 마음속에 그려낸 커다란 공간의 전체 길이, 폭, 깊이를 균질적으로 채우고 있는 실재적인 고체 물체로 생각하자. 이 물질의 개별 입자들은 각각 그 크기에 비례하여 공간의 한 부분을 차지하므로, 보다 큰 공간을 채우거나 보다 작은 공간으로 수축해 들어갈 수 없다. 또한 한 입자가 어떤 위치에 머물러 있을 때, 다른 입자가 그곳에 들어와 자리를 차지할 수도 없다.

이에 덧붙여, 이 물질이 우리들이 상상할 수 있는 어떤 모양이나 어떤 입자들(혹은 부분들)로도 분할될 수 있으며, 그러한 각 입자들이 상상할 수 있는 모든 방식의 운동을 할 수 있다고 하자. 또한 신이 그 물질을 많은 입자들로 나누어서, 몇몇은 좀더 크게 몇몇은 좀더 작게, 그리고 몇몇은 이런 모양으로 몇몇은 다른 모양으로 해놓았다고 가정하자. 그렇다고 하여 신이 이런 여러 입자들을 서로 떨어뜨려 놓아서 그것들 사이에 진공이 생기도록 한 것은 아니다. 다만 신이 이런 물질 속에 만들어 놓은 차이는 그가 각 입자들에 부여한 운동의 다양성에서부터 비롯된 것이다. 창조의 첫 순간에 신은 어떤 입자들은 이런 방향의, 다른 입자들은 저런 방향의 운동을 시작하게 하였고, 또 어떤 입자들은 빠르게 다른 입자들은 느리게—그의 의지에 따라, 혹은 전혀 움직이지 않도록—움직이도록 하였다. 또한 신은 이런 다양한 운동을 태초에 부여한 후에, 각 입자들이 몇 가지 자연법칙에 따라 운동을 계속하도록 하였다. 신이 제정한 이 법칙은 매우 경이로운 것이다. 따라서 신이 만들어낸 것들이 내가 위에 말한 것에 불과하다고 할지라도, 또한 신이 그것에 아무런 질서와 균형을 부여하지 않은 채 혼란스럽고 뒤죽박죽된 혼돈 상태—어떤 시인이 묘사할 수 있었던 그러한 혼돈—로 놔두었다고 하더라도, 자연법칙은 이러한 혼돈의 각 부분들을 저절로 풀어서 알맞은 질서로 배치되도록 해주는 것으로서, 결국 매우 완벽한 세계의 형상을 갖도록 해주기에 충분한 것이다. 그리고 이렇게 만들어진 완벽한 세계 속에서 빛뿐만 아니라, 현실세계에서 나타나는 모든 다른 사물들을 발견할 수 있을 것이다.

그러나 내가 이것을 좀더 상세히 설명하기 전에, 당신들도 잠시 동안 멈추어 이 혼돈을 고찰해 주기 바란다. 그렇게 함으로써, 이 혼돈에는 우리가 완벽하게 알 수 없는 것은 전혀 포함되어 있지 않기 때문에, 이에 대해 무지한 척할 수 없다는 점에 유의해 주기 바란다. 왜냐하면, 내가 그 혼돈 속에 부여한 성질들은 우리가 쉽게 상상할 수 있는 것들이기 때문이다. 또한 이를 구성하는 데 사용된 물질들의 경우, 생명이 없는 피조물 중에서 이것보다 단순하고 이해하기 쉬운 것은 하나도 없는 것이다. 또한 이러한 물질의 관념(idea)은 우리의 상상력이 만들어낼 수 있는 관념들의 일부이기 때문에, 당신들은 그것들을 필연적으로 떠올릴 수 있다. 그렇지 않다면 아무것도 상상할 수 없게 될 것이다.

그렇지만 철학자들은 다른 사람들에게는 매우 명백해 보이는 것들에서도 문제를 발견할 정도로 치밀한 편이다. 또한 철학자들은 제1물질—철학자들 또한 다소 이해하기 어려운 것으로 인정하고 있는 것—에 대한 기억 때문에, 내가 이야기한 물질에 대한 이해에 별다른 관심을 보이지 않을 수도 있을 것이다. 따라서 여기서 나는 철학자들에게 다음과 같은 이야기를 할 필요가 있겠다. 즉, 내 실수가 아니라면, 철학자들이 물질에서 직면하게 되는 전적인 어려움은 물질을 그것이 지니는 고유의 양(quantity)으로부터 구분지으려 했다는 점에서 비롯된 것이다. 또한 그것은 물질을 그것의 외연(extension)과, 즉 물질을 그것이 공간을 점유하려는 특징으로부터 구분지으려 했다는 점에서 비롯된 것이다. 그렇지만, 나는 철학자들이 자신이 옳다고 주장하여도 별 상관없는데, 그들의 주장을 반박하기 위해 시간을 할애할 생각이 없기 때문이다. 또한 철학자들도 역시 숫자와 세어진 것의 차이 이상으로 물질의 양이 물질과 다를 바는 없다는 나의 주장에서 그리 이상한 점을 찾아낼 수 없을 것이다. 그리고 이는 물질의 연장 혹은 물질이 공간을 점유하려는 특징을 결코 우연적인 것으로 보지 않고 그것의 진정한 형상 혹은 본질로 간주해야 한다는 주장에 대해서도 마찬가지일 것이다. 왜냐하면 물질이라는 것을 이와 같은 방식으로 떠올리는 일이 매우 쉽다는 사실을 부정할 수 없기 때문이다. 게다가 나의 의도는 철학자들처럼 현실세계 속의 실제 사물을 설명하려는 것이 아니고, 가장 우둔한 사람이라도 이해 못하는 것이 하나도 없는 세계를 만들어내는 데에 있다. 그럼에도 불구하고 실제 세계는 내가 만들어낸 세계와 완전히 같은 방식으로 창조될 수 있을 것이다.

내가 만일 이 새로운 세계에 불명확한 것을 조금이라도 포함시켰었다면, 이러한 불명확함은 내가 인식하지 못한 어떤 숨겨진 모순을 가려 버렸을 것이고, 따라서 나는 생각 없이 무언가 불가능한 것을 상정했던 것일지도 모른다. 그런데 내가 이 세계에 포함시킨 것들은 모두 명쾌하게 상상할 수 있는 것들이므로, 비록 이것들이 우리 본래의 세계(old world)에서 안 보이는 것들이라 하여도, 신이 새로운 세계에 이것들을 다시 창조해 낼 수 있음은 확실하다. 왜냐하면, 신은 우리가 상상할 수 있는 모든 것들을 만들어낼 수 있기 때문이다.

제7장 이 새로운 세계의 자연법칙(Laws of Nature)

그러나 나는 더 이상 지체하지 않고, 자연이 어떤 수단을 사용해 앞서 말한 혼동상태를 스스로 풀어 나가는지에 대해서, 그리고 신이 그것에 부여한 자연법칙이 무엇인지에 대해서 이야기하려 한다.

우선 내가 자연(Nature)이라는 말을 통해 어떤 신이나 다른 종류의 공상적인 힘을 의미하려 하지 않았다는 점을 알아두기 바란다. 오히려 나는 이 말을 물질 자체를 가리키는 용어로 사용하였는데, 다만 여기서 물질이라 함은 그에 부여된 여러 성질들이 전부 포함된 것을 가리키며, 또한 신은 창조 이래 그 물질을 계속 같은 방식으로 유지해 왔다는 조건에서 말하고 있는 것이다. 왜냐하면, 신이 그러한 방식으로 물질을 유지해 왔다는 단순한 사실로부터, 물질의 여러 부분들에서 많은 변화가 있으리라는 결론이 따라 나오기 때문이다. 그리고 신의 작용은 결코 변하지 않으므로, 이러한 변화는 신의 활동에 의한 것이 아니라, 자연의 탓으로 돌려지는 것이다. 그러므로, 이러한 변화가 일어날 때 따르게 되는 여러 규칙들을 자연법칙(Laws of Nature)이라고 부르겠다.

이를 좀더 잘 이해하기 위해서, 물질의 여러 성질들 중에서 다음과 같은 점을 가정했음을 기억해 주기 바란다. 그것은 물질 입자들이 그것이 만들어진 이래 서로 다른 다양한 운동을 해왔다는 점과, 그러한 입자들은 모든 면에서 서로 맞닿아 있어서 그것들 사이에는 진공이 전혀 없다는 점이다. 그리고 이로부터 필연적으로 귀결되는 것은, 입자들은 그 운동이 시작되자마자 서로의 운동을 변화시키고 다양하게 만들기 시작한다는 점이다. 따라서 신이 물질 입자들을 만들었을 때와 같은 방식으로 그것들을 유지한다 하더라도, 그가 그것들을 처음과 같은 상태로 유지하는 것은 아닌 것이다. 즉, 신이 언제나 같은 방식으로 행동하고 이에 따라 언제나 같은 결과를 야기한다면, 이러한 결과들 속에는 많은 부수적인 차이들이 마치 우연인 것처럼 나타나게 되는 것이다. 게다가 누구나 알듯 신은 불변의 존재이므로, 신이 언제나 같은 방식으로 활동하리라는 점은 쉽게 받아들일 수 있다. 하지만 나의 논의가 더이상 형이상학적 방향으로 나아가는 것을 막기 위해서, 여기서는 신이 이 새로운 세계의 자연에 부여한 것으로 믿어야만 하는 두세 가지 법칙에 대해서만 이야기하려 하는데, 이것만으로도 당신이 다른 모든 것들을 이해하도록 하는 데 충분하리라 믿는다.

제1법칙은 개별 물질 입자가 다른 것과 충돌해 그 상태가 변화되지 않는 이상 항상 동일한 상태를 유지하려 한다는 것이다. 즉, 일정한 크기를 갖는 어떤 입자는 다른 입자에 의해 쪼개지지 않는 이상 더 작아지지 않을 것이다. 또한 어떤 입자가 둥글거나 모났을 경우, 이 입자는 다른 입자에 의해 강요되지 않는 한 그 모양을 바꾸지 않을 것이다. 이에 더하여, 이 입자가 어떤 위치에 정지해 있다면 다른 입자에 의해 밀리지 않는 이상 그 자리에 머물러 있을 것이다. 마지막으로, 이 입자가 일단 움직이기 시작하면, 다른 입자가 그것을 멈추게 하거나 늦추지 않는 이상 항상 같은 힘으로 진행해 나갈 것이다.

이와 동일한 법칙이 크기, 모양, 정지 상태, 그리고 수많은 다른 것들에 관해서 우리의 실제 세계에서도 지켜지고 있음을 믿지 않을 사람은 아마도 없을 것이다. 하지만 철학자들은 이 법칙으로부터 운동을 제외시켰는데, 사실 이러한 운동이야말로 내가 이 법칙 속에 포함시켜 두고자 하는 사항이다. 하지만 내가 철학자들을 반박하려는 의도를 갖고 있다고 생각하지 말았으면 한다. 그들이 말하는 운동이 내가 생각하는 것과는 매우 다른 것인 만큼, 한쪽의 운동에 관해서 진실인 것이 다른 쪽에 관해서는 진실이 아닐 수 있기 때문이다.

철학자들은 스스로 그들이 말하는 운동의 본성이 이해하기 매우 힘들다고 시인한다. 그리고 그들은 그것을 조금이라도 알기 쉽게 하기 위해서, 다음과 같은 전문용어를 사용하는 것 이상의 명쾌한 설명을 제시하지 못하고 있는 실정이다 : *Motus est actus entis in potentia, prout in potentia*. 나는 이 말을 적절히 해석할 수 없고, 그 의미 또한 너무나 모호해 보이기 때문에, 이것을 라틴어인 채로 남겨둘 수밖에 없다. (실제로 이 문장—운동은 가능태에 있는 존재자의 가능태로 있는 한의 활동이다—은 프랑스어로 바꾸어 보아도 그 이상 명료해지지는 않는다.) 이와는 반대로, 내가 이야기하는 운동의 본성은 너무나 쉽게 이해되는데, 이른바 기하학자들—그들이 연구하는 대상에 대해 가장 분명한 방식으로 사고하려는 사람들—조차도 그들이 사용하는 면과 선의 본성보다도 간단하고 이해하기 쉬운 것이라 판단할 정도이다. 또한 이러한 선과 면의 본성은 각각 한 점의 운동과 한 선의 운동으로 설명될 수 있기도 하다.

또한 철학자들은 물체의 위치 변화 없이도 일어날 수 있다고 믿는 다음과 같은 많은 운동들을 상정하는데, motus ad man(형상에 관한 운동), motus ad calorem(열에 관한 운동), motus ad quantitatem(양에 관한 운동)과 그 밖의 수많은 것들이 이에 포함된다. 하지만 내 입장에서는, 기하학자의 선분을 통해 쉽게 떠올릴 수 있는 운동 외에는 어떠한 운동도 알지 못하는데, 이러한 운동은 물체를 한 지점에서 다른 지점으로 이동시키는 것으로, 이 두 지점 사이에 있는 공간을 차례로 차지하게 되는 것을 말한다.

그런데 철학자들은 이런 운동들 중에서 최하위의 것에도 정지 상태보다 더욱 실질적이고 실재적인 존재성을 부여하면서, 정지는 운동의 결핍일 뿐이라고 말한다. 그러나 나는 정지 상태 또한 하나의 성질로서 바라보는데, 운동이 그 위치가 변화할 때 물체에 부여되는 성질이듯이, 정지는 한 지점에 멈추어 있는 물체에 부여되는 성질인 것이다.

마지막으로, 철학자들이 말하는 운동은 아주 이상한 본성을 가지고 있다. 즉, 이들은 다른 모든 사물들은 완전성을 자신의 목표로 삼고 스스로를 유지시키려 노력하는 반면, 운동의 경우 정지 이외의 어떤 목표도 갖지 않는다고 말하는데, 이는 결국 운동이 모든 자연법칙에 반하여 스스로를 파괴시키는 목표를 가진다고 이야기하는 것과 다를 바 없다. 이와는 반대로, 내가 가정한 운동은 물체 안에서 발견되는 모든 구조와 성질들에 적용되는 법칙과 완전히 동일한 법칙을 따르는 것이다. 그러므로 학자들이 Modos et entia rationis cum fundamento in re(실재자에 기초를 둔 양태 및 개념적 존재) 혹은 Qualitates reales(실재적 성질)라고 부르는 것도 이 같은 법칙에 의거한 것이다. 그러나 나는 솔직히 다른 것들보다 이것들에 더 많은 실재성이 있다고 보지는 않는다.

내가 제2법칙으로서 제시하는 것은 다음과 같은 것이다. 즉, 어떤 물체가 다른 물체를 밀고 있을 때, 미는 물체는 자신이 잃어버리는 것만큼의 양을 제외한 어떤 운동도 밀리는 물체에 전해 줄 수 없다. 또한 미는 물체가 밀리는 물체로부터 운동을 빼앗는다면 스스로의 운동을 정확히 그만큼 증가시키는 것이다. 제1법칙과 함께, 이러한 법칙은 한 물체가 다른 물체에 의해 밀리거나 혹은 저지됨에 따라 운동이 시작되거나 혹은 정지되거나 하는 모든 관찰 경험들과 잘 부합한다. 왜냐하면 제1법칙을 가정하는 것을 통해서 많은 학자들이 빠져들었던 어려움으로부터 벗어날 수 있게 되는데, 이러한 어려움은 사람의 손을 떠나 던져진 돌이 얼마 동안 계속 앞으로 움직이는 이유를 설명해 내지 못했던 것과 같은 것이다. 이에 대해 우리들은 오히려 왜 돌이 영원히 움직여 나아가지 못하는지 물어야 한다. 하지만 그 이유는 아주 쉽게 찾아질 수 있다. 왜냐하면 그 누구도 공기 속을 운동하는 돌이 공기에 의해 저항을 받지 않는다고 이야기할 수 없기 때문이다. 우리는 돌이 공기 중을 가로지를 때 그것이 씽씽거리는 소리를 들을 수 있다. 또한 부채나 다른 가볍고 넓은 물체를 공기 중에서 움직였을 때, 우리는 손에 가해지는 압박을 통해 공기가 이러한 운동을 유지시키는 것—어떤 이들이 주장하고자 했던 것처럼—이 아니라 방해하는 것임을 느낄 수 있다. 자 이제, 좀더 많이 저항하는 물체일수록 다른 물체를 좀더 쉽게 정지시킬 수 있다고 생각하면서, 제2법칙만으로는 직선상에서의 공기의 저항 효과를 설명하는 데 실패하게 된다고 가정해 보자. 처음엔 이런 주장을 쉽게 믿을지도 모르겠다. 하지만, 이렇게 되면, 날아가는 돌의 운동이 더 강하게 저항하는 단단한 물체에 부딪쳤을 때보다, 중간 정도의 저항을 지닌 부드러운 물체에 부딪쳤을 때 더 쉽게 약해지는 이유를 설명할 수 없게 된다. 마찬가지로, 돌이 단단하고 저항이 큰 물체에 부딪쳤을 때에 그 물체에 힘을 조금 가하지만, 곧바로 그 운동을 중단하거나 정지해 버리기보다는 비껴 되돌아가는 이유 또한 설명할 수 없게 된다. 하지만, 우리가 제2법칙을 받아들인다면, 여기에는 어떤 곤란한 점도 없어 보이게 된다. 왜냐하면, 제2법칙이 우리에게 다음과 같은 점을 알려주기 때문이다. 즉, 충돌했을 때의 물체의 운동이 후자(충돌당한 물체)가 전자(충돌한 물체)에 저항하는 정도에 비례하여 약해지는 것이 아니라, 후자의 저항이 극복되는 정도에 비례해서, 좀더 상세히 말하면 전자가 잃어버린 운동의 힘을 후자가 얼마나 받아들였는가에 따라서 약해지는 것이기 때문이다.

우리들이 현실세계에서 관찰하는 많은 운동의 경우, 운동을 시작하거나 정지하거나 하는 물체가 다른 물체에 의해 밀려서 멈추는 것을 지각할 수 없다고 하여도, 이러한 두 가지 법칙이 정확히 지켜지지 않는다고 판단할 이유는 없는 것이다. 왜냐하면, 이러한 물체들은 지각되지는 않지만 그것들 사이에 섞여 있는 공기와 불의 원소로부터 종종 교란받을 것이며, 마찬가지로 쉽게 지각되지 않는 일상의 공기들로부터도 교란받을 것이기 때문이다. 또한 이러한 물체들은 때때로 이런 교란을 거친 공기에 전달할 것이고 때로는 지구 전체에 전달할 것이 분명하지만, 이런 교란은 여기저기로 확산되어 버리기 때문에 지각되는 일은 결코 없을 것이다.

따라서 우리들이 감각을 통해 현실세계에서 경험한 모든 것들이 위의 두 가지 법칙에 위반되는 것처럼 생각되어도, 나로서는 이런 두 법칙이 알려주는 이유들이 매우 설득력 있다고 생각하므로, 이를 여기서 설명하고 있는 새로운 세계를 위한 법칙들로 가정하지 않을 수 없다. 왜냐하면 내 의지에 따라 그것을 선택했다고 하더라도, 신 안에 있는 부동성과 불변성보다 더욱 강력하고 확고한 근거는 없기 때문이다.

이러한 두 가지 법칙은, 신은 불변하고 항상 같은 방식으로 행동하며 늘 같은 결과를 산출한다는 단일한 사실로부터 명백히 도출되는 것이다. 왜냐하면, 신이 물질을 창조한 순간에 어떤 양만큼의 운동을 물질 안에 둔 것이라 가정하면, 신이 같은 양의 운동을 유지시키고 있다고 인정하든지, 아니면 신이 언제나 같은 방식으로 활동한다는 사실을 부정해야 하기 때문이다. 이에 덧붙여, 태초의 순간 이래 물질의 온갖 입자들에서 균일하지 않게 퍼져가는 운동들이 있어 왔고, 이런 물질 입자들이 그것이 가지는 힘에 따라 상호간에 운동을 전달하거나 저지시킨다면, 신이 그러한 물질 입자들을 언제나 그렇게 하도록 강제했다고 생각할 수밖에 없다. 그리고 이것이야말로 위의 두 법칙이 상술하여 보여주는 바인 것이다.

또한 나는 다음과 같은 제3법칙을 추가하려 한다. 즉, 한 물체가 운동할 때, 앞서 말했듯이 그것이 종종 곡선을 따라 일어나고 또 그것이 순환하지 않으면 운동조차 하지 못한다고 하더라도, 그것을 이루는 개별 입자들은 언제나 직선을 따라 계속 운동하려는 경향을 보일 것이다. 마찬가지로, 이런 입자들의 작용은, 즉 그것이 움직이려고 하는 경향(inclination)은 그것들의 운동에 따라서 달라질 것이다.

예를 들어, 수레바퀴를 축을 중심으로 회전시킬 때, 그 수레바퀴의 모든 부분들은 다른 식으로는 운동할 수 없게 결합되어 있으므로 원운동을 하게 되지만, 그럼에도 불구하고 수레바퀴의 각 부분들은 직선 운동을 하려는 경향을 보일 것이다. 이는 수레바퀴의 어느 한 부분이 우연히 다른 것들로부터 떨어져 나갔을 때를 유심히 관찰하면 명확해지는데, 이렇게 되자마자 떨어져 나간 부분은 원운동을 그만둔 채 직선 방향으로 나아가기 때문이다.

마찬가지로 돌을 투석기에 넣어 휘두를 때, 그 돌은 투석기에서 떠나자마자 직선 방향으로 나아가게 될 뿐만 아니라, 투석기 안에 있는 동안에는 그 중심에 반대되는 방향으로 끈을 팽팽하게 만들게 된다. 이로부터 그 돌이 항상 직선 방향으로 나아가는 경향을 보인다는 점과, 어떤 속박이 있을 때에만 원운동을 하게 된다는 점이 명확해진다.

이러한 제3법칙은 앞의 두 가지 법칙과 같은 기초상에 있는 것인데, 신이 지속적인 활동으로 모든 사물들을 유지시키려 하고, 그 결과 그 사물은 '좀전에' 있었던 것처럼 있는 것이 아니라, 정확히 '매 순간' 있었던 것처럼 있게 되는 것이다. 그런데 모든 운동들 중에서, 직선운동만큼 간단하고 단순한 것은 없는데, 직선운동은 극히 짧은 순

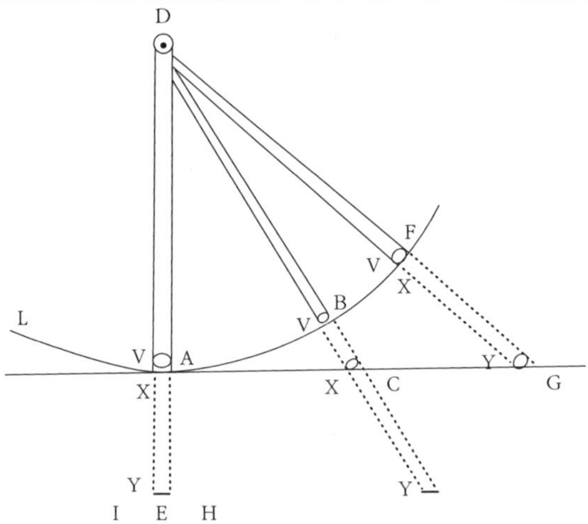

그림 1

간에도 완전하게 파악될 수 있는 본성을 지니고 있는 것이다. 왜냐하면 직선운동을 떠올리는 데에는 한 물체가 어떤 방향을 향해 이동하는지 고려하는 것으로 충분하며, 이것은 이 물체가 움직이는 동안의 매 순간에도 마찬가지로 적용되기 때문이다. 이와는 반대로, 원운동 혹은 그 밖의 다른 운동의 경우, 이를 명확히 파악하기 위해서는 적어도 운동의 두 순간이나 두 지점을 살핀 후 그것들 사이의 관계를 고찰해야만 하는 것이다. 하지만 궤변가로 불릴 수 있는 철학자들이 그들의 쓸데없는 치밀함을 이용해 이 논의에 끼어드는 것을 방지하기 위해서, 내가 직선운동이 일순간에 생긴다고 주장한 것은 아님을 기억해 주기 바란다. 다만 나는 직선운동을 발생시키는 데 필요한 모든 것들이 물체 안에서 발견될 뿐만 아니라 그것이 운동하는 매 순간에 결정될 수 있는 반면에, 원운동을 발생시키는 데 필요한 모든 것들은 그와 같은 식으로는 되어 있지 않음을 주장하고자 했을 따름이다.

예를 들어, 돌이 투석기에 넣어져 AB라 표시된 원을 따라 운동하고 있고 (**그림 1**), 그 돌이 정확히 A 지점에 도착한 '순간'에서 그 물체를 고려한다고 가정해 보자. 이때 당신은 이 돌이 운동 상태에 있음을 쉽게 알아차릴 수 있는데, 이 돌이 점 A에서 멈추어 버리지는 않을 것이기 때문이다. 또한 당신은 이 돌이 C점을 향해 운동하고 있음도 쉽게 알아차릴 수 있는데, 이 돌은 이 순간에 C점을 향하는 경향을 보일 것이기 때문이다. 하지만, 여기에서는 이 돌이 원운동을 하도록 하는 것이 무엇인지 전혀 발견되지 않는다. 따라서 바로 이 순간 이 돌이 투석기를 떠나기 시작했고, 또 신이 바로 이 순간에도 이 돌을 그대로 유지시켜 준다고 가정해 보자. 그러면, 신은 이 돌을 선 AB를 따라 원운동을 하는 경향을 갖도록 유지시키는 것이 아니라, C점을 향해 직선운동을 하는 경향을 갖도록 유지시키고 있다는 점이 확실해진다.

이러한 법칙에 따라, 운동이 존재하게 될 때 그리고 그 운동이 직선운동인 한, 세계의 모든 운동의 창시자(author)는 바로 신일 뿐이라고 이야기해야 한다. 하지만 이런 운동을 불규칙적으로 만들고 곡선운동이 되게 하는 것은 (신이 아니라) 물질의 다양한 배치에 의한 것이라고 이야기해야만 한다. 신학자들 또한 이와 비슷한 이야기를 하는데, 그들은 그러한 활동이 나타날 때 그리고 거기에 신성이 포함되어 있는 한 우리의 활동의 창시자는 신이라 볼 수 있지만, 우리의 활동을 악으로 만들어 버리는 것은 우리 의지의 다양한 성향에 의한 것이라고 가르치고 있다.

나는 여기서 충돌한 물체들의 운동이 언제, 어떻게, 얼마나 많이 서로 전환되고, 또 증가하거나 감소하는지를 보여주기 위해서, 더 많은 법칙들—즉, 자연의 모든 효과를 집약적으로 포함한 법칙들—을 제시할 수도 있다. 하지만 내가 이미 설명한 세 가지 법칙에 더하여, 영원한 진리로부터 도출될 수 있는 것들—수학자들이 그들의 가장 확실하고 명징한 증명으로 지지해 왔던 것들—이외에 그 어떤 것도 가정하지 않았음을 밝히는 것만으로 만족한다. 신이 가르쳐 준 바에 따르면, 신이 모든 사물을 수(number), 무게(weight), 측정(measure)에 따라 다룬다는 점에 이러한 진리가 있다. 이러한 우리의 영혼이 이러한 진리를 본성적으로 인식할 수 있으므로, 그러한 진리를 떠올릴 때에는 그것들에 오류가 있을 수 없다고 판단내리는 것이며, 또한 신이 많은 세계를 만들었다고 하더라도 이러한 진리들은 다른 세계에서도 마찬가지로 참된 것이 될 것이다. 따라서 이러한 진리와 세 가지 법칙의 결과를 충분히 음미한 사람들이라면, 그것들의 원인으로부터 그 결과를 알아차릴 수 있을 것이다. 즉, 좀더 학술적인 용어로 표현한다면, 그러한 사람들은 이 새로운 세계에서 발생할 수 있는 모든 것들에 대한 '선험적인(priori)' 논증을 얻게 될 것이다.

이러한 논증을 가로막는 것을 제거하기 위해서 나는 이런 새로운 세계에서 신은 결코 기적을 일으키려 하지 않으며, 지성(intelligences)이나 이성적 정신(rational souls)—훗날 이런 새로운 세계에 존재할 것이라 가정할 것들—이 자연의 정상적인 행로를 어떤 방식으로도 어지럽히지 않는다는 가정을 덧붙이려 한다.

그럼에도 불구하고, 이제껏 말한 모든 것들을 내가 정확히 증명해 보이겠다고 당신에게 약속한 것은 아니다. 내 역할은 당신이 곤란을 겪을 때, 스스로 그것을 발견할 수 있도록 길을 열어 주는 것으로 충분한 것이다. 대부분의 정신은 일이 너무 쉬워질 때 흥미를 잃어버리곤 한다. 당신이 만족할 만한 그림들을 제시하기 위해서, 나는 밝은 색과 어두운 색 모두를 (진리와 오류를 섞어서) 사용해야만 할 것이다. 따라서 나는, 내 의도가 마치 하나의 우화를 당신에게 들려주는 것에 불과한 것처럼 보이도록, 앞서 시작한 설명을 계속해 가는 것에 만족하는 것이다.

제8장 이 새로운 세계의 태양과 별의 형성

태초에 신이 물질 입자들 사이에 두었다고 가정했던 불균등과 혼란이 무엇이건 간에, 그 후로부터 이런 물질 입자들은 신이 자연에 부여한 법칙에 따라 같은 크기와 보통의 운동을 가지는 입자들로 환원되어 갔을 것이며, 그 결과 이러한 입자들은 앞서 설명한 제2원소의 형상을 취했을 것이 틀림없다. 왜냐하면 신이 그것에 운동을 부여하기 전에 그 물질이 가졌던 상태를 고찰하면, 이를 이 세계에서 가장 단단하고 견고한 물체로 상정해야만 하기 때문이다. 그리고 이런 물체의 한 부분(입자)은 다른 부분(입자)을 당기거나 밀어내는 것 없이 움직이는 것이 불가능하므로, 이렇게 운동하고 분할되는 작용 혹은 힘은 그것이 이 물체의 어떤 부분들(입자들)에만 있었던 것이라 하더라도, 다른 부분들(입자들)로 가능한 한 균등하게 퍼지고 배분되어 나갔을 것이다.

이러한 균등성(equality)은 절대로 완전한 것일 수 없다. 왜냐하면, 이 새로운 세계에는 진공이 전혀 없으므로 모든 물질 입자들이 직선 방향으로 움직이기란 불가능하기 때문이다. 그러나 모든 물질 입자들은 그 크기가 거의 비슷하고 쉽게 방향을 바꿀 수 있는 것이므로, 그것들 모두는 다함께 다양한 종류의 원운동을 하게 되었던 것이다. 그렇지만 처음에 신이 그러한 입자들을 갖가지로 움직였다고 가정하는 것인 만큼, 우리들은 그것들이 다함께 단 하나의 점을 중심으로 도는 것이라고 생각할 것이 아니라 오히려 다른 많은 중심들의 둘레를 돌고 있는 것이라고 생각해야 할 것이다. 그리고 우리들은 이러한 서로 다른 중심들이 상호간에 갖가지의 위치 관계를 차지하고 있다고 상정해야 한다.

이와 같은 사실로부터, 이러한 중심에 좀더 가까운 입자들은 중심으로부터 멀리 떨어진 입자들에 비하여 활발하지 못하다든가, 좀더 작은 크기를 갖는다든가, 또는 동시에 이 두 가지 모두에 해당한다고 결론지을 수 있다. 왜냐하면 이러한 모든 입자들은 직선상으로 운동을 계속하려는 경향을 갖기 마련이므로, 가장 큰 원—가장 직선에 가까운 원—을 그렸을 것이 분명한 입자들은 가장 강력하다는 점이, 즉 같은 활동성을 가진 것들 중에는 가장 크고, 마찬가지로 같은 크기를 가진 것들 중에는 가장 활발히 활동한다는 점이 확실하기 때문이다. 또한 세 개 혹은 그 이상의 원에 둘러싸여 있는 이러한 물질들은, 처음에는 다른 물질들만큼은 분할되지 않고 활동성 또한 떨어지는 것이었다. 게다가 신이 처음에 온갖 종류의 불균등함을 물질 입자들 사이에 두었다고 가정했으므로, 우리들은 물질 입자들을 그때 이후로 온갖 종류의 크기와 형태를 갖고 온갖 방향을 향해 온갖 방식으로 운동을 하려고 하거나 혹은 하지 않으려고 하는 것처럼 배치되었다고 생각해야만 할 것이다.

그러나 이것은 입자들이 그 이후로 그 크기가 거의 비슷해지려는 것과, 특히 회전의 중심으로부터 같은 거리를 유지하려 하는 것을 방해하지는 않는다. 왜냐하면 이러한 입자들은 다른 것 없이 독립적으로 움직일 수는 없으므로, 좀더 활발한 입자들은 그 운동을 그보다 활발하지 못한 입자들에 전달할 수밖에 없을 것이고, 좀더 큰 입자들은 그것에 선행하는 입자들과 같은 장소를 통과할 수 있도록 스스로 쪼개져 갈라지거나, 혹은 회전의 중심으로부터 멀어질 수밖에 없을 것이기 때문이다. 그리고 입자들은 얼마 후 모두 질서 있게 배열되어서, 입자가 그 경로의 중심으로부터 얼마나 멀리 떨어져 있는가는 그 입자의 크기와 활동성이 다른 입자와 비교하여 얼마나 큰가에 따라 좌우되게 되었을 것이다.

마찬가지 논의가 입자의 모양에 관해서도 적용된다. 물론 우리들은 온갖 종류의 모양을 가지는 입자들이 최초에 있었다고 가정할 것이며, 또한 입자들의 대부분은 하나의 돌을 깨뜨렸을 때의 파편 조각처럼 많은 모서리와 측면을 갖고 있었을 것이라고 가정할 것이다. 그렇지만 그런 후에 입자는 서로 부딪치고 서로 움직여서 모퉁이의 작은 돌기를 조금씩 깨고 모난 측면을 매끄럽게 하여 거의 완전히 둥글게 되어 버렸을 것이 확실하다. 이것은 모래알이나 조약돌이 강물에 의해 둥글게 되는 이치와 같다. 따라서 매우 가까이 있는 입자들뿐만 아니라 멀리 떨어진 입자들 사이에서도, 어느 하나가 조금 더 빠르게 운동하거나 혹은 그 크기가 조금 크거나 작은 것 이외에는 눈에 띌 만큼의 차이는 전혀 없는 것이다. 그리고 이러한 점은 우리들이 그러한 입자들 전체에 동일한 형상을 부여하는 데 방해가 되지는 않는다.

그러나 몇 개의 입자들을 이러한 입자들로부터 제외시켜 둘 필요가 있다. 즉, 태초부터 다른 입자에 비하여 훨씬 거칠고 쉽게 쪼개지지 않았던 입자들이나, 또는 그 모양이 매우 불규칙하여 부서져 둥글게 되기보다는 오히려 많은 입자들이 하나로 이어져 합쳐져 버리는 입자들을 제외하지 않으면 안 된다. 이리하여 이러한 입자가 제3원소의 형상을 유지했던 것이며, 내가 이제부터 말하게 될 행성이라든가 혜성을 구성하는 데 쓰였던 것이다.

그리고 또 다음과 같은 점에 주의할 필요가 있다. 즉, 제2원소의 입자 둘레로부터 그 모퉁이가 부서져 매끄럽게 됨에 따라 생겨난 물질들은 필연적으로 제2원소의 입자보다도 훨씬 빠른 운동성을 획득했을 것이다. 또한 그것들은 쉽사리 갈라져 각 순간에 모양을 바꾸고, 자기가 현재 있는 장소의 모양에 순응하도록 되었을 것이며, 이리하여 이 물질이 제1원소의 형상을 취했던 것이다.

나는 이 물질이 제2원소의 입자들보다도 훨씬 빠른 운동성을 획득했을 것이라고 말하고 싶다. 그리고 그 근거는 명백하다. 왜냐하면 그 물질은 제2원소의 입자가 서로 정면충돌을 계속하려 함에 따라 그 결의 매우 좁은 통로를 지나 제2원소의 입자에 끼어 있는 공간 밖으로 나오지 않으면 안 되므로 제2원소가 같은 시간 중에 나아가는 거리보다도 훨씬 긴 거리를 찾아가기 때문이다.

다음과 같은 점도 제1원소에 관해 주의할 필요가 있다. 즉, 제2원소가 구형이기 때문에 필연적으로 주위에 남기고 있는 작은 공극을 채우는 데 소요되는 것 이상의 제1원소는 제2원소 입자의 회전 중심 쪽으로 내려갈 것이다. 왜냐하면 중심에서 멀리 떨어진 장소는 모두 제2원소의 입자가 차지하고 있기 때문이다. 그리하여 제1원소는 그 중심에서 구형으로 완전히 유동적이고 미세한 물체를 구성할 것이다. 이 제1원소의 물체는 그것을 에워싸고 있는 제2원소의 입자들과 같은 방향으로, 제2원소의 입자보다도 훨씬 빠르게 멈추는 일 없이 회전하고 있는 것으로서, 가장 가까운 (제2원소의) 입자의 활동을 증대시키는 힘과 제2원소의 입자 전부를 회전의 중심으로부터 원주 쪽으로 밀어 대는 힘을 갖고 있는 것이다. 그리고 나는 곧 이러한 작동을 가능한 한 가장 정확히 설명할 것이다. 그와 같은 식으로 설명해야만 하는 이유를 나는 여기서 당신들에게 미리 말해 두지만, 우리들이 빛이라고 간주하는 것이 바로 이 작용이기 때문이며, 아울러 우리들은 또한 참으로 순수한 제1원소의 물질로써 구성된 이 둥근 물체 중 그 하나를 내가 묘사하는 새로운 세계의 태양이라 해석하고 그밖의 것을 마찬가지로 항성이라 해석하며 이러한 물체의 둘레를 회전하고 있는 제2원소의 물질을 여러 천공이라고 해석할 것이기 때문이다.

이를테면 다음과 같이 상상하기 바란다. 즉, (그림 2) 점 S, E, ε, A는 내가 말하는 몇 개의 운동의 중심이고, 공간 FGGF에 포함되어 있는 물질의 전체는 S라고 표시된 태양의 둘레를 회전하고 있는 하나의 천공이며, 그리고 공간 HGGH의 물질 전체도 ε라고 표시된 별의 둘

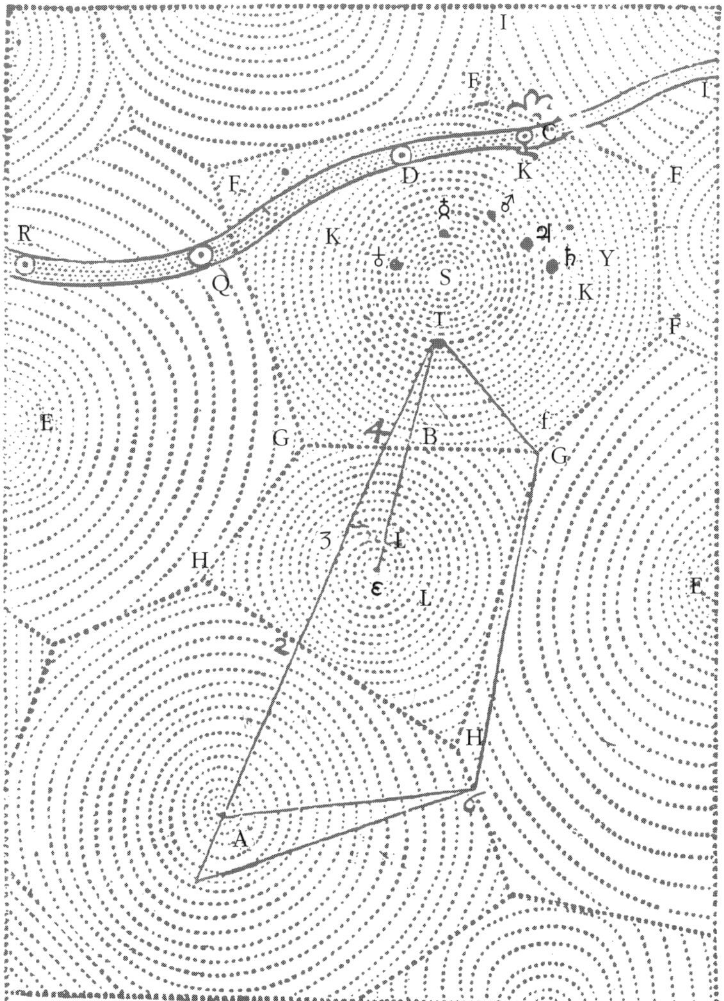

그림 2

레를 회전하고 있는 하나의 천공이라 하여, 이하도 똑같이 생각하자. 이렇게 하면 항성들의 개수만큼의 서로 다른 천공들이 있는 셈이 되고, 또한 별의 수가 무한하므로 천공의 수도 역시 한이 없다. 그리하여 큰 하늘이란 여러 천공들을 서로 나누고 있는 두께가 없는 면일 따름이라고 하자.

또한 다음과 같은 점을 생각해 주기 바란다. 즉, F 또는 G의 주위에 있는 제2원소의 입자들은 K 또는 L의 주위에 있는 제2원소의 입자들보다도 활발하고, 따라서 제2원소 입자의 속도는 각 천공의 외주로부터 어떤 지점—이를테면 태양의 둘레의 구면 KK라든가 별 ε 둘레의 구면 LL이라든가—까지는 조금씩 감소하며, 그리고 입자의 속도는 그러한 구면으로부터 천공의 중심까지 조금씩 증가하지만, 그 증가 원인은 천공의 중심에 있는 천체의 활동에 있는 것이다. 따라서 K 주위에 있는 제2원소의 입자들이 태양의 둘레에서 완전한 하나의 원을 그리는 시간 동안, K보다 열 배 태양에 가깝다고 가정된 T의 주위에 있는 제2원소의 입자들은 K 주위의 입자들처럼 태양의 주위에 원을 10회 그리는 데 그치지 않고 아마도 30회 이상을 그리게 될 것이다. 또한 F(혹은 G) 주위에 있는 제2원소의 입자들은 F(혹은 G)가 K에 비교하여 2-3천 배 떨어져 있다고 하면 (K가 1회 원을 그릴 동안) 60회 이상의 원을 그릴 수 있다. 이것으로부터 당신은 다음과 같은 점을 바로 이해할 수 있을 것이다. 즉, 높은 곳에 있는 행성은 낮은 곳에 있는 행성, 즉 태양에 좀더 가까이에 있는 행성보다 천천히 운동할 것이고 행성의 전체는 태양으로부터 아무튼 매우 멀리 떨어져 있는 혜성보다도 훨씬 천천히 운동하리라는 것을.

제2원소 입자의 하나하나의 크기에 관해서는, 천공 FGGF의 외주원으로부터 원 KK까지에 있는 입자들의 경우 모두 같다고 생각할 수 있다. 또는 이러한 제2원소의 입자들 중 높은 곳에 있는 것과 낮은 곳에 있는 것을 비교하면, 만일 입자의 크기의 차이를 입자의 속도의 차이보다 비례적으로 훨씬 크다고 가정하지 않는 한 높은 곳에 있는 것은 낮은 곳에 있는 것에 비하여 다소 작다고 생각할 수도 있다. 그러나 원 K로부터 태양까지의 사이에서는 보다 작은 제2원소의 입자는 보다 낮은 곳에 있는 것이며, 이 사이의 입자의 크기는 속도의 차이에 비례적으로 보다 크다든가 적어도 같다고 생각하지 않으면 안 된다.(속도와 크기는 반비례적으로 생각되고 있다.) 왜냐하면, 이러한 낮은 쪽의 입자의 활동력이 보다 강력하다고 하면, 그 입자는 보다 높은 장소를 차지하러 갈 것이기 때문이다.

마지막으로 다음과 같은 점에 주의해 주기 바란다. 즉, 내가 태양이나 다른 항성의 형성 방식에 관해 말한 것에 비추어, 이러한 물체는 이것들을 싸는 천공과 비교하면 매우 작고 KK나 LL이나 그밖의 똑같은 원, 즉 태양이나 그밖의 항성 활동이 제2원소의 물질의 흐름을 어디까지 촉진시키는가를 나타내는 원의 전부마저도 이러한 천공에 비교하면 천공의 중심을 나타내는 점과 같은 것으로밖에 간주되지 않는다는 것을. 그러므로 천문학자들은 토성의 궤도 전체도 큰 하늘에 비하면 점에 불과할 뿐이라고 바라보는 것이다.

제9장 행성과 혜성의 기원과 경로에 관한 일반론, 특히 혜성에 관해

그런데 행성과 혜성에 관해 이야기를 시작하기 전에 다음의 점을 고찰해 주시기 바란다. 즉, 물질의 입자의 다양성에 관해 내가 가정했듯이 입자의 대부분은 서로 충돌함으로써 부서져 분할되고 제1 또는 제2원소의 형상을 취했을 테지만, 그럼에도 불구하고 제3원소의 형상을 유지하지 않을 수 없었던 두 종류의 입자가 여전히 별도로 존재했을 것이다. 즉, 매우 넓고 또한 걸치는 곳이 많은 모양을 하고 있었으므로 서로 충돌했을 경우 부서져 작아지기보다는 오히려 그 몇 개가 쉽사리 결합되어 버림으로써 크게 되었던 것과, 처음부터 전부 중에서도 극히 크고 질량이 있는 편이었기 때문에 다른 것과 부딪혔을 경우에는 그러한 상대를 충분히 파괴하고 부술 수는 있지만 반대로 상대에 의해 부서지는 일은 없었던 것이 그것이다.

그런데 비록 이런 두 종류의 입자가 처음엔 아주 활동적이었다든가 아니면 거의 혹은 전혀 활동적이지 않았다고 상상해 보아도, 그 뒤 그러한 입자는 그것들을 싸안고 있는 천공의 물질과 같은 기세로써 움직일 수밖에 없었다는 것은 확실하다. 왜냐하면 만일 그러한 입자는 처음엔 천공의 물질보다도 빨리 운동하고 있었다 해도 도중에 충돌하는 천공의 물질을 밀지 않을 수 없었던 까닭에 얼마 동안 천공의 물질에 스스로의 활동 일부를 전달하지 않으면 안 되었을 것이고, 만일 반대로 그러한 입자가 그것 자체로서는 운동하는 경향을 전혀 갖고 있지 않았다 해도 천공의 물질의 전 부분으로 에워싸여 있었던 만큼 그러한 입자는 천공의 물질의 흐름에 필연적으로 따랐을 것이기 때문이다. 이와 같은 일을 당신들은 매일 보고 있을 것이다. 즉, 배나 그밖에 물에 떠 있는 갖가지의 물체는, 그것들을 방해하는 다른 것이 전혀 없을 경우에는 크고 질량이 있는 것이나 그렇지 않은 것도 마찬가지로 그것들이 떠 있는 물의 흐름을 따르는 것이다.

또한 다음의 일에 주의하여 주기 바란다. 즉, 이와 같이 물에 떠 있는 갖가지의 물체 중 이를테면 배처럼 단단하고 질량이 있는 것, 특히 크고 적재가 많은 배 같은 것은 다만 물에 의해서만 운동을 받게 될 뿐인데도 불구하고 운동을 계속하는 힘은 통상 물보다 훨씬 큰 것이고, 또한 이것과 반대로 폭풍이 일 때 기슭을 따라 떠 있는 것을 볼 수 있는 흰 거품의 집합처럼, 매우 가벼운 것의 운동을 계속하는 힘은 작은 것이다. 그러므로 만일 당신들이 어떤 지점에서 합류하고 강물이 섞이기 전에 바로 떨어지는 두 개의 강을 상상해 본다면, 그러한 강—그 강물은 매우 조용하고 한결같은 힘으로 흐르고는 있지만 아주 빠르다고 가정하지 않으면 안 된다—의 한쪽 흐름에 의해 운반되

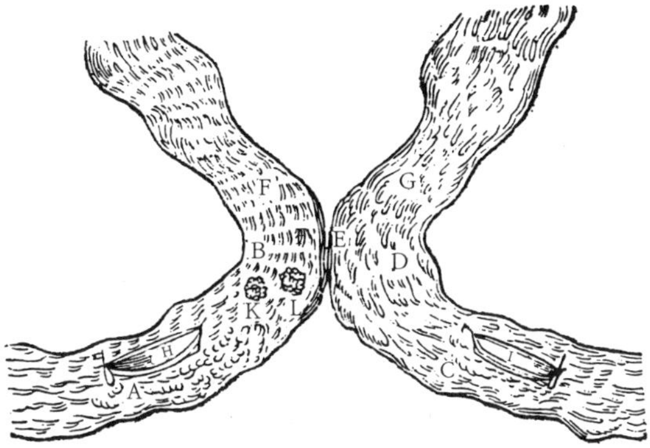

그림 3

어 온 배나 그밖의 충분한 질량을 가진 무거운 물체는 쉽게 다른 쪽의 흐름으로 떠밀어 버릴 것이다. 그리하여 이것과 반대로 가벼운 물체는 다른 쪽의 강으로부터 멀어지고 강물의 흐름이 좀더 느릿한 장소로 떠밀려 가고 말 것이다.

이를테면 (그림 3 참조) 두 개의 강 ABF와 CDG가 다른 두 개의 방향으로부터 흘러나와 E에서 합류하고 그곳에서부터 AB는 F로, CD는 G로 구부러져 간다고 하자. 그러면 배 H와 배 I가 통로상에서 만나 충돌하지 않는 한 배 H는 강 AB의 흐름을 좇아 E를 지나 G로 가고, 거꾸로 배 I는 F를 향해 가는 것은 확실하다. 동시에 만나서 충돌할 경우에는 보다 크고 강력한 것이 다른 쪽을 분쇄할 것이다. 이에 반하여 A의 장소에 떠 있는 거품 · 나뭇잎 · 깃털 · 지푸라기 및 그밖의 이러한 매우 가벼운 물체는 이것들을 에워싸고 있는 강물의 흐름에 밀려 E나 G 쪽으로 가는 것이 아니고 B 쪽으로 가는 것이 확실하다. B에선 강물의 코스는 곡률이 크고 그다지 직선에 가깝다고는 할 수 없는 선에 따르고 있는 것이므로, 그곳의 강물은 그것만큼 E 주위의 강물 정도는 강렬하지도 급속하지도 않다고 생각할 필요가 있다.

그리고 또 다음의 점을 고찰할 필요가 있다. 즉, 가벼운 물체뿐 아니라 다른 훨씬 무겁고 질량이 있는 물체라도 또한 서로 충돌했을 경우에는 합체할 수 있으며, 이러한 물체는 밀어 떠내려 보내는 강물과 함께 구르고 많은 것이 한 덩어리가 되어 구형의 덩어리를 합성한다는 것이다. 바로 K와 L이 이러한 덩어리인데, 이와 같은 큰 구형의 덩어리 가운데 어떤 것, 예를 들어 L은 E 쪽으로 가고, 다른 것, 예를 들어 K는 B 쪽으로 가는 것은 저마다가 보다 무거운가 그렇지 않은가, 혹은 보다 거칠고 질량이 있는 입자에 의해 구성되어 있는가 그렇지 않은가에 달려 있는 것이다.

이상의 예로써 미루어 볼 때 다음의 일은 쉽게 이해할 수 있을 것이다. 즉, 제1원소의 형상도 제2원소의 형상도 취할 수 없는 물질의 입자가 처음에 어떠한 장소에 있었든지 간에 그 가운데서 가장 거칠고 질량이 있는 것은 모두 얼마쯤 지나자 그것들을 에워싼 천공의 바깥 둘레에 가까운 코스를 취하고, 동일한 천공에 오랫동안 계속해서 머무르는 일 없이 하나의 천공으로부터 다른 천공에로 차례차례 이행해 갈 것이다. 또한 이것과 반대로 그다지 질량이 없는 것은 모두 저마다를 포함하고 있는 천공의 물질의 흐름에 의해 천공의 중심 쪽으로 밀렸을 것이다. 또한 다음의 일도 쉽게 이해할 수 있을 것이다. 즉, 내가 (제1 또는 제2원소의 형상을 취할 수 없는 입자에게) 귀속시킨 형태로 인하여 그러한 입자는 상호 충돌하여 많은 것이 합체되고 몇 개의 커다란 구체를 구성했을 것이다. 그리하여 이러한 커다란 구체는 그 부분의 입자가 각각 독자적으로 가질 수 있을 것인 모든 운동으로부터 합성된 운동을 갖고서 천공 안을 회전하게 되는데, 그 구체의 어떤 것은 천공의 주변으로 가고 어떤 것은 중심으로 가는 것이다.

그러므로 이와 같이 어떤 하나의 천공의 중심으로 향하는 것이야말로 우리들이 지금 행성이라 해석해야만 하는 것이며, 또한 몇 개의 다른 천공을 가로질러 지나가는 것이야말로 우리들이 혜성이라고 해석해야만 하는 것으로 알아주기 바란다.

그런데 혜성에 관해 먼저 주의해야 할 점이 있다. 즉, 이 새로운 세계에서 혜성은 천공의 수에 비해 아주 조금밖에 존재할 수 없다는 점이다. 왜냐하면 비록 처음에는 많이 있었다 해도 시간이 경과함에 따라 갖가지의 천공을 가로질러 지나갈 때에 내가 앞에서 말한 배의 충돌처럼 혜성의 대부분이 상호 충돌하여 서로 분쇄되었을 것이기 때문이다. 따라서 지금으로서는 가장 큰 것만이 남아 있게 될 것이다.

다음의 일도 또한 주의해야만 한다. 즉, 혜성이 하나의 천공으로부터 다른 천공으로 이행할 때, 혜성은 자기가 나온 천공의 물질을 어느 정도 자기의 전면에 덮고 있게 마련이고, 다른 쪽의 천공 속에 깊숙이 들어가 버리기까지의 시간 동안에는 그 물질에 싸인 채로 운동하는 것이다. 혜성은 옮겨간 천공에서 마지막으로 그 물질을 단번에 벗어버리는데, 그에 소요되는 시간은 태양이 아침에 우리들의 수평선 위로 솟아오르기까지 소요되는 시간보다도 아마 더 짧을 것이다. 따라서 혜성은 천공에 들어가 어느 정도 시간이 경과했을 때보다도 천공으로부터 나오려고 할 때에 훨씬 천천히 움직이는 것이다.

여기에서 **(그림 2 참조)** 볼 수 있듯이 선 CDQR에 따라 코스를 취하는 혜성은 점 C에 있을 때 천공 FG의 경계 안으로 이미 상당히 침입해 있음에도 불구하고 여전히 그 혜성이 나온 천공 FI의 물질로 싸여 있고, 대충 점 D의 주위에 오기까지는 결코 그 물질을 완전히 벗어버릴 수가 없는 것이다. 그러나 혜성은 점 D에 이르면 곧 천공 FG의 물질의 흐름을 좇기 시작하고 이전보다 훨씬 멀리 움직이기 시작하는 것이다. 이어 그곳으로부터 R 쪽으로 진로를 잡아가면서 그 운동은 점 Q에 가까워짐에 따라 또다시 조금씩 더디어질 것이다. 그 원인의 하나는 혜성이 경계선을 넘어 이제부터 들어가고자 하는 천공 FGH가 저항하기 때문이며, 또 하나는 S와 D 사이에는 S와 Q 사이만큼의 거리가 없으므로 S와 D 사이, 즉 거리상 작은 곳에 있는 천공의 물질이 보다 빨리 움직이기 때문이다. 이것은 강폭이 좁은 장소에서는 넓은 장소에서보다도 강물의 흐름이 언제나 빠른 것과 마찬가지이다.

그리고 또 이 혜성은 천공 FG의 중심 주위에 살고 있는 사람들에게는, 혜성이 D로부터 Q까지 옮겨가는 데 소요되는 시간 동안밖에 나타나지 않음을 주의해야만 한다. 이 점은 내가 빛이란 무엇인가에 대해 말한다면 곧 좀더 명백하게 이해할 수 있을 것이다. 또한 이상과 같은 기술에 의해 다음의 점이 이해될 수 있을 것이다. 즉, 혜성의 운동은 FG의 중심 주위에 살고 있는 사람들에게 보이기 시작했을 때가 보이지 않게 될 무렵보다도 훨씬 빠르게 느껴지고, 혜성의 물체는 훨씬 크게 보이고 그 빛도 훨씬 뚜렷하게 보이는 것이다.

한편, 또 만일 혜성으로부터 나올 수 있는 빛이 어떻게 하여 천공의 온갖 방향으로 퍼지고 분산하는가를 좀더 세심히 고찰한다면 다음의 일도 충분히 이해할 수 있을 것이다. 즉, 혜성은 우리들이 가정했듯이 엄청나게 크기 때문에 혜성의 둘레에 나타나는 광선은 보는 각도에 따라 어떤 때에는 머리칼의 모양을 취하여 온갖 방향으로 퍼지고, 또 어떤 때에는 꼬리의 모양을 취하여 다만 하나의 방향으로 기울어지는 것이다. 이리하여 이 혜성에는 우리들이 현실세계에서 볼 수 있는 것에 관해 이제까지 관찰된 개개의 것 일체 가운데 적어도 진실이라고 간주되는 것을 무엇 하나 결여하고 있지 않은 것이다. 왜냐하면 만일 어떤 역사가가 터키인이 신성시하는 초승달을 위협하는 기적을 제공하려고 해서 1450년에 달은 그 위를 가로지르는 혜성에 의해 침범되었다는 말을 했다 해도, 또한 만일 천문학자들이 그들이 잘 모르는 천공의 굴절률과 불확실한 혜성 운동의 속도를 잘못 계산하여 혜성에 많은 시차를 줌으로써 혜성의 위치를 태양계 아래에 두든가 또는 (누군가가 힘으로써 혜성을 당겨서) 아주 가까이에 두었다고 해도 우리들은 이와 같은 일을 별로 믿지 않아도 상관없기 때문이다.

제10장 행성 일반에 관해, 특히 지구와 달에 관해

마찬가지로 행성에 관해서도 주목해야 할 사항이 많이 있다. 그 첫째는, 행성이라는 것은 모두 그것을 둘러싼 천공의 중심으로 향하고 있는 것이긴 하지만, 중심에까지 도달한 행성은 일찍이 없었다는 점이다. 왜냐하면 앞에서 내가 말했듯이 그와 같은 중심점을 차지하고 있는 것은 태양이나 그밖의 항성이기 때문이다. 그러나 행성이 어떠한 장소에서 머물러야만 할 것인가를 분명히 인식할 수 있도록 이를테면 ♄라고 표시한 행성을 보아주기 바란다 **(그림 2 참조)**. 나는 이 행성을 천공 중의 원 K의 주위에 있는 물질과 같은 코스에 따르고 있다고 가정해 두겠다. 그리고 다음의 점을 고찰해 주시기 바란다. 즉, 만일 이 행성이 직선운동을 계속하게 하는 힘을 이 행성을 에워싸고 있는 입자보다 조금이라도 많이 갖고 있다고 하면, 이 행성은 원 K에 머무르는 대신에 Y 쪽으로 진행한다. 그 행성을 Y의 주변에서 에워싸고 있는 제2원소의 입자는 K 주변의 제2원소의 입자에 비하여 그 운동이 더 신속하고 크기에 있어 다소 작거나 또는 적어도 더 큰 일은 없는 것이므로, 이 행성에게 F의 바깥쪽으로 옮기는 힘을 더 많이 주게 될 것이다. 이리하여 이 행성은 어떠한 중간적인 장소에 머무르는 일 없이 이 천공의 주변에까지 가게 되고 그곳으로부터 그 행성은 다른 천공으로 쉽사리 옮겨가게 될 것이다. 이와 같은 식으로 하여 그 행성은 행성이 아니라 하나의 혜성이 될 것이다.

이와 같은 일에 의해 원 K로부터 천공 FGGF의 주변에 이르는 이 거대한 공간 전체—혜성이 취하는 경로는 이 공간을 지난다—에는 어떠한 별도 머무를 수가 없음을 알게 된다. 한편, 또 행성이 K 주변의 제2원소의 여러 입자와 같은 구동력으로 움직일 때에는, 직선운동을 계속하는 힘을 이러한 K 주변의 제2원소의 입자보다 더 많이 갖고 있어서는 안 되는 것은 필연임을 알게 된다. 그리하여 또한 직선운동을 계속하는 힘을 이러한 K 주변의 입자보다 더 많이 갖는 물체는 모두 혜성이라는 것을 알게 되는 것이다. 그러므로 이번엔 행성 ♄가 갖고 있는 힘이 그것을 에워싸고 있는 제2원소의 입자의 힘보다도 작다고 생각하자. 그러면 이 행성을 좇아 움직이고 있는, 또한 이 행성보다도 다소 낮은 곳에 위치하고 있는 제2원소의 입자는, 이 행성이 나아가는 방향을 바꾸고 이 행성을 원 K를 따라 돌도록 하는 대신 ♃라고 표시한 행성의 주변까지 하강시킬 수 있을 것이다. 즉, 행성 및 행성을 에워싼 제2원소의 입자와 같은 만큼의 강도를 갖게 될 수 있는 곳까지 행성을 하강시킬 수 있을 것이다. 그 이유는 이러한 (♃ 주변의) 제2원소의 입자는 K 주변의 제2원소의 입자보다도 훨씬 활동적이므로 행성도 좀더 활동시키지만, 이것에 더하여 ♃ 주변의 제2원소는 (K 주변의 제2원소의 입자보다) 좀더 작으므로 그만큼 이 행성에 별로 저항할 수 없을 것이기 때문이다. 이 경우 행성은 ♃ 주변의 입자의 한가운데 완전히 균형을 유지한 채 머무르게 될 것이다. 그리고 행성은 태양에서 조금이라도 멀어지는 일이 없이(그 거리가 변하는 때만 제외하고) 입자들 사이에서, 입자와 같은 방향으로 태양의 둘레를 도는 코스를 취하게 될 것이다.

그러나 만일 ♃ 주변에 있는 이 행성 ♄가 그것을 둘러싼 천공의 물질보다도 직선운동을 계속하는 힘이 훨씬 약하다고 하면, 행성은 이 물질에 의해 더욱 아래쪽으로 밀려 ♂라고 표시한 행성의 주변까지 가게 될 것이다. 이와 같은 식으로 하여 행성은 마지막으로 자기의 힘보다 많지도 적지도 않은 힘을 갖고 있는 물질에 둘러싸이게 되는 것이다.

이리하여 갖가지의 행성이 있어 그 어떤 것은 태양으로부터 훨씬 떨어져 있고 어떤 것은 그리 떨어져 있지 않게 되는 일이 있을 수 있다는 점은 그림(그림 2 참조)의 ♄, ♃, ♂, T, ♀, ☿에서 볼 수 있는 대로이다. 그러한 것 가운데 가장 낮은 곳에 있고 가장 가벼운 것은 태양의 표면에까지 이를 수 있지만, 가장 높은 것도 원 K를 넘어 나가는 일은 결코 없다. 원 K는 개개의 행성에 비교하여 매우 큰 것이기는 하지만, 그러나 전체 천공 FGGF에 비하면 그것의 중심점이라고 간주될 만큼 극히 작다.

원 K의 바깥쪽에 있는 천공의 입자는 행성과 비교도 되지 않을 만큼 작지만 직선운동을 계속하는 힘은 행성보다 더 많이 갖는 것의 원인을 만일 아직도 충분히 깨닫고 있지 못하다면 다음의 점을 고찰해 주시기 바란다. 즉, 이 힘은 각 물체 중의 물질의 양에만 의존하는 것이 아니고 물체 표면적에도 의존하고 있는 것이다. 왜냐하면, 두 개의 물체가 같은 속도로 움직일 경우에는 한 쪽이 다른 쪽에 비해 두 배의 활동량을 갖고 있다는 것은 진실일 테지만, 그러나 그렇다고 해서 그 물체가 직선운동을 계속하는 힘까지도 두 배를 갖게 되는 것은 아니다. 두 배의 물질을 가진 물체의 직선운동력이 꼭 두 배가 되려면 그것의 (운동 방향의) 표면 또한 꼭 두 배가 아니면 안 되기 때문이다. 이 경우, 그 물체는 자기에게 저항하는 다른 물체에 언제나 꼭 두 배만큼 충돌할 것이 분명하다. 만일 그 표면이 두 배 이상의 넓이를 갖는다면, 그 직선운동력은 훨씬 적을 것이다.

그런데 당신들은 천공을 구성하는 입자는 거의 완전한 구에 가깝다고 하는 것, 아울러 그러한 입자는 모든 형태의 것 중 최소의 표면 아래 최대의 물질을 포함하는 듯한 모양을 갖고 있음을 알고 있다. 그리고 또한 이에 반하여 행성은 매우 불규칙하고 넓은 형태의 입자로써 구성되어 있는 까닭에, 행성은 물질의 양의 비율로는 훨씬 큰 표면을 갖고 있음도 알고 있다. 이리하여 행성은 천공의 입자의 대부분보다도 표면을 많이 갖고 있는 것이긴 하지만, 천공의 중심과 가까운 곳에 존재하는 보다 작은 입자의 어떤 것에 비교하면 (비율로 말하여) 행성의 표면은 작은 것이 된다. 왜냐하면 이 천공의 입자와 같이 참으로 빽빽한 질량을 갖고 있는 두 개의 구체 중에서는 작은 쪽의 구는 큰 쪽의 구에 비하여 그 양의 비율로는 항상 많은 표면을 갖고 있음을 알아야만 하기 때문이다.

이러한 일은 모두 경험에 의해 쉽게 입증될 수 있다. 그 까닭은 이러하다. 즉, 서로가 뒤얽히고 연결되거나 쌓아올려진 몇 개의 나뭇가지로 구성되어 있는 하나의 큰 구체에 운동을 주었다고 하자. 행성을 구성하고 있는 물질의 입자는 이러한 나뭇가지와 같은 것이라고 상상해야만 한다. 이때 그 구체는 같은 목질로 구성되어 있지만, 꽉 들어차서 질량적이고 훨씬 작은 다른 구체의 운동에 비교하면 비록 크기에 완전히 비례된 힘으로 운동이 전해졌다 하더라도 이 작은 쪽의 구체만큼 멀리까지 운동을 계속할 수는 없다는 것은 확실하다. 이것과 전혀 반대로 다음의 일, 즉 같은 목질로 구성되어 완전히 꽉 찼지만 극단적으로 작은 구체를 만들면 이것은 위의 나뭇가지로 구성된 구체보다도 운동을 계속하는 힘이 훨씬 작을 수 있다. 마지막으로 이 첫 번째 구체는 그것을 구성하고 있는 나뭇가지가 얼마나 큰가, 또 그것들이 얼마나 바짝 밀어붙여 하나로 되어 있는가의 여부에 따라 운동을 계속하는 힘을 보다 많이 혹은 보다 적게 가질 수 있음은 확실하다.

이상과 같은 일로 미루어 여러 행성이 태양으로부터 다양한 거리를 두고 원 K보다 안쪽에서 허공에 떠 있는 일이 가능한 이유를 알 수 있고, 또한 태양으로부터 가장 멀리 있어야 할 행성은 단지 외견상 가장 크게 보일 뿐만 아니라 내부가 가장 견고하고 가장 무거운 행성인 이유도 알 수 있는 것이다. 이와 같은 일 다음에는 이하의 것을 주의할 필요가 있다. 즉, 강물의 흐름을 좇고 있는 배는 결코 이 배를 끌어당기고 있는 물보다 빠르게 운동하지는 않는다는 것과, 또 그 큰 쪽의 배는 작은 쪽의 배보다 빨리 운동하지는 않음을 우리들은 경험하고 있다. 이와 마찬가지로 행성은 천공의 물질의 흐름에 저항 없이 따르고 천공의 물질과 같은 구동력으로 운동하는 것이긴 하지만, 그렇다고 해서 결코 천공의 물질과 같은 정도로 빠르게 운동하지는 않는 것이다. 그리하여 운동이 각각 다른 것은 행성의 질량의 크기와 행성을 에워싸고 있는 천공의 물질 입자의 작음이라는 것 사이에 존재하는 차이와 어떠한 관계를 가질 것이다. 그 이유는 이러하다. 즉, 일반적으로 말해서 하나의 물체가 보다 크면 클수록 이 물체가 스스로의 운동의 일부를 다른 여러 물체에 전하는 일은 그만큼 쉽지만, 다른 물체에 있어서는 갖고 있는 운동을 얼마쯤이라도 이 큰 물체에 전하는 일은 그만큼 어려운 것이다. 이것은 몇 개의 작은 물체가 하나로 연합하여 보다 큰 물체에 대해 작용할 때에는 이 큰 물체와 같은 만큼의 힘을 가질 수도 있겠지만, 그러나 그러한 여러 가지의 소물체는 자기들이 움직이고 있는 것과 마찬가지로 온갖 방향으로 신속한 운동을 이 물체에 시킬 수 없다는 데 기인한다. 이것은 여러 물체가 그 큰 물체에 어떤 운동은 일치해서 전달한다고 하더라도 동시에 서로 각각 다른 운동을 지니고 있기 때문이다.

아무튼 이로부터 나로선 대단히 중대한 것이라고 생각되는 두 가지의 결론을 얻을 수 있게 된다. 첫째, 천공의 물질은 행성을 태양의 둘레에 회전(공전)시킬 뿐만 아니라 행성을 행성 자신의 둘레에 (이 일이 일어나지 않도록 방해하는 특수한 원인이 없는 한) 회전(자전)시킬 것이 틀림없다는 것과, 또한 천공의 물질은 행성의 둘레에 작은 천공을 구성하고 있어서 이 소천공이 가장 큰 천공(즉, 항성 또는 태양을 중심으로 하는 천공)과 같은 방향으로 운동을 한다는 것이다. 그리고 두 번째는, 크기를 달리하는 두 개의 행성—하나는 보다 꽉 들어차서 질량이 큰 만큼 다른 쪽은 그만큼 부피가 큰—이 태양으로부터 같은 거리에 있는 코스를 천공 중에서 취하도록 배치되어 있다면 두 개의 행성 가운데 빠른 운동력을 갖고 있는 크기가 작은 쪽이 큰 쪽의 행성의 주위에 있는 소천공과 결합하여 이곳에서 연속적으로 회전(큰 행성 둘레를 원운동한다)할 수밖에 없게 될 것이다. 왜냐하면 **(그림 4 참조)** 천공의 입자, 이를테면 A 주변에 있는 그 입자는 입자가 Z 쪽으로 가는 운동을 전하고 있는 T라고 표시된 행성보다도 빨리 움직이는 것이므로, 이 입자는 그 행성 T에 의해 방향이 바뀌어서 B 쪽으로 코스를 잡지 않을 수 없게 됨은 명백하기 때문이다. 나는 D가 아니고 B라고 했는데, 그 이유는 이 입자는 직선운동을 계속하는 경향을 갖고 있으므로 중심 S로 향하기보다는 오히려 이 입자가 그리는 원 NACZ의 바깥으로 향하려 할 것이기 때문이다. 그런데 그러한 입자는 이와 같이 A로부터 B에 이행되어 감으로써 입자 자신과 함께 행성 T를 그 행성 T 자신의 중심 둘레에 회전(자전)시킨다. 그리하여 거꾸로 이 행성은 이와 같은 식으로 회전하면서 그러한 입자에 B로부터 C, 이어서 D, A로 향하는 코스를 취하는 원인을 준다. 그리고 또 이 행성은 이러한 입자에 그 행성 둘레에 따로 하나의 천공을 형성케 하는 원인을 주는 것이며, 이 천공과 더불어 그 행성은 태양의 둘레를 도는 운동뿐만이 아니라 서쪽에서 동쪽으로 그 행성 자신의 축을 중심으로 계속 운동할 것이다.

그리고 ☾라고 표시된 행성이 T라고 표시된 행성과 마찬가지로 원 NACZ를 따라 코스를 취하도록 배치되어 있으며, 이 행성 ☾는 보다 작은 만큼 그만큼 빨리 움직인다는 것을 알면, 이 행성 ☾가 최초로 천공의 어딘가에서 발견되었다 하더라도 얼마쯤 지나는 사이 소천공 ABCD의 표면을 향해 가기 시작할 것이고, 또한 그곳에 일단 결부된 뒤에는 이 표면에 있는 제2원소의 입자와 함께 T 둘레의 코스를 항상 좇게 되리라는 사실을 이해하기는 매우 쉽다.

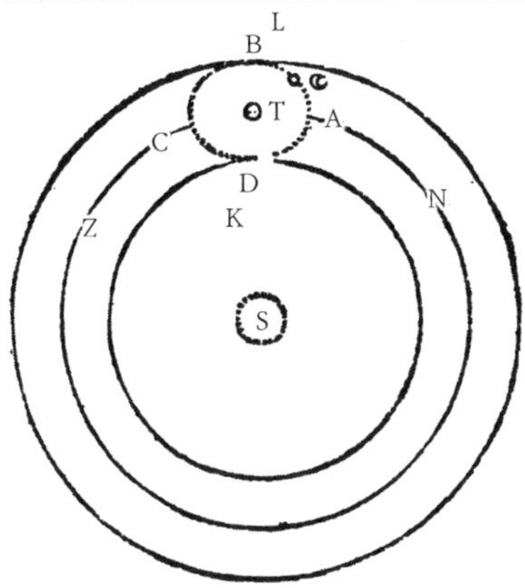

그림 4

그 까닭은 이러하다. 우리들의 가정에 의하면, 행성 ☾는 만일 다른 행성이 원 NACZ 안에 하나도 없을 경우에는 이 원에 따라 회전(원운동)하는 힘을 이 천공의 물질과 동일하게 갖고 있는 것이므로, 이 행성은 원 ABCD에 따라 회전(원운동)하기에는 다소 많은 힘을 갖고 있다고 볼 수 있다. 그 이유는 원 ABCD는 원 NACZ보다 작고 중심 T로부터 조금 더 멀리 있기 때문이다. 이것은 돌이 투석기에 넣어져 활동력이 부여되었을 경우, 그 돌은 원의 중심으로부터 멀어지려는 경향을 갖고 있는 것과 같다. 그렇지만 이 A의 주변에 있는 행성이 L 쪽으로 빗나가거나 하는 일은 없을 것이다. 왜냐하면 그 행성이 들어갈 장소인 천공의 물질은 이 행성을 원 NACZ의 쪽으로 밀어내는 힘을 갖고 있을 것이기 때문이다. 이와 마찬가지로 이 행성은 C의 주변에 있을 때에도 K 쪽으로 내려가는 일은 없을 텐데, 그것은 이때에도 이 행성은 원 NACZ에 또다시 올라가는 힘을 이 행성에 주는 물질에 둘러싸여 있을 것이기 때문이다. 이 행성은 B로부터 Z에도 가지 않거니와 D로부터 N에도 가지 않을 것이다. 왜냐하면 그와 같은 장소에는 C나 A에 가듯이 쉽게 또는 신속하게 이 행성이 움직일 수 없을 것이기 때문이다. 그러므로 이 행성은 소천공 ABCD의 표면에 들러붙은 것처럼 되어 이 소천공과 함께 T의 둘레를 연속적으로 회전(원운동, 즉 공전)해야만 하는 것이다. 이 점은 이 행성의 둘레에, 이 행성으로 하여금 그 자신의 둘레를 회전(자전)하게 하는 별도의 소천공 형성을 방해하는 것이다.

여기서 최근의 천문학자(아마도 갈릴레오를 가리킬 것이다)가 목성과 토성의 둘레에서 관찰한 행성처럼 다수의 행성이 하나의 결합관계를 형성한 채 다른 행성의 둘레를 운행하는 일이 어떻게 하여 가능한가 하는 설명을 나는 여기에 덧붙이지 않을 것이다. 왜냐하면 나는 모든 것을 말하고자 의도하지는 않았으며, 또한 내가 특히 위에서 말한 두 개의 행성 중에 T라고 표시한 것은 지구이며 ☾라고 표시한 것은 지구의 둘레를 회전하는 달인 것이다.

〔후략〕

데카르트
방법서설과 광학, 기상학, 기하학
(1637)

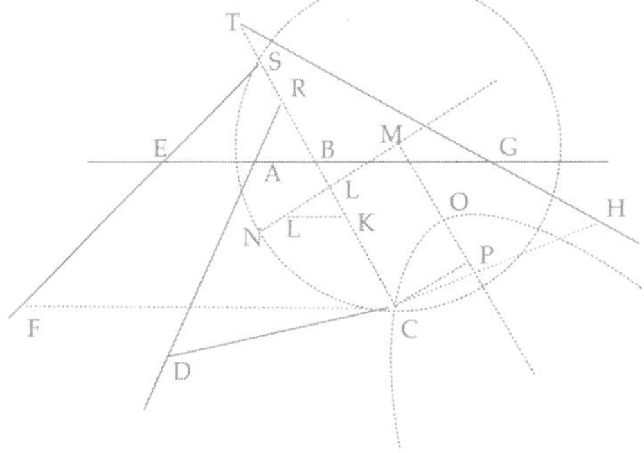

데카르트는 『세계』의 출판을 포기한 다음에 틈틈이 자신의 철학적 체계를 정리해서 『방법서설』이라는 작은 책자를 완성했다. 그는 또 자신이 연구했던 굴절광학, 기상학, 기하학에 대한 책자를 '에세이' 라는 이름으로 이에 덧붙였다. 이렇게 되자 『방법서설』은 광학, 기상학, 기하학과 같은 개별과학을 위한 철학적 · 방법론적 서문 역할을 하게 되었다.

『방법서설과 광학, 기상학, 기하학』은 1637년에 네덜란드의 레이덴에서 출판되었다. 이 책은 프랑스어로 출판된 거의 최초의 본격적인 철학서였다. 1644년에는 『기하학』을 제외한 다른 책들이 암스테르담에서 라틴어판으로 출판되었다.

데카르트는 『세계』의 출판을 포기한 다음에 틈틈이 자신의 철학적 체계를 정리해서 『방법서설』(원제 : *Discours de la Méthode pour bien conduire sa raison, et chercher la vérité dans les sciences*) 이라는 작은 책자를 완성했다. 그는 또 자신이 연구했던 굴절광학, 기상학, 기하학에 대한 책자(*la Dioptrique, les Méteores, la Géométrie*)를 '에세이' 라는 이름으로 이에 덧붙였다. 이렇게 되자 『방법서설』은 광학, 기상학, 기하학과 같은 개별과학을 위한 철학적 · 방법론적 서문 역할을 하게 되었다.

『방법서설과 광학, 기상학, 기하학』은 1637년에 네덜란드의 레이덴에서 출판되었다. 이 책은 프랑스어로 출판된 거의 최초의 본격적인 철학서였다. 1644년에는 『기하학』을 제외한 다른 책들이 암스테르담에서 라틴어판으로 출판되었다.

『방법서설』은 확실한 지식을 찾으려 했던 데카르트의 지적 여정을 잘 볼 수 있는 책이다. 우리에게도 친숙한 이 책은 모두 6부로 구성되었는데, 제1부에서 데카르트는 자신이 받았던 교육 과정과 당시의 교육 커리큘럼을 비판하고, 제2부에서는 철학적 방식에 대한 자신의 비전을 설명하며, 제3부에서는 몇 가지 잠정적인 도덕률의 기초를 제시하고, 제4부에서는 믿을 만한 지식 체계의 기초를 확립하기 위해 지적인 탐색을 꾀한다. "생각한다, 그러므로 나는 존재한다." 라는 성찰은 제4부에서 등장한다. 제5부에서는 자연철학과 우주론에 대한 자신의 견해를 피력하는데, 피의 순환과 인간과 동물의 차이점에 대한 논의가 등장하며, 제6부는 과학에서 관찰과 실험의 역할에 대한 논의를 담고 있다.

『광학』은 모두 열 개의 담화(談話, discourse)로 구성되어 있는데, 그 내용은 각각 1)빛, 2)굴절, 3)눈, 4)일반적인 감각, 5)눈의 뒷면에 맺히는 상, 6)시각, 7)시각을 완벽히 하는 법, 8) 빛을 굴절시키는 투명한 물체의 모양, 9)망원경에 대한 설명, 10)렌즈를 깎는 법이다. 『기상학』도 열 개의 담화(談話, discourse)로 이루어졌는데, 제1담화는 지상의 여러 물체들에 대한 일반적 설명이며, 제2담화에서 제10담화는 비, 파도, 바람, 달무리, 무지개 등 다양한 기상학적 현상을 설명한다. 『기하학』은 세 개의 편(編, book)으로 구성되었는데, 제1편은 직선만을 이용해 작도될 수 있는 문제들을 다루며, 제2편은 곡선의 본성, 제3편은 입방 도형의 작도에 대해서 다룬다.

국내에 『방법서설』은 이현복 역, 『방법서설』(문예, 1997) 외 다수의 번역본이 존재한다. 반면에 『광학』, 『기상학』, 『기하학』은 아직 번역되지 않았다. 이 책에 실린 『광학』과 『기하학』의 번역본은 Paul J. Olscamp가 번역한 *Discourse on Method, Optics, Geometry, and Meteorology*(New York : The Bobbs-Merrill Co., 1965)의 영문 텍스트를 번역한 것이다.

방법서설과 광학, 기상학, 기하학

『광학』

일곱 번째 담화—시각을 완전하게 하는 것의 의미에 관하여

지금까지 시각이 어떻게 작동하는지 충분하게 살펴보았으니, 이제는 그것을 몇 마디로 정리해 보고, 시각을 완벽하게 하는 데 필요한 모든 조건들을 다시 살펴보도록 하자. 우선 시각을 완벽하게 하기 위해서 이미 자연에 의해서 마련된 방안이 무엇인지 고찰하면, 여전히 인공적인 기술을 사용해 그것에 더해질 수 있는 것들이 무엇인지 정확하게 헤아릴 수 있을 것이다. 일단 여기서 우리의 관심을 끄는 모든 것들을 세 가지 원리로 한정할 수 있다. 이른바 대상(objects), 이러한 대상의 자극을 받아들이는 내부기관(internal organs), 그리고 이러한 자극을 처리하여 받아들일 수 있도록 하는 외부기관(external organs)이 그것이다. 먼저 대상과 관련해서는, 어떤 것들은 가깝거나 쉽게 접근할 수 있는 반면 다른 것들은 멀고 접근하기 힘들며, 어떤 것들은 빛을 내는 데 반해서 다른 것들은 그렇지 못하다. 쉽게 접근할 수 있는 대상의 경우에 그것으로부터 무언가 알아내려 한다면, 그것을 우리의 눈에 가장 익숙한 상태로 만들어 주면 된다. 이를 위해, 그 대상을 가까이 가져오거나 멀리 떨어트려 놓을 수 있고, 또 그것들을 비추는 빛의 세기를 증가시키거나 감소시킬 수 있다. 하지만, 쉽게 접근할 수 없는 다른 대상들에 대해서는, 어떤 것도 바꿀 수가 없다.

한편, 신경이나 뇌와 같은 내부기관에 대해서도, 우리가 기술을 통해 그 조직에 어떤 것도 가할 수 없음은 명백하다. 왜냐하면 우리가 새로운 육체를 만들 수 없는 노릇이고, 의사가 어떤 방식으로 이를 도울 수 있다 하더라도 이는 우리의 관심사가 아니기 때문이다. 그러므로 오직 외부기관만이 우리의 고려 대상으로 남는데, 나는 이러한 외부기관에 눈의 투명체 부분뿐만 아니라 눈과 대상 사이에 놓여지는 다른 모든 물체들도 함께 포함시킬 것이다. 그리고 나는 이런 외부기관을 위해 마련될 수 있는 모든 것들이 다음의 네 가지 요점으로 정리될 수 있음을 알게 되었다. 첫째, 시신경의 말단을 향해 이동하는 모든 광선들은 가능한 한 대상의 한 지점으로부터 와야 하고, 대상과 눈 사이의 공간에서 어떠한 변화도 일어나지 않아야 한다. 그렇지 않다면, 그 광선들에 의해 형성되는 이미지는 원본과 정확히 닮지 않게 될 것이고, 뚜렷하지도 않을 것이기 때문이다. 둘째, 이러한 이미지는 매우 커야 한다. 여기서 이미지는 어차피 안구 뒤쪽의 작은 공간만을 차지하기 때문에, 그 이미지의 크기라는 것은 그것이 차지하는 실제 공간의 절대적 크기가 아니라 이미지의 윤곽이 식별하기 쉬울 정도로 커야 함을 의미한다. 셋째, 이미지를 형성시키는 광선들은 작은 시신경 섬유들을 자극하기에 충분할 정도로 강해야 한다. 넷째, 우리가 대상을 한번 힐끗 보는 것만으로도 그 대부분을 알아볼 수 있으려면, 가능한 한 많은 대상의 이미지가 우리의 눈에 동시에 형성되어야 한다.

자연은 위의 첫 번째 조건을 만족시키기 위해서 준비된 많은 수단들을 사용해 왔다. 우선 자연은 어떤 색깔도 띠지 않는 투명한 액체로 눈을 채워버림으로써, 외부로부터 온 자극이 아무런 변화 없이 눈 뒤쪽까지 전해질 수 있도록 하였다. 또한 자연은 눈 속 액체의 표면에서 광선들이 굴절되도록 하여, 자극을 전달하는 여러 광선들 중에서 대상의 한 점에서 나온 광선들이 시신경의 한 점에 모아질 수 있게 하였다. 그리고 이런 식으로, 대상의 다른 점들로부터 나온 무수한 광선들도 각각 시신경의 다른 점들에 가능한 한 정확하게 대응되도록 하였다. 이와 관련해 우리는 위와 반대되는 경험을 하지 못해 온 이상, 자연이 이 모든 것들을 가능하게 하였다고 가정해야 한다. 또한 완전히 제거할 수는 없는 오차를 가능한 한 줄이기 위해서, 자연이 우리로 하여금 빛의 세기가 허락하는 한도에서 동공의 크기를 수축시킬 수 있도록 해줬음을 확인할 수 있다. 그리고 시신경의 맞은편에 위치한 눈의 불투명한 부분에 모두 검은색을 입힘으로써, 시신경의 한 지점으로 서로 다른 광선들이 향하지 못하도록 하였다. 마지막으로, 눈알의 모양을 변화시킴으로써, 대상이 눈으로부터 가까워지거나 멀어져도 대상의 각 지점으로부터 나온 광선이 각각 눈 뒤의 해당 지점들로 정확히 수렴될 수 있도록 하였다. 그럼에도 불구하고, 마지막으로 언급한 부분에 대해서는 자연이 완벽히 제공하지는 못했기 때문에 여기에 더해질 무엇인가를 발견해야 한다. 가령 우리가 자연으로부터 대상을 아주 가까이에서도 분명하게 식별할 수 있을 정도로—예를 들어, 1인치나 반 인치의 거리에서도 볼 수 있을 정도로—충분하게 구부러진 눈의 표면을 받지 못한 것을 당연하게 생각한다고 하더라도, 몇몇 부분에서 자연이 더 심각한 실수를 한 것이다. 예를 들어, 자연은 어떤 사람들에게는—보통 많은 노인들이 이에 해당하는데—멀리 떨어진 대상만을 잘 볼 수 있는 모양의 눈을 주었고, 반대로 어떤 이들에게는—보통 젊은이가 이에 해당하는데—오직 가까이에 있는 대상만을 잘 볼 수 있는 눈을 주었다. 그러므로 우리의 눈은 처음에 조금 길쭉하고 가는 형태로 만들어졌다가, 나이가 들어감에 따라 평평하고 폭이 넓은 형태로 변형되는 것이 아닌가 생각된다. 따라서 이런 결함을 기술적으로 개선하기 위해서 우선 필요한 것은, 그 광선을 알맞게 휘

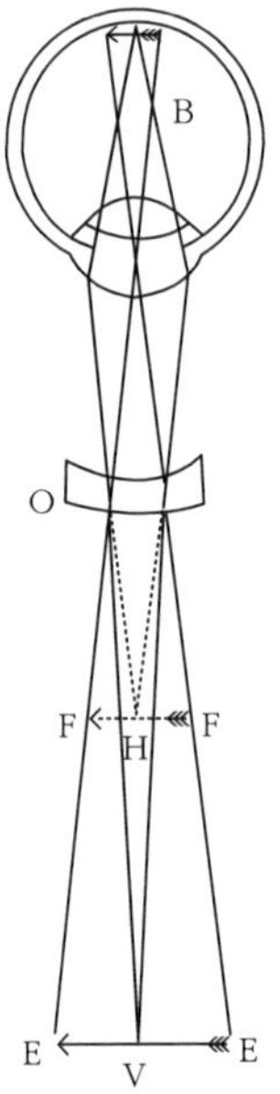

그림 1

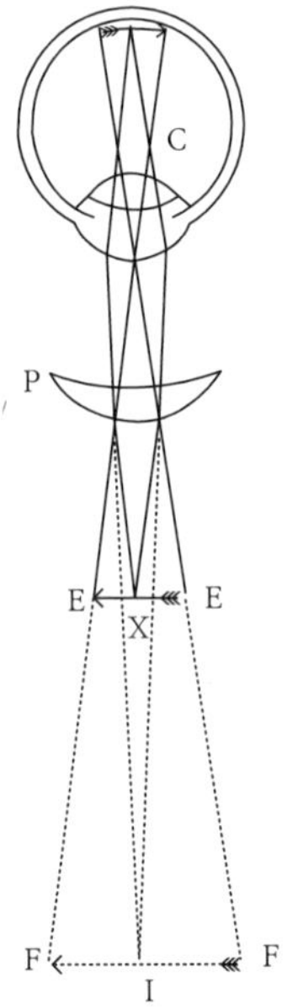

그림 2

게 하기 위해 안경 혹은 다른 투명체의 표면을 어떤 모양으로 만들어야 하는지 결정하는 일이 될 것이다. 광선을 휘게 하는 방식은, 물체의 어떤 점으로부터 온 모든 광선이 안경의 표면을 통과한 후 굴절되어, 마치 그것이 더 먼 혹은 가까운 다른 점으로부터 온 광선인 양 처리하는 방식이다. 이 중 가깝게 만드는 방식은 근시안을 가진 사람들에게 도움이 되고, 멀게 만드는 방식은 노인이나 눈의 모양이 허용하는 것보다 더 가까이에 있는 물체를 보려는 사람들에게 도움이 된다. 예를 들어, 눈 B 혹은 눈 C에서, 점 H 혹은 I로부터 온 모든 광선은 망막의 가운데에 잘 모여지는 반면, 점 V(그림 1)나 X(그림 2)로부터 온 광선은 그것에 모아지지 않는 경우를 생각해 보자. 이때 점 V나 X에서 나온 모든 광선을 마치 점 H나 I로부터 나온 것처럼 바꿔 주는 렌즈 O나 P를 눈앞에 둔다면, 이와 같은 눈의 결함을 고칠 수 있음이 명백해 보인다. 또한 같은 효과를 내지만 그 모양이 다른 렌즈 또한 있을 수 있으므로, 우리의 목적에 가장 알맞은 것을 선택하기 위해 다음의 두 가지 기본 조건을 염두에 둘 필요가 있다. 첫째, 렌즈의 모양은 작도하고 제작하기에 무리가 없는 가능한 한 단순한 형태인 것이 좋다. 둘째, 이러한 렌즈를 통해서, E, E와 같이 물체의 다른 지점으로부터 온 광선 또한 마치, F, F에서 나온 것처럼 대략적으로 보이게끔 눈으로 들어와야 한다. 그리고 여기에서 내가 단지 '가능한 한 많이'가 아니라 '대략적으로' 라고 말한 것을 주목해야 한다. 왜냐하면, 기하학을 통해 그 모양을 완전히 결정하기가 쉽지 않음을 제쳐둔다 하더라도, 이와 같은 목적에 사용될 수 있는 무수히 많은 렌즈 모양들 중에서 가장 정확하고 알맞은 형태는 오히려 쓸모없을 수 있기 때문이다. 이는 눈 자체가 다양한 점들로부터 온 모든 광선을 각각 망막의 다른 점들로 똑같게 모아 줄 수 없기 때문인데, 따라서 렌즈가 시각을 완전히 뚜렷하게 해줄 수는 없는 것이다. 또한 우리가 눈의 정확한 모양을 알 수 없기 때문에, 대략적인 것 이외의 다른 것을 선택하기가 불가능하기도 하다. 더구나 이렇게 우리의 눈앞에 무엇인가를 두었을 때는, 자연을 가능한 한 많이 모방하도록 주의를 기울여야 한다. 그리고 더 중요한 것을 얻게 되는 것이 아닌 이상, 우리는 자연이 우리에게 준 어떤 이점도 놓치지 않도록 해야 한다.

상의 크기는 오직 다음의 세 가지 요소에만 의존한다. 말하자면, 물체의 여러 지점들로부터 눈으로 보내진 광선들의 교차가 시작되는 지점과 대상 사이의 거리, 다음으로 광선들의 교차 지점과 눈의 망막 사이의 거리, 마지막으로 이러한 광선들의 굴절이 그것이다. 그러므로 상 RST는 다음과 같은 경우에 평소보다 더 커진다 (**그림 3**).[1] 우선, 대상 VXY가 광선 VKR과 YKT가 교차하는 위치 K와 가까워질 때, 좀더 정확히 말해 그 선들이 교차하기 시작하는 각막 BCD에 가까워질 때

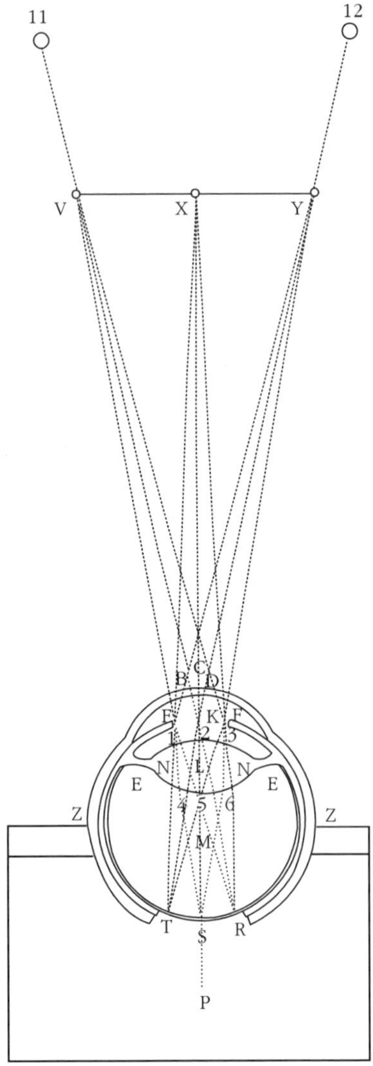

그림 3

상의 크기가 커진다. 또한 눈의 길이를 세로로 더 길게 늘어나도록 조정하여, 광선들이 교차되는 각막 BCD와 망막 RST 사이의 거리가 멀어질 때에도 상의 크기가 커진다. 마지막으로 굴절된 광선이 중점 S

안쪽으로 많이 꺾이기보다는 가능한 한 바깥 방향으로 꺾였을 때에도 상의 크기는 커진다. 그리고 이러한 세 가지 외에 다른 어떤 방법도 상의 크기를 키우는 데 도움이 되지는 않는다. 일단 이것들 중 마지막 방법은 거의 고려되지 않는데, 이를 통해서는 상의 크기를 조금밖에 늘리지 못할 뿐이며, 이를 위해서도 많은 어려움이 뒤따르기 때문이다. 곧 알게 되겠지만, 나머지 두 가지 방법들 중 다른 하나를 사용해서 훨씬 손쉽게 상의 크기를 늘릴 수 있는 것이다. 그럼 자연에 의해서 그것이 어떻게 무시되었는지 살펴보자. VKR과 YKT와 같은 광선들이 BCD와 123에서 S 안쪽으로 꺾이도록 하기 위해서, 자연은 광선이 바깥쪽으로—예를 들어, 표면 456에서 5 쪽 방향으로—꺾이거나 일직선으로 나아가는 경우보다 상 RST의 크기를 아주 약간 작게 만들었던 것이다. 또한 우리는 대상에 접근하는 것이 불가능할 때, 위의 세 가지 방법 중에서 첫 번째 것을 고려할 필요가 없다. 하지만 이것이 가능할 때에는, 대상에 더 가까이 가서 볼수록 눈 뒤편에 생기는 상이 커진다는 점은 분명하다. 일단 자연은 대략 반 피트 혹은 1피트의 거리보다 가까이에 있는 대상을 면밀히 관찰할 수 있는 수단을 우리에게 제공해 주지는 않았다. 따라서 이러한 거리에 있는 물체의 상을 키우기 위해서는 인공의 기술을 이용해야 하는데, 이를 위해 앞서 논의한 P와 같은 렌즈, 즉 가까운 지점으로부터 오는 빛을 먼 지점에서 오는 빛처럼 처리하는 렌즈를 눈과 대상 사이에 끼워 넣기만 하면 된다. 이러한 방법을 사용하면, 통상적인 상황에서의 눈과 물체 사이의 거리를 최대 12-15배까지 늘릴 수 있다. 따라서 이러한 대상의 서로 다른 지점으로부터 오는 광선들은 렌즈를 사용하지 않을 때보다 그 지름이 12-15배 정도로 큰 이미지를 형성시킬 것인데, 이는 렌즈를 통해 광선들이 12-15배 정도 가까운 지점에서 교차되기 때문이다. (혹은 더 클 수도 있는데, 광선들이 눈 표면이 아니라 물체에 더 가까이 있는 렌즈의 표면에서 교차할 것이기 때문이다.) 그리고 결과적으로 상은 대략 200배 정도 커지고 또렷해질 것이다. 또한 이 방법을 이용하면, 우리가 어떤 물체가 얼마만큼 떨어져 있다고 판단하는 결과에 따라, 200배보다도 훨씬 더 크게 상의 크기를 키울 수도 있다. 예를 들어, 렌즈 P를 통해 물체 X를 본다고 할 때 **(그림 2 참조)**, 우리의 눈 C는 그 물체를 20 내지 30페이스(pace)[2] 떨어져 있는 물체를 볼 때와 마찬가지 방식으로 처리한다. 그리고 이 물체의 실제 위치를 알지 못해 실제 그것이 20 내지 30페이스만큼 떨어진 것으로 우리가 생각한다면, 그 물체는 실제보다 100만 배 정도 크게 보일 것이다. 따라서 벼룩을 코끼리로 바꾸어 놓는 것이 가능할 수 있는데, 눈 가까이에 있는 벼룩이 망막에 맺히는 상이 30페이스만큼 떨어져 있는 코끼리를 볼 때 맺히는 상보다 작지는 않을 것이기 때문이다. 그리고 지금 일상적으로 사용되고 있는 한 개의 렌즈로 이루어진 '벼룩확대경(flea glasses)'[3]의 경우, 아직 그 렌즈의 모양이 정확히 어떠해야 한다는 것까지 알아내지는 못했지만, 위와 같은 원리를 적용하여 만들어낸 발명품인 것이다. 그리고 무언가를 보기 위해 이것을 사용할 때에는, 보통 그것이 아주 가까이 있다는 것을 이미 알기 때문에, 그것이 멀리 떨어져 있는 큰 무언가로 보이지는 않는 것이다.

상의 크기를 확대하는 다른 방법이 아직 하나 남아 있다. 이는 물체의 서로 다른 점들로부터 오는 광선들을 망막으로부터 가능한 한 멀리서 교차시키는 것인데, 이것은 가장 중요하고 효과적인 방법이다. 왜냐하면 이것은 쉽게 접근할 수 있는 대상뿐만 아니라 접근하기 힘든 대상에 대해서도 사용될 수 있는 유일한 방법이며, 그것의 효과에도 제한이 없기 때문이다. 그러므로 우리는 이것을 사용하여 상의 크기를 무한히 늘릴 수 있다. 예를 들어, EF와 같은 관을 눈 바로 앞에 (눈과 접촉되도록) 놓았다고 하자 **(그림 4)**. 이때 관 EF에는 물이 채워져 있고, 이는 눈 속에 채워져 있는 세 가지 액체 중 첫 번째 것과 거의 같은 굴절률을 지닌다. 이런 관이 눈앞에 놓여 있다면 눈의 입구 쪽 굴절은 더이상 없을 것인데, 광선은 입구 쪽을 통과할 때가 아니라 그보다 일찍 관의 입구인 GI를 통과할 때 굴절될 것이기 때문이다. 결국, 물체의 한 지점으로부터 온 모든 광선들은 GI에서 꺾이기 시작하여 시신경 말단의 다른 한 점으로 모일 것이고, 물체의 다양한 지점으로부터 온 모든 광선들이 교차되는 지점 또한 GI가 된다. 그러므로 관 GI 지점에서 교차되는 광선들은 눈 BCD에서 비로소 교차가 시작되는 광선들보다 훨씬 커다란 상 RST를 만들어낼 것이다. 그리고 이런 관이 더 길수록, 그 상 또한 더욱 크게 형성될 것이다. 그렇게 되면 물 EF는 액체 K의 기능을, 렌즈 GHI는 얇은 막 BCD의 기능을, 관의 입구 GI는 동공의 기능을 각각 수행하게 되는데, 이때의 시야는 마치 자연이 이 관의 길이만큼 눈을 길쭉하게 만들어 주었을 때와 같은 방식으로 형성될 것이다. 우리는 이 장치에서 눈의 동공이 무용하고 성가신 것이 되어 버린다는 점에만 주의하면 된다. 동공의 작은 크기로 인하여 망막의 가장자리 쪽으로 이동하는 광선들이 차단될 수 있는데, 이 때문에 상의 크기가 제대로 늘어나지 않을 수도 있기 때문이다. 또한 물 EF와는 다소 다르게 일어나는 렌즈 GHI에서의 굴절은 여기서 그다지 중요하지 않음에 주목해야 한다. 이는 렌즈의 두께가 일정하기 때문인데, 렌즈의 앞쪽 표면이 물에서보다 광선을 더 많이 꺾이게 하여도, 렌즈의 뒤쪽 표면이 이를 다시 반대 방향으로 꺾어 곧게 나아가도록 해줄 것이기 때문이다. 그리고 내가 앞에서 눈 속 액체를 덮고 있는 얇은 막에서 생

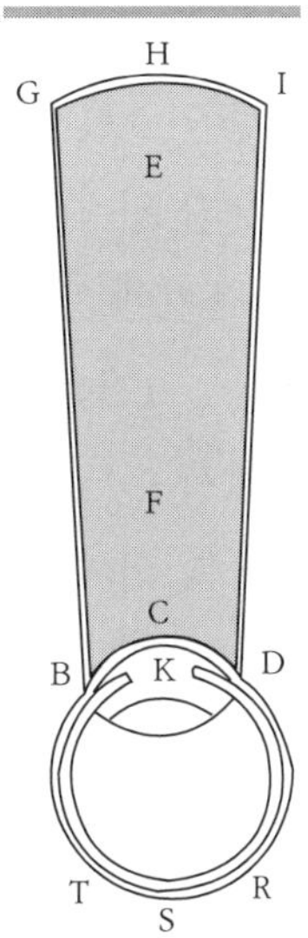

그림 4

기는 굴절에 대해서는 이야기하지 않은 채, 그 액체 자체에 의한 굴절만을 언급했던 것도 이와 같은 이유에서였다.

내가 위에서 설명했던 방법은 눈에 물이 직접 밀착되기 때문에 매우 불편한 방식이다. 또한 얇은 막 BCD의 정확한 모양을 모르기 때문에, 그것을 대체할 렌즈 GHI의 모양을 정확히 결정할 수도 없다. 따라서 다른 종류의 발명품을 사용하는 것이 더 좋을 것인데, 이를 위해 하나의 렌즈 또는 다수의 렌즈 혹은 다른 투명체를 이용할 수 있다. 이 장치 역시 관으로 에워싸여 있지만, 눈과 장치 사이에 약간의 공기도 남지 않을 만큼 눈 쪽으로 밀착되지는 않는다. 이러한 관을 눈 앞에 놓으면, 광선이 관 속으로 진입할 때 구부러지고 꺾이게 되는데, 이때의 굴절은 물체의 한 지점으로부터 모든 광선들이 망막의 중앙에 해당하는 지점으로 수렴하도록 하는 방향이 된다. 이렇게 꺾여진 광선들은 관으로부터 빠져나올 때 다시 꺾여 곧게 된다. 이때의 굴절은, 광선들이 우리의 눈으로 진입할 때 그것들이 마치 꺾이지 않았던 것처럼 보이게 하는 방향으로 일어나게 되는데, 다만 이것에 의해서 그 빛들이 좀 더 가까운 장소에서 온 것처럼 보이게 되는 것이다. 그러므로 물체의 다양한 지점들로부터 나와 이 관의 입구에 이르러 교차되는 광선들은 여기저기로 흩어지지 않은 채, 마치 더 가까이에 있거나 더 커다란 물체에서 나온 것과 같은 방식으로 눈 속으로 들어오게 된다. 예를 들어, 관 HF가 한 개의 고체 렌즈로 채워져 있고 (그림 5), 그 표면 GHI가 점 X로부터 온 모든 광선을 S 쪽으로 향하게 하는 모양이라 하자. 또한 관의 다른

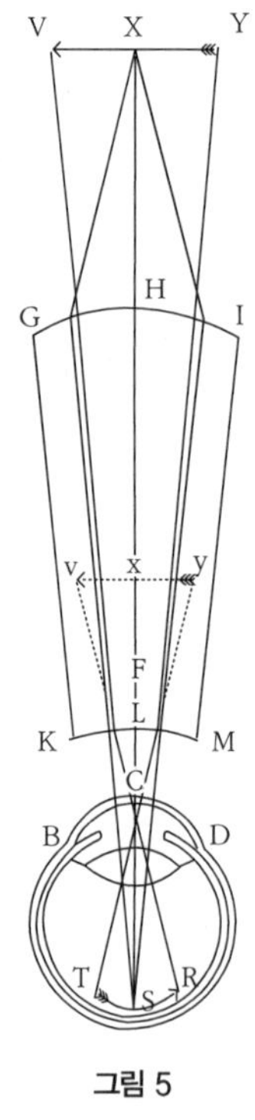

그림 5

표면 KM이 광선들을 다시 꺾이게 하여, 그 광선이 우리의 눈에 들어올 때 마치 점 x에서 온 것처럼 보이게 해준다고 하자. 그리고 여기서 점 x는 xC와 CS의 비율이 XH와 HS의 비율과 같게 되는 지점에 위치한다고 가정하자. 그러면 점 V로부터 나온 광선들은 점 X로부터 나온 광선들과 표면 GHI에서 반드시 교차하게 된다. 또한 두 지점으로부터 온 광선들은 서로 별개의 것이므로 이것들이 튜브의 반대쪽 끝에 이를 때, (오목렌즈의) 표면 KM이 이들을 합쳐지게 하지는 않을 것이다. 대신에 표면 KM을 (V에서 온) 광선들을 마치 v에서 나온 것처럼 보이도록 눈 쪽으로 굴절시킬 것이다. 이러한 방법에 의해서, 광선들은 관이 길어진 만큼 더 커진 상 RST를 만들어낼 것인데, 이러한 효과를 내주는 투명체의 모양을 정하기 위해서 표면 BCD의 모양을 정확히 알아야 할 필요는 없다.

그러나 관 HF 전체를 채울 만큼 충분히 두껍고, 또 빛의 진행을 방해하지 않을 만큼 투명한 렌즈 혹은 투명체를 찾아내기란 쉽지 않다. 따라서 우리는 이 관의 내부를 텅 비게 하는 대신, 관의 두 표면 GHI와 KLM이 낳는 것과 동일한 효과를 지니는 것을 관의 양 끝에만 둘 수도 있을 것이다. 그리고 관의 양쪽 끝에 렌즈를 붙여 놓은 망원경은 이러한 원리에 기초하여 완전하게 제작될 수 있는데, 이것이 바로 내가 이 책을 집필하는 계기가 되었다.

시력을 향상시키기 위해서 외부기관이 필요로 하는 세 번째 조건은, 시신경 섬유 각각에 작용하는 자극이 너무 강해서도 너무 약해서도 안 된다는 점이다. 이를 위해 자연은 우리로 하여금 동공을 수축 혹은 확장시킬 수 있도록 해주었지만, 기술을 사용해 그것에 보탤 수 있는 바를 여전히 남겨 두었다. 우선, 우리가 태양을 바라보고 싶을 때처럼, 대상의 자극이 너무 강하기 때문에 그 자극을 견디어 내는 데 충분할 만큼 동공의 크기를 수축시키지 못할 때가 있다. 이럴 때는 동공의 역할을 대신 해줄 작은 구멍이 뚫어진 검은 물체를 눈 앞쪽에 두어 이를 쉽게 해결할 수 있다. 그렇지 않으면 시신경을 상하지 않도록 빛의 양을 차단시켜 주는 베일이나 불투명한 물체를 통해 바라보는 것도 해결책이 되겠다. 반면에 대상의 자극이 너무 약해 잘 느껴지지 않는 경우에는, 그 대상에 쉽게 접근할 수 있는 상태라면 다음과 같은 방법으로 자극의 세기를 더 강하게 할 수도 있다. 즉, 태양광선에 그 대상을 노출시킨 후, 거울이나 돋보기를 사용해 그 대상 자체를 훼손시키지 않을 만큼의 세기로 빛을 비추면 된다.

그 외에도, 우리가 앞서 말한 것과 같은 망원경을 사용하는 경우를 생각해 보자. 이때 망원경은 우리의 동공을 쓸모없게 만드는 대신, 외부로부터 온 빛을 받는 망원경의 구멍을 통해 동공의 기능을 대신하게 된다. 따라서 시야를 더 강하게 하거나 약하게 만들고 싶을 때, 팽창 혹은 수축시켜야 하는 것은 바로 이 구멍이다. 만약 망원경의 구멍을 동공보다 크게 만들지 않는다면, 광선들이 망원경을 사용하지 않을 때보다 우리의 망막을 약하게 자극할 것이라는 점을 염두에 두어야 한다. 그리고 렌즈의 표면에서 광선의 세기가 약해진다는 점 외에도, 이 광선들이 망막에 만들어내는 상의 크기가 커질수록 자극의 세기가 약해질 것이다. 하지만 '광선을 곧게 만드는 렌즈'를 어떤 지점—즉, '광선을 구부리는 렌즈'에 의해 빛이 수렴하게 되는 한 지점—쪽으로 접근시키는 것을 통해서, 우리는 상의 크기를 좀더 크게 만들 수 있다. 따라서 **그림 6**에서 렌즈 GgHi가 우리가 바라보는 곳으로부터 오는 모든 광선을 S 쪽으로 휘게 만들고, 렌즈 KLM이 그 광선을 다시 곧게 만들어 눈 쪽으로 평행하게 향하도록 하는 것이라면, K와 M 사이의 거리를 동공의 지름과 같게 만드는 것을 통해서 망원경의 구멍이 관의 길이에 대해 가질 수 있는 최대 폭을 구할 수 있다. 예컨대, 점 S로부터 K와 M을 통과하는 두 개의 직선을 그어 SK와 SM을 각각 g와 i까지 연장시키면, gi가 우리가 구하고자 했던 구멍의 지름이 된다. 만약 구멍의 크기를 gi보다 크게 만들려고 하여도, 시선이 향해진 지점으로부터 우리의 눈 쪽으로 들어오는 광선들이 더 많아지지는 않을 것이라는 점이 분명하다. 또한 다른 지점들로부터 오는 부가적인 광선들은 눈 속의 상을 형성시키는 데에 쓰일 수 없기 때문에, 오히려 혼란만을 야기할 뿐이다. 하지만, 렌즈 KLM 대신에, 그 모양 때문에 점 S 쪽에 좀더 가까이 두어야만 하는 렌즈 klm을 사용하는 경우를 생각해 보자. 이때도 k와 m 사이의 거리는 동공의 지름과 같아야 하므로, 직선 SkG와 직선 SmI를 그어 우리가 원했던 구멍의 지름 GI를 구할 수 있다. 그런데

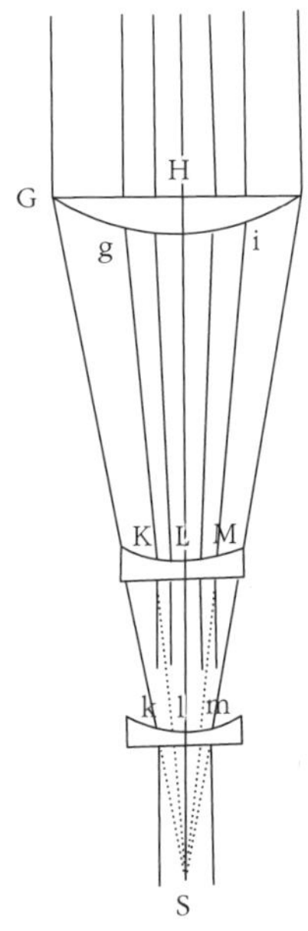

그림 6

그림에서 볼 수 있듯이, SL이 Sl보다 긴 것이 비례해서 GI가 gi보다 커지게 된다. 그리고 Sl이 눈의 직경보다 크지만 않다면, 우리의 시야는 마치 렌즈를 사용하지 않을 때처럼 뚜렷하고 깨끗해질 것이며, 대상 또한 훨씬 크고 가까이에 있는 것처럼 보일 것이다. 예를 들어, 어떤 망원경에서 관의 길이가 30리그(league)[4] 떨어져 있는 물체를 마치 30페이스밖에 떨어지지 않은 것처럼 보이게 하는 기능을 한다면, 앞서와 같은 방식으로 결정되는 구멍의 직경은 이 물체의 상을 뚜렷하게 만들어 마치 실제 30페이스밖에 떨어지지 않은 물체를 렌즈 없이 바라보는 것처럼 뚜렷하게 해줄 것이다. 그리고 만약 우리가 점 S와 l 사이의 거리를 더욱 줄일 수 있다면, 시야는 더욱더 뚜렷해질 것이다.

그러나 위와 같은 원리는 원칙적으로 접근 불가능한 물체들에 대해서만 이용된다. 왜냐하면 접근 가능한 물체에 대해서는, 시야를 흐리

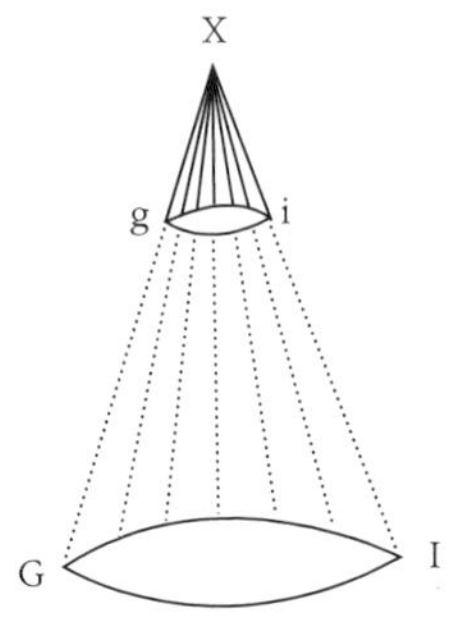

그림 7

는 일 없이도, 물체를 위의 장치에 가까이 가져올 수 있는 만큼, 관의 구멍 폭을 훨씬 좁게 만들 수 있기 때문이다. 일례로 점 X(그림 7)로부터 작은 렌즈 gi로 들어가는 광선들이 커다란 렌즈 GI로 들어가는 것들에 비해 결코 적지 않음을 확인할 수 있다. 또한 그 구멍이 렌즈보다 커서는 안 되며, 그 모양 때문에 내가 이후에 자세히 논할, 특정한 정해진 크기를 넘어서도 안 된다. 하지만 물체로부터 오는 빛이 너무 강할 경우에는, 입구 쪽 렌즈의 가장자리를 둘러씌우는 것만으로도 그 빛을 쉽게 약화시킬 수 있다. 이는 태양을 관찰할 때 많은 사람들이 익숙하게 사용하는 렌즈의 입구에 뿌옇거나 색깔 있는 렌즈를 덧씌우는 방법보다 훨씬 더 좋은데, 앞서 동공에서 언급했듯이 입구를 좁게 줄일수록 상이 선명해지기 때문이다. 또한 렌즈의 안쪽보다는 바깥쪽부터 덮는 것이 더 좋은데, 이는 시야가 형성되는 데는 방해만 되는 렌즈의 테두리에서 반사될 수 있는 빛들이 눈 쪽으로 향하지 못하도록 해주기 위함이다.

외부기관에 요구되는 마지막 조건은, 그것이 우리가 가능한 한 많은 대상을 동시에 지각하도록 해주어야 한다는 점이다. 이 조건은 우리가 더 잘 볼 수 있게 하기 위해서가 아니라, 단지 더 편하게 보게 하기 위해서 필요한 것임을 알아두자. 또한 동시에 하나 이상의 물체를 뚜렷하게 보는 것이 불가능하다는 점도 기억해 두자. 따라서 이것의 편리함—동시에 여러 물체를 불명확하게 바라보는 것의 편리함—이란, 우리가 주목하고자 하는 대상을 여러 물체들 사이에서 발견하려고 시도할 때, 이것을 통해 시선 방향을 쉽게 결정할 수 있는 정도에서 드러날 뿐이다. 그리고 자연은 이를 위한 충분한 준비를 해 놓았기 때문에, 기술이 그것에 끼어들기란 거의 불가능하다. 오히려, 우리가 렌즈를 이용해 망막에 맺히는 상의 윤곽을 키운다면 훨씬 더 적은 수의 대상만을 지각하게 될 것인데, 왜냐하면 상이 점유하게 되는 공간은 어떤 방식으로도 늘어날 수 없기 때문이다. 반면, 우리가 바라보는 접근 가능한 물체를, 렌즈를 사용할 때 가장 뚜렷이 보이는 위치에 두는 일은 그리 어렵지 않다. 그리고 접근 불가능한 물체에 대해서는, 원하는 지점을 향해 쉽게 돌려놓을 수 있는 기계에 망원경을 연결하여 보면 된다. 이런 식으로 하면, 앞서 고려된 네 번째 조건을 충족시키는 데 부족함이 없을 것이다.

쉬어가며 : 내가 여기서 그 어느 하나 빠뜨리지 않았다고 생각하지만, 추가적으로 언급해야 할 바가 하나 있다. 수정체의 모양이나 동공의 크기를 충분하게 변화시킬 수 없는 우리의 무능력함에서 비롯되는 눈의 결점들은 훈련을 통해서 조금씩 고쳐지고 바로잡아질 수 있다. 왜냐하면 수정체나 동공의 모양도 우리 몸의 근육에 의해서 조절되는 것이고, 따라서 연습을 통해 근육의 기능을 강화할 수 있기 때문이다. 그리고 사냥꾼이나 선원이 먼 거리의 물체를 더 잘 보기 위해서 훈련하는 모습이나, 정교한 작업을 하는 조각가나 장인들이 물체를 세밀하게 관찰하기 위해서 훈련하는 모습에서 이를 쉽게 확인할 수 있다. 그리하여 이들은 다른 사람들보다 물체를 더 잘 볼 수 있는 능력을 가지게 된 것이다. 또한 시야를 가리지 않고도 태양을 뚫어지게 쳐다볼 수 있다고 하는 인디언들은, 매우 밝은 물체를 자주 봄으로써 자신의 동공을 우리 것보다 조금씩 더 수축되도록 하는 훈련을 한 것이 틀림없다. 하지만 이런 방법들은 몸의 기관(natural organs)을 바로잡아 시각의 결점을 치료하는 '의학'의 영역에 속하는 것이다. 반면에 '광학'의 목적은 비슷한 눈의 결점을 다른 인공적인 기관(artificial organ)을 사용하여 바로잡는 데에 있다.

여덟 번째 담화—광선을 시각에 유용한 방식으로 굴절시키기 위해서 투명체가 가져야 하는 모양에 대해

이제 나는 이러한 인공적인 기관을 가능한 한 완벽하게 하기 위해서, 그것을 만드는 정확한 방법에 대해 좀더 이야기할 수 있게 되었다. 우선 광선들을 다양한 방식으로 구부리거나 방향을 바꾸어 주는, 그래서 나의 목적에 요긴하게 사용될 수 있는 투명체가 그 표면에서 어떤 모양을 지녀야 하는지 설명하려 한다. 이 주제는 다소 어려운 기하학 문제이기 때문에, 내가 이를 모든 사람들이 명확하게 알아들을 수 있게 전달하지 못할 수 있지만, 적어도 과학의 제1원리를 익힌 사람들이 이해하는 데 별 무리가 없게 설명하도록 노력할 것이다. 불안감을 없애기 위해, 내가 앞으로 논할 모든 도형은 단지 타원, 쌍곡선, 원, 직선이 조합된 것일 뿐임을 밝혀 둔다.

타원 혹은 달걀 모양은 흔히 수학자들이 원뿔이나 원통을 절단하여 우리에게 보여주는 곡선이다. 나는 정원사들이 화단을 분할할 때 이러한 타원을 사용하는 것을 관찰하곤 했는데, 그것이 세련되지 못하고 부정확하다고는 해도, 타원의 본성을 이해하는 데 있어 원통이나 원뿔의 절단면을 보여주는 것보다 훨씬 유용해 보인다. **그림 8**에서 보듯이, 정원사들은 점 H와 점 I와 같은 지점에 말뚝을 박고, 긴 줄의 양 끝을 묶어 그것을 BHI와 같이 둘러 감는다. 그러고 나서 그들은 이 줄에 지침을 걸고, 균등한 장력이 걸리도록 지침을 당겨 줄을 팽팽하게 한 후, 그 지침을 끌어 말뚝 주변을 돌린다. 그러면 곡선 DBK가 땅에 그려지는

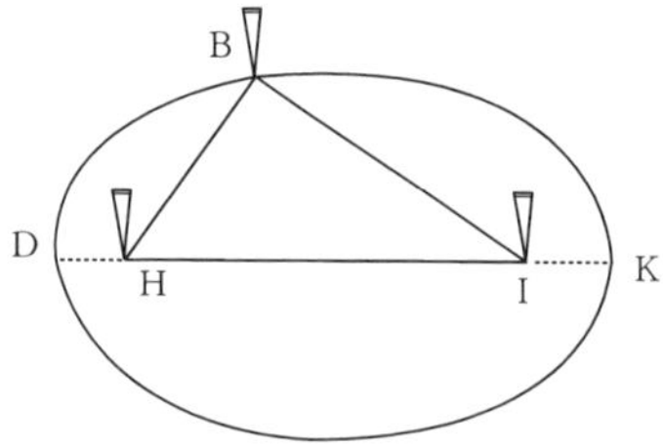

그림 8

데, 이것이 바로 타원이다. 만약 줄 BHI의 길이를 바꾸지 않은 채 말뚝 H와 I만 조금 더 가까이에 놓으면, 마찬가지로 다시 타원이 그려지지만 이전 것과는 다른 유형의 타원이 된다. 그리고 말뚝을 좀더 가깝게 하면, 또 다른 유형의 타원이 그려질 것이다. 그렇게 하여 결국 말뚝을 하나로 합쳐놓으면, 그려지는 도형은 원이 되어 버린다. 반면에, 정원사가 말뚝간의 거리가 짧아지는 것과 같은 비율로 줄의 길이를 줄여 나간다면, 서로 다른 크기의 많은 타원이 그려지겠지만 이것들은 모두 같은 유형의 타원에 속하게 된다.

이제 당신은 완전히 다른 유형의 타원이 무수히 많을 수 있다는 점을 알게 되었을 것인데, 위의 마지막 타원이 원과 다르듯이 타원들도 서로 구별된다. 그리고 같은 유형의 타원이라고 하더라도, 그 크기는 매우 다양할 수 있다. 자 그럼, B와 같은 타원 위의 한 점을 임의로 취하고 **(그림 9)**, 타원을 그리기 위한 말뚝이 심어져 있는 두 지점 I, H를 향해 두 개의 직선을 그려 보자. 이때, BH와 BI의 합은 장축 DK의 길이와 같게 될 것인데, 이는 작도를 이용해 쉽게 증명할 수 있다. 일단, I로부터 B로 당겨져 있으면서 B에서 다시 H 쪽으로 당겨져 있는 줄의 길이는, I에서 K 쪽(혹은 D 쪽)으로 당겨진 상태에서 다시 H로 돌아가는 줄의 길이와 같다. 따라서 DH는 IK와 같고, HD + DI는

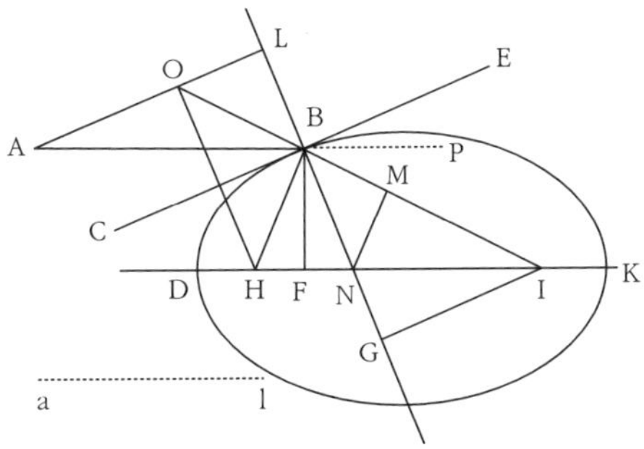

그림 9

HB+BI와 같으므로, 결국 장축 DK와도 같게 된다. 그리고 타원의 장축 DK와 점 H와 I 사이의 거리가 같은 비율로 그려지는 타원은 모두 같은 유형의 타원인 것이다. 또한 나중에 다시 논하겠지만, 점 H와 I가 지니는 속성 때문에, 하나는 안쪽 다른 하나는 바깥쪽에 있는 이 점들을 발화점(burning points)[5)]이라고 부를 것이다. 이때, I는 D 쪽 방향의 반쪽 타원과 관련될 때는 외부 발화점이 되고, K 쪽 방향의 반쪽 타원과 관련될 때는 내부 발화점이 되는 것이다. 그리고 별다른 구분 없이 그냥 발화점이라 말하는 경우는, 항상 외부 발화점을 칭하는 것으로 이해하도록 하자. 이제, 점 B에서 서로 수직한 상태로 만나는 두 직선 LBG와 CBE를 그려 보자. 이때 두 직선 중 하나인 LG에 의해서 각 HBI가 같은 크기로 나누어지도록 하면, 다른 직선인 CE는 점 B에서 타원과 접하게 된다. 나는 이를 따로 증명하지 않겠는데, 이것은 이미 기하학자들에게는 잘 알려져 있으며, 다른 사람들에게 매우 지루하게 여겨질 것이기 때문이다. 사실, 여기서 내가 자세히 설명하려 하는 것은 아래와 같은 것이다. 점 B에서 장축 DK와 평행하는 직선 BA를 타원으로부터 멀어지는 방향으로 그리고, 그 길이는 BI와 같게 하자. 그리고 점 A와 I로부터 직선 LG와 수직인 직선 AL과 IG를 그리면, AL과 IG의 비는 DK와 HI의 비와 같게 될 것이다. (AL : IG=DK : HI) 이때, 직선 AB가 광선이고 타원 DBK가 고체 투명체의 표면이라면, 앞서 설명했던 것(빛의 굴절법칙)을 바탕으로 다음과 같은 점이 밝혀진다. DK가 HI보다 긴 정도만큼, 광선이 공기 속보다 고체 투명체 속에서 더 쉽게 나아간다고 할 때, 광선 AB는 투명체의 표면의 점 B에서 굴절되어 점 I 쪽으로 향하게 될 것이다. 한편, 점 B는 타원 위의 임의의 점이기 때문에, 여기서 광선 AB라 칭하는 것은 장축 DK에 평행한 모든 광선들로 이해되어도 무방하다. 따라서 장축 DK에 평행을 유지한 채 투명체 DBK로 진입하는 모든 광선은 점 I를 향해 굴절될 것이다.

이를 아래와 같이 증명해 보자. 우선, 점 B에서 KD에 수직하게 직선 BF를 그리고, LG와 KD가 교차하는 점 N에서 IB와 수직하게 직선 NM을 그리면, AL : IG = DK : HI가 된다. 이유는 다음과 같다. 일단 삼각형 BFN과 BLA는 닮은꼴인데, 둘 모두 직각삼각형이고, NF와 BA가 평행하므로 각 FNB와 ABL도 서로 같기 때문이다. 한편, 삼각형 NBM과 IBG도 닮은꼴인데, 둘 역시 직각삼각형이고 각 B를 공유하기 때문이다. 또한 두 삼각형 BFN과 BMN은 삼각형 ALB와 BGI 사이에 성립하는 것과 같은 관계를 갖는데, 삼각형 ALB와 BGI의 밑변인 BA와 BI가 서로 같고, 삼각형 BFN의 밑변 BN은 삼각형 BMN 밑변이기도 하여 그 자체로 같아지기 때문이다. 지금까지 살펴본 바에 따르면, BF와 NM의 비는 (삼각형 BFN의 변 BF와 닮음 관계에 있는) 삼각형 ALB의 빗면 AL과 (삼각형 BNM의 빗변 NM과 닮음 관계에 있는) 삼각형 BGI의 빗면 IG의 비와 같다. 그렇다면, BF : NM = BI : NI가 되는데, 두 삼각형 BIF와 NIM이 모두 직각삼각형이고, 각 I를 공유하기 때문이다. 더구나 직선 AL과 GI뿐만 아니라 AB와 NI도 평행이므로, 삼각형 ALB와 IGN도 닮은꼴이다. 따라서 AL : IG = AB : NI 또한 만족된다. 한편, NB에 평행하게 HO를 그리고 IB를 O까지 늘인다면, 삼각형 BNI와 OHI가 닮은꼴이므로, BI : NI=OI : HI임을 알 수 있다. 마지막으로, 두 각 HBG와 GBI는 작도상 서로 같으므로, GBI와 크기가 같은 HOB는 OHB와도 크기가 같다. 왜냐하면, 각 GBI는 각 HBG와 같고 삼각형 HBO는 이등변삼각형이며 직선 OB는 HB와 같으므로, 직선 OI의 전체 길이는 두 직선 HB와 IB의 합이 DK와 같은 한, 역시 DK와 같게 되는 것이다. 그리하여 지금까지의 내용을 정리해 보면, AL : IG = BI : NI이고 BI : NI = OI : HI이며 OI = HI이므로, AL : IG = DK : HI가 되는 것이다.

자 이제, 타원 DBK를 작도해 보자. 우선 DK와 HI에 특정 비율을 만족하는 값을 줘야 하는데, 이 비율 값은 공기에서 유리—혹은 우리가 사용하려 하는 투명체—로 빛이 비스듬하게 입사할 때의 굴절률을 실험으로 측정하여 결정해야 한다. 그런 후, DK를 축으로 하여 타원 모양으로 작도된 물체를 유리를 사용해 만들자. 그러면, 공기 중에서 AB와 ab같이 타원 축에 평행하게 유리로 들어오는 광선들은, 모두 유리의 표면에서 그 진행 방향을 바꾸어 발화점 I—두 개의 발화점 H와 I 중에서 광선이 온 곳으로부터 더 멀리 떨어져 있는 점 I—로 수렴할 것인데, 그 이유는 다음과 같다. 광선 AB는 점 B에서 타원 DBK 모양으로 굽어진 유리 표면에서 방향이 꺾일 것인데, 그 방식은 마치 CBE로 표현되는 평평한 유리의 표면에 의해서 광선이 B에서 I 쪽으로 꺾을 때와 같은 방식이 될 것이다. 왜냐하면, AL과 IG 사이의 관계는 DK와 HI의 관계와 같기 때문이며, 이에 더하여 그 값이 빛의 굴절실험으로 결정된 것이기 때문이다. 그리고 점 B는 타원 위의 임의의 점이므로, DK에 평행한 모든 직선들은 광선 AB와 마찬가지로 이해될 수 있다. 따라서 이 타원의 다른 여러 점들 위로 수평하게 들어가는 모든 광선들은 I 쪽으로 갈 것이다.

원이나 구의 표면에 수직으로 입사하여 그 중심을 향하는 광선은 굴절되지 않는다. 따라서 우리가 만약 중심 I로부터 임의의 지름을 가지는 원을 그려서 BQB처럼 D와 I를 통과하도록 한 후 (그림 10), DQ를 축으로 하여 회전하는 선 DB와 QB에 의해서 렌즈를 만들면, 이러한 모양을 지닌 렌즈는 공기 중에서 축에 평행하게 들어오는 모든 광선을 점 I로 모아줄 것이다. 그리고 같은 방식으로, 이 렌즈는 점 I로부터 나오는 모든 광선들을 맞은편에서 평행하게 진행하도록 만들어 줄 것이다.

그리고, 점 I를 중심으로 점 D의 맞은편 쪽으로 임의의 지름을 갖

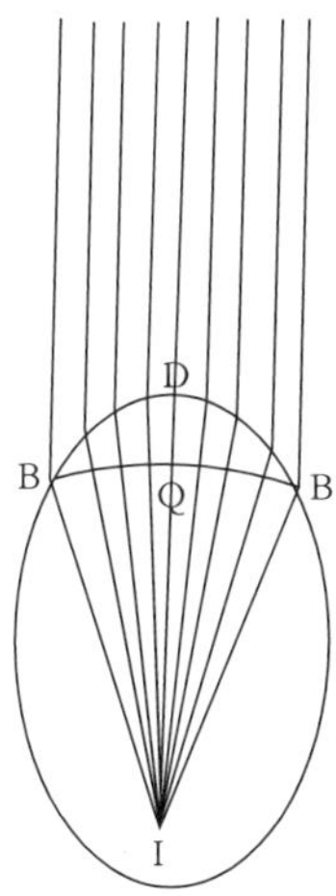

그림 10

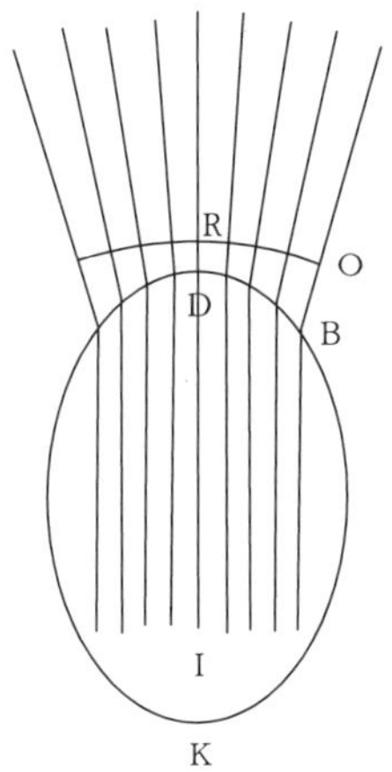

그림 11

는 원 RO를 그리자 (그림 11). 또 D 쪽보다는 K 쪽에서 멀리 떨어져 있는 타원 위의 임의의 점 B를 잡고, 여기서 I 쪽 방향을 향하는 직선 BO를 그리자. 그런 후, DR을 축으로 하여 선 RO, OB, BD를 회전시켜 렌즈를 만들면, 이 렌즈는 타원 쪽 면에서 축에 평행하게 진행하던 광선들을 반대쪽 면에서 사방으로 퍼트려서 모든 광선들이 마치 I에서 나온 것처럼 보이게 해줄 것이다. 왜냐하면, **그림 9**에서 보듯이, AB가 렌즈 DBK의 볼록면에 의해 꺾이는 것만큼 광선 PB 또한 렌즈 DBA의 오목면에서 꺾어야 하고, PB는 BA와 결국 같은 직선이므로 결과적으로 BO도 BI와 같은 직선이 되어야만 하기 때문이다. 그리고 이는 다른 것들에서도 마찬가지이다.

그리고, 타원 DBK 안쪽에 bdk와 같은 작지만 같은 유형의 타원을 그려 보자 (그림 12). 이때, bdk의 한 발화점은 DBK의 발화점 I와 동일한 위치가 되도록 하고, h라 표시된 나머지 발화점은 직선 DH상의 같은 방향 쪽에 놓이도록 하자. 앞에서와 마찬가지로, 점 B를 임의로 잡은 후 I를 향하는 직선 Bb를 그리고, Dd를 축으로 하여 선 DB,

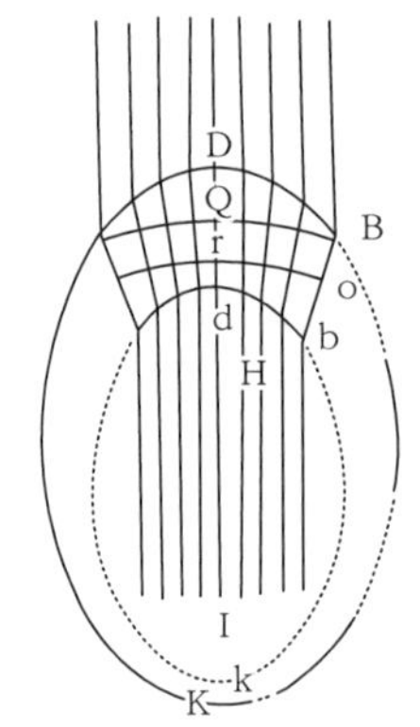

그림 12

Bb, bd를 회전시켜 렌즈를 만들자. 이 렌즈의 축에 평행한 상태로 들어온 모든 광선들은 렌즈를 통과한 이후에도 평행한 상태로 나아가지만, 큰 타원 DB 쪽에서보다 작은 타원 db 쪽에서 광선들 사이의 간격이 훨씬 좁아지게 된다. 그리고 이 렌즈 DBbd가 너무 두껍다고 생각한다면 I를 중심으로 원 QB와 ro를 그려 주면 되는데, 이때 표면 DBQ와 robd는 렌즈 DBbd와 동일한 효과를 가지는 두 렌즈의 조합—두 렌즈의 위치와 모양—을 나타내 준다.

그리고, 비슷하지만 크기가 다른 두 렌즈 DBQ와 dbq를 다음과 같은 방법으로 배치하여 사용해 보자 (그림 13). 두 렌즈의 축이 동일한 직선상에 놓이도록 하고, 그것들의 외부 발화점을 모두 점 I에 위치시키며, 두 렌즈의 원 쪽 표면을 서로 마주보게 하는 것이다. 그러면, 바로 위의 렌즈와 같은 효과를 가져올 것이다.

그리고, 비슷하지만 크기가 다른 두 렌즈 DBQ와 dbq를 또 다른 방법으로 함께 사용해 보자. 두 렌즈를 서로 떨어트려 놓고, 두 축이 같은 직선 위에 놓이도록 하며, 두 렌즈의 타원 쪽 표면을 서로 마주보게 하는 것이다 (그림 14). 그러면, 이 렌즈를 통해서, I로 표시된 발화점에서 온 모든 광선들은 i로 표시된 다른 쪽 발화점에 수렴하게 될 것이다.

그리고, 비슷하지만 크기가 다른 두 렌즈 dbq와 DBOR을 표면 db와 BD가 서로 마주보도록 해서 사용해 보자 (그림 15). 그러면 렌즈 bdq의 발화점 i에서 온 모든 광선들이 마치 렌즈 BDOR의 발화점 I로부터 온 것처럼 굴절될 것이다. 마찬가지로 이 렌즈의 조합은 I 쪽을 향하려 하는 광선들을 점 i에 수렴시킨다.

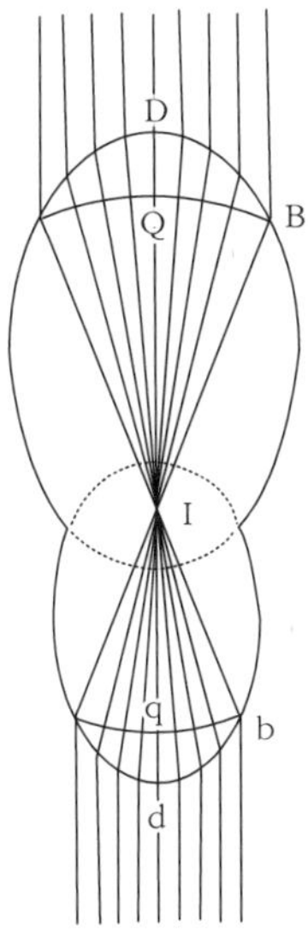

그림 13

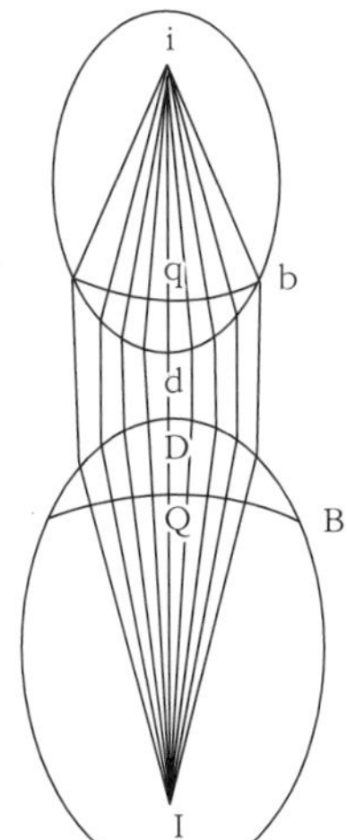

그림 14

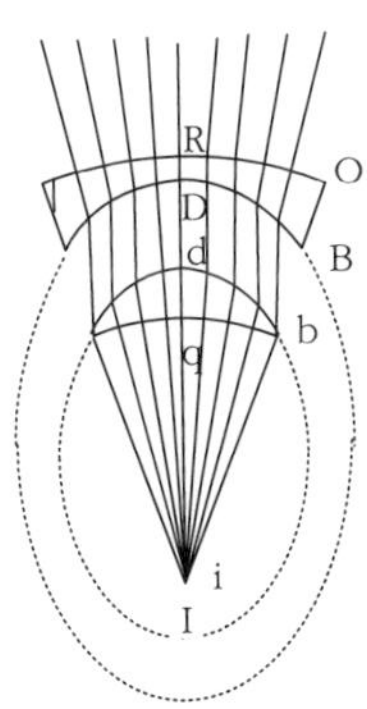

그림 15

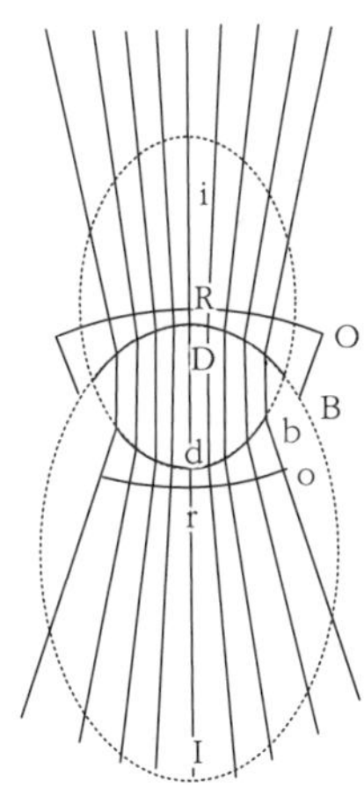

그림 16

마지막으로 dbor과 DBOR을 표면 db와 BD가 서로 마주보게 하여 함께 사용하면 (**그림 16**), 점 I 쪽을 향해 가던 광선들을 굴절시켜서 마치 점 i로부터 나와 진행해 가는 것처럼 만들어 줄 수 있다. 그리고 타원의 크기를 바꾸어 I와 i 사이의 거리를 원하는 만큼 늘이거나 좁힐 수도 있다. 결국, 우리는 단지 타원과 원만을 이용해서 다양한 렌즈를 작도해 낼 수 있는데, 이러한 다양한 렌즈들을 사용해서 빛을 한 점으로부터 나오게 하고, 한 점을 향하게 하거나, 평행이 되게 할 수 있으며, 이러한 세 종류의 배치를 조합하여 상상할 수 있는 모든 방법으로 광선을 조작해 낼 수 있는 것이다.

〔후략〕

『기하학』

제1편 단지 원과 직선만을 이용하여 작도할 수 있는 문제들에 대하여

기하학의 모든 문제는 선분을 작도하기 위해서 단지 어떤 직선의 길이만 알면 된다는 것으로 환원될 수 있다.

그리고 모든 산술(arithmetic)이 네 개 혹은 다섯 개의 연산들—즉, 더하기, 빼기, 곱하기, 나누기, 그리고 나누기의 한 유형인 제곱근 풀이—로 이루어져 있듯이, 기하학에서도 우리가 구하려는 선을 알아내기 위해서는 그것들에 다른 선들을 더하거나 빼기만 하면 된다. 또한 추가적으로 내가 단위선(unity)이라고 부르는 하나의 선을 취함으로써, 선을 숫자와 좀더 밀접하게 관련지을 수도 있다. 우선 임의로 선택된 한 선분을 단위선으로 취하고 또 다른 두 선분을 취하는 것을 통해서 우리는 네 번째 선을 구할 수 있는데, 이 네 번째 선과 그 두 개의 선들 중 하나의 비율이 나머지 한 선과 단위선의 비율과 같게 될 때, 이는 결국 곱하기와 같은 것이 된다. 또한 네 번째 선분과 두 개의 선들 중 하나의 비율이 단위선과 나머지 한 선의 비율과 같게 될 때, 이는 결국 나누기와 같은 것이 된다. 마지막으로, 단위선과 다른 선의 하나, 둘, 혹은 여럿의 비례 중항(기하 평균)을 발견할 수도 있는데, 이는 제곱근이나 세제곱근 등을 구하는 것과 같은 것이 된다. 그리고 나는 내 자신의 이해를 돕기 위해서, 이러한 산술적 항들을 주저하지

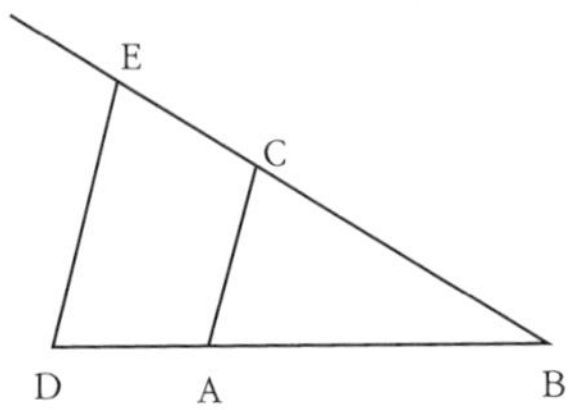

그림 17

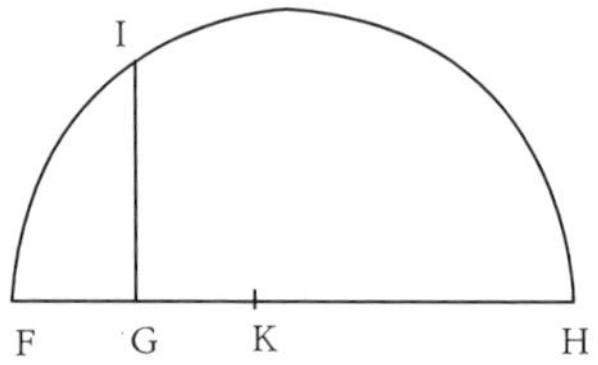

그림 18

않고 기하학에 도입할 것이다.

예를 들어 **그림 17**에서, AB를 단위선이라 하고, BD에 BC를 곱해야 한다고 하자. 단지 점 A와 C를 연결하고 CA에 평행하게 DE를 그리기만 하면 된다. 그러면 BE는 이런 곱셈의 결과가 된다.

만일 BE를 BD로 나누어야 한다면, 점 E와 D를 연결하고, AC를 DE에 평행하게 그리기만 하면 된다. 그러면 BC가 이러한 나눗셈의 결과가 된다.

혹은, **그림 18**에서, GH의 제곱근을 구해야 하는 경우라면, 직선 GH를 따라 단위선인 FG를 더한다. 그리고 FH를 똑같은 두 부분으로 나누는 점 K를 취하고, 점 K를 중심으로 하는 원 FIH를 그린다. 그러고 나서 FH와 직각이 되도록 점 G에서 점 I까지 직선을 그으면, GI가 바로 원했던 GH의 제곱근이 된다. 나는 여기서 세제곱근이나 기타 근들에 대해서 말한 것은 아닌데, 이후에 그것들에 대해 좀더 간편한 방식으로 이야기할 것이기 때문이다.

하지만 종이 위에 이런 선들을 자주 그려볼 필요는 없고, 어떤 문자들을 하나씩 대응시켜 이런 선들을 가리키는 것만으로 충분하다. 그래서 선 BD를 GH에 더하는 경우에, 나는 하나를 a로 다른 것은 b로 이름붙이고 a+b라고 쓴다. 또한 a에서 b를 빼기 위해서는 a-b라고 쓰고, 하나에 다른 것을 곱하기 위해서는 ab를, a를 b로 나누기 위해서는 a/b를 쓴다. 그리고 a에 자기 자신을 곱하기 위해서는 aa 혹은 a^2

으로 쓰고, 여기에 a를 한번 더 곱하기 위해서는 a^3라고 쓰는데, 이런 과정은 무한히 계속된다. 그리고 a^2+b^2의 제곱근을 구하기 위해, $\sqrt{a^2+b^2}$ 라고 쓰고, $a^3-b^3+ab^2$의 세제곱근을 구하기 위해서는 $\sqrt[3]{a^3-b^3+ab^2}$ 라고 쓰며, 다른 것들도 이와 같은 방법으로 한다.

여기서 나는 a^2이나 b^3과 같은 것들을 대수학에서 사용되는 이름을 활용하기 위해서 제곱, 세제곱 등으로 부를 것이지만, 이것들이 단지 단순한 선들을 의미한다는 점에 유의하라.

또한 단위선이 아직 결정되지 않은 문제의 경우, 한 선의 각 부분들은 다른 부분들과 동일한 차원으로 표시되어야 한다는 점에도 주목하라. 따라서 여기서 a^3은 abb나 b^3와 같은 차원이며, 그것들은 내가 $\sqrt[3]{a^3-b^3+ab^2}$ 라고 불렀던 선을 구성한다. 그러나 단위선이 정해지면 상황이 달라지는데, 너무 많거나 혹은 적은 차원들이 함께 있는 경우라고 하더라도 단위선을 항상 고려할 수 있기 때문이다. 그래서 만일 a^2b^2-b의 세제곱근을 구하려 한다면, 우리는 양(quantity)[6] a^2b^2는 단위선에 의해 한 번 나누어진 것으로, 그리고 다른 양 b는 단위선에 의해 두 번 곱해진 것으로 간주해야 한다.

마지막으로, 이 선들의 이름을 잊지 않기 위해서는, 그것들을 지정하거나 변경할 때마다 별도의 목록을 만드는 것이 언제나 필수적이다. 예를 들어,

AB = 1, 즉 AB는 1과 같다.

GH = a

BD = b, 등등

그래서 어떤 문제를 풀려고 한다면, 우선 우리는 그것이 풀렸다고 간주하고, 그것을 작도하는 데에 필요해 보이는 모든 선분들에—알

려진 것들뿐만 아니라 알려지지 않은 것들도 포함해서—이름을 부여해야 한다. 그러고 나서, 알려진 선들과 알려지지 않은 선들 간의 어떤 차이도 고려하지 않은 채, 하나의 양을 서로 다른 두 가지 방식으로 표현하는 방법을 발견할 때까지, 이 선들의 상호 의존성을 가장 자연스럽게 보여주는 순서로 그 문제를 풀어나가야 한다. 나는 이것을 방정식(equation)이라 부를 것인데, 그 양을 표현하는 두 가지 방식들 중 한쪽의 항들은 다른 쪽의 항들과 같기 때문이다. 그리고 우리는 알려지지 않은 것으로 간주한 선들의 개수와 같은 수의 방정식을 찾아내야 한다. 혹은 우리가 그만큼을 발견할 수는 없고, 그럼에도 문제에서 요구되는 모든 것을 빠트리지 않았다면, 이는 문제가 완전히 결정되지 않았음을 의미한다. 이런 경우에, 어떤 방정식에도 대응되지 않는 모든 미지의 선들에 대해서, 우리는 길이가 알려진 선들을 임의로 취할 수 있다. 그런 후에도 미지의 선들이 남아 있다면, 우리는 이런 선들을 해명하기 위해 남아 있는 방정식들을—그 자체를 이용하거나 다른 방정식들과 비교하면서—적절히 활용해야 한다. 그것들을 풀면 단지 하나의 미지의 선만이 남겨진다는 것을 확인할 수 있다. 이런 미지의 선은 알려져 있는 다른 선과 같게 되거나, 혹은 미지의 선의 제곱, 세제곱, 네제곱 값이 둘 또는 그 이상의 양들의 합이나 차와 같게 된다. 그리고 여기서 언급된 둘 이상의 양들 중, 하나는 알려진 것이고, 다른 것들은 단위선과 그것의 제곱이나 세제곱, 네제곱 등 다른 알려진 선들로 곱한 것들 사이의 비례 중항으로 구성되어 있다. 나는 이것을 다음과 같이 표현한다.

$$z = b$$

or $z^2 = -az + b^2$

or $z^3 = +az^2 + b^2z - c^3$

or $z^4 = az^3 - c^3z + d^4$, 등등.

내가 미지수로 사용한 z는 b와 같다. 또는, z의 제곱은 b의 제곱에서 a에 z를 곱한 값을 뺀 것과 같다. 혹은, z의 세제곱은 a에 z의 제곱을 곱하고, 여기에 b의 제곱을 z로 곱한 값을 더한 후, 다시 c의 세제곱을 뺀 것과 같다. 그리고 다른 것들도 이와 유사하다.

원과 직선, 또는 원뿔곡선, 혹은 차수가 하나나 둘이 높은 선으로 작도할 수 있는 문제의 경우, 우리는 항상 모든 미지수를 하나의 양으로 환산할 수 있다. 하지만 여기서 이것을 상세히 설명하기 위해 머뭇거리지는 않을 것이다. 내 생각에, 이러한 과학으로부터 우리가 얻어낼 수 있는 주된 이익은 스스로를 익혀 나가면서 얻는 기쁨과 스스로를 훈련시키면서 계발되는 지성인데, 내가 이러한 기쁨과 이익을 빼앗아 버릴 수도 있기 때문이다. 게다가, 여기에는 통상적인 기하학과 대수학에 약간 익숙하면서 이런 전문서적에 관심을 가지는 사람들이 너무 어려워 알아내지 못할 만한 내용은 없다.

이러한 이유에서 나는 다음과 같은 조언을 당신에게 해주는 것으로 만족한다. 즉, 이런 방정식을 푸는 데 있어서 가능할 때마다 적절한 분류법을 사용하기만 한다면, 그 문제가 환산될 수 있는 가장 간단한 항들에 이를 것이다.

그리고 그 문제가 보통의 기하학으로, 즉 평면 위에 그려진 직선과 곡선만을 사용해 풀 수 있는 것이라면, 마지막 방정식이 완전히 풀릴 때 기껏해야 미지수의 제곱만이 남게 될 것이다. 그리고 그것은 방정식의 근에 어떤 알려진 양(기지수)을 곱한 것에, 마찬가지로 알려진 다른 양을 더하거나 뺀 결과와 같게 될 것이다.

그리고 이러한 근 혹은 알려지지 않은 선은 쉽게 구해질 수 있다. 예를 들어, $z^2 = az + b^2$와 같은 식이 있다면, 나는 **그림 19**처럼 한 변

LM이 기지수 b^2의 제곱근인 b와 같고 다른 변 LN은 다른 기지수의 절반인 $^1/_2a$와 같도록 직각삼각형 LNM을 작도할 것인데, 여기서 a는 알려지지 않은 선으로 가정된 z로 곱해지는 값이다. 그리고 나서, 이 삼각형의 밑면[7] MN을 O까지 연장하여 NO와 NL이 같아지도록 하면, 전체 선 OM이 결국 우리가 원하는 선인 z가 된다. 그리고 그것은 이런 방식으로 표현된다.

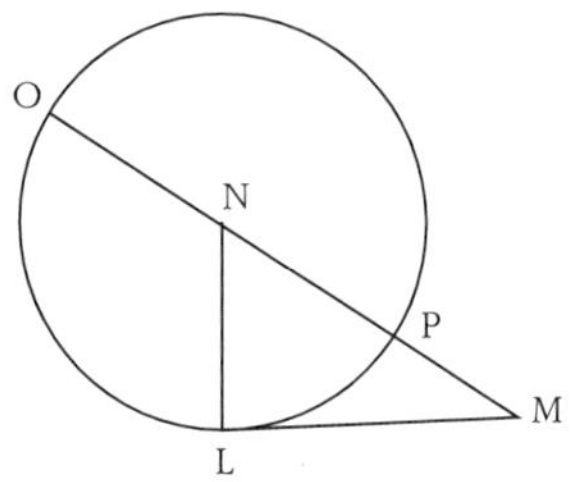

그림 19

$$z = \frac{1}{2}a + \sqrt{\frac{1}{4}a^2 + b^2}$$

그러나 만일 $y^2 = -ay + b^2$라는 식이 있고 y가 구하고자 하는 양이라면, 나는 같은 직각삼각형 NLM을 작도하고 그것의 밑변 MN으로부터 NL과 같은 길이의 NP를 취할 것이다. 그러면 나머지 PM은 구하는 근인 y가 되고, 이로부터 다음과 같은 근을 얻을 수 있다.

$$y = -\frac{1}{2}a + \sqrt{\frac{1}{4}a^2 + b^2}$$

그리고 같은 방식으로 $x^4 = -ax^2 + b^2$과 같은 식이 있다면 PM은 x^2이 될 것이고, 다음의 근을 얻을 수 있을 것이고, 다른 것들도 마찬가지이다.

$$x = \sqrt{-\frac{1}{2}a + \sqrt{\frac{1}{4}a^2 + b^2}}$$

마지막으로, $z^2 = az - b^2$와 같은 식이 있다면, 나는 **그림 20**에서 보듯이 이전처럼 NL을 $^1/_2a$와 같게, LM은 b와 같도록 할 것이다. 그리고 나서, 점 M과 N을 연결하는 대신에 MQR을 LN과 평행하게 그리고,

점 N을 중심으로 하여 점 L을 지나고 Q와 R에서 MQR을 가로지르는 원을 그리면, 구하려는 선 z는 MQ 또는 MR이 된다. 이 경우에는 다음과 같이 두 가지로 표현될 수 있다.

$$z=\frac{1}{2}a+\sqrt{\frac{1}{4}a^2-b^2} \text{ 와 } z=\frac{1}{2}a-\sqrt{\frac{1}{4}a^2-b^2}$$

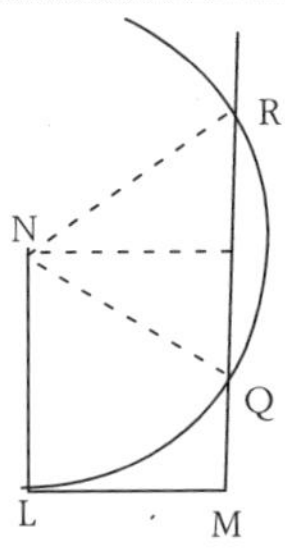

그림 20

만일 점 N을 중심으로 하는 원이 점 L을 지나간 후에 직선 MQR과 교차하거나 접하지 않는다면, 이 방정식은 근이 없는 것이며 따라서 이를 작도하는 것도 불가능하다고 말할 수 있다.

무수히 많은 방법을 통해서 이러한 근을 구할 수 있다. 다만 여기서는 내가 설명했던 네 가지 그림에 포함된 계산만으로도 통상적인 기하학의 모든 문제들을 작도할 수 있음을 보이기 위해서 가장 간단한 문제들을 제시했을 뿐이다. 나는 고대인들이 이러한 사실을 알지 못했다고 생각한다. 왜냐하면 그들이 이러한 점을 인지했다면, 그렇게 많고 커다란 책들을 쓰느라 고생하지는 않았을 것이기 때문이다. 그 책들에 포함된 명제들의 순서만으로도, 고대인들이 그것 모두를 발견하기 위한 참된 방법을 아직 가지지 못했으며, 그 책들 또한 우연히 발견된 명제들을 한꺼번에 모아 둔 것에 지나지 않음을 알 수 있다.

그리고 우리는 파푸스[8)]가 그의 일곱 번째 책의 서두에서 기술한 것에서 이를 분명하게 확인할 수 있다. 거기에서 파푸스는 그의 선조들이 기하학에 대해 써놓은 모든 것들을 열거하기 위해 여러 번 논의를 중단하곤 했는데, 마지막에서 그는 유클리드[9)]나 아폴로니우스[10)] 혹은 어떤 다른 이들도 완전히 풀 수 없었다는 문제를 언급했다. 다음이 그의 이야기이다. (나는 모두가 이를 쉽게 이해할 수 있도록, 희랍 문헌보다는 라틴 문헌을 인용한다.)

게다가, 그(아폴로니우스)는 유클리드가 셋이나 네 개의 선들이 관계된 궤적(locus)의 문제를 완전히 풀지 못했고, 그 자신이나 다른 이들도 그것을 풀어내지 못했으며, 원뿔곡선을 사용해야 한다는—이미 이전 시기에 증명된—유클리드의 언급에 그들이 그 어떤 것도 덧붙이지 못했다고 말했다.

그리고 잠시 후에 그는 이 문제를 다음과 같이 설명했다.

아폴로니우스가 이전 시기의 저자들을 신뢰하지 않으면서 그렇게도 자랑스럽게 여겼던, 셋 또는 네 개의 선들이 관계된 궤적의 문제는 다음과 같다: 세 개의 직선이 정해진 위치에 있고, 어떤 한 점으로부터 주어진 세 직선과 일정한 각도를 이루는 선분들이 그어진다. 이렇게 그어진 선분들 가운데 두 선분으로 둘러싸인 직사각형의 넓이와 나머지 한 선분만으로 그려지는 정사각형의 넓이의 비율이 일정하다면, 그 점의 궤적은 정해진 위치의 3차원 곡선, 즉 세 개의 원뿔곡선 중 하나에 놓이게 된다. 그리고 어떤 점으로부터 위치가 정해진 네 직선과 일정한 각도를 이루도록 선분들이 그어지고 이들 네 선분 중 두 선분에 의한 직사각형과 나머지 두 선분에 의한 직사각형의 비율이 일정하다면, 그 점도 마찬가지로 정해진 위치의 원뿔곡선 위에 놓이게 된다. 두 선분에 대해서는 평면 궤적이 대응된다는 점이 이미 증명되었다. 하지만 만일 넷 이상의 직선이 주어지면, 이 점들은 현재는 알려지지 않은 단지 '선들'이라 불리는 궤적을 만들어낸다. 그것이 무엇인지, 그리고 어떤 성질을 갖는지는 분명치 않다. 그것들 중 한 가지는 으뜸가는 것은 아니지만 매우 명백한 것으로 이미 연구되어 왔고 쓸모가 있었다. 그것들에 대한 명제는 다음과 같다.

만일 임의의 점에서 그어진 선분이 주어진 다섯 직선들과 일정한 각도를 이루고, 그렇게 그어진 선분들 중 세 선분으로 둘러싸인 직육면체와 다른 두 선분과 임의의 선분으로 둘러싸인 직육면체의 비율이 일정하다면, 그 점은 정해진 위치의 '선' 위에 놓이게 된다. 또한 여섯 개의 직선이 있고, 그어진 선분 중에서 세 선분으로 둘러싸인 입방체와 다른 세 선분으로 둘러싸인 입방체의 비율이 일정하다면, 이 점 역시 정해진 위치의 '선' 위에 놓이게 된다. 하지만 여섯 개 이상의 직선이 있다면 우리는 네 개의 선분들로 둘러싸인 것이 나머지에 선분들에 의해 둘러싸인 것에 대해 어떤 비율을 갖는다고 말할 수 없는데, 이는 3차원 이상의 형상(figure)은 존재하지 않기 때문이다.

여기서 당신은 다음에 유의해야 한다. 고대인들은 기하학에서 산술적 항들을 사용하기를 주저했는데, 이것은 그들이 둘 사이의 관계를 분명하게 인식하지 못한 것에 기인한다. 또한 이러한 망설임은 설명 방법에 있어서 많은 모호함과 장애를 가져왔다. 파푸스의 경우 이런 방식으로 나아갔다.

예전의 사람들은, 이러한 (3차원 이상의) 선들로 둘러싸인 도형이 어떤 방식으로도 이해될 수 없는 것으로 여겼다는 점에 동의했다. 하지만 다음과 같은 명제와 방법에 의해서, 그것을 일반적으로 말하고 증명하는 것은 허용될 수 있다. 만일 어떤 점에서부터 주어진 직선들과 일정한 각도를 이루도록 선분이 그어지고, 그 선분들로 조합된 비율이 일정하다면, 그래서 이 선분들 하나가 다른 하나에 대해서, 두 번째 선분은 다른 두 번째 것에 대해서, 세 번째 것은 다른 세 번째 것에 대해서 가지는 비율이 있다면, (만일 일곱 개 혹은 여덟 개의 직선이 있다면, 이와 같은 식으로 주어진 선에 대해 가지는 비율이 있을 것인데) 그 점은 정해진 위치의 선 위에 놓이게 된다. 이와 유사하게 그것이 짝수이든 홀수이든 간에, 이것들은 네 개의 선들에 대응된다. 따라서 그들은 나머지 한 선을 알아낼 수 있는 어떤 방법도 제시하지 못했다.

유클리드가 풀기 시작했고 그 후 아폴로니우스도 도전했지만 아무도 답을 얻지 못했던 문제는 다음과 같은 것이다. 셋이나 넷 혹은 더 많은 수의 직선들이 정해진 위치에 있을 때, 우선 우리는 하나의 점을 정하여 그것으로부터 각각의 주어진 직선과 일정한 각도를 이루도록 선분을 그릴 수 있도록 해야 한다. 그리고 직선이 세 개라면, 그어진 선분들 중에서 두 선분으로 둘러싸인 직사각형은 세 번째 선분에 의한 정사각형에 대해 일정한 비율을 가져야 한다. 반면 직선이 네 개라면, 그것은 다른 두 선분으로 둘러싸인 직사각형에 대해 일정한 비율을 가져야 한다. 만일 직선이 다섯 개라면, 다섯 선분들 중에서 셋으로 이루어진 평행육면체가 나머지 두 선분과 또 다른 주어진 선분으로 이루어진 평행육면체에 대해 일정한 비율을 가져야 한다. 또한 직선이 여섯 개라면, 세 선분으로 이루어진 평행육면체는 다른 세 선분으로 이루어진 평행육면체에 대해 일정한 비율을 가져야 한다. 직선이 일곱 개라면, 일곱 개의 선분들 중에서 네 개를 곱해 얻어진 결과가 나머지 셋과 주어진 한 선분을 곱해서 얻은 결과에 대해 일정한 비율을 가져야 한다. 직선이 여덟 개라면, 선분들 중 네 개를 곱한 결과가 나머지 네 선분을 곱한 결과에 대해 일정한 비율을 가져야 한다. 즉, 이 문제는 직선의 개수가 몇 개가 되든지 간에 계속 확장될 수 있다. 그런데, 여기에서 요구되는 조건을 만족하는 점들은 항상 무수히 많기 때문에, 이 점들이 발견되는 선을 알아내고 또 그려내는 작업이 필요하다. 그리고 파푸스는 직선이 셋 또는 네 개일 경우 이 선은 세 개의 원뿔곡선 중의 하나가 된다고 말했다. 하지만 그는 그 선의 위치를 결정하고 그려내는 데까지 나아가지는 않았고, 문제에서 직선의 개수가 많아질 경우에 이런 모든 점들이 어디에서 발견되어야 하는지를 설명했을 뿐이다. 단지 그는 유용하고, 매우 명백해 보였지만 아직 가장 중요하지는 않은 것들 중에서 하나를 고대인들이 깨달았다고 덧붙였다. 이는 내가 나의 방법을 사용해 그들이 나아갔던 곳까지 나 또한 나아갈 수 있는지 시도하고 확인해 보는 기회를 제공해 주었다.

우선 나는 3, 4, 5개의 직선에 관한 문제의 경우 간단한 기하학을 통해서 원하는 점을 언제나 구할 수 있음을 발견했다. 즉, 주어진 다섯 개의 직선이 모두 평행할 때를 제외하면, 자와 컴퍼스만을 사용하고 위에 설명된 원리만을 활용하여 원하는 점을 구할 수 있는 것이다. 6, 7, 8, 9개의 직선에 관한 문제의 경우 입방체의 기하학, 즉 세 개의 원뿔곡선 중에서 하나를 이용하는 방법을 통해서 원하는 점을 구할 수 있다. 또한 10, 11, 12, 13개의 직선에 관한 문제의 경우, 13개의 직선이 모두 평행할 때를 제외하면, 원뿔곡선보다 더 높은 차수의 곡선을 이용해서 원하는 점을 구할 수 있다. 14, 15, 16, 17개의 직선에 관한 문제의 경우, 앞의 문제보다 더 높은 차수의 곡선을 이용해야 한다. 그리고 이런 식으로 무한히 나아간다.

그 다음에 나는 3, 4개의 직선만 있을 때, 원하는 점이 세 원뿔곡선 중 하나에서 뿐만 아니라 때로는 원의 둘레나 직선 위에서도 발견될 수 있음을 알아냈다. 그리고 5, 6, 7, 8개의 직선이 있을 때, 이러한 모든 점은 원뿔곡선보다 높은 차수의 곡선들 중 하나에서 발견될 수 있는데, 이러한 곡선들 중에서 문제에 유용한 어느 하나를 생각해 내기란 불가능하다. 하지만 이 점은 원뿔곡선이나 원 혹은 직선 위에서 발견될 수도 있다. 그리고 9, 10, 11, 12개의 직선이 있을 때, 이러한 모든 점은 이전 문제의 곡선들보다 더 높은 차수의 곡선 위에서 발견될 것이다. 하지만 이렇게 차수가 더 높은 곡선들은 문제를 푸는 데 활용될 수 있다. 그리고 이런 식으로 무한히 나아간다.

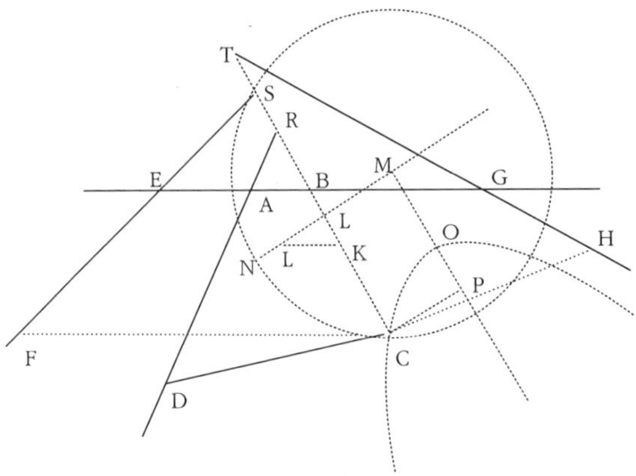

그림 21

마지막으로, 원뿔곡선 다음으로 가장 간단한 선은 포물선과 직선을 교차시켜 그릴 수 있는 선인데, 그 작도 방법에 대해서는 조만간 설명할 것이다. 따라서 나는 파푸스가 고대인들이 시도하려 했다고 우리에게 말해 주었던 것을, 내가 완전하게 성취해 내었다고 생각한다. 그리고 이를 몇 마디 말로써 증명해 보일 것인데, 이미 그것에 대해 너무 많은 것을 기술하느라 지루해졌기 때문이다.

그림 21에서 보듯이, 우선 위치가 정해진 여러 직선을 AB, AD, EF, GH 등으로 표시하자. 그러고 나서 C와 같은 한 점을 찾아내야 하는데, 이 점으로부터 주어진 직선들 위로 CB, CD, CF, CH와 같은 선분을 그을 수 있어야 하고, 각 CBA, CDA, CFE, CHG는 일정해야 하며, 두 선분의 곱이 나머지 두 선분의 곱과 같아지도록 해야 한다. 아니면, 최소한 곱해진 두 값이 일정한 비율을 갖도록 해도 되는데, 이는 문제를 좀더 어렵게 만든다.

우선, 나는 이 문제가 이미 풀렸다고 가정할 것이다. 그리고 이 문제의 모든 선들을 서로 혼동하지 않기 위해서, 주어진 선들 중 하나와 구해야 하는 선들 중 하나를 주된 선으로 고려할 것인데, 예를 들자면

AB와 CB가 그러하다. 점 A와 점 B 사이의 선분 AB를 x라 부르고, 선분 BC를 y라 부르자. 그리고 다른 모든 선들이 위의 주된 선들과 평행하지 않다면, 이 두 선에 교차할 때까지 (그리고 필요하다면 이 두 선까지도) 연장시키자. 그러면 이렇게 연장된 선들이 점 A, E, G에서 선 AB를 가로지르고, 점 R, S, T에서 선 BC를 가로지르는 것을 확인할 수 있다. 삼각형 ARB의 모든 각도가 주어져 있으므로 선 AB와 선 BR의 비율 또한 정해지게 되는데, 그것을 z 대 b의 비율로 표현하자. 그러면 AB가 x이므로 RB는 $\frac{bx}{z}$ 가 되고, 점 B가 점 C와 점 R 사이에 있으므로 선분 CR은 $y+\frac{bx}{z}$이 된다. 반면에, R이 C와 B 사이에 놓여 있다면 CR은 $y-\frac{bx}{z}$ 가 될 것이었고, C가 B와 R 사이에 놓여 있다면 $-y+\frac{bx}{z}$ 가 될 것이다. 한편, 삼각형 DRC의 세 각이 주어져 있어서 CR와 CD의 비율을 알 수 있고 이것을 z 대 c라고 표현한다면, CR이 $y+\frac{bx}{z}$ 일 때 CD는 $\frac{cy}{z}+\frac{bcx}{z^2}$가 된다. 또한 선 AB, AD, EF의 위치가 정해져 있으므로 점 A와 점 E 사이의 거리도 주어져 있는 것이고, 이 거리를 k라고 부른다면 EB가 $k+x$와 같다는 것을 확인할 수 있다. 반면 점 B가 점 E와 점 A 사이에 놓여 있다면 EB는 $k-x$가 되고, 점 E가 점 A와 점 B 사이에 놓여 있다면 $-k+x$가 될 것이다. 그리고 삼각형 ESB의 모든 각이 정해져 있기 때문에, BE와 BS의 비율 또한 주어져 있다. 이 비율을 z 대 d로 표시하면 선분 BS는 $\frac{dk+dx}{z}$ 가 되고 선분 CS는 $\frac{zy+dk+dx}{z}$ 가 된다. 하지만 점 S가 점 B와 점 C 사이에 있다면 CS는 $\frac{zy-dk-dx}{z}$ 가 될 것이고, 점 C가 점 B와 점 S 사이에 있다면 CS는 $\frac{-zy+dk+dx}{z}$ 가 될 것이다. 게다가, 삼각형 FSC의 세 각이 정해져 있으므로 CS와 CF의 비 또한 주어져 있는데, 이 비가 z 대 e와 같다면 선분 CF는 $\frac{ezy+dek+dez}{z^2}$ 가 된다. 같은 방식으로 내가 l이라고 부르는 AG는 주어져 있으므로 BG는 $l+x$가 된다. 또한 삼각형 BGT로 인하여 BG와 BT의 비율도 주어져 있는데, 이것이 z와 f의 비와 같다면 BT는 $\frac{fl-fx}{z}$ 가 되고 CT는 $\frac{zy+fl-fx}{z}$ 가 된다. 이에 더하여, 삼각형 TCH로 인하여 TC와 CH의 비율은 주어지는데, 이를 z 대 g의 비로 표현하면, CH가 $\frac{gzy+fgl-fgx}{z^2}$ 와 같다는 것을 알게 된다.

따라서 문제의 성격상, 주어진 직선들이 얼마나 많은가에 상관없이 점 C로부터 일정한 각도로 그어진 모든 선분들은 언제나 세 가지 항으로 표현된다는 점을 알 수 있다. 세 항 중에서, 첫 번째 항은 다른 알려진 양(기지수)으로 곱하거나 나누어진 미지수 y로 이루어져 있고, 두 번째 항은 역시 어떤 기지수로 곱하거나 나누어진 미지수 x로 이루어져 있으며, 세 번째 항은 어떤 기지수로 이루어져 있다. 유일한 예외는 주어진 선들이 AB에 평행하거나 아니면 CB에 평행한 경우인데, 전자에서는 x를 포함하는 항이 영이 되고, 후자에서는 y를 포함하는 항이 영이 된다. 하지만 이는 너무나 분명해 보이기 때문에, 이를 따로 증명하지는 않을 것이다. 그리고 이런 항들에 덧붙어 있는 더하기와 빼기와 같은 부호들의 경우, 가능한 모든 방식으로 변화될 수 있다.

한편, 우리는 이런 선분들 중 여럿이 서로 곱해질 때에, 그 결과에 들어 있는 양 x와 y는 이런 식으로 곱해지는 선들과 같은 차원이 되어야 한다는 점을 알 수 있다. 그래서 두 선분들이 곱해진 결과는 2차원 이상이 될 수 없고, 세 선분들의 곱셈 결과는 3차원 이상이 될 수 없으며, 이런 식으로 무한히 나아간다.

더욱이 점 C의 위치를 결정하기 위해서 필요한 조건은 단 하나인데, 그것은 몇 개의 선분들을 곱하여 산출된 결과가 나머지 선분들의 곱셈 결과와 같거나, 혹은 일정한 비율을 가져야 한다는 조건이다. 여기서 우리는 두 미지수 x와 y 중에서 하나를 임의로 취할 수 있으며, 방정식을 통해 나머지 하나를 구할 수 있다. 이때 다섯 개 이상의 직선들에 관한 문제가 아니라면, 첫 번째 선을 표현하는 데 사용되지 않은 양 x가 2차원 이상이 될 수 없음은 분명하다. 그리고 y를 알려진 양으로 취하여 그 값으로 $x^2 \pm ax \pm b^2$을 얻게 될 것이고, 자와 컴퍼스 그리고 앞서 설명한 방법들을 이용하면 양 x를 구할 수 있다. 그 다음에 선분 y에 잇따라 무수히 많은 다른 값들을 취해 가면서, x에 해당하는 무수히 많은 값들 또한 구할 수 있을 것이다. 따라서 점 C라고 표시되는 무수히 많은 점들이 생기게 될 것인데, 이러한 점들에 의해서 구하려 했던 곡선을 작도할 수 있게 되는 것이다.

여섯 개 혹은 그 이상의 직선들에 관한 문제의 경우도, 주어진 직선들 중에서 BA나 BC에 평행한 것이 있다면 위와 마찬가지 방법을 이용할 수 있다. 이 경우에, 방정식에서 x와 y 중 하나는 2차원이 될 것이기 때문에, 자와 컴퍼스를 가지고 점 C를 찾아낼 수 있다. 반면에 주어진 직선들이 모두 평행할 경우, 설사 다섯 개의 직선들에 관한 문제라 하더라도 점 C를 찾아낼 수는 없을 것이다. 왜냐하면 양 x는 방정식상에 전혀 나타나지 않게 되므로, C점을 구하는 데 꼭 필요한 y에 해당하는 기지수를 더 이상 고를 수 없기 때문이다. 그리고 항 y가 3차원이 될 경우 삼차 방정식의 근을 구함으로써 점 C를 찾아낼 수 있는데, 이런 방정식은 일반적으로 적어도 하나의 원뿔곡선을 이용하지 않으면 풀리지 않는다. 그리고 직선이 아홉 개까지 주어진다고 해도, 그것들이 서로 평행하지만 않으면 4차원이 넘지 않는 방정식으로 그것을 표현할 수 있다. 결국 내가 이후에 설명할 방법을 이용하면, 원뿔곡선을 통해서 이러한 문제를 언제나 풀 수 있게 된다. 그리고 열세 개까지의 직선이 주어진다 하더라도, 6차원이 넘지 않는 방정식으로 그것을 표현할 수 있다. 결과적으로, 내가 이후에 설명할 방법을 활용하면, 이를 원뿔곡선보다 차수가 높은 곡선을 이용하여 문제를 풀 수 있게 되는 것이다. 그리고 이것이 내가 여기서 증명해야만 하는 첫 번째 부분이다. 하지만 두 번째 부분으로 넘어가기 전에, 우선 곡선의 본성에 대한 일반적인 이야기부터 해야겠다.

제2편 곡선의 본성에 대하여

고대인들은 기하학에 세 가지 유형의 문제가 있다는 것을 매우 잘 알고 있었는데, 그것은 바로 평면적인 것, 입체적인 것, 선형적인 것이다. 즉, 몇몇은 직선과 원만을 그려서 작도할 수 있지만, 어떤 것들은 원뿔곡선을 이용하지 않으면 작도할 수 없고, 또 다른 것들은 훨씬 더 복잡한 선을 필요로 한다. 하지만 나는 고대인들이 이를 훨씬 넘어서는 복잡한 곡선들을 서로 다른 차수들로 구분하지 않았다는 것에 놀랐고, 왜 그들이 이런 곡선들을 기하학적(geometrical)이 아닌 역학적(mechanical) 곡선으로 칭했는지 이해할 수 없다. 만일 그 이유가 이러한 곡선들을 그려내기 위해서 어떤 기구를 이용해야 하기 때문이라면, 자와 컴퍼스와 같은 기구를 이용하여 그려지는 직선과 곡선도 마찬가지 이유로 기하학적 곡선에서 제외되어야 할 것이다. 또한 그 이유를 그것들을 그리는 데에 사용되는 기구들이 자와 컴퍼스에 비하여 훨씬 더 복잡하기 때문에 정확성을 기할 수 없다는 것에서 찾는 것도 그리 적절하지 못하다. 이렇게 본다면 이러한 곡선들은 역학에서도 제외되어야 하는데, 추론의 정확함만을 요구하는 기하학과는 달리, 역학에서 손으로 하는 작업들은 그 정확성이 핵심이기 때문이다. 또한 나는 고대인들이 공리의 수가 늘어나는 것을 원치 않았기 때문에, 두 점을 한 직선으로 연결할 수 있고 주어진 중심에서 한 점을 통과하는 원을 그릴 수 있음을 인정하는 것으로 만족했다고 이야기하지도 않을 것이다. 왜냐하면 원뿔곡선을 다루는 데 있어서, 그들은 어떤 원뿔도 주어진 평면으로 잘려질 수 있다고 가정했기 때문이다. 사실 내가 여기서 도입하려 하는 곡선들을 그리기 위해서 필요한 가정은, 둘 또는 그 이상의 선들이 다른 하나에 의해서 옮겨질 수 있으며 이러한 교차점에 의해서 다른 곡선의 위치가 결정된다는 점을 제외하면 아무것도 없다. 그리고 내게는 이러한 가정을 도입하는 것이 또 다른 두 가지 가정을 하는 것보다 어려울 것이 없어 보인다. 고대인들이 기하학에 원뿔곡선들을 완전히 받아들이지 않았다는 점은 사실이고, 내가 통상적으로 사용되면서 승인되어 온 이름들을 바꾸려 시도하지도 않을 것이다. 하지만 만일 우리가 '기하학'을 정밀하고 정확한 것으로 이해하고 '역학'을 그렇지 않은 것으로 이해한다면, 그리고 기하학을 모든 물체의 계측에 대한 일반적 지식을 제공하는 과학으로 간주한다면, 더이상 기하학으로부터 복잡한 선들을 제외시키려 해서는 안 된다는 점이 분명해진다. 왜냐하면 그것들은 좀더 단순한 선들의 연속적이고 지속적인 움직임에 의해서 그려지는 것으로 생각할 수 있기 때문이다. 또한 이런 방법을 통해서 우리는 계측에 대한 정확한 지식을 지금까지 얻어 왔기 때문이기도 하다. 그러나 고대의 기하학자들이 원뿔곡선보다 더 복잡한 곡선을 받아들이지 못했던 이유는, 아마 그들이 우연하게도 나선(spiral curves), 할선(quadratrix curves),[11] 혹은 이와 유사한 종류의 실제 역학의 영역에 속하는 곡선들을 먼저 고려했던 점에서 찾아질 수 있을 것이다. 내가 보기에도 이런 곡선들에는 숫자가 전혀 포함되어 있지 않은데, 그것들은 서로 정확히 측정되는 관계를 갖지 않는 두 가지 독립된 운동에 의해서 그려지는 것이기 때문이다. 그러나 그 이후에 고대인들은 나사선(conchoid),[12] 질주선(cissoid),[13] 그리고 우리가 기하학적 선으로 받아들이고 있는 다른 몇 가지를 더 검토했다. 그럼에도 불구하고, 그들은 이러한 곡선들의 성질에 주의를 충분히 기울이지 않았기 때문에, 앞서의 (역학적) 곡선들에 대해서보다 더 많은 것을 알아내지는 못했을 것이다. 혹은, 그때까지도 단지 원뿔곡선에 대해 알려진 바가 별로 없었고, 자와 컴퍼스만을 사용해 할 수 있는 것이 무엇인지도 제대로 몰랐기 때문에, 훨씬 더 어려운 주제에 다가가서는 안 된다고 그들 스스로 생각했을

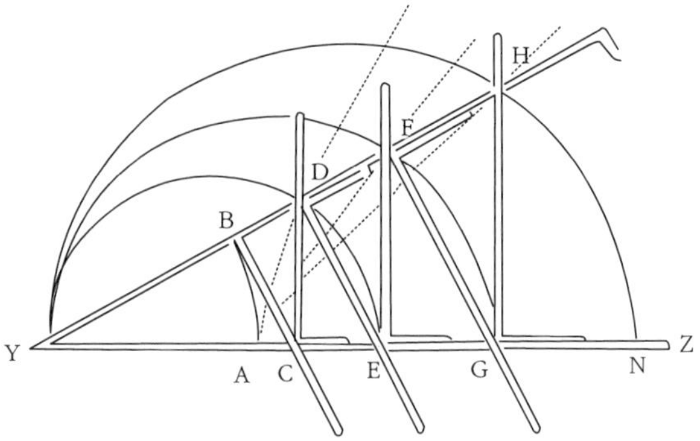

그림 22

수도 있다. 하지만 나는 여기서 제안된 기하학적 계산을 활용할 수 있는 기술을 가진 사람들이 평면의 문제와 입체의 문제에서 멈추어 서지 않기를 바란다. 그리고 내가 그들에게 몇 가지 다른 연구를 권하는 것으로, 연습을 위한 기회를 충분히 제공하리라 믿는다.

그림 22에서 보듯이, 몇 개의 자로 이루어진 기구 YZ를 사용하여 그려진 것으로 볼 수 있는 선 AB, AD, AF 등을 살펴보자. 기구의 자들은 서로 결합되어 있어서, YZ으로 표시된 기구가 선 AN 위에 놓여져 있을 때 각 XYZ를 열고 닫을 수 있다. 그리고 그것이 완전히 닫히면, 점 B, C, D, E, F, G, H는 모두 점 A에 모인다. 반대로 그것을 어느 정도 열면, 점 B에서 XY와 직각으로 연결된 자 BC는 자 CD를 Z 쪽으로 밀어낸다. 이때 CD는 언제나 그것에 대해 수직인 YZ를 따라 미끄러지면서 DE를 밀어내고, DE는 EF를, EF는 FG를, FG는 GH를 연속적으로 밀어낸다. 이런 식으로 다른 자들이 무한히 연속적으로 밀려나는 것을 볼 수 있는데, 그것들 중 절반은 YX와 같은 각도를 유지할 것이고, 나머지 절반은 YZ와 동일한 각도를 유지할 것이다. 이제 각 XYZ를 열게 되면, 점 B는 원의 일부인 선 AB를 그리고, 다른 자들의 교차되는 점 D, F, H는 각각 다른 곡선 AD, AF, AH를 그리

게 된다. 이 곡선들 중에서 나중 것들은 첫 번째 곡선보다, 즉 원보다 점점 더 복잡한 곡선이 된다. 하지만, 나는 AD를 작도하는 것이 원을 작도하는 것보다, 혹은 적어도 원뿔곡선을 그리는 것보다 모호하고 불명확할 것이 없다고 생각한다. 또한 나는 두 번째, 세 번째, 그리고 나머지 곡선들이 첫 번째 곡선에 비해서 작도하기 어렵다고 생각하지 않는다. 따라서 나는 기하학적 추론에 사용하기 위해서, 이러한 곡선들을 동일한 방식으로 받아들이지 못할 이유가 없다고 생각한다.

여기서 나는 차수에 따라 그 복잡성이 무한대까지 증가하는 곡선들을 그리는 다른 방법들을 여럿 제시할 수 있다. 하지만 자연에 존재하는 모든 곡선들을 다같이 이해하고 그것들을 특정 유형별로 차례로 분류하기 위해서는, 다음과 같이 이야기하는 편이 가장 좋겠다. 다름 아니라, '기하학적' 이라 칭해지는 곡선들, 즉 정밀하고 정확한 계측이 적용될 수 있는 곡선들의 경우, 그 위의 모든 점들은 다른 직선 위의 모든 점들과 특정한 관계를 갖게 되는 것이다. 그리고 이 관계는 모든 점들에 대한 하나의 방정식으로 표현될 수 있다. 한편, 이 방정식의 어떤 항도 두 미지수에 이루어진 직사각형〔두 미지수의 곱을 의미〕이나 한 미지수로 이루어진 정사각형〔한 미지수의 제곱을 의미〕보다 높지 않을 경우, 그 곡선은 첫 번째 유형(first class)이자 가장 단순한 유형의 곡선이 되는데, 이에는 원, 포물선, 쌍곡선, 타원만이 포함된다. 하지만 방정식의 두 미지수(왜냐하면 두 점 사이의 관계를 설명하려면 두 개의 미지수가 필요하므로) 중에서 한 개 이상이 3차나 4차에 이르는 경우, 그 곡선은 두 번째 유형(second class)의 곡선이 된다. 그리고 방정식이 5차나 6차가 되면, 그 곡선은 세 번째 유형(third class)의 곡선이 된다. 그리고 나머지 것들에 대해서도 이와 같이 계속된다.

예를 들어, 선 EC가 어떤 유형의 곡선에 속하는지 알아본다고 하자. EC는 자 GL과 직선 평면도형(rectilinear plane) CNKL의 교점에 의해 그려진다고 볼 수 있는데, 이때 CNKL의 변 KN은 C 쪽으로 무한히 연장된다. 또한 자 GL은 점 G를 중심으로 원형으로 돌게 되면서 그 위의 평면도형 또한 움직이게 된다. 이때 직경 KL은 항상 직선 BA의 한 부분을 이루게 되는데, 자가 평면도형과 맞붙어 있으면서 언제나 점 L을 통과해 지나가도록 되어 있기 때문이다. 여기서 곡선 EC의 모든 점들을 다른 점들과 관련짓기 위해서 AB와 같은 선분 하나를 고르고, 이 AB의 한 점 A를 선택하는 것으로부터 계산을 시작하자. 무엇을 선택하든지 상관없기 때문에, 나는 일단 AB와 A를 골랐다. 이렇게 할 수 있는 이유는 방정식의 길이를 줄이고 그것을 단순하게 만드는 많은 방법들이 분명 있지만, 어떤 직선을 선택하든지 간에 곡선 EC는 항상 같은 유형에 속하게 될 것이기 때문이다.

그런 후에, 그 곡선 위에서 G와 같은 점—이 경우에는, 그 곡선을 작도하는 데 필요한 기구가 사용된 것으로 볼 수 있는 점—을 임의로 선택하고, 이 점 C에서부터 GA에 평행하게 선 CB를 그린다. 그리고 CB와 BA는 결정되지 않은 두 미지수이므로, 하나를 y로 다른 하나는 x로 이름 붙인다. 그러나 그것들 사이의 관계를 찾으려면 이 곡선의 작도에 영향을 미치는 기지수들도 고려해야 한다. 여기서의 기지수는 내가 a라고 명명한 GA, b라고 명명한 KL, c라고 명명한 NL(GA와 평행) 등이다. 그러면, NL과 LK의 비율 또는 c와 b의 비율은 GB와 BK의 비율과 같게 되고 CB는 y이기 때문에, 결국 BK는 $\frac{b}{c}y$가 된다. 또한 BL은 $\frac{b}{c}y-b$ 가 되고, AL은 $x+\frac{b}{c}y-b$ 가 된다. 게다가, CB와 LB의 비율인 y 대 $\frac{b}{c}y-b$ 가 GA와 LA의 비율인 a 대 $x+\frac{b}{c}y-b$ 와 같으므로, 두 번째 것을 세 번째 것과 곱해서 나온 $\frac{ab}{c}y-ab$ 는 첫 번째와 네 번째를 곱해서 나온 $xy+\frac{b}{c}y^2-by$ 와 같게 된다. 이를 통해 찾은 방정식은 다음과 같다.

$$y^2 = cy - \frac{cx}{b}y + ay - ac$$

이 방정식에서, 우리는 선 EC가 첫 번째 유형의 곡선에 해당함을 알 수 있는데, 사실 그것은 쌍곡선이었던 것이다.

만일 위의 곡선을 작도 기구에서 직선 CNK를 이 쌍곡선으로 교체하면, 이 쌍곡선과 자 GL의 교점은 쌍곡선 EC 대신에 두 번째 유형에 속하는 다른 곡선을 그릴 것이다. 또한 CNK가 중심이 L인 원이라면, 우리는 고대인들의 첫 번째 나사선을 작도하게 될 것이다. 그리고 그것이 지름이 KB인 포물선이라면, 앞서 말했던 다섯 개의 직선으로 된 파푸스의 문제를 푸는 데 필요한 가장 간단한 곡선을 작도하게 될 것이다. 반면에 평면도형 CNKL의 자리에 첫 번째 유형의 곡선을 사용하지 않고 두 번째 유형의 곡선들 중 하나를 사용하게 되면, 세 번째 유형의 곡선을 작도하게 될 것이다. 마찬가지로 세 번째 유형의 곡선 중 하나를 사용하면 네 번째 유형의 곡선을 작도하게 될 것이다. 이러한 과정은 무한히 계속될 것인데, 이것은 계산을 통해 증명하기란 그리 어렵지 않다. 그리고 곡선을 어떤 다른 방법으로 작도하든지 간에, 이 선이 내가 '기하학적' 이라고 부르는 유형에 속한다면, 우리는 언제나 이런 방식으로 그것의 모든 점들의 위치를 정해 주는 방정식을 발견할 수 있을 것이다.

이제 나는 이러한 방정식이 4차가 되도록 하는 곡선이 그 방정식을 3차가 되도록 하는 곡선과 같은 유형에 속한다는 사실을 깨달았다. 그리고 6차와 5차 방정식에 해당하는 곡선들도 같은 유형에 속하게 되는데, 나머지 것들에 대해서도 이와 같이 적용된다. 이렇게 되는 이유는 4차의 모든 난점들을 3차로 바꾸어 주고, 또한 모든 6차 방정식을 5차 방정식으로 변형시켜 주는 일반 원리가 존재하기 때문이다. 그리고 이로 인해, 우리는 높은 차수가 낮은 차수보다 훨씬 더 복잡한 것이라고 생각할 필요가 없게 된다.

각 유형에 속하는 선들은 대부분 비슷한 정도의 복잡성을 지니기 때문에, 특정 점의 위치를 결정하고 특정 문제를 작도하는 데 동일하게 사용될 수 있는 편이지만, 그럼에도 불구하고 몇몇 선들은 좀더 단순하여 거듭제곱이 얼마 포함되지 않도록 해주기도 한다. 우선 첫 번째 유형에는 복잡성의 정도가 동일한 타원, 쌍곡선, 포물선 외에도, 이것들보다 분명 더 단순한 원이 포함되어 있다. 또한 두 번째 유형에는 원으로부터 출발하는 보통의 나사선이 있으며, 두 번째 유형에 속한 곡선들보다 훨씬 적은 거듭제곱을 가지지만 첫 번째 유형으로 분류되지는 않은 곡선들도 있다.

〔후략〕

하비

동물의 심장과 피의 운동에 대한 해부학적 논고

(1628)

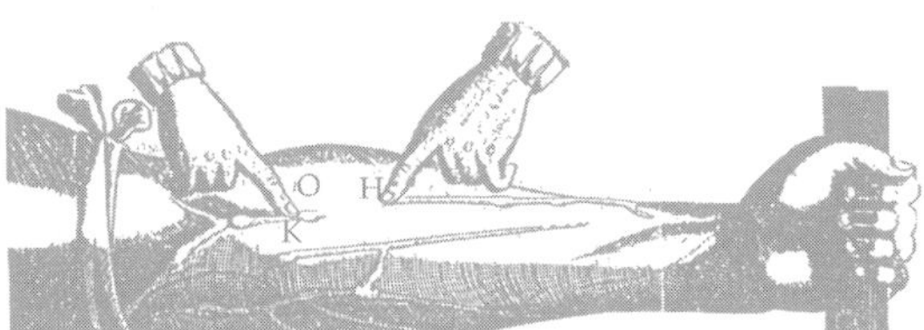

영국의 의사이자 생리학자인 윌리엄 하비(William Harvey, 1578-1657)의 『동물의 심장과 피의 운동에 대한 해부학적 논고』는 의학과 생리학 분야에서 '코페르니쿠스적 전환'을 이룬 책이다. 하비 이전의 의사와 과학자들은 인간을 비롯한 동물의 피가 간에서 만들어져서 정맥을 통해서 온몸으로 보내진 뒤에 신체조직에서 소모된다고 생각했다. 하비의 『동물의 심장과 피의 운동에 대한 해부학적 논고』는 피가 인체를 순환한다는 것을 처음으로 밝혀냈는데, 이는 1천 년을 넘게 정설로 받아들여진 갈레노스(Galenos)의 의학을 근대적 의학으로 대체한 사건이었다.

영국의 의사이자 생리학자인 윌리엄 하비(William Harvey, 1578-1657)의 『동물의 심장과 피의 운동에 대한 해부학적 논고』(*An Anatomical Exercise on the Motion of the Heart and Blood in Animals*, 원제: *Exercitatio Anatomica de Motu Cordis et Sanguinis in Animalibus*)는 의학과 생리학 분야에서 '코페르니쿠스적 전환'을 이룬 책이다. 하비 이전의 의사와 과학자들은 인간을 비롯한 동물의 피가 간에서 만들어져서 정맥을 통해서 온몸으로 보내진 뒤에 신체조직에서 소모된다고 생각했다. 하비의 『동물의 심장과 피의 운동에 대한 해부학적 논고』는 피가 인체를 순환한다는 것을 처음으로 밝혀냈는데, 이는 1천 년을 넘게 정설로 받아들여진 갈레노스(Galenos)의 의학을 근대적 의학으로 대체한 사건이었다.

하비가 이탈리아의 파두아 대학에서 수학했던 시절에 정맥의 판막(valve)이 발견되었다. 판막은 간에서 피를 인체 각 부위에 보내기 수월한 방향이 아니라 인체에서 돌아오는 피가 역류하지 못하게 하는 방향으로 정맥에 붙어 있었다. 그는 이때 피가 정맥을 통해서 온몸으로 전달된다는 갈레노스의 이론을 처음으로 의심했던 것으로 알려져 있다.

영국에 돌아온 뒤에 하비는 의사로서 탄탄대로의 길을 걸어서 국왕 제임스 1세의 주치의를 역임했다. 왕궁의 주치의를 하면서 그는 자유롭게 연구할 시간을 비교적 넉넉하게 확보했으며, 1618년경까지 순환이론에 뒷받침이 될 더 많은 사실들을 수집했다. 하비는 1618년에서 1628년 사이에 여러 가지 실험과 관찰을 통해서 순환에 대한 확신을 하게 되었고, 자신의 새로운 이론을 담은 『동물의 심장과 피의 운동에 대한 해부학적 논고』를 1628년에 출간했다.

라틴어로 씌어진 이 책은 크게 두 부분으로 구성되어 있다. "심장의 운동(De Motu Cordis)"에 대한 제1장부터 제8장까지는 심장의 운동과 동맥을 설명하며, "피의 순환(De Circulatione Sanguinis)"에 대한 제9장에서 제17장까지는 피의 순환에 대한 증거들을 소개하고 있다. 이 책에서 하비는 맥박이 뛰면서 심장으로부터 방출되는 피의 양을 계산하는 것과 같은 정량적인 방법을 이용하고 있으며, 결찰사(結紮絲)로 팔을 동여매어 피가 동맥을 통해 몸의 끝부분으로 갔다가 정맥을 통해 돌아옴을 보이는 실험적 방법을 사용하고 있다. 당시에 이런 정량적 방법이나 실험적 방법은 의학이나 생리학의 영역에서 일상적으로 사용되던 방법은 아니었다.

하비의 주장은 의사들 사이에서 상당히 급속히 수용되었다. 영국의 의사들은 거의 즉각적인 반응을 보이면서 이를 수용했으며, 대륙 쪽에서는 영국보다는 늦었지만 비교적 빠른 시간(약 20년) 안에 하비의 이론을 수용했다. 르네 데카르트는 하비의 이론을 최초로 받아들인 대륙의 철학자 중 한 명이었다. 국내 번역본은 없고 여기에 실린 번역은 가톨릭대학교의 이관수 교수가 번역한 것을 사용했다.

제8장 정맥에서 심장을 통해 동맥으로 이동하는 피의 양, 그리고 피의 순환운동

지금까지 우리는 피가 정맥에서 동맥으로 이동하는 방식, 그리고 피가 심장의 박동에 의해 운반되고 배분되는 방식에 대해 고찰하였다. 갈레노스[1)]나 콜롬보[2)]의 권위 또는 다른 학자들의 논증에 의거하여, 이런 논점에 대해 나와 동의하는 사람들도 있을 것이다. 이제 논의해야 할 것은 이렇게 전달되는 피의 양과 기원에 대한 것인데, 조심스럽게 생각해 볼지라도, 이제부터 제기할 주장은 너무 생소하고 꿈도 꾸지 못했던 것이기 때문에, 나는 몇몇 사람들의 악의에 찬 음해가 겁나기도 하고, 모든 사람을 적으로 삼을 것 같아 무척 두렵다. 이는 사람이 습관이나 학설을 일단 흡수하여 뿌리까지 깊숙이 체득하면, 그런 습관이나 학설이 제2의 본성이 되기 때문이다. 또한 고대에 대한 존경이 모든 사람에게 영향을 준다. 하지만 이제 주사위는 던져졌다. 나의 희망은 진리에 대한 사랑과 지성의 성실함(integrity)이다.

우선 나는 여러 연구들에서 동물실험에서 동맥을 절개했을 때 얼마나 많은 피가 나올 수 있는지를 진지하게 고찰하였다. 그리고 나는 심실로 들어가고 나오는 혈관들의 대칭성과 크기에 대해 생각하였다. 왜냐하면, 그 어떤 것도 목적 없이 만들지 않는 자연이 이런 혈관들을 목적 없이 다른 혈관들보다 거대하게 만들지는 않았을 것이기 때문이다. 그리고 나는 판막의 배열과 구조 그리고 심장의 나머지 부분에 대해 생각하였다. 이런, 그리고 다른 일들에 대해 나는 자주 그리고 깊게 숙고하였다. 나는 오랜 기간에 걸쳐 얼마나 많은 피가 심장을 통해 정맥에서 동맥으로 전달되는지 그리고 얼마나 짧은 시간에 피가 전달되는지와 같은 문제들에 내 마음을 쏟았다. 피가 어떻게든 동맥에서 정맥으로 돌아가서 다시 우심실로 복귀해야 되지, 그렇지 않고 정맥이 완전히 텅 비워지고 동맥이 파열하는 일이 벌어지지 않으면서 소화된 음식만으로는 그렇게 많은 피를 만들어 낼 수 있다고는 생각할 수 없었다. 그래서 나는 마치 원과 같은 종류의 운동이 있을 것이라고 생각하기 시작하였다.

나는 나중에 이 생각이 옳다는 것을 확인했다. 피는 좌심실이 뛰에 의해 동맥을 통해 전신에 공급된다. 그리고 정맥을 통해 대정맥으로 흘러간다. 그리고는 우심방으로 갔다가 우심실에서 폐동맥을 통해 허파로 간 다음, 허파에서 폐정맥을 통해 결국 좌심실로 돌아온다.

이 운동은 아리스토텔레스가 공기와 비가 천체의 회전운동을 본뜬다고 말했던 것과 같은 의미에서 순환운동이라고 부를 수 있다. 태양에 의해 가열된 지상의 습기는 증기를 내뱉고, 상승한 증기는 응축되어 떨어져 다시 땅을 적신다. 이런 수단에 의해 만물은 자란다. 마찬가지로 폭풍과 혜성도 태양이 순환운동하면서 가까이 왔다가 멀어짐에 따라 발생한다.

그러므로 비슷한 일이 피의 운동에 의해 우리 몸 안에서 일어난다. 신체의 각 부분은 그들보다 더 완벽하고, 더 활기 있고, 감히 말하건대, 더 영양분이 많은 피에 의해 양분과 온기를 공급받는다. 하지만 신체의 각 부분에서는 이 피가 차게 식고, 활기를 잃어 탁해지고, 자신의 능력을 잃는다. 그래서 피는 스스로의 덕성을 회복하고자 자신의 근원이자 신체의 내밀한 사원인 심장으로 돌아간다.

여기서 피는 자신의 자연스런 온기와 운동성, 자신의 능력과 생명력을 다시 얻고, 활기로 충만하여 다시 온몸으로 퍼져나간다. 이 모든 것이 심장의 운동과 뛰에 의존한다.

그러므로 심장은 생명의 중심이며, 소우주의 태양이고, 거꾸로 태양을 세계의 심장이라고 부를 수 있는 것이다. 심장의 힘과 맥동에 의해 피는 움직이며 기운을 회복하고 부패하지 않게 되는 것이다. 심장이야말로 몸 전체의 영양과 온기를 담당하는 은밀한 사원이며 모든 생명의 기초이자 근원이다. 하지만 이런 문제에 대해 우리는 이 운동의 궁극적인 원인을 고려할 때만이 더 적절한 방식으로 생각해 볼 수 있을 것이다.

피가 지나가는 혈관은 대정맥형과 대동맥형 두 가지가 있다. 이 구별은, 내가 말했듯이 여러 동물들의 정맥 혈관은 그 두께가 동맥 혈관의 두께와 다르지 않기 때문에, 흔히들 아리스토텔레스를 따라 생각하듯 구조와 외양을 기준으로 나뉜 것이 아니라, 기능과 용도의 차이에 근거하여 나뉜 것이다. (갈레노스 이전의) 고대인들이 정맥과 동맥을 통틀어 정맥이라고 불렀는데, 갈레노스가 지적했듯이 이는 사실 부당하지 않다. 동맥은 심장에서 몸으로 피를 나르는 혈관이고, 정맥은 몸에서 심장으로 피를 돌려보내는 혈관이다. 즉, 하나는 심장에서 나오고 다른 하나는 심장으로 돌아간다. 후자는 양분을 공급할 수 없는 불완전한 피를 나르고, 전자는 완벽하고 양분이 충만한 피를 나른다.

제9장 피의 순환이 기본적인 고찰에 의해 증명됨

만일 누군가가 지금까지 논한 바가 공허한 말, 근거가 없는 거친 단정, 또는 정당한 이유가 없는 새로운 주장이라고 말한다면, 내 말을 증명할 세 논점이 있다. 나는 이들에 의해 진실이 필연적으로 밝혀지고 명확해질 것이라고 믿는다.

첫째, 피는 지속적으로 심장의 맥동에 의해 대정맥에서 동맥으로 전달되는데, 전달되는 피의 양은 섭취한 음식만으로는 도저히 공급할 수 없을 정도로, 또한 몸 안에 있는 피 전부가 짧은 시간 안에 심장을 지나가는 것이 분명할 정도로 많다.

둘째, 피는 동맥혈관의 맥박에 의해 지속적으로 그리고 꾸준하게 신체의 모든 부분으로 밀려가는데, 그렇게 신체의 각 부분에 공급되는 피의 양은 영양공급에 필요한 정도나 음식 전체에서 나올 수 있는 피의 양보다 훨씬 많다.

그리고 마찬가지로, 셋째, 정맥은 지속적으로 신체의 각 부분에서 심장으로 피를 돌려보낸다.

내 생각에는 이들이 증명되면 피가 심장에서 나와 신체의 말단까지 갔다가 심장으로 돌아오는, 그러므로 원을 따라 움직이는, 순환운동을 한다는 것이 명확해질 것이다.

실험에 의하든 아니면 그냥 상상하든, 확장된 좌심실에 2, 3온스(ounce) 또는 단지 1과 1/2온스의 피가 들어 있다고 생각해 보자. 나는 한 시체의 경우 좌심실에 3온스 이상의 피가 들어 있는 것을 발견한 적도 있다. 같은 방식으로 좌심실이 수축했을 때 피가 얼마나 덜 들어 있을지, 즉 한 번 수축할 때마다 얼마나 많은 피가 동맥으로 밀려갈지 생각해 보자. 누구나 제3장에서 보였고 심장 판막의 구조에서 명확하게 드러나듯이 심장이 수축했을 때 뭔가가 밀려 나온다는 점은 동의한다. 좌심실에 있던 피의 1/4, 1/5, 1/6 아니면 1/8이 동맥으로 흘러들어 간다고 적당히 추측해 보자. 그러면 우리는 인체에서 심장이 한 번 뛸 때마다, 심장 판막의 구조 때문에 피가 심장 안으로 다시 빨려들어 가지 못하기 때문에, 반 온스 또는 3드램(dram)이나 최소한 1드램은 피가 방출된다고 가정할 수 있다.[3)]

심장은 반 시간 동안 1천 번 이상 뛰고, 때로는 2-3천 번 심지어 4천 번 뛸 때도 있다. 여기에 심장이 한 번 뛸 때 방출되는 피의 양을 곱하면, 반 시간 동안 심장에서 동맥으로 방출되는 피의 양은 3천 드램이나 2천 드램 혹은 500온스[4)] 정도나 그에 상응하는 어떤 분량만큼이 되는데, 어쨌든 몸 전체에 있는 피의 양보다 반 시간 동안에 심장이 동맥에 공급하는 피의 양이 더 많다. 같은 방식으로 양이나 개의 경우, 심장이 한 번 뛸 때마다 한 스크루플(scruple)[5)]의 피가 심장에서 나온다고 가정해 보면, 반 시간 동안 1천 스크루플 또는 약 3과 1/2파운드의 피가 심장에서 방출된다는 결론이 나온다. 하지만 양의 경우 내가 이미 보인 바와 같이 양 한 마리에는 4파운드 이상의 피가 없다.[6)]

논의의 기초로 삼은, 피의 방출에 대한 가정과 심장 박동수에 대한 추정으로부터, 신체 내에 있는 피 전부가 심장을 통해, 그리고 폐를 통해, 정맥에서 동맥으로 옮겨간다는 것은 명백하다.

하지만 이런 일이 반 시간 동안에 일어나는 것이 아니라 한 시간이나 하루에 걸쳐 일어난다고 가정해 보자. 그렇게 가정해 보더라도 소화된 음식에서 공급받을 수 있는 피나, 특정 순간에 정맥에 있는 피보다 더 많은 피가 심장을 통해서 흐른다는 것은 여전히 분명하다.

심장이 수축할 때, 어떤 때는 피를 방출하지만, 다른 때는 방출하지 않는다거나 심장이 지극히 소량의 피 혹은 피가 아닌 어떤 상상의 존재를 방출한다고 말할 수는 없다. 이 점은 앞서 확인하였을 뿐만 아니라, 상식에도 반한다. 심장이 팽창할 때, 심실이 피로 가득 차 있다면, 수축할 때는 언제나 무언가가 방출되어야 한다. 그리고 방출되는 양은 적은 양이 아닌데, 이는 출구(대동맥)가 작지 않고 수축이 적지 않게 일어나기 때문이다. 심장에서 밀려나오는 양은 심실에 들어 있는 양에 1/3, 1/6 또는 1/8일 정도로 비례할 것이다. 그리고 동일한 양의 피가 팽창한 심장을 다시 채울 것이다. 그러므로 수축했을 때와 팽창했을 때 심실의 용량 사이에는 일정한 관계가 있다.

그러므로 사람, 양 또는 소의 심장이 한 번 뛸 때 1드램의 피를 내보내고, 반 시간 동안 1천 번 뛴다면, 같은 시간 동안 심장에서 분출된 피는 10파운드 5온스가 될 것이라고 추정할 수 있다. 한 번의 심장 박동에 2드램의 피가 나온다면 20파운드 10온스, 한 번에 반 온스씩이라면 41파운드 8온스, 한 번에 1온스씩이라면 총 83파운드 4온스가 나올 것이고, 이만큼의 피가 전부 반 시간 동안 정맥에서 동맥으로 이동하는 것이다.

한 번 뛸 때마다 분출되는 분량, 그리고 그 분량을 늘이거나 줄이는 요소들은 좀더 많이 관찰해서 연구할 필요가 있다.

한편, 나는 피가 기질, 나이, 내적 혹은 외적 원인들, 정상적 혹은 비정상적 요인들, 수면, 휴식, 음식, 운동, 정신적 상태 등등에 따라 때로는 대량으로 때로는 소량으로 전달되며, 또한 때로는 급격히 순환되고, 때로는 천천히 순환된다는 것을 알고, 이 점을 모든 이들에게 고한다.

하지만 심장이 한 번 뛸 때, 아주 적은 양의 피가 폐와 심장을 통해 전달된다고 가정해 보자. 그러면 섭취한 음식에서 공급될 수 있는 양보다 아주 많은 양이 결국 동맥과 전신에 공급될 것이고, 이는 피가 계속 순환해서 심장으로 돌아오지 않으면 불가능하다.

이는 동물실험에서 분명하게 볼 수 있다. 대동맥뿐만 아니라 작은 동맥에도 구멍을 뚫으면, 갈렌이 주장한 바와 같이, 거의 반 시간 만에 신체 전체의 피가 전부 빠져 나온다.

백정들도 이 점을 아주 잘 확인할 수 있다. 목의 동맥을 잘라서 소를 도살할 때, 15분도 걸리지 않고 모든 피가 빠져 나와서 모든 핏줄이 텅 빈다. 우리는 종양을 제거할 때나 수족을 절단할 때 과도한 출혈이 얼마나 빨리 발생할 수 있는지 알고 있다.

이 논증의 위력은, 도살할 때나 수족을 절단할 때, 동맥보다 정맥에서 더 많은 피가 나오는 것이 아니라 똑같이 피가 흘러나온다고 말한다고 해도 줄어들지 않는다. 실제로는 정반대이다. 심장이 멎어서 피를 밀어낼 힘이 사라지면, 나중에 보이겠듯이, 판막이 장애물로 작용하기 때문에 실제로는 정맥에서 피가 덜 흘러나온다. 하지만 동맥은 마치 주사기에서 뿜어져 나오는 것처럼 힘차게 대량으로 피를 뿜어낸다. 이 사실은 양이나 개의 목 부위에서 동맥을 절개하고, 정맥은 내버려 둠으로써 검증될 수 있다. 또한 얼마나 강력하게 얼만큼의 양이 그리고 얼마나 빨리 몸 속의 모든 피가 정맥과 동맥에서 흘러나오는지 쉽게 살펴 볼 수 있다. 동맥은 심장을 통한 전달만을 통해 정맥으로부터 피를 받는다. 따라서 심장 가까이에서 대동맥을 꽉 묶어 버리면, 목이나 다른 곳에서 절개된 동맥이 텅 비어 있고, 정맥이 피로 가득 차 있다는 것을 발견하는 데 아무런 혼동이 있을 이유가 없다.

해부시에 정맥에 그렇게나 많은 피가 발견되고 동맥에서는 조금만 발견되는 이유, 심장의 우측에서는 피가 많이 발견되지만 좌측에서는 조금만 발견되는 이유가 이제 명백해졌다. 이런 사실 때문에 고대인들은 동물이 살아 있을 때, 동맥에는 활기만이 들어 있다고 믿게 되었을 것이다. 이런 차이의 원인은 아마도 다음과 같을 것이다. 심장과 폐를 제외하면 정맥에서 동맥으로 피가 흐를 통로가 없다. 따라서 동물이 사망하여 폐가 움직이지 않게 되면, 피는 폐동맥에서 폐정맥으로 흐를 수 없게 되고 따라서 좌심실로 들어갈 수 없게 된다. 이는 이미 동물의 태아들에서 확인한 바와 같은데, 태아 상태에서는 폐의 움직임이 없기 때문에 그런 이동이 없다. 하지만 심장은 폐와 같은 순간에 멈추는 것이 아니라 폐보다 좀더 오랫동안 살아남아 계속 뛴다. 좌심실과 정맥은 계속 온몸에, 그리하여 정맥에 피를 계속 보내지만, 폐로부터 피를 공급받지 못하기 때문에, 곧 텅 비게 된다.

이 사실은 우리의 주장에 작지 않은 신빙성을 부여하는데, 왜냐하면 우리가 제안한 이유가 아니면 설명할 수 없기 때문이다.

더욱이 동맥의 맥박이 더 크게 혹은 더 격렬하게 뛸수록 출혈시에 신체가 피를 더 빨리 잃는 것으로 보인다. 따라서 기절하거나 놀라서, 심장 박동이 느려지거나 약해질 때 출혈은 줄어들거나 멈춘다.

이는 또한 심장이 멈춘 후에 시체의 목이나 넓적다리의 정맥 또는 동맥을 절개해서는 누구도 피의 절반밖에 흘러나오게 할 수 없는 이유이다. 그리고 또한 백정이 소의 머리를 때려서 기절시킨 후에, 심장이 박동을 멈추기 전에 목을 절개하지 않으면 소의 피를 다 빼내지 못하는 이유이다.

마지막으로, 왜 지금까지 아무도 동맥과 정맥이 각각 형성하는 그물 모양의 위치, 형태, 목적에 대해 말하지 않았는지 궁금할 수 있다. 이제 나는 이 문제를 논의하겠다.

〔제 10, 11, 12장 생략〕

제13장 세 번째 명제가 증명되고, 그로부터 피의 순환이 논증됨

지금까지 우리는 피가 몸통 부위에서 심장과 폐를 통해 흐르는, 그리고 비슷한 방식으로 수족 부위에서 동맥에서 정맥으로 흐르는 피의 양을 고찰하였다. 이제 수족 부위에 있는 피가 어떻게 정맥을 통해 심장으로 돌아오는지, 그리고 정맥 외에 피가 돌아갈 다른 통로는 없는지를 토론할 때가 되었다. 이것이 이루어지면, 우리는 피의 순환을 증명하는 세 기본 명제가 아주 잘 확립되고, 아주 분명하고 명백한 것으로서 믿을 수밖에 없는 것으로 간주할 수 있을 것이다.

이 명제는 정맥 혈관에서 발견된 판막들과 그것들의 기능 그리고 그 기능을 보여주는 실험에 대한 고찰들을 통해 완벽하게 확립될 것이다.

고명한 해부학자인 아쿠아펜덴테의 히에로니무스 파브리치우스[7]나, 그 대신에, 야코부스 실비우스[8]는 정맥에 있는, S자 모양 또는 반달 모양으로 생긴 얇은 밸브, 즉 이 혈관들 내부의 매우 얇은 돌출부를 최초로 기술하였다. 그것들은 개인마다 각기 다른 위치에 있지만, 모두 정맥에만 있고 대정맥 쪽으로, 즉 위로 향해 있다. 대개 두 개가 같이 있어서 서로 마주보고 맞닿아 있으며, 그들의 모서리는 아주 잘 결합하거나 맞물리게 되어 있어서 정맥의 큰 줄기 혹은 큰 정맥에서 가는 정맥 가지 쪽으로는 아무것도 움직이지 못하게 막는다. 또한 그것들은 판막 한 쌍의 봉우리가 직전 한 쌍의 뿌리 부분에 교차하도록 교대로 배열되어 있다.

판막의 발견자들과 그들의 추종자들은 판막의 기능을 제대로 평가하지 못했다. 그 기능은 피가 자체의 무게 때문에 아래쪽으로 떨어지는 것을 막은 것이 아닌데, 왜냐하면 목 부분의 정맥에는 판막들이 아래쪽으로 향해 있어 피가 위로 올라가는 것을 막고 있기 때문이다. 그러므로 그들은 언제나 위로 향한 것이 아니라, 더 정확하게는 언제나 정맥의 줄기와 심장 쪽으로 향해 있는 것이다. 나를 비롯한 다른 사람들은 유방의 정맥과 내장 부위의 정맥에서도 판막이 대정맥을 향해 있는 것을 발견하였다. 여기에 동맥에는 판막이 없다는 사실과 개와

소 그리고 비슷한 동물들이 모두 꼿꼿이 일어선 자세 때문에 나타나는 무게를 느낄 수 없는 대퇴골 꼭대기 부분의 다리 정맥과 엉덩이나 허리 부분의 정맥에 판막을 갖고 있다는 사실을 덧붙일 수 있다.

또한 머리는 목을 통과하는 동맥을 통해 머리로 흘러들어가는 것의 영향을 더 잘 받기 때문에, 누군가가 주장한 것과 달리, 목 부분 정맥의 판막이 뇌일혈을 막기 위해 있는 것도 아니다. 또한 판막들이 가는 정맥 가지들에 있는 피가 더 큰 정맥 줄기들로 전부 흘러들어가는 것을 막기 위해 있는 것도 아니다. 왜냐하면, 비록 정맥 가지들이 있는 곳에서 판막을 더 자주 발견할 수 있지만, 판막은 정맥 가지가 전혀 없는 곳에서도 발견되기 때문이다. 또한 그것들이 신체의 중심부에서 말단으로 흐르는 피의 흐름을 늦추기 위해서 있는 것도 아니다. 왜냐하면 만약 그런 방향으로 흐른다면, 굵은 줄기에서 가는 가지 쪽으로, 따뜻한 곳에서 차가운 곳으로 흐른 것이기 때문에 충분히 천천히 흐를 것이기 때문이다.

판막들은 오로지 피가 굵은 정맥에서 가는 정맥으로 흘러들어서 정맥이 파열하거나 혹은 불거져 나오는 것을 막고, 피가 몸의 중심에서 말단으로 흐르지 못하고 말단에서 중심으로만 흐르도록 하기 위해서만 존재한다. 말단에서 중심으로의 움직임은 이들 섬세한 밸브 덕분에 가능하지만 반대 방향의 운동은 완전히 금지된다. 그들은 또한 위쪽 판막의 봉우리를 비껴 흘러내린 것이 아래쪽 판막의 봉우리에 막히도록 자리잡고 있다.

나는 정맥을 해부할 때, 내가 아무리 주의를 기울여도, 판막의 방해 때문에 굵은 정맥 줄기에서 가는 정맥 가지 쪽으로는 탐침을 깊게 밀어 넣는 것이 불가능함을 자주 확인하였다. 그와 반대로, 반대 방향인 가지에서 굵은 줄기 쪽으로 밀어 넣는 것은 아주 쉬웠다. 많은 곳들에서 한 쌍의 판막은 정맥을 가로 막으며 결합하도록 자리잡고 있었고,

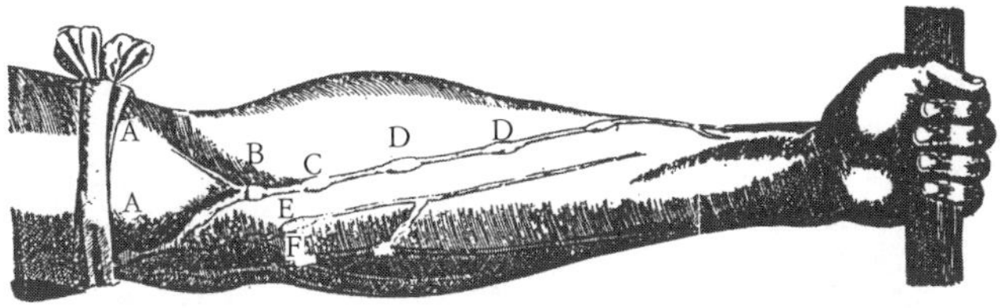

그림 1

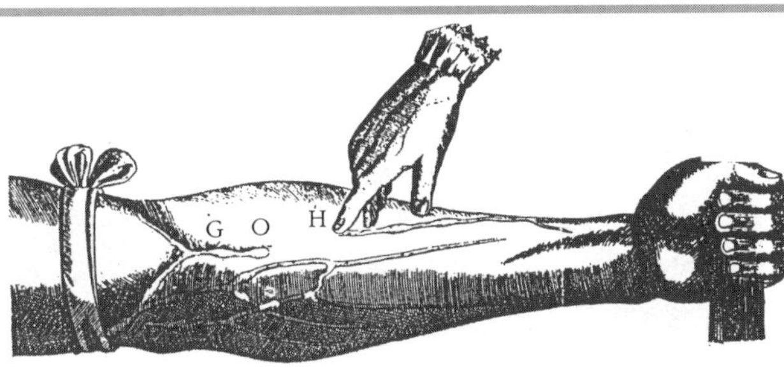

그림 2

결합 부분에 어떤 틈새가 있다고는 도저히 생각할 수 없을 정도로 그들의 모서리가 아주 정밀하게 맞물리도록 되어 있었다. 한편, 판막들은 바깥쪽에서 안쪽으로 밀어 넣어진 바늘에는 쉽게 양보하여 마치 강물의 흐름에 역류하는 수문이 열리는 것처럼 아주 용이하게 떨어졌다. 그래서 판막이 꽉 잠겨서 가로막을 때는 심장과 대정맥 쪽에서 피가 되돌아 흘러오는 것을 완전히 방지한다. 그들은 피가 정맥을 통해 심장에서 머리 쪽 위 방향으로, 다리 쪽 아래 방향으로, 두 팔 쪽 옆으로 흐르는 것을 전혀 허용할 수 없도록 만들어져 있다. 그들은 굵은 정맥에서 가는 정맥 쪽으로 향하는 피의 운동을 언제나 거부하지만, 가는 정맥에서 출발하여 굵은 정맥으로 가는 자유롭고 막히지 않는 경로를 편애하고 가능하게 한다.

이 사실은 마치 사혈[9]하는 것처럼 환자의 팔을 꽉 묶음(**그림 1**의 AA 위치)으로써 분명하게 보일 수 있다. 그러면, 특히 농부들의 경우에,

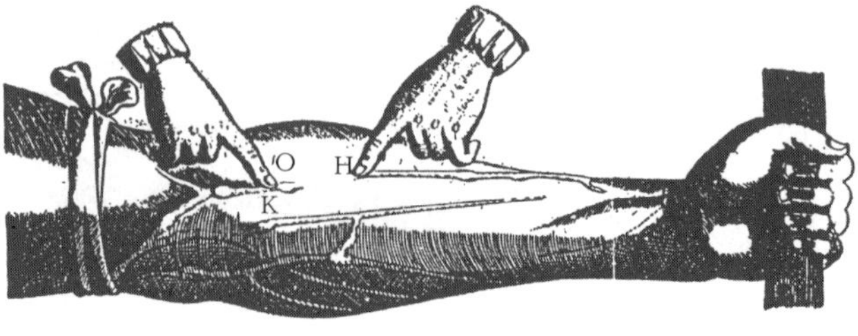

그림 3

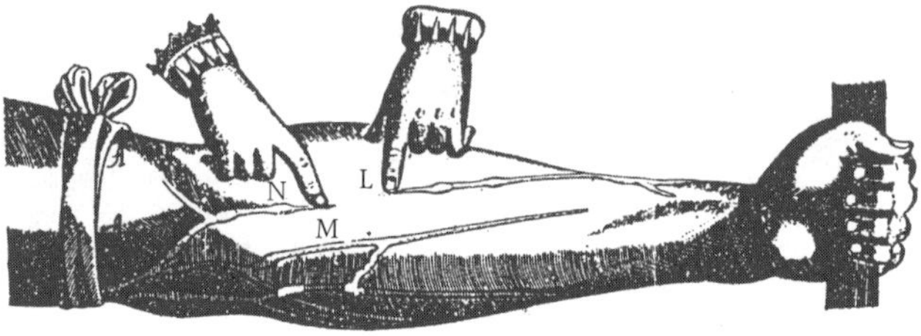

그림 4

팔에 띄엄띄엄 작은 혹처럼 생긴 매듭 또는 팽창부(B, C, D, E, F)가 정맥 줄기가 갈라지는 곳(E, F)뿐만 아니라 그렇지 않은 곳(C, D)에도 생긴다. 이들은 판막 때문에 발생하는 것으로서, 따라서 손과 팔의 표피 쪽에 나타난다. 만일 엄지나 다른 손가락으로 작은 혹, 즉 판막 아래쪽을 눌러서 피를 판막에서 멀리 밀어내면(그림 2. H), 판막 때문에 완전히 막혀서 아무것도 되돌아 흘러가지 못하고, 작은 혹과 손가락 사이의 정맥이 사라지지만(그림 2. H, O) 위쪽의 매듭, 즉 판막 부위는 여전히 잘 팽창해 있는 것(O, G)을 볼 수 있다. 그렇게 정맥을 비워 두면서, 팽창해 있는 판막(그림 3. O) 위쪽에서 아래쪽을 향해 다른 손의 손가락을 이용하여 눌러서 밀고 나가면(그림 3. K), 아무것도 판막을 통과하지 못함을 볼 수 있다. 더 강력한 힘으로 밀어도, 판막 위의 정맥이 더 팽창하기만 할 뿐, 판막 아래의 정맥은 여전히 비어 있을 뿐이다(그림 3. H, O).

그런 여러 실험들로부터 정맥 판막의 기능이 대동맥과 폐동맥의 입구에 위치한 세 개의 S자형 판막의 기능과 똑같다는 점이 분명하다. 즉, 판막들은 닫혔을 때, 그들을 통해 피가 거꾸로 흐르는 것을 막는 기능을 한다.

게다가 종전처럼 팔을 묶고, 정맥을 부풀어 오르게 한 상태에서, 팽창부, 즉 판막 약간 아래쪽의 정맥을 압박하고(**그림 4**. L), 다른 손가락(M)으로 판막 위쪽(N)으로 피를 짜내어 보내면, 이 부분의 정맥이 계속 비어 있으며, 판막을 통해 피가 역류하지 못하는 것(**그림 2**의 H, O처럼)을 볼 수 있다. 하지만 손가락(H)을 떼자마자 정맥은 아래쪽부터 다시 부풀어 오른다(**그림 1**의 D, C처럼). 따라서 정맥을 통해 피가 심장 쪽으로, 말단에서 안쪽으로 흐르지 반대쪽으로는 흐르지 않는다는 점이 명백하게 뚜렷하다. 어떤 곳에 있는 판막은 완전히 닫히지 않거나, 한 쌍이 아니라 한쪽만 있기 때문에 중심에서 흘러나오는 피의 흐름을 막는 데 적절치 않다. 어쨌든, 판막이 불완전해 보이는 곳마다 다른 판막들이 더 많이 있거나, 연이은 판막이 더 잘 작동해서 불완전한 판막은 벌충된다. 그러므로 심장으로 돌아가는 피에게는 정맥이 활짝 열린 통로인 만큼, 심장에서 흘러나오는 피에게는 정맥은 적절하게 막혀 있다.

무엇보다도 이 점에 주목하라. 환자의 팔을 묶어서 정맥은 확장되고 매듭, 즉 판막이 잘 보이는 상태에서 엄지를 써서 손에서 오는 피의 흐름을 막을 정도로 판막 약간 아래쪽의 정맥을 눌러라. 그리고 앞서 말한 것처럼 다른 손가락으로 피를 판막 위쪽의 정맥으로 보내라(**그림 4**. L, N). 엄지(L)를 떼어내면 정맥은 다시 아래쪽부터 차오른다(**그림 1**의 D, C처럼). 다시 엄지로 누르고, 이전과 마찬가지로 피를 위로 밀어내라(L, N과 H, O). 이것을 최대한 빨리 1천 번 반복하라. 조심스럽게 판단하면, 한 번 눌렀을 때, 판막 위로 밀어 보낸 피의 양을 추정할 수 있는데, 거기에 1천을 곱하면 상대적으로 짧은 시간 동안 정맥 한 가닥을 통해서 이렇게 전달된 피의 양이 얼마나 많은지 알 수 있고, 그러면 피의 순환이 얼마나 빨리 일어나는지 쉽게 의심의 여지 없이 확신할 수 있을 것이다.

물론 내 실험이 자연적 상태를 파괴하는 것이라고 말할 수도 있다. 그렇다면 판막에서 최대한 멀리 떨어져서 정맥을 눌렀다가, 엄지를 떼어낼 때 얼마나 빨리 피가 차오르면서 아래쪽부터 정맥을 채우는지 관찰하라. 그러면 누구나 확실히 납득할 것이라고 나는 믿는다.

〔후략〕

뉴턴

자연철학의 수학적 원리

(『프린키피아』 *Principia*, 1687)

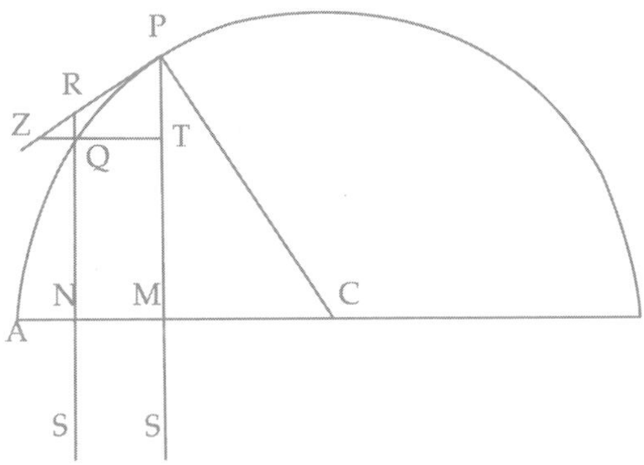

『프린키피아』는 세 개의 편(編, book)으로 구성되어 있다. 첫 번째 편(Book 1)에서는 물체의 운동을 다루는데, 수학적으로 가정된 힘을 도입하고 이러한 힘이 작용할 때 물체가 어떤 운동을 하는지 기술한다. 뉴턴의 세 가지 운동 법칙은 여기에서 소개된다. 둘째 편(Book 2)에서는 저항이 있는 매질 속에서의 물체의 운동을 다루는데, 여기에서는 주로 데카르트의 소용돌이 이론을 비판하고 있다. 마지막 셋째 편(Book 3)에서는 만유인력을 도입해서 지상계와 천상계의 운동을 수학적으로 설명하고 있다.

1687년에 출판된 뉴턴(Isaac Newton, 1642-1727)의 『자연철학의 수학적 원리』(보통 『프린키피아』 *Principia*라고 불림)는 과학혁명을 완성한 책이다. 라틴어로 출판된 이 책의 원제목은 *Philosophiae naturalis principia mathematica*(*Mathematical Principles of Natural Philosophy*)이며, 1687년 런던 왕립학회에서 발간을 총괄해서 출판되었다.

이 책이 출판된 데에는 흥미로운 에피소드가 있다. 1684년 8월, 런던의 천문학자 핼리(E. Halley)는 당시 왕립학회 회원들 사이에 논란의 대상이 되던 수학 문제 하나를 뉴턴에게 질문하고자 케임브리지를 방문했다. 그 문제는 거리의 제곱에 반비례하는 힘이 행성과 같은 물체에 작용할 때 그 물체의 궤도가 어떻게 되겠냐는 것이었다. 뉴턴은 즉각 그 물체가 타원궤도를 그린다고 답하고 자신이 이미 그 결과를 오래전에 계산해 놓았다고 말하였으나 원고를 찾는 데에는 실패했다. 핼리가 런던으로 돌아간 몇 달 뒤인 1684년 11월에 뉴턴은 타원궤도의 증명과 더불어 케플러의 2, 3법칙도 증명한 소논문 〈물체의 궤도 운동에 관하여〉(De motu corporum in gyrum)를 핼리에게 보냈다. 이 논문의 독창성에 놀란 핼리는 적극적으로 뉴턴을 권유해서 역학과 천문학의 전반적인 내용을 정리한 책의 집필을 시작하게 했고, 이 책의 출판을 왕립협회에서 담당하게 했다. 이렇게 해서 『프린키피아』의 초판이 1687년에 출간되었다.

1713년에 뉴턴은 『프린키피아』의 2판을 냈는데, 여기서 〈일반주해〉

(General Scholium)를 추가했다. 〈일반주해〉에는 뉴턴의 과학적 방법론과 신에 대한 그의 생각이 잘 드러나 있다. 특히 "나는 가설을 설정하지 않는다."라는 유명한 구절과, 자연철학 연구를 태양계의 규칙성 속에서 창조주 신의 존재 증거를 찾는 작업으로 해석하는 그의 신념이 여기에 잘 나타난다. 여기서 가설이라고 하는 것은 실험이나 관측에 의해 경험적으로 검증할 수 없는 가정을 의미하는 것으로 '소용돌이 이론'[1)]처럼 데카르트의 기계적 철학에서 나타나는 다양한 미시적 설명을 지칭했다. 『프린키피아』의 3판은 1727년에 출판되었다.

『프린키피아』는 세 개의 편(編, book)으로 구성되어 있다. 첫 번째 편(Book 1)에서는 물체의 운동을 다루는데, 수학적으로 가정된 힘을 도입하고 이러한 힘이 작용할 때 물체가 어떤 운동을 하는지 기술한다. 뉴턴의 세 가지 운동 법칙은 여기에서 소개된다. 둘째 편(Book 2)에서는 저항이 있는 매질 속에서의 물체의 운동을 다루는데, 여기에서는 주로 데카르트의 소용돌이 이론을 비판하고 있다. 마지막 셋째 편(Book 3)에서는 만유인력을 도입해서 지상계와 천상계의 운동을 수학적으로 설명하고 있다.

뉴턴은 미적분학(fluxion, 유율법)의 발명자로도 유명하다. 그는 이 책을 쓸 무렵에 미적분학을 알고 있었음에도 불구하고 『프린키피아』에서는 고난도의 기하학을 사용하여 명제를 증명했다. 『프린키피아』는 수학적으로 매우 어려운 내용을 담고 있는데, 뉴턴이 쓸데없는 논쟁을 피하기 위하여 책을 일부러 어렵게 썼다는 해석도 있다. 그 내용이 어려웠음에도 불구하고, 『프린키피아』는 출판과 동시에 굉장한 성공을 거두었다. 뉴턴의 법칙과 만유인력 개념은 영국에서는 뉴턴을 추종하는 과학자들에 의해서 즉각 수용되었고, 대륙에서는 18세기 초엽부터 서서히 수용되었다.

국내에 나온 번역본으로는 이무현 옮김, 『프린키피아 : 자연과학의 수학적 원리』(교우사, 1998)와 조경철 옮김, 『프린시피아』(서해문집, 1999)가 있는데, 여기에서는 이무현의 번역본을 기초로, Andrew Motte가 1729년에 영어로 번역하고 Florian Cajori가 교정한 *Sir Isaac Newton's Mathematical Principles of Natural Philosophy and His System of the World*(Berkeley : University of California Press, 1966)와의 대조 · 교열을 거쳤다.

자연철학의 수학적 원리(프린키피아)

정의

• **정의 1. 물질의 양이란, 그것의 밀도와 부피를 서로 곱한 것으로 측정되는 것이다.**

만일 두 배로 늘어난 공간에서 공기의 밀도가 두 배가 되면 그곳에는 네 배의 공기가 있게 되고, 공간이 세 배로 늘어나면 여섯 배의 공기가 있게 된다. 압축 또는 액화에 의해서 농축된 눈이나 가루, 또는 어떤 원인에 의해 다양한 방식으로 압축된 모든 물체에서도 마찬가지다. 만일 물체들의 갈라진 틈 사이를 자유롭게 침투하는 매질이 있다면, 당분간 나는 그러한 매질에 대해 고려하지 않을 것이다. 또한 나는 차후 여러 곳에서 이와 같은 양을 물체 또는 질량이란 이름으로 쓸 것이다. 이는 항상 물체의 무게로부터 알아낼 수 있다. 왜냐하면, 아래에서 진자를 사용한 매우 정교한 실험을 통해서 보이겠지만, 그 값이 항상 물체의 무게에 비례하기 때문이다.

• **정의 2. 운동의 양이란, 속도와 물질의 양을 서로 곱한 것으로 측정되는 것이다.**

전체의 운동은 모든 부분의 운동을 합한 것이다. 따라서 속도가 같고 물질의 양이 두 배인 물체의 운동은 두 배가 되고, 속도가 두 배이면 운동은 네 배가 된다.

• **정의 3. 물질 고유의 힘(inherent force)이란, 정지해 있거나 등속 직선운동을 하는 모든 물체가 가능한 한 그 상태를 계속 유지하려는 저항력이다.**

이 힘은 항상 물체에 비례하는 것으로, 표현 방법이 다를 뿐 관성 질량과 다르지 않다. 모든 물체는 물질의 관성 때문에 정지 상태 또는 운동의 상태로부터 쉽게 벗어나지 않는다. 따라서 물질 고유의 힘은 가장 중요한 명칭인 관성력으로 불릴 수 있다. 더욱이 물체는 그것에 다른 힘이 작용하여 그 상태를 변화시키려 할 때에만 이 힘을 발휘한다. 따라서 이러한 힘의 작용은 관점에 따라서 저항 혹은 기동력(impetus)이 된다. 물체가 그 상태를 유지하기 위해서 가해진 힘에 반항할 때 그것을 저항이라 하겠고, 같은 물체가 저항하는 장애물의 힘에 굴복하지 않고 그것의 상태를 변화시키려 할 때 그것을 기동력이라 하겠다. 저항은 일반적으로 정지하고 있는 물체에 기인하고, 기동력은 운동하고 있는 물체에 기인한다. 하지만 운동과 정지는 보통 생각되고 있는 것과 같이 그저 상대적으로 구별될 뿐이며, 정지해 있다고 여겨지는 물체들은 항상 진실로 정지해 있는 것은 아니다.

• **정의 4. 가해진 힘(impressed force)이란, 정지해 있거나 등속 직선운동을 하는 물체의 상태를 변화시키는 데 사용된 힘이다.**

이 힘은 작용 중에만 존재하고, 작용이 끝나면 더 이상 물체 속에 남아 있지 않는다. 왜냐하면 물체는 단지 관성력에 의해서만 새로운 상태를 계속 유지하려 하기 때문이다. 또한, 가해진 힘의 기원은 충돌, 압력, 구심력과 같이 다양하다.

• 정의 5. 구심력은 물체들을 모든 방향으로부터 끌어당기고 밀어내는 힘이거나, 중심과 같은 지점으로 물체를 향하게 하는 힘이다.

이런 유형의 힘 중 하나가 중력인데, 이는 물체들을 지구의 중심으로 향하게 하는 힘이다. 다른 것으로 자기력이 있는데, 이는 철을 자석으로 향하게 한다. 또 다른 것으로, 그 실체가 무엇이건 간에, 직선운동을 하는 행성을 계속 끌어당겨서 곡선 위를 회전하도록 강제하는 힘이 있다.

투석기로 돌려지는 돌은 이를 돌리는 손으로부터 떠나려 하고 이로 인해 투석기가 팽팽하게 잡아당겨지는데, 돌이 회전하는 속도가 빠를수록 이러한 경향은 더욱 강해진다. 그리고 투석기로부터 풀리자마자 돌은 날아가 버린다. 나는 이에 반대되는 힘을, 즉 투석기로 하여금 돌을 손 쪽으로 잡아당겨서 그 궤도를 유지하도록 해주는 힘을 구심력이라 부를 것이다. 왜냐하면, 그 힘의 방향이 궤도의 중심인 손을 향하기 때문이다. 그리고 이는 궤도상을 움직이도록 되어 있는 모든 물체에 대해서도 마찬가지로 적용되는데, 그것들은 모두 궤도의 중심으로부터 멀어지려 한다. 그리고 그에 반대되는 힘, 즉 내가 구심력이라 부르며 그것들을 구속시켜 궤도를 유지하도록 하는 힘이 없으면, 그것들은 등속운동을 하며 직선 방향으로 나아가게 될 것이다. 투사체에 작용하는 중력이 사라지고 공기의 저항이 제거되면, 투사체는 지구 쪽으로 비껴 떨어지지 않고 등속 직선운동을 하면서 하늘로 날아가 버릴 것이다. 중력 때문에 투사체는 직선경로로부터 계속 틀어지고 지구 쪽 방향으로 계속 틀어지게 되는데, 그것의 정도는 중력과 운동 속도에 비례하여 달라진다. 물질의 양에 대한 중력이 작을수록, 또는 투사되는 속도가 클수록, 그것은 직선 경로에서 적게 벗어나면서 보다 멀리 나아가게 될 것이다. 예를 들어, 탄환이 산 정상에서 주어진 속도로 지평면에 평행하게 발사되었고, 그것이 2마일의 거리를 곡선을 그리며 날아간 후 땅에 떨어진다고 하자. 공기의 저항이 없을 시에, 이 탄환이 두 배의 속도로 발사되면 두 배의 거리를 날아갈 것이고, 열 배의 속도로 발사되면 열 배의 거리를 날아갈 것이다. 결국, 속도를 증가시킴으로써, 원하는 만큼 탄환이 날아가는 거리를 늘리고 탄환이 지나가는 선의 곡률을 줄일 수 있다. 그리고 이런 식으로 하여 10도, 30도, 90도의 위치에 그것을 떨어뜨리거나 혹은 지구를 끼고 돌아오게 할 수도 있고, 심지어 하늘을 뚫고 나아가 그 운동을 무한히 계속하게 할 수도 있을 것이다. 그리고 탄환이 중력에 의해서 지구 궤도를 돌 수 있는 것과 마찬가지 방법으로, 달도 역시 지구 주위를 돌게 되는 것이다. 그것을 가능하게 하는 것이 중력이건 혹은 달을 지구로 향하게 하는 다른 어떤 힘이건 간에, 이러한 힘에 의해서 달은 직선 경로로부터 벗어나 지구 쪽으로 계속 끌릴 것이고 궤도상을 운행하게 되는 것이다. 그리고 이러한 힘이 없다면 달은 그 궤도를 유지할 수 없을 것이다. 만약 이 힘이 너무 작았다면 달을 직선 경로로부터 틀어지게 하기엔 충분하지 않았을 것이고, 이 힘이 컸다면 달을 지나치게 틀어지게 하여 그 궤도로부터 지구 쪽으로 향해 끌어내렸을 것이다. 결국 이 힘은 아주 정확한 크기여야만 하는데, 한 물체가 주어진 속도로 정해진 궤도를 유지하는 데 필요한 힘을 발견하거나, 반대로 주어진 속도로 발사된 물체가 정해진 힘에 의해 틀어지는 곡선 경로를 발견하는 것은 수학자의 과업에 속하게 된다.

구심력의 양은 다음과 같은 세 가지가 있다. 절대적인 것, 가속적인 것, 동적인 것이 그것이다.

• **정의 6. 구심력의 절대량**(absolute quantity)**이란, 중심에서부터 그 주위의 공간을 통해 전파되는 원인의 효력에 비례하는 것이다.**

예를 들어, 자기력은 어떤 자석에서는 크고 다른 것에서는 약하지만, 이것은 자석의 크기와 효능(potency)에 비례하는 것이다.

• **정의 7. 구심력의 가속 양**(accelerative quantity)**이란, 주어진 시간 내에서 그것이 산출해 내는 속도에 비례하는 것이다.**

예를 들어, 같은 자석의 경우, 그것에 가까운 거리에 있을수록 자기력은 커지고 먼 거리에 있을수록 약해진다. 또 다른 예로, 중력은 협곡에서는 커지며 엄청나게 높은 산 정상에서는 약해진다. 또한 차후에 보이겠지만, 중력은 지구 본체에서부터 아주 먼 거리에 있을수록 약해지지만, 동일한 거리에 있으면 어디에서든지 같다. 왜냐하면, 공기의 저항이 없다면, 중력은 모든 낙하하는 물체를 그것의 무게나 크기에 상관없이 균일하게 가속시키기 때문이다.

• **정의 8. 구심력의 동적 양**(motive quantity)**이란, 주어진 시간 내에서 그것이 산출해 내는 운동(량)에 비례하는 것이다.**

예를 들어, 무게는 물체의 크기가 클수록 커지고 그 크기가 작을수록 작아진다. 또한 같은 물체일 경우에 그것은 지구에 가까울수록 커지고 멀리 있을수록 작아진다. 이러한 양을 물체의 구심성, 중심을 향하려는 경향, 혹은 무게라 할 수 있다. 그리고 이러한 중력은 이에 반대되는 같은 양의 힘, 즉 물체가 떨어지지 못하게 하는 힘으로부터 알아낼 수 있다.

간단히 하기 위해서, 이러한 힘의 양을 동적인 힘, 가속적인 힘, 절대적인 힘으로 불러도 좋다. 그리고 좀더 명확히 하기 위해서, 각각을 중심을 향하는 물체, 물체의 위치, 힘의 중심에 관련시켜도 좋다. 즉, 동적인 힘은 물체와 관련된 것으로, 물체의 전체 혹은 부분의 합이 중심을 향하려는 경향이다. 가속적인 힘은 물체의 위치와 관련된 것으로, 물체를 움직이게 하기 위해 중심으로부터 이를 둘러싼 공간으로 발산되는 어떤 효능이다. 절대적인 힘은 중심에 관련된 것으로, 이 중심은 그것 없이는 주위의 공간을 통해 동적인 힘이 전달될 수 없는 어떤 원인을 지니고 있다. 그리고 이러한 원인이 중심에 있는 어떤 물체에 의한 것—예를 들어, 자기력의 중심에 있는 자석이나 중력의 중심에 있는 지구—이든, 아니면 분명하지 않은 다른 원인에 의한 것이든 크게 상관없다. 나는 여기서 이러한 개념을 순전히 수학적인 것으로 사용하며, 그 힘의 물리적 원인이 무엇이며 어디로부터 나오는 것인지 고려하지 않을 것이기 때문이다.

따라서 가속적인 힘과 동적인 힘은 속도와 운동의 관계와 같다. 왜냐하면 운동의 양은 속도에 물질의 양을 곱한 것으로부터 생기며 또한 동적인 힘은 가속적인 힘과 질량을 곱한 것으로부터 생기기 때문이다. 또한 한 물체의 개별 입자들에 작용하는 가속적인 중력의 총합은 전체 물체의 동적인 힘과 같기 때문이다. 따라서 가속적인 중력 또는 중력을 산출하는 힘이 모든 물체에 대해서 같은 지구 표면 근처에서, 동적인 중력 혹은 무게는 물체(의 질량)에 따라 변화할 것이다. 하지만 가속적인 중력이 점차 약해지는 장소로 올라가면, 그에 비례해 무게가 감소할 것인데, 그것은 물체(의 질량)와 가속적인 중력을 곱한 것에 따라 변화할 것이다. 그러므로, 가속적인 중력이 절반으로 줄어드는 장소에서, 물체(의 질량)가 1/2 혹은 1/3로 감소할 경우 그 무게는 1/4 혹은 1/6만큼 감소할 것이다.

이와 마찬가지로, 나는 인력과 충격도 같은 뜻에서 가속적인 것과 동적인 것이라고 부를 것이다. 그리고 나는 이러한 힘들을 물리적이기보다는 수학적인 관점에서 생각하면서 인력, 충격, 혹은 중심을 향하는 경향이란 말들을 서로 구분하고 않고 바꾸어 가며 사용할 것이다. 따라서, 독자들은 다음과 같은 점에 신경써 주길 바란다. 만일 내가 가끔 중심이 끌어당긴다거나 중심이 힘을 가진다고 말한다면, 이런 종류의 어휘들로 어떤 작용의 종류나 양상 혹은 그것의 물리적 원인이나 이유를 규정지으려 하려거나, 실재적이고 물리적인 의미에서 힘을 중심의 탓으로 돌리고 있는 것이 아니라는 점이다.

〈주석〉

지금까지, 이 논문에서 사용되는 아직 생소한 어휘들에 대한 정의를 내리고 그 뜻을 설명하였다. 시간, 공간, 장소, 그리고 운동과 같은 것이 모두에게 친숙하기는 하지만, 이 양들이 보통 감각기관의 대상으로서만 인지되고 있다는 점에 유념할 필요가 있다. 이 때문에 어떤 종류의 편견을 일으키게 되는데, 이것을 제거하기 위해서는 절대적인 것과 상대적인 것, 진정한 것과 겉보기의 것, 수학적인 것과 통상적인 것으로 구별하는 것이 편리하겠다.

Ⅰ. 절대적이고 진정하며 수학적인 시간은, 그 자체의 본성 때문에 어떠한 외부적인 것과는 상관없이 균등하게 흐르는 것으로서, 다른 명칭으로는 지속(duration)이라 불린다. 상대적이고 겉으로 보이는 통상적인 시간은 운동이라는 것으로서 측정이 되는 임의의 감각적이고 외부적인 (정확하거나 불균형적이라 해도) 척도이며, 통상적으로는 진정한 개념의 시간 대신에 사용된다. 즉, 한 시간, 하루, 한 달, 1년 그 같은 예이다.

Ⅱ. 절대적인 공간은, 그 본성에 있어서 어떠한 외부적인 사물과는 관계없이 항상 같은 형태로 부동한 것으로 존속한다. 상대적인 공간은 절대적인 공간의 어떤 가동적인 용적 또는 측도이며, 여러 물체에 대한 그 위치에 의하여 우리들의 감각이 그것을 결정하지만, 통상적으로는 부동의 공간으로 생각된다. 지구에 관련된 그 위치로써 결정

되는 지하, 공중, 또는 우주공간 같은 것이 바로 그것이다.

절대적 공간과 상대적 공간이란 그 형태와 크기는 같다 해도 그들은 수치적으로는 같지 않다. 예를 들어, 지구가 움직이고 있다고 하면, 지구에 대하여 상대적으로는, 또한 항상 같은 상태에 놓여 있는 우리들의 대기라는 공간은, 어떤 때는 그 대기가 통과하는 절대공간의 일부이며, 어떤 때는 같은 것의 다른 부분의 일부이기도 하다. 따라서 이것은 절대적인 의미에서는 부단히 변화할 것이다.

Ⅲ. 장소란 물체가 차지하는 공간의 일부이며, 공간에 따라 절대적이기도 하고 상대적이기도 하다. 나는 그것을 공간의 일부라고 말하지, 물체의 위치라든가 또는 그 물체의 바깥 표면이라고 말하지 않는다. 그 이유는 같은 입체의 장소는 항상 같지만 그 표면은 그 형태가 다르기 때문에, 때때로 같지 않게 되는 것이다. 위치란 원래는 양을 갖고 있지 않으며, 또한 그것들은 장소 자체라기보다는 오히려 장소의 특성이라고 하는 것이 좋겠다. 전체의 운동은 여러 부분의 운동을 합친 것과 같으며, 다시 말해 그 장소로부터의 전체적인 이동은 여러 부분의 그들 장소로부터의 이동을 합친 것과 같다. 전체의 장소는, 여러 부분의 장소를 합친 것과 같으며, 이 이유 때문에 그것은 내적인 것으로서 물체 전체 속에 있는 것이다.

Ⅳ. 절대운동은 어떤 물체의 하나의 절대적인 장소로부터 다른 곳으로 이동함을 말하며, 상대운동은 하나의 상대적인 장소로부터 다른 곳으로 이동함을 말한다. 따라서 항해중인 배에 있어서, 한 물체의 상대적인 장소란, 물체가 차지하는 배의 어떤 부분 또는 배의 내부 전체의 어떤 부분들을 말하며 따라서 배와 함께 움직인다. 그리고 상대적 정지는, 물체가 배의 어떤 부분 또는 내부의 어떤 부분에 대해 같은 장소에 계속하여 존재하고 있는 것이다. 그러나 사실인즉, 절대적 정지란 배 자체 및 그 장소 그리고 그것이 포함하고 있는 모든 것이, 그

속에서 운동하고 있는, 그 부동의 공간의 같은 부분에 있어서의 물체의 존속이다. 그러므로, 만일에 지구가 진정 정지하고 있다면 배 안에 있어서 상대적으로 정지하고 있는 물체는, 배가 지구상에서 갖는 속도와 같은 속도로, 진정으로 또한 절대적으로 움직일 것이다.

그러나, 만일에 지구도 운동하고 있다 하면 물체의 진정하고도 절대적인 운동은, 일부는 부동의 우주 공간에 대한 지구의 진정한 운동으로부터, 또 일부는 지구에 대한 배의 상대적 운동으로부터 발생할 것이다. 그리고 또한 물체도 배 안에서 상대적으로 움직이고 있다면 그 진정한 운동은, 일부는 부동의 공간 내에 있어서의 지구의 진정한 운동으로부터, 또 일부는 지구에 대한 배의 상대적 운동과 함께 배 안에 있는 물체의 상대적 운동으로부터 발생할 것이다. 그리고 이들 상대적 운동으로부터 지구상에 있는 물체의 상대적 운동이 생길 것이다. 만일에 배가 존재하는 지구의 부분이 동쪽으로 향하여 10,010이라는 속도로 진정하게 움직이고, 한편으로는 배 자체는 바람과 자체 힘으로 10이라는 속도로 서쪽을 향해 운송되며, 또 한편으로는 한 선원이 배 안에서 1이라는 속도로 동쪽으로 향하여 걸어가고 있다고 하면, 그 선원은 부동의 공간 내를 동쪽으로 향하여 10,001이라는 속도로 진정하게 움직이며, 또한 지구상을 서쪽을 향해 9라는 속도로써 상대적으로 움직이고 있는 꼴이 될 것이다.

천문학에 있어서 절대시간은, 겉보기의 시간의 균시차 또는 보정에 의하여 상대적 시간과 구별이 된다. 그 이유는 자연일은 통속적으로 균등하다고 생각되어 시간의 척도로서 사용되고 있지만, 사실인즉 불균등하기 때문이다. 천문학자들은 보다 더 참된 시간으로 천체의 운동을 측정함으로써 이것의 불균등함을 보정한다.

정확한 시간의 측정에 이용되는 등속운동이라는 것은 아마도 존재하지 않을지도 모르겠다. 모든 운동은 가속과 감속을 행하지만, 절대적 시간의 흐름은 그 어떠한 변화도 받지 않는다. 물체 존재의 지속 혹은 내구성(perseverance)은, 운동이 빠르거나 느리거나, 또는 정지했다고 하거나 언제나 동일하다. 그렇기 때문에 이 지속은, 단지 그것의 감각적인 척도에 불과한 것과는 구별되어야 한다. 그리고 그러한 이유 때문에 그것을 천문학의 방정식에 의하여 얻어내는 것이다. 어떤 현상이 발생한 시각을 결정하기 위하여 이 식이 필요하다는 것은 진자시계에 대한 경험이나 목성 위성의 식 현상 등에 의해 명백하게 제시되고 있는 것이다.

시간의 여러 부분의 순서가 변치 않는 것과 마찬가지로, 공간의 여러 부분의 순서도 또한 불변한다. 만일에 이들 여러 부분이 그것들의 장소로부터 움직인다고 가정하면, 그것들은 그것들 자체부터 움직이게(이러한 표현이 허락되면 말이다.) 될 것이다. 그것들 자체의 장소들이며 그 외의 모든 다른 것의 장소들이다. 모든 것은 계속 일어나는 순서에 관해서 시간 속에 놓여져 있으며, 그리고 위치의 순서에 관해서는 공간 속에 놓여져 있다. 이것들이 어떤 장소를 차지하고 있다라고 함은 공간 자체의 본질 또는 본성에 기인하는 것이며, 물체의 본래의 위치가 변하여야만 한다는 것은 불합리하다.

따라서 그것들은 절대적인 장소이며, 그리고 절대적인 운동이라는 것은 단지 이 장소로부터의 위치 변화일 뿐이다.

그러나 공간의 여러 부분들은 우리들의 감각으로서는 볼 수가 없으며, 또는 그것들은 서로 구별도 할 수가 없기 때문에 그것들 대신에 그것들의 감각적인 척도를 사용하는 것이다. 그 이유는 부동하다고 생각되는 임의의 물체서부터의 물건의 위치와 거리서부터 모든 장소를 정의하고 있으며, 그리고 다음에는 이러한 장소에 대하여 여러 물체가 다른 곳으로 이동한다고 생각하면서 모든 운동을 평가하기 때문이다.

이렇게 해서 절대적인 장소와 운동 대신에 상대적인 것들을 사용하게 되지만, 그래도 통상적인 사항에 있어서 아무런 불편도 수반하지 않는다. 그러나, 철학적인 논의를 하자면, 우리들의 감각으로 추상화하고, 이것들의 단순한 감각적인 척도와는 별도의 물건 자체를 생각하지 않으면 안 된다. 왜냐하면 타 물체의 장소나 운동의 기준이 될 수 있는, 실제로 정지하고 있는 물체란 있을 수가 없기 때문이다.

그런데, 우리들은 정지와 운동을, 그리고 절대적인 것과 상대적인 것을, 그것들의 성질, 원인 및 효과에 의하여 서로 구분할 수가 있다. 정말로 정지하고 있는 여러 물체는 서로가 상대적으로도 정지하고 있다. 그것이 바로 정지의 하나의 특성이다. 이런 사연으로 해서, 멀리 떨어져 있는 항성의 영역에 있어서, 또는 아마도 그보다 더 먼 곳에는 절대적으로 정지하고 있는 물체가 존재하는 것이 가능할 것이다. 그러나 우리들 영역에 있는 여러 물체의 위치로부터, 그들의 어느 것이라 해도 멀리 있는 물체에 대하여 같은 위치를 유지하고 있는가 아닌가를 알 수는 없다. 이 때문에 우리들의 영역에 있는 여러 물체의 위치로부터는 그것을 결정할 수가 없게 되고 마는 것이다.

전체에 대해 주어진 위치를 보존하고 있는 그 여러 부분은, 그들 전체의 운동에도 참여한다는 것, 바로 그것이 운동의 특성들 중의 하나이다. 그 이유는 회전체의 모든 부분은 운동의 축으로부터 멀리 가려고 하고, 또한 앞으로 운동하고 있는 여러 물체의 추진력은, 그 모든 추진력을 합친 것으로부터 생긴다. 이 때문에, 만일에 주위의 물체가 움직인다면, 그것들의 내부에 있으면서 상대적으로는 정지하고 있는 여러 물체는 그러한 운동에 관련되게 될 것이다. 이 때문에 물체의 진정한 절대적인 운동은, 단순히 정지하고 있는 것같이 보이는 여러 물체로부터의 이동으로써는 결정할 수가 없다. 왜냐하면, 외부의 물체는 그저 정지하고 있는 것같이 보일 뿐만 아니라, 진정으로 정지하고 있지 않으면 안 되기 때문이다.

그렇지 않으면 모든 포함된 여러 물체들은, 그것을 담고 있는 물체들이 운동하고 있을 때 그것의 진정한 운동에도 참여하고 있기 때문에, 제아무리 이동이 행하여져 있지 않다고 하더라도 이들은 정말로 정지하고 있는 것이 아니라, 단지 그저 그렇게 보이는 것뿐이기 때문이다. 그 이유는 담고 있는 물체와 그것 안에 들어 있는 물체 사이의 관계가, 마치 하나의 전체의 외부와 내부가 맺는 관계, 혹은 껍데기와 알맹이가 맺는 관계와 같기 때문이다. 만일에 껍데기가 움직인다고 하면 전체의 일부로서, 그 껍데기의 근처서부터 떨어져 나가지 않은 채로 알맹이도 또한 움직일 것이다.

앞서 설명한 성질과 비슷한 성질이 바로 이것인데, 즉 어떤 하나의 장소가 움직인다면, 그 내부에 자리잡은 모든 것은 그것과 같이 움직이고, 따라서 운동중인 어떤 장소로부터 움직여지는 한 물체는 그 장소의 운동에도 참여한다는 것이다. 이 때문에 운동중인 장소에서의 모든 운동은 전체의 절대적인 운동의 부분인 것뿐이며, 모든 전체의 운동은 그 물체의 최초의 장소에서의 운동으로써 형태가 정해진다. 또한 그 장소의 운동은 그 전체 장소에의 처음 위치에서의 운동으로부터 형태가 정해지는 과정을 반복하여, 결국은 앞서 설명한 선원의 예에서처럼, 어떤 부동의 장소에 도달하게 된다. 이러한 이유로 전체적이며 또한 절대적인 운동은, 부동의 장소에 의한 것밖에는, 그것을 결정할 방법이 없다. 그리고 그러한 이유 때문에, 앞서 나는 그것들의 절대운동을 부동의 장소로, 또한 상대운동은 가동의 장소로 언급한 것이었다.

그런데 무한으로부터 무한으로, 같은 주어진 위치를 서로가 모두 유지하는 것밖에는 부동의 장소라는 것이 존재할 수 없다. 그래서 이 때문에 그것은 영원히 부동 상태여야만 하고, 또한 이것에 의해 부동의 공간이라는 것을 구성하게 되는 것이다.

진정한 운동이 상대적 운동과 구별되는 원인은 운동을 일으키기 위하여 물체에 가해지는 힘이다. 물체에 어떤 힘이 가해지고, 그것 때문에 물체가 움직여지는 것이 아니라면, 진정한 운동은 생기지도 않고 변화하지도 않는다.

그러나 상대적 운동은 물체에 아무런 힘을 가하지 않아도 생기며 변화도 한다. 왜냐하면 그렇게 되기 위해서는 그저 그 물체가 비교되어야 할 다른 여러 물체에 어떤 힘을 가하는 것으로 충분하기 때문이다. 다시 말해 그 물체가 보유하고 있던 상대적인 정지 또는 운동의 관계가 변하면 되는 것이다.

또한 진정한 운동은, 운동하고 있는 물체에 가해지는 어떠한 힘에 의해서 항상 어떤 변화를 받지만, 그러나 상대적인 운동은, 이러한 힘에 의해서는 반드시 변화를 받는다고는 할 수가 없다. 왜냐하면 만일에, 비교될 여러 다른 물체에 똑같은 힘이 같이 작용된다면, 그들의 상대적 위치는 그대로 유지될 것이며, 상대적 운동을 구성하는 그 관계 역시 그대로 유지될 것이기 때문이다. 따라서, 진정한 운동이 변하지 않는 상태에 있을 때에, 상대적 운동은 모두 변화하는 일이 있을 수 있고, 또한 진정한 운동이 어떤 변화를 할 때에, 상대적 운동은 그대로 보존되는 일도 있을 수가 있는 것이다. 이렇게 진정한 운동은 결코, 그러한 여러 관계 속에 성립하는 것은 아니다.

절대운동을 상대운동과 구별하는 효과가 원운동의 축으로부터 멀리 가려는 힘이라고 하는 이유는, 순수하게 상대적인 (완전히 겉보기만의) 원운동에 있어서 그러한 힘은 존재하지 않지만, 진정한 그리고 절대적인 원운동에 있어서는 힘은 그 운동의 양에 따라 보다 커지거나 또는 작아지기 때문이다. 이제 긴 끈으로 매단 용기를, 그 끈이 강하게 비틀어지게끔 되게 몇 번이고 돌려놓은 다음, 용기에다 물을 넣고 물이 든 채로 정지시켜 놓는다. 그렇게 되어 있는 상태에서부터, 다른 힘의 급격한 작용으로 반대 방향으로 회전되게 하면서 끈 자체의 비틀려짐이 되돌아오는 동안, 용기는 얼마 동안 그 운동을 지속하고 있다고 하자. 그럴 때에 수면은 처음에는 용기가 움직이기 시작하기 전까지는 평면을 유지할 것이다.

그러나 그 이후에 용기의 원운동이 점차로 물에 전달되게 되면 물도 눈에 띄게 회전하기 시작하고, 조금씩 중심으로부터 밀려 용기의 변두리 쪽에 높이 모이게 되면서, 수면은 (내가 실험한 바와 같이) 오목면을 형성하는데, 운동이 빨라지면 빨라질수록 물은 더욱 높아지다가, 용기와 함께 같은 시간에 회전을 끝내면, 용기 속에서 상대적으로 정지하게 된다. 이 수면의 상승은, 그 운동의 축으로부터 멀리 가려는 물의 경향을 보여주며, 그것으로부터 우리는, 그 상대적 운동과는 전혀 반대 방향을 갖는 물의 진정한 절대적인 원운동을 찾아내고 측정할 수 있게 된다. 용기 내의 물의 상대적 운동이 최대였을 때에는, 그것은 축으로부터 멀리 가려는 아무런 경향도 보여주지 않았다. 물은 용기 주변을 향하려는 경향을 보여주지도 않았고, 또한 용기 변두리에서 상승도 하지 않고 평면을 유지하고 있었으므로, 진정한 원운동은 아직 시작도 않고 있었던 것이다. 그러나 그 이후, 물의 상대운동이 감소되었을 때에는, 물의 용기 변두리를 향한 상승은 축으로부터 멀리 가려는 경향을 보여주었다. 그리고 그 경향은 물의 실제 원운동이 계속 증가하여, 결국 그 최대량을 획득하기에 이른다. 이때에 물은 용기 내에서 있어서 상대적으로는 정지하고 있음을 보여준다.

이런 까닭으로 해서, 그 경향은 주위의 여러 물체에 관련되는 물의 위치 변화에 의존하지 않으며, 또한 그러한 위치 변화를 가지고 원운동을 정의할 수도 없는 것이다.

어떠한 회전체에서도 진정한 원운동은 단 하나밖에는 존재하지 않는다. 그것은 그것이 갖는 고유의 타당한 효과로서, 그 운동으로부터 멀리 가려고 노력하는 유일한 힘에 해당하는 것이다. 그러나 같은 물체에 있어서의 상대적인 운동은 그것이 외부의 여러 물체에 대하여 갖는 여러 가지 관계에 따라서 무수히 존재하고, 게다가 그 관계들과 마찬가지로, 그것들이 유일하고 또한 진정한 운동에 참여하는 경우를 제외하고, 전혀 현실적 효과를 갖지 못하는 것이다. 그러한 고로, 우리들의 하늘이 항성의 구 밑에서 회전하면서, 여러 행성을 같이 운행시키고 있다고 생각하는 사람들의 체계에 있어서는, 그들의 하늘 또는 그것의 어떤 부분에 대하여 상대적으로 될수록, 정지하고 있는 여러 행성도 실제로는 움직이고 있는 것이다. 왜냐하면 그것들은, 서로 그 위치를 변동시키며(진정으로 정지하고 있는 여러 물체에 대해서는 이러한 일은 결코 일어나지 않는다.) 이들의 하늘과 같이 운행되고, 그들의 운동에 참여하며, 또한 회전하고 있는 전체의 부분으로서 그들의 운동의 축으로부터 멀리 가려고 하기 때문이다.

그런 이유로, 상대적인 양들은, 그것들의 이름이 갖는 실제 양이 아니고 측정되는 양 자체 대신으로 보통 사용되는, 그것들을 감지할 수 있는 여러 측도(정확하건, 부정확하건 간에)인 것이다. 만일에 언어의 뜻이 이들 용도에 따라서 결정되어야 하는 것이면 시간, 공간, 장소 및 운동이라는 이름에 의하여 이들의 '감지될 수 있는' 여러 측도가 정확히 이해되어야 할 것이다. 그리고 만일에 측정된 여러 양 그 자체를 뜻할 경우에는, 표현은 통상적인 것이 아니라 순수하게 수학적인 것이 된다. 따라서, 이 언어들을 측정되는 양을 언급하는 것으로 해석하는 사람들은 어디까지나 정확하게 보존되어야 하는 언어에 우를 범하는 것이다. 그리고 또한 진정한 양 그 자체의 것과 이들과의 관계와 감지할 수 있는 척도들을 혼동하는 사람들은 수학적 및 철학적인 진리의 순수성을 적지 않게 손상시키는 것이다.

특정의 물체의 진정한 운동을 발견하여, 그리고 그것을 겉보기의 것과 명확하게 구별하는 것은 정말로 대단히 힘드는 일이다. 왜냐하면 이들의 운동이 행해지는 부동의 공간의 여러 부분은 우리들의 감각으로 보는 관찰 속으로는 결코 들어오지 않기 때문이다.

그렇다 해도 사태가 전혀 절망적인 것은 아니다. 왜냐하면, 진정한 운동들 사이에 존재하는 겉보기 운동의 차이로부터, 또는 진정한 운동의 원인과 결과인 힘으로부터 유도되는 몇 개의 이론적인 근거들로부터 각각 부분적인 증거를 얻어내는 것이 가능하기 때문이다. 예를 들자면, 만일에 두 개의 공이 이들을 연결하는 끈으로써 상호간에 주어진 거리를 유지케 하고, 또한 무게중심의 주위를 회전시킨다 하면, 끈의 장력서부터 두 공의 각자의 운동 축으로부터 멀리 가려는 경향을 볼 수가 있으며, 그리고 그 상태로부터 그것들의 원운동의 양을 계산할 수가 있을 것이다. 또한 어떤 같은 힘이 동시에 공의 반대편에 작용하여, 그것들의 원운동을 증가 또는 감소시킨다 하면, 끈의 장력의 증가 또는 감소로부터, 이것들의 운동의 증대 또는 감소를 추측할 수가 있을 것이다. 그리고 여기서 공의 운동을 최대로 증가시키기 위해서는 어느 쪽으로 그 힘이 가해져야 하는 것인가도 발견할 수가 있을 것이며, 다시 말해 이것들의 가장 뒷면 또는 원운동에 있어서는 뒤따라 가는 면을 발견할 수가 있을 것이다. 이렇게 되면, 뒤따라가는 면이 알려지고 따라서 또한 이것과 반대쪽의 앞면이 알려진다면 이것들의 운동의 결과까지도 알 수가 있을 것이다. 이렇게 하여 공과 비교될 어떤 외적인 또는 감각적인 것이 없는 무한의 진공 속에서도, 이 원운동의 양과 성질을 발견할 수 있을 것이다.

그런데, 지금 만일에 우리들의 영역에 있어서의 항성이 그렇듯이, 그 공간 내에 주어진 상호간의 거리를 항상 부유할 수 있게끔 어떤 물체가 멀리 놓여 있다고 하면, 이들 여러 물체간에 있는 공의 상대적 이동으로부터는 그 운동이 과연, 공에 속하는 것인지 또는 물체에 속하는 것인지를 결정할 수는 없을 것이다. 그러나 만일에 끈을 관찰하고 그 장력이 공의 운동에 필요한 장력임을 발견한다면, 그 운동이 공에 있고, 그리고 여러 물체는 정지하고 있다고 결론 내릴 수가 있을 것이다. 또한 마지막으로, 이들 여러 물체간에 있어서의 공의 이동으로부터, 그것들의 운동의 성질을 발견할 수가 있을 것이다. 그러나 그것들의 원인, 결과 및 겉보기의 차이로부터 어떻게 하여야만 진정한 운동을 구할 수가 있을까, 또는 그 반대의 일을 행하여야 하는가 등등의 사항은 다음에 펼쳐질 소론에서 보다 더 상세하게 설명될 것이다. 이 논문을 쓰게 된 것도 바로 그 목적 때문이었던 것이다.

공리 또는 운동의 법칙

- **법칙 1. 모든 물체는 그것에 가해진 힘에 의하여 그 상태가 변화되지 않는 한, 정지 또는 일직선상의 등속운동을 계속한다.**

투사체는 공기의 저항에 의해 그 속도가 늦춰지거나, 또는 중력에 의해 낙하되지 않는 한 그 운동을 계속한다.

팽이는 그것의 여러 부분이 그것들의 응집력에 의하여 계속적으로 직선운동으로부터 빗나가고 있지만, 그러한 팽이는 공기에 의해 그 속도가 늦춰지지 않는 한 회전운동을 멈추지 않는다. 행성과 혜성과 같이 저항이 더 적은 공간에 있는 더 큰 물체는 더 오랜 시간 동안 그 전진운동과 원운동을 유지한다.

• **법칙 2. 운동의 변화는 가해진 동력에 비례하며, 그리고 그 힘이 작용한 직선 방향에 따라 행하여진다.**

만일에 임의의 힘이 어떤 하나의 운동(량)을 발생시키면, 두 배의 힘은 두 배의 운동(량)을 만들고, 세 배의 힘은 세 배의 운동을 발생시킬 것이다. 다만, 그 힘은 전부가 동시에 작용되어도 좋고, 또는 점차로 단계적으로 작용되어도 상관없다. 그리고 만일에 물체가 그 이전에 운동하고 있었다면, 새로 더해지는 운동(량)은, (그것을 일으키는 힘과 항상 같은 방향으로 향하고 있기 때문에) 그것들이 방향이 서로 일치하느냐 아니면 서로 반대쪽이냐에 따라서 그 이전의 운동에 가해지느냐 아니면 감해지느냐가 결정된다. 만일에 그것들이 서로 어떤 경사각을 이룬다면, 두 운동의 방향에 따라 비스듬하게 결합되어 합성된다.

• **법칙 3. 모든 작용에 대해서, 그 크기가 같고 방향은 반대인 반작용이 항상 존재한다. 다시 말해 서로 작용하는 두 개의 물체의 상호작용의 크기는 항상 똑같고, 그 방향은 반대 방향이다.**

상대방을 끌어당기거나 밀면, 그것은 반드시 그만큼 상대방에 의해 끌리거나 밀려진다. 만일에 손가락으로 돌을 밀면, 손가락 또한 돌에 의해 밀리게 된다. 만일에 말이 줄에 묶인 돌을 끈다고 하면 말은 (이렇게 표현해도 좋다면) 같은 힘으로 돌 쪽으로 끌려갈 것이다. 왜냐하면 양쪽으로 잡아당겨진 줄은 말을 돌 쪽으로 돌을 말 쪽으로 향하게 할 것이고, 한쪽 편의 진행을 추진시키는 것만큼 다른 편의 진행을 막으려 할 것이기 때문이다. 만일에 한 물체가 다른 물체에 충돌하여 그 힘에 의해 다른 물체의 운동을 변경시킨다면, 그 물체도 또한 다른 물체의 힘에 의해 (상호간의 압력은 서로 같으니까) 그 운동에서 반대 방향으로 향하는 같은 변화를 보여줄 것이다. 이와 같은 작용에 의해서 동일한 변화가 속도에 대해서가 아니라 운동량에 대해서 발생한다. (이 경우 물론 물체는 이 밖에 어떠한 장애물에 의해서라도 방해받지 않는다는 전제조건이 필요하다.) 왜냐하면 운동(량)은 똑같이 변화하기 때문에 반대 방향으로 일어나는 속도의 변화는 물체(의 질량)에 역비례하기 때문이다.

이 법칙은 다음의 주석에서 증명되듯이 인력의 경우에도 성립된다.

계 I

두 힘이 동시에 작용하는 물체는, 이들의 힘이 제각기 따로 작용하여 두 변을 그리는 것과 같은 시간 동안에 평행사변형의 대각선을 그리게 될 것이다.

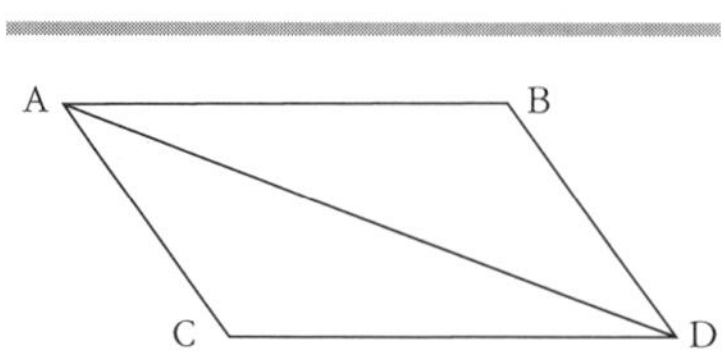

그림 1

주어진 시간 동안, 장소 A에서 단독으로 가해진 힘 M에 의하여 A에서부터 B까지 균일하게 운동하는, 그리고 단독적으로 가해진 힘 N에 의해 A서부터 C까지 운동하는 물체가 있다고 하자 (그림 1).

그러고 나서 평형사변형 ABCD를 완성시키면, 이 물체는 동일한 시간 동안 두 힘에 의해서 A에서 D로의 대각선을 따라 이동할 것이다. 왜냐하면 힘 N은 BD에 평행한 직선 AC의 방향으로 작용하므로, 이 힘은(법칙 2에 의하여) 물체를 직선 BD 쪽으로 움직이게 하는 다른 힘 M에 의하여 생기는 속도를 조금도 변화시키지 않을 것이기 때문이다. 따라서 물체는 힘 N이 가해지느냐 않느냐에 관계없이 같은 시간 내에 직선 BD에 도달하여, 마지막에는, 직선 BD 위의 어떤 지점에서 발견될 것이다. 이와 같은 추론으로써, 같은 시간 뒤에는 물체가 직선 CD 위의 어떤 지점에서 발견될 것이다. 따라서 그것은 양 직선이 서로 교차하는 점 D에서 발견될 것이다. 다시 말해, 그것은 법칙 1에 의해, A서부터 D로 향하는 대각선을 따라 단일하게 움직일 것이다.

계 II

이리하여, 서로 기울어진 임의의 힘 AC와 CD로부터, 하나의 직접적인 힘 AD가 합성되고, 역으로 임의의 직접적인 힘 AD로부터 두 개의 서로 기울어진 힘 AC와 CD가 분해된다. 이것들의 합성 및 분해는 기계학으로부터 충분히 확인될 수가 있다.

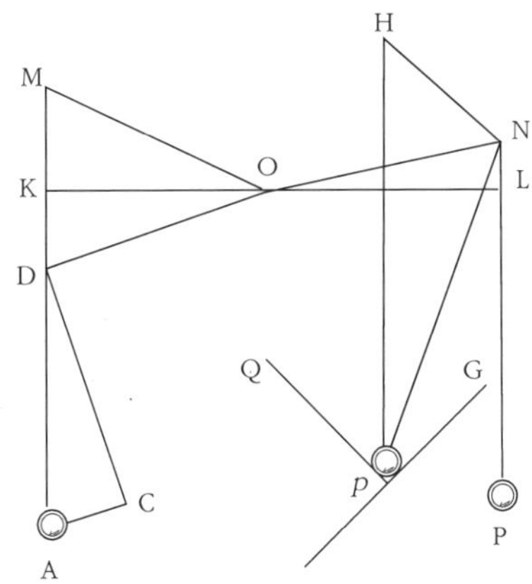

그림 2 뉴턴의 공리

예를 들어, 하나의 차바퀴 중심 O에서 뻗어나온 서로 다른 바퀴살 OM과 ON이 있으며, 그것들이 각각 끈 MA 및 NP로 추 A와 P를 받치고 있다고 하자. 그리고 차바퀴를 움직이는 데 필요한 추들의 힘을 구하기로 했다고 하자 **(그림 2)**.

중심 O를 지나는 직선 KOL을 그리고, K와 L에서 끈과 직각으로 교차시킨다. 그리고 중심 O에서부터 OK와 OL 중에서 큰 쪽인 OL을 갖고 원을 그려서 끈 MA와 D에서 교차시킨다. 또한 OD를 그리고, AC를 그것에 평행하게, DC를 그것에 수직으로 만든다. 자, 여기서 끈의 여러 점 K, L, D가 차바퀴의 면에 고정되어 있느냐 아니냐는 아무 관계가 없으므로, 추가 K와 L에 걸려 있다 해도, 혹은 D와 L에 걸려 있다 해도 그 효과는 똑같을 것이다.

추 A에 걸리는 전체 힘을 선분 AD로 표시하고, 그것을 힘 AC와 CD로 분해한다. 여기서 AC는 반지름 OD를 중심에서부터 일직선으로 잡아당기므로 차바퀴를 움직이게 하는 데는 아무런 효과도 갖지 못한다. 그러나, 힘 DC는 반지름 DO를 수직으로 잡아당기므로, 그것은 OD와 반지름이 같은 OL을 수직으로 잡아당기는 것과 같은 효

과를 갖는다. 다시 말해 만일에

P : A = DC : DA

이면 그것은 무게 P와도 같은 효과를 가질 것이다. 그런데 삼각형 ADC와 DOK는 서로 닮았으므로

DC : DA = OK : OD = OK : OL

이다. 따라서

P : A = 반지름 OK : 반지름 OL

이다. 이들 반지름은 같은 직선상에 놓여 있으므로 그것들은 등가가 되어, 따라서 서로 평형을 유지하게 된다. 이것은 천칭과 레버와 차바퀴 등의 성질로서 잘 알려져 있다. 만일에 한쪽의 무게가 이 비율보다도 커진다면, 차바퀴를 움직이는 힘도 그만큼 커질 것이다.

P와 무게가 같은 추 *p*가, 끈 N*p*에 의해 매달려 있으면서, 사면 *p*G에 의해 어느 정도 받혀져 있다고 하고, 수평면에 수직으로 *p*H를, 사면 *p*G에 수직으로 NH를 그리자. 추 *p*의 아래쪽으로 향하는 힘이 선분 *p*H로 표시된다고 하면, 그것은 침 *p*N 및 NH로 분해될 것이다. 만일에 끈 *p*N에 수직인 임의의 평면 *p*Q가 있어서, 또 다른 평면 *p*G를 수평선에 평행한 직선에 따라 자르고, 게다가 추 *p*가 이들 평면 *p*Q, *p*G만으로 받혀져 있다고 하면, 추 *p*는 힘 *p*N과 HN을 가지고, 힘 *p*N으로는 평면 *p*Q를, 힘 HN으로는 평면 *p*G를 누를 것이다.

따라서 평면 *p*Q가 제거되었다 하면 추는 끈을 잡아당길 것이다. 왜냐하면, 지금 무게를 지탱하고 있는 끈은 제거된 평면 대신으로서, 앞서 평면을 밀고 있던 힘 *p*N과 같은 힘으로 당겨질 것이기 때문이다. 따라서

*p*N의 장력 : *p*H의 장력 = 선분 *p*N : 선분 *p*H

로 된다. 따라서 만일에 추 *p*와 A의 무게비가 차바퀴의 중심으로부터 이것들의 끈, *p*N, AM까지의 최단거리의 역비와 비 *p*H : *p*N과 곱한

것과 같다면 추 p와 A는 차바퀴를 움직이게 하는 같은 힘을 갖게 되어, 누구나 실험을 통해 발견할 수 있듯이, 서로간을 지탱할 것이다.

그런데, 이들 두 개의 사면 위를 누르고 있는 추 p는 그것 때문에 갈려진 어떤 물체의 두 개의 내면에 끼어진 하나의 쐐기로 생각할 수가 있으며, 따라서 쐐기와 장도리와의 힘을 결정할 수가 있다. 왜냐하면 무게 p가 평면 pQ를 누르는 힘과 같은 무게가, 그 자체의 중력에 의하든가 또는 장도리의 타격에 의해 양 평면 쪽으로 향하여 직선 pH의 방향에 따라 추진되는 힘과의 비는

pN : pH

와 같고, 또한 다른 평면 pG를 누르는 힘과의 비는

pN : NH

와 같기 때문이다. 그리고 이렇게 하여, 나사의 힘도 이와 같은 힘의 분해로부터 추론할 수가 있다. 그것은 레버의 힘으로 추진되는 하나의 쐐기에 불과하다. 그렇기 때문에 이 계의 용도는 아주 광범위하고, 그 진리는 보다 더 넓은 범위에 걸쳐 확인되어 있다. 다시 말해 위에 설명한 것들에 의거하여, 역학의 모든 학리가 여러 저자에 의하여 여러 가지로 설명되어 있으며, 이러한 것들로부터 차바퀴, 활차, 레버, 끈 그리고 수직으로, 아니면 경사를 지으며 올라가는 추, 그 밖의 다른 기계의 힘을 조합한 여러 기계의 힘, 또는 동물의 뼈를 움직이는 근육의 힘 등등도 쉽게 추론할 수가 있다.

계 III

같은 방향으로 향하는 운동(량)을 합하고 반대 방향으로 향하는 운동(량)을 차감해서 얻어지는 운동의 양은, 이들 물체들간의 작용만으로는 아무런 변화도 생기지 않는다.

왜냐하면 법칙 3에 의하여 작용과 그것에 대한 반작용은 서로 같고, 법칙 2에 따라 서로 반대 방향을 가지므로, 그 크기가 같은 운동

(량)의 변화가 이들에게 발생하게 되기 때문이다. 따라서 운동이 같은 방향이었다면, 선행하는 물체의 운동(량)에 가해지는 모든 것은 뒤따르는 물체의 운동(량)으로부터 감해지게 되어, 그것의 합한 것은 이전과 변화가 없을 것이다. 그리고 만일에 물체가 반대 방향의 운동을 하면서 서로 만나게 되면, 쌍방의 운동(량)으로부터 서로 같은 양을 빼게 될 것이고, 따라서 서로 반대 방향으로 향하는 운동(량)의 차는 여전히 같을 것이다.

이렇게 하여 만일에 공 A가, 공 B의 질량에 세 배 큰 질량을 가지며, 또한 2단위 속도를 갖고 있다고 하고, B는 10단위 속도를 갖고 같은 직선상을 따라 뒤를 쫓는다고 하면,

A의 운동(량) : B의 운동(량) = 6 : 10

이 된다. 이들의 운동(량)이 6과 10이라고 가정하면 그것을 합친 것은 16이 될 것이다. 따라서, 물체가 서로 충돌할 때에, 만일에 A가 3, 4 또는 5라는 운동(량)을 얻게 된다고 하면, B는 그만큼을 잃을 것이다. 이렇게 되면 A는 9, 10 또는 11의 크기를 갖고 전진할 것이며, B는 7, 6 또는 5의 크기로 전진할 것이다. 그리고 그것들을 합한 것은 전번의 경우와 마찬가지로 항상 16이 된다. 만일에 물체 A가 9, 10, 11 또는 12라는 운동(량)을 얻고, 서로 만난 뒤에 15, 16, 17 또는 18의 크기로 전진한다고 하면, 물체 B는 A가 얻은 만큼을 잃어버리니까 9를 잃고 1로 전진하든가, 아니면 10이란 전진운동(량)의 모든 것을 잃고 정지해 버리거나, 아니면 단지 그 전 운동(량)을 잃어버릴 뿐만 아니라(만일 그렇게 말할 수가 있다면) 1을 더 잃고 1로 후퇴를 하든가, 또는 12라는 전진운동(량)이 없어짐에 따라 2라는 크기를 갖고 후퇴할 것이다. 그리고

15 + 1 또는 16+0

과 같은 방향의 크기를 갖는 운동(량)을 합친 것과

17-1 및 18-2

와 같은 상반된 운동(량)의 차는, 물체가 만나서 반발하기 전과 같이 항상 16으로 같을 것이다. 그러나 물체가 반발 후에도 여전히 운동을 계속하는 경우, 반발 후 속도와 이전 속도의 비를 반발 후 운동(량)과 이전 운동(량)의 비와 같게 놓아, 각각의 속도를 알 수 있을 것이다. 예를 들어 위와 같은 경우에 있어서는

반발 전의 A의 운동(량)(6) : 반발 후의 A의 운동(량)(18)

= 반발 전의 A의 속도(2) : 반발 후의 A의 속도(x)

즉,

6 : 18 = 2 : x

이니까, x=6이 된다.

그러나, 만일에 물체가 공과 같은 형태가 아니든가, 또는 서로 다른 직선상을 움직이며 둘이 경사를 이루면서 충돌할 때에, 반발 후의 이들의 운동을 구하려면, 이러한 경우에는, 우선 충돌점에서 양 물체에 접하는 평면의 위치를 결정해야만 한다. 다음에는 각 물체의 운동이(계 Ⅱ에 의해) 두 개로 분해되어야 한다. 다시 말해 그 하나는 평면에 수직인 것, 또 하나는 그것에 평행한 것이다. 이렇게 됐다면, 물체는 이 평면에 수직인 직선 방향을 따라 작용하게 되므로, 평행한 운동은 반발 후에 있어서도 그 이전과 같은 상태를 유지하여야 하며, 또한 수직한 운동에 대해서는, 서로 반대 방향과 같은 변화를 지정하지 않으면 안 된다. 그것은 같은 방향을 갖는 운동(량)을 합한 것과 서로 반대의 방향을 가진 운동(량)의 차가, 이전과 같게 될 것이다. 그들 자체의 중심 주위를 원운동하는 물체들의 경우 역시 이러한 종류의 반발로부터 발생한다. 그러나 다음에 살펴 볼 것은 이러한 경우가 아니다. 모든 경우를 위와 관련지어 설명하는 것은 너무나도 지루한 일이다.

계 Ⅳ

2개 또는 그 이상의 물체들의 무게중심은 이들 물체간의 상호 작용에 의해서는, 그 운동 또는 정지의 상태가 변하지 않는다. (외부로부터의 작용과 방해가 제거된) 서로 작용하고 있는 모든 물체의 질량중심은 정지해 있든가, 또는 일직선상을 등속으로 운동한다.

왜냐하면, 만일에 두 개의 점이 각자 일직선상을 등속운동으로 운동하며, 이들 사이의 거리가 어떤 주어진 비로 분할된다고 하면, 그 분할점은 정지하든가, 또는 일직선상을 등속으로 운동할 것이기 때문이다. 이것은 후에 보조정리 23과 그 계에서, 여러 점이 같은 평면 안에서 움직일 경우에 대해서 증명되는데, 이와 같은 논법을 통해 여러 점이 같은 평면 내에서 움직이고 있지 않은 경우에도 증명할 수가 있다.

따라서, 만일에 임의의 수의 물체들이 직선상을 등속으로 운동한다고 하면, 그들 중의 어떤 두 개의 물체의 무게중심은 정지하거나, 또는 일직선상을 등속으로 운동한다.

왜냐하면, 이렇게 움직이고 있는 두 물체의 중심을 연결하는 선분은 그 공통 중심에 있어서 주어진 비로 나뉘기 때문이다. 이와 같이 하여, 이들 두 물체와 제3의 물체의 무게중심은 정지하거나 또는 일직선상을 등속으로 운동할 것이다. 왜냐하면, 그 중심에 있어서 두 물체의 무게중심과 제3의 것의 중심과의 거리는 주어진 비로 나뉘기 때문이다. 이와 마찬가지로, 이들 3물체와 제4의 물체의 무게중심은 정지하거나 또는 일직선상을 등속으로 운동한다. 왜냐하면, 이들 3물체의 공동중심과 제4의 것의 중심과의 거리는 역시 그 점에서 주어진 비로 나뉘기 때문이다. 그 다음의 경우도 마찬가지이다. 이리하여, 하나의 물체계에 있어서, 그들 사이에 아무런 상호작용도 없고, 또한 외부로부터 그것들에 가해지는 아무런 힘도 없으며, 따라서 직선상을 등속으로 운동한다고 하면, 이것들의 모든 무게중심은 정지하거나 또는 일직선상을 등속으로 운동할 것이다.

그리고 상호간에 작용하는 두 물체로써 구성되는 한 체계에서, 그들 각 물체의 중심과 양자의 무게중심 사이의 거리는, 각 물체(의 질량)에 반비례하므로, 중심에 대한 물체의 상대적 운동(량)은 그것이 중심에 접근하고 있는가, 아니면 멀어져 가고 있는가를 불문하고 서로 같을 것이다. 따라서, 서로 반대쪽을 향하고 있는 운동(량)에 일어나는 변화가 서로 같기 때문에, 결국 이들 사이의 상호작용에 의하여, 이들 물체의 무게중심은 가속이나 감속이 모두 안 되고, 그 등속운동 상태 혹은 정지의 상태에 관하여 아무런 변화도 받지 않는다. 그런데, 몇몇의 물체로써 이뤄진 하나의 체계에서, 서로 작용을 미치고 있는 임의의 두 물체의 무게중심은 그 작용에 의해서는 그 상태에 아무런 변화도 받지 않으며, 그러한 작용과 아무 관계없는 다른 여러 물체의 무게중심에도 아무런 변화도 생기지 않는다.

그런데다가, 이들 두 중심 사이의 거리는, 모든 물체의 무게중심에 의해, 이것을 중심으로 갖는 물체(의 질량)의 총합한 것에 반비례하여 분할된다. 따라서 이들 두 개의 중심과 전체 무게중심 모두가 운동 혹은 정지 상태를 유지하므로, 그것들 자체 내에 있는 어떤 두 물체의 작용으로부터는 전체의 무게중심이 그 운동 혹은 정지의 상태에 아무런 변화도 발생하지 않는다는 것은 명백하다. 그런데 이러한 체계에서 여러 물체들 사이의 모든 작용은, 두 물체 사이에 일어나는 것이 아니라면, 두 물체간에 교환되는 작용 중의 하나가 되겠다. 그러한 고로, 전체의 무게중심에 있어서는 그 운동 혹은 정지 상태에 관하여 아무런 변화도 발생하지 않는다. 따라서, 여러 물체가 서로 작용을 하지 않을 때에는 그 중심은 정지하거나 또는 직선상을 등속운동하게 되며, 여러 물체 자체 사이에 서로 작용하는 일이 있는 경우에도, 그 중심은 외부로부터 전 체계에 가해지는 힘의 작용에 의하여 그 상태에서 밀려나지 않는 한, 정지 또는 일직선상을 등속운동하는 상태를 계속할 것이다. 그래서 정지 또는 운동상태를 보존한다는 점에 대해서는, 많은 물체로 구성된 계도 역시 한 개의 물체에 있어서와 마찬가지인 법칙이 성립된다. 왜냐하면 전진운동은 단일 물체이거나 물체들의 총체의 것이거나 상관없이 항상 무게중심의 운동으로 이해되어야 하기 때문이다.

계 V

주어진 공간 내에서 물체들이 운동할 때, 그 공간이 정지되어 있든 또는 어떠한 원운동 없이 등속으로 전진하고 있든, 물체들의 운동은 서로간의 관계에서 차이가 없다.

왜냐하면, 같은 쪽으로 향하는 운동(량)의 차를 구하는 경우나, 반대쪽을 향하는 것들을 합친 것이나 처음에는(가정에 의하여) 마찬가지이고, 그 합이나 차이로부터 서로가 부딪칠 때에 충돌과 충격〔임페투스〕이 발생하는 것이기 때문이다. 따라서(법칙 2에 따라) 그것들의 충돌 효과는 쌍방의 경우에 있어서 서로 같으며, 따라서 한 경우에 있어서 그 물체간의 상호운동은 다른 경우에 있어서의 그 물체간의 운동과 항상 같을 것이다. 이것은 경험에 의해 명백하게 증명된다. 배가 정지하고 있어도, 혹은 등속운동으로 일직선상을 가고 있어도, 배 위에서의 모든 운동은 똑같게 일어나는 것이다.

계 VI

여러 물체들이 서로에 대해 어떠한 방향으로 운동을 하고 있다 해도 만일에 같은 크기의 가속력이 평행하게 주어지면, 그 물체들 모두는 마치 그러한 힘이 주어지지 않은 경우와 마찬가지로, 서로에 대한 운동을 계속할 것이다.

왜냐하면, (움직여지는 물체들의 양에 비례하여) 동등하게 그리고 평행한 방향으로 작용되는 이들 힘은, (법칙 2에 따라) 모든 물체를 (속도에 대하여) 균등하게 움직일 것이고, 따라서 그들 물체 자체 사이의 위치 또는 운동에는 아무런 변화를 일으키지 않게 할 것이기 때문이다.

〈주석〉

지금까지, 수학자들에 의해 인정받고, 또한 풍부한 실험에 의해 확인되는 여러 원리를 설명했다. 처음 두 개의 법칙과 계에 의하여 갈릴레오는, 물체의 낙하거리가 시간의 제곱에 비례하여 변한다는 것과 던져지는 물체의 운동이 포물선을 따라 떨어진다는 것을 발견하였다. 이들의 운동이 공기의 저항으로 인한 방해를 거의 받지 않는 한, 두 법칙은 실험을 통해 입증된다. 물체가 낙하하고 있을 때에 균일한 중력은 같은 시간 간격마다 동등하게 작용하여, 그 물체에 동등한 힘을 가하고 따라서 동등한 속도가 생기게 한다. 그리고 일정 시간 동안 계속 힘을 가하여 그 시간에 비례하는 속도를 발생케 한다. 그리고 시간에 따라 늘어나는 그 거리는 속도와 시간과 곱한 것, 즉 시간의 제곱에 비례한다. 또한, 물체가 위로 던져졌을 때에는, 균일한 중력이 그 힘을 미쳐 시간에 비례하여 속도를 줄이게 한다. 그리고 최고 높이까지 상승하는 시간은 줄어들어야 할 속도에 비례하고, 그 높이는 속도와 시간과를 곱한 것 또는 속도의 제곱에 비례한다. 그리고 만일에 물체가 어떤 방향으로 던져지면 그 운동은, 그 중력으로부터 생기는 운동과 합성된다. 예를 들어 물체 A가 던져진 운동만으로 주어진 시간 내에 선분 AB를 그리고, 낙하운동만으로, 같은 시간 내에 높이 AC를 그린다고 하자 (그림 3). 이때 평행사각형 ABCD를 완성시키면, 물체는 그 합성운동에 의하여, 마지막 순간에 장소 D에 위치하게 될 것이다.

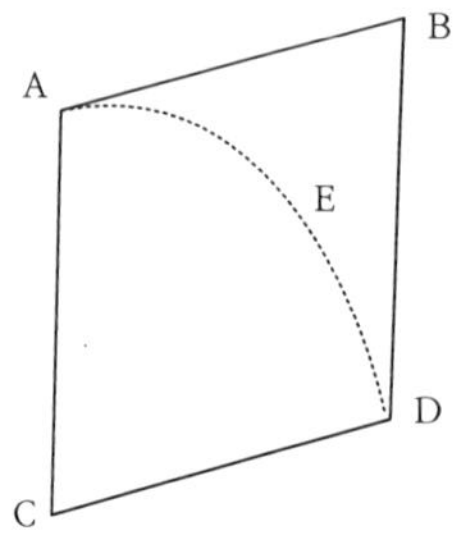

그림 3

그리고 그 물체가 그리는 곡선 AED는 포물선이 되고, 직선 AB는 A에서 그것의 접선이 되며, 또한 수직선 BD는 선분 AB의 제곱에 비례할 것이다. 진자의 진동시간에 대한 설명들은 처음의 두 가지 법칙과 계에 기초를 두고 있으며, 이는 진자시계에 대한 일상의 경험에 의해 확인된다.

앞의 두 가지 법칙과 계와 법칙 3에 의하여, 현대의 최고의 기하학자인 크리스토퍼 렌 경, 월리스 박사, 호이겐스 씨 등은 딱딱한 물체의 충돌과 반발의 여러 법칙을 독립적으로 발견하여, 거의 같은 시기에 왕립협회에 보고하였는데, 그들의 법칙은 서로 정확히 일치했다. 실제로는 월리스 박사의 발표가 약간 빨랐고, 크리스토퍼 렌 경이 그 다음을 이었으며, 호이겐스 씨가 가장 늦었다. 그러나 크리스토퍼 렌 경은 왕립협회에서, 마리옷트 씨가 전체 책의 제목으로도 가치가 있다고 생각했던 진자 실험을 통하여, 그 법칙들의 진실성을 증명했다.

그렇다 해도, 이 실험을 이론과 일치시키려면 충돌하는 물체의 탄력과 공기의 저항 모두를 고려하여 설명해야 한다. 공 A, B가 평행하고 길이도 같은 실 AC, BD에 의하여, 중심 C, D에 매달려 있다 하자 (그림 4).

이러한 중심 주위에서, 그 실들의 길이를 반지름으로 하는 반원 EAF, GBH가 그려지며, 각각은 반지름 CA, DB에 의하여 2등분된다. 물체 A를 물체 B와 떨어트려 호 EAF상의 임의의 점 R까지 가지고 간 후 그것을 놓았더니 한 번 진동한 후에 점 V에 돌아왔다고 하자.

그렇게 하면 RV는 공기의 저항 때문에 생긴 손실에 해당할 것이다.

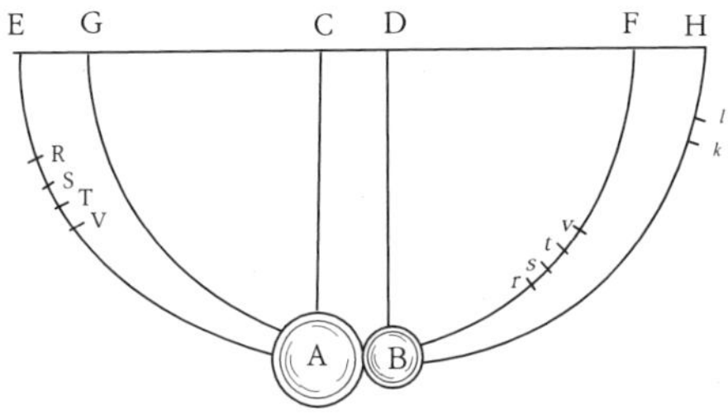

그림 4

ST를 RV의 1/4이 되게 그 중앙에 잡아 RS = TV가 되고, RS : ST = 3 : 2가 되게끔 한다. 그렇게 하면 ST는 S서부터 A로 낙하하는 사이의 손실을 근사적으로 표현할 것이다.

물체 B를 원위치에 돌려놓는다. 그리고 물체 A를 점 S서부터 낙하시켰다고 하면, 충돌이 일어나는 A에서의 속도는, 큰 오차가 없다고 했을 때, 진공에서 그것을 T로부터 낙하시켰을 경우와 비슷할 것이다. 따라서 이 속도를 호 TA를 따라 낙하했을 때 나타나는 속도로 둔다. 진자의 가장 낮은 점에서의 속도가, 낙하할 때 그것이 그리는 호에 비례함은 기하학자들에게는 잘 알려져 있는 명제이기 때문이다. 한편, 반발 후에 물체 A가 s에 오고, 물체 B가 k에 왔다고 가정하자. 물체 B를 떼어내어, 물체 A가 출발하여 한 번 진동 후에 r에 돌아올 수 있게 하는 지점 v를 찾는다. 그리고 st가 rv의 1/4이 되면서, tv와 rs가 같게 하도록 그 중앙에 점들을 자리잡게 한다. 또한 호 tA의 현을 물체 A가 A 지점에서 반발 직후 가지는 속도를 나타내는 것으로 한다. 이렇게 하는 것은, t가 공기의 저항이 없을 때 물체 A가 상승하여야 할 진정한 위치가 될 것이기 때문이다.

비슷한 방법으로 물체 B가 진공 속에서 상승할 지점 l을 찾아냄으로써 그것이 실제로 상승하는 지점 k를 보정해야 할 것이다. 이렇게 하여 마치 모든 것이 진공 속에 있는 것과 마찬가지의 방법으로 실험

할 수가 있는 것이다. 이러한 방법에서, 충돌 직전에 있어서의 지점 A에서의 물체 A의 운동(량)을 얻으려면 물체 A(의 질량)와 호 TA의 현(그 속도를 나타내는 것)과를 곱한(이렇게 표현해도 된다면) 것을 취하면 될 것이고, 또한 충돌 직후 A 지점에서의 운동(량)을 얻으려면, 물체 A(의 질량)와 호 tA의 현과 곱한 것을 취하면 된다. 따라서, 충돌 직후 물체 B의 운동(량)을 얻기 위해서는, 그 물체(의 질량)와 호 Bl의 현과 곱한 것을 취하면 된다. 비슷한 방법으로 두 개의 물체가 서로 다른 장소에서 출발하여 서로 만나는 경우, 충돌의 여러 효과를 알아보려면, 충돌 전과 후에 있어서의 각자의 운동(량)을 구하여야 할 것이며, 그 뒤에는 그들과의 운동(량)을 비교해야 할 것이다.

나는 10피트 길이의 진자에 서로 같은 혹은 서로 다른 물체들을 매달은 후 충분한 거리를 낙하시켜 충돌시키는 실험을 했고, 이를 8피트, 12피트, 16피트 길이의 진자에 대해 반복했다. 그리고 3인치 미만의 오차 범위 내에서, 물체들이 직접 충돌할 경우 서로 반대 방향을 향하는 물체의 운동(량) 변화는 같으며, 따라서 작용과 반작용이 항상 같다는 점을 확인했다. 만일에, 물체 A가 정지하고 있는 물체 B에 9란 운동(량)을 갖고 충돌하여 7을 잃고 반발 후 2를 갖고 전진한다면, 물체 B는 7의 운동(량)을 갖고 뒤로 움직여지게 된다. 서로 반대 방향이며 각각 12와 6만큼의 운동(량)을 갖는 두 물체 A, B가 충돌한 후에, A는 2만큼의 운동량으로 B는 8만큼의 운동량으로 멀어진다고 하자. 다시 말해 각기 서로 14만큼의 운동(량)의 감소를 지니고 서로 멀어진다는 것이다. 왜냐하면 A의 운동(량)서부터 12를 빼면 아무것도 남지 않는데, 다시 2를 빼면 2만큼의 반대 방향의 운동(량)이 발생할 것이고, 또한 B의 6이란 운동(량)에서 14를 빼면 반대 방향의 8이란 운동(량)이 생기기 때문이다.

이 두 물체가 같은 방향을 향해 움직이며, 더 빠른 A는 14만큼의 운동(량)을 갖고 더 느린 B는 5만큼의 운동(량)을 갖는다고 하자. 충돌 후 A가 5의 운동(량)으로 전진하고 B는 14의 운동(량)으로 전진한다면, 9만큼의 운동(량)이 A에서 B로 이동한 것이다.

다른 경우에 있어서도 마찬가지이다. 같은 방향으로 움직이는 운동(량)을 합친 것, 또는 서로 반대 방향으로 움직이는 그것들의 운동(량)의 차이는, 물체의 회합과 충돌로써는 조금도 변치 않았다. 나는 측정하는 데 있어서의 1인치나 2인치 정도의 오차는, 모든 것을 정확히 행하는 데 있어서 겪기 마련인 어려움 정도로 생각한다. 두 개의 진자를 같은 시간에 출발시켜, 그것들이 바로 최저점 A, B에서 충돌하게 하는 것이라든가, 또는 두 물체가 충돌 후에 상승하는 지점 s 및 k를 찾는 것 모두가 쉬운 일은 아니었다. 그뿐만 아니라, 어떤 오차는 진자의 추 자체의 밀도가 고르지 못했기 때문에 발생하기도 했고, 또는 다른 여러 원인으로부터 발생하는 구조의 불규칙성 때문에 발생하기도 했다.

나아가, 누군가 이 법칙에 대해 물체가 완전하게 딱딱한 것이며 적어도 완전히 탄성적인 것(그러한 물체는 자연에서 발견하기 힘들지만)이라는 가정을 하고 있다는 점을 들어 반론을 펼 수도 있겠다. 이를 막기 위해 좀더 부가적인 설명을 하자면, 위에 설명한 실험은 경도의 성질에는 전혀 의존하지 않고, 굳은 물체거나 연한 물체라도 같은 양상을 보인다. 왜냐하면, 만일에 이 규칙이 완전하게 딱딱하지 않은 물체에 대해 적용될 경우에는, 다만 탄력의 크기로부터 요구되는 비율만큼 반발량을 줄이면 되기 때문이다. 렌과 호이겐스의 이론에 의하면 완전하게 딱딱한 물체는 그것들이 서로 마주칠 때의 속도와 같은 속도로써 한쪽으로부터 다른 쪽으로 되돌아간다. 그러나 이러한 일은 완전탄성체의 경우에 더욱 확실하게 확인된다.

불완전탄성체에 있어서 되돌아오는 속도는 탄력에 따라 감소할 것이다. 왜냐하면 그 힘(물체의 일부분이 그것들이 충돌함으로써 손실된다든가, 아니면 장도리로 타격을 가했을 때에 물체가 늘어지는 경우를 제외하고)은 (인정할 수 있는 한도 내에서는) 정해져 있으며, 그것들이 부딪칠 때의 상대적 속도에 비례하는 또 다른 상대속도를 갖고 되돌아오게 하기 때문이다. 아주 큰 압력을 가하여 만든 털공에 대하여 나는 다음과 같은 실험을 했다. 즉, 우선 진자를 통해 그 반발을 측정하고, 그 탄력의 크기를 결정했다. 그리고 그 힘으로부터 다른 충돌의 경우에 일어날 반발량을 계산했더니, 이는 이후에 행하여진 여러 실험 결과들과 서로 잘 일치했다. 그 털공은 항상 털공이 충돌했을 때의 상대속도와 5 : 9의 비를 이루는 어떤 상대적 속도를 갖고 되튀어나왔다. 철강으로 만든 공은 거의 같은 속도로 되돌아왔고, 코르크의 공은 매우 작은 속도로 되튀었다. 그러나 유리로 만든 공에 있어서는 그 비가 15 : 16이었다. 따라서 충돌과 반발에 관한 한, 법칙 3은 경험과 정확히 일치하는 이론임이 입증된다.

인력운동의 경우는 다음과 같이 간략하게 설명하겠다. 인력이 작용하고 있는 임의의 물체 A, B 사이에 어떤 장애물이 끼워져 있어 둘이 마주치는 것을 막고 있다고 가정하자. 여기에서 만일 어느 한 물체, 예를 들어 A가, 물체 B가 물체 A로 향하는 것보다 더욱 강하게 B로 끌린다면, 이 장애물은 물체 B의 압력보다는 물체 A의 압력에 의하여 더욱 강하게 눌려서 서로의 평형을 유지할 수 없을 것이다. 그리하여 더 강한 압력에 의해, 두 물체는 장애물과 함께 B가 있는 방향으로 움직이게 될 것이다. 그리고 만약 그것들이 자유 공간에 있다면 끝없이 가속되는 운동으로 무한히 진행하게 될 것이다. 하지만 이러한 일은 불합리하며, 법칙 1에 위반된다.

왜냐하면, 법칙 1에 따르면, 그 체계(system)는 그렇게 정지 상태를 계속하든가 또는 일직선상을 등속으로 운동해야 하기 때문이다. 따라서 두 물체는 장애물을 동등하게 밀며, 서로 같은 크기로 끌어당겨야만 할 것이다. 나는 자석과 철에 대하여 실험을 해보았다. 만일에 이것들을 적당한 뜰 것에 놓고 잔잔한 물 위에 띄워 놓으면, 그것들 모두는 상대방을 밀어내지 않을 것이다. 오히려 서로 동등하게 끌어당겨짐에 따라 서로의 압력을 지탱하면서 균형 상태를 유지한 채 정지해 있을 것이다.

이런 식으로, 지구와 그 여러 부분 사이의 중력도 상호적이다. 지구 FI가 임의의 평면 EG에 의해 잘리고, 두 개의 부분 EGF와 EGI로 됐다고 하자 (그림 5).

그렇게 되면, 서로를 향하는 무게는 같을 것이다. 그 이유는 다음과 같다.

첫 번째 평면 EG에 평행한 또 다른 평면 HK에 의해서 더 큰 부분인 EGI가 EGHK와 HKI의 두 부분으로 잘려지고, HKI는 처음에 잘린 EFG와 같다고 하자. 그렇다면 중앙 부분 EGKH는 그 고유의 무게 때문에, 어느 한쪽으로 향하는 경향을 보이지 않은 채 그저 매달려 있을 것이며, 양쪽 부분 사이에서 균형 상태를 유지한 채 정지해 있을 것이 명백하다. 그런데 한쪽 끝부분인 HKI는 자신의 무게로 중앙 부분을 누를 것이고, 이것을 다른 쪽 끝부분인 EGF를 향하여 밀 것이다. 따라서 HKI와 EGKH의 양 부분을 합친 것인 EGI를 제3의 부분 EGF로 향하게 하는 힘은 HKI라는 부분의 무게, 즉 제3의 부분인 EGF의 무게와 같다.

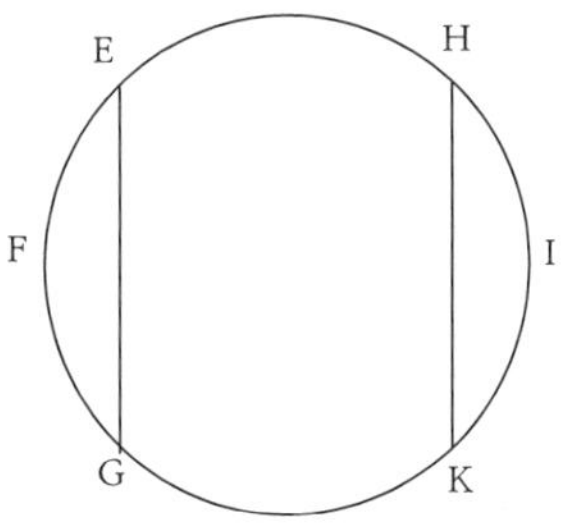

그림 5

그렇기 때문에, 증명을 하려고 했던 대로 두 개의 부분 EGI와 EGF의 무게는 서로 다른 쪽으로 향하며 서로가 같은 것이다. 그리고 만일에 그들의 무게가 같지 않다고 하면, 무저항의 에테르 속에 떠 있는 전 지구는 큰 쪽의 무게에 휘말려, 무한히 먼 곳으로 운반되고 말 것이다.

물체들이 충돌과 반발을 할 때, 그 속도가 고유의 힘〔관성력〕에 반비례하며 여러 물체는 서로 평형 상태에 있는 것과 마찬가지로, 기계장치를 사용할 때에 있어도 그 속도가 고유의 힘에 반비례하는 그 인자들〔작용하는 물체들〕은 여러 움직이는 원인이 서로를 지탱하여 평형 상태를 이룬다.

따라서 천칭이 작동하고 있는 동안 추가 그 속도에 반비례하여 그 양팔을 위 또는 아래 방향으로 움직인다면, 그 추들은 균형을 맞추려는 그 팔들 안에서 평형을 이루는 것이다. 다시 말해, 만일에 상승 또는 하강이 곧바로 이뤄지는 것이라면, 천칭의 축으로부터 각기의 무게의 지점에 이르기까지의 거리에 반비례하는 그러한 무게는 서로가 같은 것이다. 그러나, 만일 그것들이 사면 또는 이 밖의 장애물이 있음으로 해서 옆으로 기울어져 오르고 내린다면, 물체(의 질량 또는 무게)가 오르고 내리는 수직 높이에 반비례할 때 그것들은 서로 조화를 이룰 것이다. 그리고 그것은 아래쪽으로 향하는 중력의 크기 때문임을 알아두자.

이와 유사하게, 도르래 또는 도르래를 여러 개 조합시킨 것에 있어서도, 곧바로 올라가든 경사 지으면서 올라가든, 줄을 당기는 손의 힘과 추의 무게와의 비가 추의 수직상승 속도와 줄을 당기는 손의 속도와의 비와 같다면, 손의 힘은 추를 너끈히 들 수가 있을 것이다.

시계나 그와 유사한 기계에 있어서도, 기어의 운동을 촉진 또는 저지하는 반대 방향의 힘은, 만일에 그것이 걸려 있는 기어의 각 부분의 속도와 그들의 힘과 반비례할 때에, 서로를 지탱할 것이다.

물체를 누르는 나사의 힘과 나사를 돌리는 손의 힘과의 비는, 손으로 돌리는 나사돌리개의 원운동 속도와 눌려진 물체를 향한 나사의 전진운동 속도와의 비와 같다.

쐐기가 목재의 두 부분을 밀고 또는 그것을 가르며 들어가는 힘과 쐐기에 가해지는 나무방망이의 힘과의 비는, 그 나무방망이에 의해 쐐기에 가해지는 힘의 방향에 있어서 쐐기가 전진하는 속도와 목재 부분이 쐐기의 측면에 수직인 직선 방향으로 쐐기에게 박히는 속도와의 비로 되어 있는 것이다. 또한 이와 같은 설명이 모든 기계에 대해서도 가능할 것이다.

모든 기계의 능력과 효용은 속도를 줄임으로써 힘의 크기를 증대시키거나, 또는 그 반대의 일을 행하는 것이다. 이 사실로써, 모든 종류의 제대로 된 기계에 대하여 다음과 같은 문제, 즉 주어진 힘으로써 주어진 무게를 움직이는 일, 또는 주어진 힘으로써 어떤 다른 주어진 저항을 이기는 일 등의 문제를 해결할 수 있게 된다는 것이다. 다시 말해, 만일에 작동체와 저항체와의 속도가 그들의 힘에 반비례하게끔 기계가 만들어졌다고 하면, 작동체는 저항체에 알맞게 지지될 것이겠지만, 만일에 속도에 있어서 보다 큰 차이가 있다면, 저항체를 이길 것이다. 물론, 속도 차가 크게 벌어지면, 서로 미끄러지듯 접촉하고 있는 물체들의 마찰에 의한, 또는 분리되어야 할 연속체의 응집력에 의한, 또는 집어올려야 할 물체의 무게에 의한 저항은 모두 극복될 수 있을 것이다. 그리고 만약 이 저항을 이기기만 한다면, 그 남은 힘은, 저항체에 있어서와 마찬가지로 기계의 여러 부분에 있어서, 그 남은 힘에 비례하는 가속도를 갖는 운동을 발생케 할 것이다.

그러나, 여기서의 나의 목적은 기계학에 대하여 논하는 것이 아니다. 그저 이들의 실례에 의해, 운동의 제3법칙의 큰 범위와 정당성을 보이고 싶었을 뿐이다. 그런 사연으로서, 만일에 작동체의 작용을 그것의 힘과 속도를 곱한 것으로부터 이해하고, 또한 이와 같이 하여 저항체의 반작용을 그것의 몇 개의 부분의 속도와 마찰력, 응집력, 무게 및 그것들의 여러 부분의 가속도로부터 일어나는 저항력과를 곱한 것으로부터 이해될 수 있다면, 모든 종류의 기계를 사용함에 있어서 작용과 반작용은 항상 서로 같다는 것을 발견할 것이기 때문이다. 그리고 작용이 중간의 여러 기계를 거쳐 전해지고, 마지막으로 저항체 위에 가해지는 한, 종국에 있어서의 작용은 항상 반작용과 반대편으로 향할 것이다.

제1편 물체의 운동

제I장 뒤따르는 여러 명제의 증명을 돕기 위한 최초 및 최후의 비의 방법

보조정리 1

어떤 양들 혹은 양들의 비가 있어 그것들이 임의의 유한 시간 내에 끊임없이 같아지려고 하고, 또 그 시간이 끝나기 전에 서로 근접하여 그들의 차이가 임의의 양보다 작아진다면, 그것들은 결국 서로 같아진다.

만약 이를 부정하여, 궁극적으로는 그것들이 같아지지 않는다고 가정하고, D를 그것들의 궁극적인 차라 해보자. 그렇게 되면 그것들은 가정과 모순되게, 그 차 D보다도 더욱 가까운 같은 것에 접근할 수 없게 된다.

보조정리 2

직선 Aa, AE와 곡선 acE에 의하여 그려지는 임의의 도형 AacE(그림 6)에, 같은 길이의 밑변 AB, BC, CD,…과 도형의 한 변 Aa에 평행한 변 Bb, Cc, Dd,…에 의해 그려지는 임의의 개수의 평행사변형 Ab, Bc, Cd,…을 내접시키자. 그리고 평행사변형 aKbl, bLcm, cMdn…을 완성

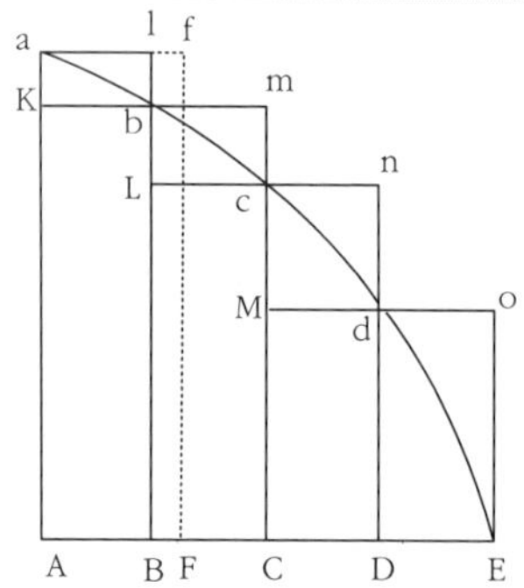

그림 6 물체의 운동

시키자. 그런 후, 이 평행사변형들의 폭을 줄여 그 개수를 무한히 증가시키면, 내접도형 AKbLcMdD와 외접도형 AalbmcndoE와 곡선도형 AabcdE가 서로에 대해 가지는 궁극적인 비(ultimate ratios)는 같은 비(ratios of equality)가 될 것이다.

내접도형과 외접도형의 넓이 차는 평행사변형 Kl, Lm, Mn, Do를 합친 것이며, 이것들은 그것들의 밑변 중 하나인 Kb와 평행사변형들의 높이의 합인 Ab로 이루어진 직사각형 ABla의 넓이와 같다. 그런데 그것의 폭 AB가 무한히 감소한다고 하였으므로, 이 직사각형은 어느 주어진 직사각형보다도 작아지게 된다. 따라서 (보조정리 1에 의해서) 내접도형과 외접도형, 그리고 곡선도형은 궁극적으로 같아지게 된다. 증명 끝.

보조정리 3

평행사변형의 폭 AB, BC, CD,…가 서로 불균등하고 모두가 무한히 줄어든다고 할 때, 위와 같은 궁극적인 비는 같은 비가 될 것이다.

AF(**그림 6**)를 최대 폭과 같도록 하고 평행사변형 FAaf를 완성시키자. 그러면 이 평행사변형은 내접도형과 외접도형의 차보다 클 것이다. 하지만 그것의 폭 AF가 무한히 감소한다면, 그것은 어느 주어진 직사각형보다 작아질 것이다. 증명 끝.

계 I

따라서, 미소한 평행사변형들의 궁극적인 합(ultimate sum)은 모든 부분에 있어서 곡선도형과 일치할 것이다.

계 II

그리고, 미소한 호 ab, bc, cd 등의 현 밑에 포함되어 있는 직선도형은 궁극적으로 곡선도형과 일치할 것이다.

계 III

그리고, 같은 호의 접선 밑에 포함된 외접하는 직선도형에 있어서도 같은 원리가 성립한다.

계 IV

그렇기 때문에, 이들 궁극적인 도형은 그 주변 acE에 대하여 직선도형이 아니라 직선도형의 곡선적 극한이라 하겠다.

보조정리 4

두 개의 도형 AacE, pPrT(그림 7)에 두 계(series)의 평행사변형들을 위와 같이 내접시키고, 각 계에서 평행사변형의 수를 같게 하자. 그리고 그것들의 폭을 무한히 감소시켰을 때, 한 도형에서의 평행사변형의 궁극적인 비는 다른 도형에서 그에 대응되는 평행사변형의 궁극적인 비와 서로 같다고 하자. 그러면, 두 도형 AacE와 PprT는 서로에 대해 같은 비를 이루게 된다.

한 도형에서의 개별 평행사변형들은 다른 도형에서의 개별 평행사변형들에 대응하므로, (작도에 의하여) 한 도형에서의 모든 평행사변형들의 총합은 다른 도형에서의 모든 평행사변형들의 총합에 대응될 것이고, 또한 한 도형은 다른 도형에 대응될 것이다. 왜냐하면 (보조정리 3에 의해) 첫 번째 도형은 첫 번째 합에 대하여 같은 비에 있을 것이고, 두 번째 도형은 두 번째 합에 대하여 같은 비에 있을 것이다. 증명 끝.

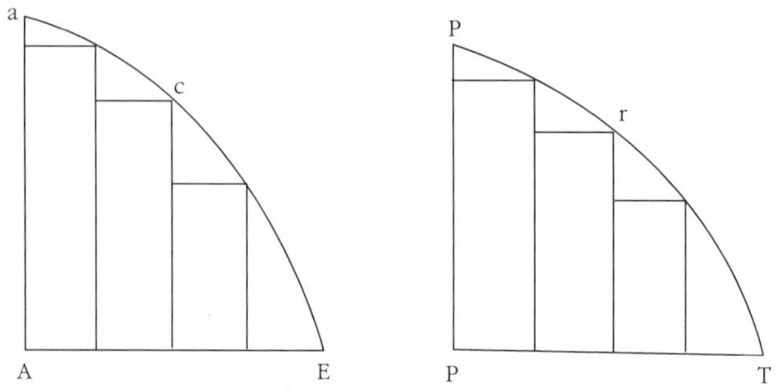

그림 7

계

그러므로, 어떤 두 종류의 양이 어떤 방법으로 동일한 개수의 부분들로 나누어지고, 이러한 부분들이 서로에 대해 — 첫째 부분은 첫째 부분에 대해, 둘째 부분은 둘째 부분에 대해 — 주어진 비율을 유지하면, 그것들의 전체를 합한 것들이 서로 대하는 비율은 그것들이 서로 나타내던 비와 같은 것이 되겠다. 왜냐하면, 이 보조정리의 그림에서 평행사변형이 서로 다른 것에 대하여 여러 부분끼리의 비로 취해진다면, 그 부분들의 합은 언제나 평행사변형의 합에 비례할 것이다. 따라서 평행사변형이나 부분의 개수가 증가하여 그것들의 크기가 끝도 없이 작아진다고 하면, 그것들을 합한 것들의 비율, 궁극적으로는 한 도형에 있어서의 한 평행사변형과 다른 도형에 있어서의 대응하는 한 평행사변형과의 비율은, (가정에 따라) 하나의 양의 어떤 부분과 다른 양에 대응하는 부분과의 궁극적인 비율과 같아질 것이다.

보조정리 5

닮은 도형들의 모든 대응변들은 그것이 곡선이건 직선이건 간에 비례관계에 있고, 그것들의 면적은 대응변들의 제곱에 비례한다.

보조정리 6

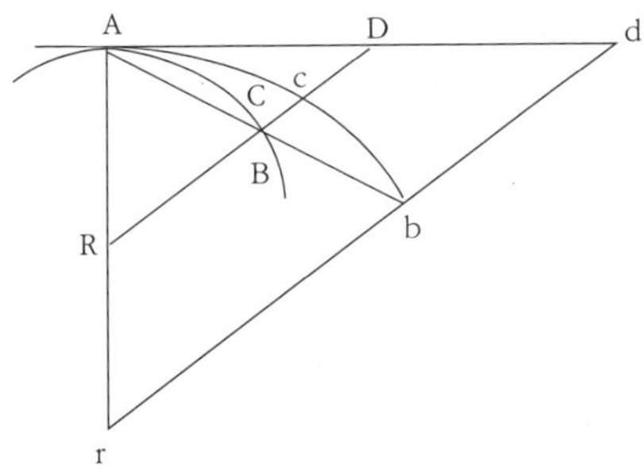

그림 8

주어진 위치에 호 ACB(그림 8)가 현 AB에 대하고 있고, 연속적인 곡률의 중앙에 있는 한 점 A에서 양쪽으로 뻗은 직선 AD에 접해 있다고 하자. 이때 점 A와 B가 서로 근접하여 만나게 되면, 현과 접선 사이에 형성되는 각 BAD는 무한히 작아져 결국 영이 될 것이다.

왜냐하면, 만일에 그 각이 영이 되지 않는다고 하면, 호 ACB는 접선 AD와 어떤 각을 형성하게 되고, 따라서 그 점 A에 있어서의 곡률은 연속적이 못되어 가정에 위배되기 때문이다.

보조정리 7

같은 것이 가정되었을 때에 호, 현 및 접선의 서로에 대해 갖는 궁극적인 비는 동일한 비가 된다.

점 B가 점 A에 접근할 때에, AB 및 AD를 점 b와 d까지 연장하였다고 생각하고, 할선 BD에 평행하게 bd를 그리고, 호 Acb를 항상 호 ACB와 근사하게 만든다. 그렇게 하면, 점 A와 B와는 서로 겹쳐지므로 각 dAb는 앞의 보조정리에 의하여 영이 되고, 따라서 선분 Ab, Ad(이 모두는 항상 유한) 및 중간의 호 Acb는 서로 겹쳐져 일치하게 된다. 따라서 선분 AB, AD 및 중간의 호 ACB(어느 것이든 항상 전자에 비례한다)는 영이 되고, 궁극적으로는 서로 같은 비가 될 것이다. 증명 끝.

계 I

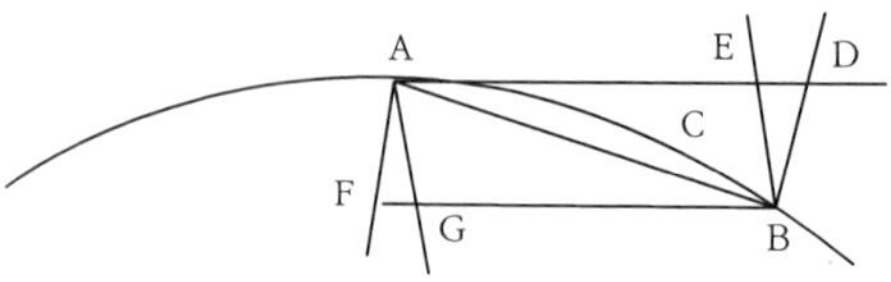

그림 9

그러한 고로 만일에 BF를, B를 통과하고 접선에 평행하게 그리고(그림 9), A를 통과하는 어떤 직선 AF에 의해 항상 F에서 잘리게 하면, 이 선분 BF는 궁극적으로 점차로 감소해 가는 호 ACB와 같아질 것이다.

왜냐하면 평행사변형 AFBD를 완성시키면, BF는 항상 AD와 같아지기 때문이다.

계 II

또한, BE, BD, AF, AG와 같이, B와 A를 지나면서 접선 AD와 그것에 평행한 BF와 교차하는 직선들을 그리자. 그렇게 되면 모든 횡선 AD, AE, BF, BG 들의 궁극적인 비의 값들은 서로 같아질 것이며, 현 AB와 호 AB의 서로에 대한 궁극적인 비의 값도 서로 같아질 것이다.

계 III

따라서 궁극적인 비율에 관한 모든 추론에 있어서, 그 선들 중 어떤 하나를 다른 어떤 것에 대신한 것으로 자유로이 사용할 수가 있다.

보조정리 8

만일에 직선 AR, BR(그림 8 참조)이 호 ACB, 현 AB와 접선 AD와 함께, 세 개의 삼각형 RAB, RACB, RAD를 만들고 또한 점 A와 B가 서로 접근하여 만난다고 하자. 그렇게 되면, 이것들의 작은 삼각형의 궁극적인 형태는 서로 닮게 되며, 이것들의 궁극적인 비율은 서로 똑같게 된다.

점 B가 점 A를 향해 접근하는 동안, AB, AD, AR이 항상 점 b, d, r까지의 거리를 만들어내는 것이라 생각하고, rbd를 RD에 평행하게 그린다. 그리고 호 Acb를 항상 호 ACB와 같이 만든다. 그렇게 되면, 점 A와 B와는 서로 겹치게 된다고 생각하고 있기 때문에 각 bAd는 영이 될 것이다. 따라서 세 개의 삼각형 rAb, rAcb, rAd(어느 것이건 모두가 항상 유한)들은 서로 겹치게 될 것이고, 이 때문에 서로 똑같이 닮게 되고 서로 같게 되기도 한다. 그런 사유로 항상 서로 닮아 있고, 게다가 그것들에게 비례하는 삼각형 RAB, RACB, RAD는 궁극적으로 그들 자체 모두가 서로 닮았고, 또한 서로 같게 될 것이다. 증명 끝.

계

따라서 궁극의 비율에 관한 모든 추론에 있어서 그것들의 삼각형 중 어떤 하나를 다른 것 대신에 사용할 수가 있다.

보조정리 9

만일에 주어진 위치에 있는 직선 AE와 곡선 ABC가 각 A에서 서로 교차하고, 직선 AE 위의 어떤 점들에서 출발하는 BD, CE가 횡축에 평행으로 그려져, 곡선과 B, C에서 만나며, 또한 점 B와 C가 모두 점 A를 향하여 접근하며 만난다고 하자 (그림 10). 그러면 삼각형 ABD, ACE의 면적은 궁극적으로는 서로 대응하는 변의 제곱에 비례한다.

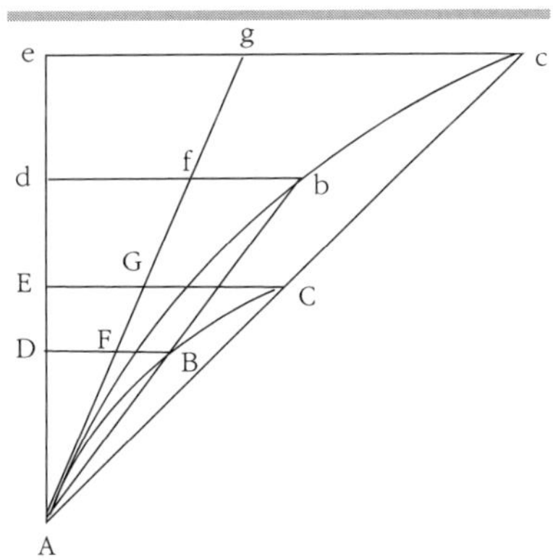

그림 10

왜냐하면, 점 B, C가 점 A로 향하여 접근하는 동안, AD를 점 d 및 e까지 연장하고 Ad, Ae가 항상 AD, AE에 비례하게 하고, 또한 횡선 db 및 ec를 DB와 EC에 평행하게 그려 AB, AC의 연장과 b 및 c에 있어서 서로 만나게 한다. 곡선 Abc가 곡선 ABC와 서로 닮은 꼴이라 하고, 직선 Ag를 A에서 쌍방의 곡선에 접하게끔 그리고, 횡선 DB, EC, db, ec를 F, G, f에 있어서 자르게 한다. 다음에는 길이 Ae를 일정하게 유지하고, 점 B 및 C를 점 A에 일치시켰다고 하자. 그렇게 되면, 각 cAg는 영으로 되고, 곡선 도형 Abd, Ace는 직선도형 Afd, Age와 합치하게 될 것이다. 따라서 (보조정리 5에 따라), 하나는 다른 것에 대해 변 Ad, Ae의 제곱비를 이룰 것이다. 그런데, 면적 ABD와 ACE는 항상 이들 면적에 비례하며, 따라서 변 AD, AE는 이들의 변에 비례하게 된다. 그러므로 면적 ABD, ACE는 궁극적으로는 서로 변 AD, AE의 제곱에 비례한다. 증명 끝.

보조정리 10

하나의 물체가 그것에 작용되는 어떤 유한한 힘에 의하여 움직이는 거리는, 그 힘이 일정하고 변치 않는다든가, 연속적으로 증가한다든가, 또는 연속적으로 감소한다든가에 상관없이, 운동의 초기 단계에서는 시간의 제곱에 비례한다.

시간을 선분 AD, AE로 표시하고 **(그림 10 참조)** 또한 그것들의 시간 내에 생기는 속도를 횡선 DE, EC로 표시한다. 이러한 속도로써 그려지는 거리는 그 횡선에 의해 그려지는 면적 ABD, ACE에 비례하게 될 것이다. 즉, 그 거리는 운동의 시작 첫머리에서(보조정리 9에 따라), 시간 AD, AE의 제곱의 비율로 될 것이다.

계 I

따라서 다음과 같은 점을 쉽게 추론할 수 있다. 비례하는 시간 내에 서로 같은 형태의 부분을 그리는 물체의 오차는, 그것들이 일으키는 시간의 제곱에 거의 비례한다 — 다만, 그것의 오차는, 물체에 똑같이 가해지는 어떤 같은 힘에 의하여 생긴다고 하고, 또한 가령, 그것들의 힘의 작용이 없었을 경우에는, 물체가 그 비례하는 시간에 도달하여야 할 서로 같은 형태의 위치에서부터의 물체의 거리로써 측정된다고 한다.

계 II

그러나 서로 닮은 형태의 또 닮은 부분에 대하여 유사하게 가해지는, 비례하는 힘에 의한 오차는 힘과 시간의 제곱을 곱한 것에 비례한다.

계 III

여러 가지 다른 힘이 가해질 때 물체가 움직이는 거리도 그와 같이 이해될 수 있다. 이 거리들은, 운동이 시작하는 시초에 있어서는 힘과 시간의 제곱을 또 서로 곱한 것에 비례한다.

계 IV

따라서 힘은, 운동이 일어나는 시초에 있어서, 움직이는 거리에 비례하고, 시간의 제곱에 반비례한다.

계 V

그리고 시간의 제곱은 그려지는 거리에 비례하고, 힘에 반비례한다.

〈주석〉

여러 서로 다른 종류의 정해지지 않은 양을 비교하는 경우에, 어떤 한 양이 다른 어떤 양에 비례한다든가, 또는 반비례한다고 하는 것은, 전자가 후자와 같은 비율로 증감한다든가, 또는 역비율로 증감한다는 뜻이다. 만일에 어떤 한 양이 다른 두 양 또는 세 양에 비례한다거나 아니면 반비례한다고 할 때에는, 제1의 양이 다른 양의 혹은 다른 양의 역수의 증감하는 비율의 복합비율로 증감한다는 뜻이다. 예를 들자면, 만일에 A가 B에 비례하고 또한 C에도 비례하고, D와는 반비례한다 할 때에는, 그 뜻이란 A가 $B \times D \times \frac{1}{D}$ 과 같은 비율로 증감한다는 것, 다시 말해서 A와 $\frac{BC}{D}$ 가 서로 어떤 주어진 비를 이룬다는 것을 의미한다.

보조정리 11

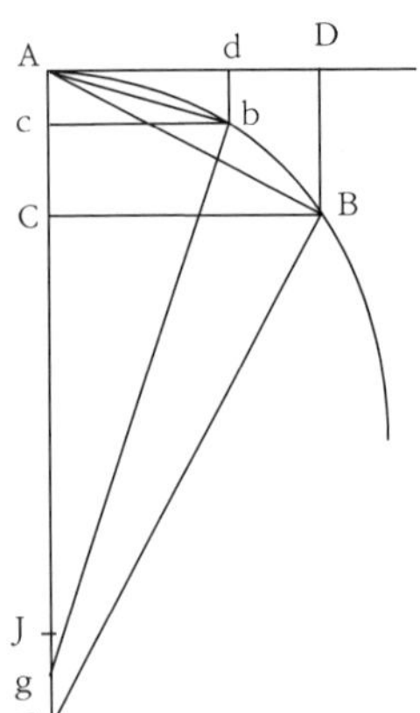

그림 11

접점에서 유한한 곡률을 가지는 모든 곡선에서, 접촉각에 대하는 변이 감소하면, 그 변은 궁극적으로 인접한 호의 현을 제곱한 값에 비례한다 (그림 11).

• **사례 1** AB를 그 호, AD를 그 접선, BD를 접선에 수직인 접촉각에 대하는 변, 그리고 AB를 호의 현이라 한다. BG를 현 AB에 수직으로, AG를 접선 AD에 수직으로 그리고 G에서 만나게 한다.

다음에는, 점 D, B, G를 점 d, b, g에 접근시키고, J를 점 D, B가 A로 왔을 때 직선 BG, AG와의 궁극적인 교차점이라 한다. GJ가 어떤 지정된 거리보다 더 짧아질 수 있음은 명백하다. 그런데(점 A, B, G를 통과하는 원 및 A, b, g를 지나는 원의 성

질에 따라)

$$AB^2=AG \cdot BD, \text{ 또한 } Ab^2=Ag \cdot bd$$

로 된다. 그런데 GJ는 지정할 수 있는 그 어느 길이보다도 짧은 길이를 갖는다고 생각할 수가 있으므로, 비 AG : Ag와 IBD : bd의 차는, 지정할 수 있는 그 어느 차보다도 작게 할 수가 있다. 따라서, 비 $AB^2 : Ab^2$과의 비 BD : bd와의 차는 어떤 지정된 차보다도 작게 할 수가 있다. 그러므로, 보조정리 1에 의하여, 궁극적으로는

$$AB^2 : Ab^2 = BD : bd$$

이다. 증명 끝.

• **사례** 2 이제 BD가 AD와 어떤 주어진 각을 이루며 기울어져 있다고 하자. 그렇게 되면 비 BD : bd의 궁극적인 값은 이전과 항상 같으며, 따라서 비 $AB^2 : Ab^2$도 같다. 증명 끝.

• **사례** 3 만일에 각 D조차 주어지지 않고, 직선 BD가 주어진 한 점으로 수렴한다든가, 혹은 다른 어떤 조건에 의하여 결정되었다고 하자. 그런데도 불구하고, 같은 법칙에 의하여 결정되는 각 D, d는 항상 거의 같게 되고, 어느 지정된 차보다도 작은 차로서 서로 가까워진다. 따라서 보조정리 1에 의하여, 마지막에는 서로 같아진다. 그러므로 선분 BD, bd는 서로 이전과 같은 비율을 보여준다. 증명 끝.

계 I

그런 사연으로 해서, 접선 AD, Ad, 호 AB, Ab, 그리고 그것들의 정현 BC, bc는 최종적으로 현 AB, Ab와 같아지게 되므로, 이것들의 제곱은 최종적으로는 서로 맞은편의 변 BD, bd에 비례하게 된다.

계 II

그것들의 제곱은 또한 궁극적으로는 현을 2등분하면서 주어진 한 점으로 수렴할 때의, 그 호의 정시에 비례한다. 왜냐하면 이들 정시는 맞은편의 변 BD, bd에 비례하게 되기 때문이다.

계 III

따라서, 이 정시는 물체가 주어진 속도를 갖고 호를 그릴 시간의 제곱에 비례한다.

계 IV

궁극적인 경우에 있어서의 비례식은,

$$\triangle ADB : \triangle Adb = AD^3 : Ad^3 = DB^{3/2} : db^{3/2}$$

은

$$\triangle ADB : \triangle Adb = AD \cdot DB : Ad \cdot db$$

로부터, 또한 궁극적인 비례식

$$AD^2 : Ad^2 = DB : db$$

로부터 유도된다.

이와 같이 하여, 궁극에 있어서는

$$\triangle ABC : \triangle Abc = BC^3 : bc^3$$

도 얻어진다 (그림 11 참조).

계 V

그리고 DB, db는 궁극적으로는 평행하며, 또한 선분 AD, Ad의 제곱에 비례하므로, 극한에 있어서의 곡선도형 ADB, Adb의 면적은 (포물선의 성질에 의하여) 직선으로 둘러싸인 삼각형 ADB, Adb의 면적의 2/3로 될 것이다.

또한, 활꼴 AB, Ab(의 면적)는 그것들과 같은 삼각형의 1/3로 될 것이다. 따라서, 그것들 곡선 도형의 면적과 활꼴의 면적은, 접선 AD, Ad의 3제곱에, 또한 현 및 호 AB, Ab의 3제곱에 비례할 것이다.

〈주석〉

그러나 지금까지 계속 접촉각은 원과 그 접선과 이루는 접촉각보다 무한히 커지거나 무한히 작아지지 않는다고 가정했다. 즉, 점 A에 있어서의 곡률은 무한소도 무한대도 아니고, 거리 AJ는 어떤 유한의 크기를 갖는 것이다. 왜냐하면, DB를 AD^3에 비례하게끔 취할 수도 있지만, 그러한 경우에는, 접선 AD와 곡선 AB 사이에 점 A를 지나는 원을 그릴 수가 없어서, 따라서 접촉각은 원보다도 무한히 작은 것으로 될 것이기 때문이다. 이와 유사하게, DB를 차례로, AD^4, AD^5, AD^6, AD^7 등에 비례시키면, 무한으로 나가는 접촉각의 계열을 얻을 수가 있지만, 이어지는 항은 그 이전의 항에 비해 무한히 작다. 또한, 이어서 AD^2, $AD^{3/2}$, $AD^{4/3}$, $AD^{6/5}$ 등에 비례시키면, 접촉각의 다른 계열을 얻을 수가 있겠지만, 그 첫째 것은 원과 같은 것이어서 두 번째 것보다는 무한히 크고 또한 이어지는 항은 그 앞의 것에 비하여 무한히 크게 된다. 그것들의 임의의 두 각 사이에, 중간의 접촉각의 다른 계열을 삽입할 수가 있고, 그곳에서 이어지는 각을 그 이전의 것과 비교해 무한히 크게 혹은 무한히 작게 만들 수도 있다. 예를 들어, 항 AD^2와 AD^3과 사이에, $AD^{13/6}$, $AD^{11/5}$, $AD^{9/4}$, $AD^{7/3}$, $AD^{5/2}$, $AD^{8/3}$, $AD^{11/4}$, $AD^{14/5}$, $AD^{17/6}$ 등을 넣을 수가 있다. 그리고 이 계열의 두 각 사이에 상호간의 차이를 무한히 큰 접촉각의 새로운 계열을 삽입할 수도 있기에, 자연에는 제한이라는 것이 없다.

곡선과 그것을 포함하는 표면에 대해 증명된 것들은, 입체의 곡면과 그 속의 것에도 쉽게 적용될 수 있다. 나는 이것들의 보조정리를, 옛날의 기하학자들의 방법에 따라 귀류법으로 복잡하게 증명하는 지루함을 피하기 위하여 미리 설명해 놓았다. 사실, 미분량을 이용한 방법(method of indivisibles)에 의하면 증명은 더욱 짧아지지만, 이 미분량 가설(hypothesis of indivisibles)은 약간은 조잡한 점이 있어서 그 방법은 그리 기하학적이 아니라고 생각된다. 따라서 나는 이어지는 여러 명제를 증명하는 데 있어서, 점차로 증가하는 작은 양과 점차로 감소하는 작은 양의 최초와 최후의 상태를 합친 것과 그 비율로, 다시 말해 그것들의 합과 비율의 극한으로 고쳐 쓰고, 그것들의 가능한 증명을 사전에 설명하는 방법을 택한 것이다. 그럼으로써, 미분량을 이용한 방법에 의한 것과 같은 결과를 얻게 되고, 또한 이제는 그것들에 대한 옳은 증명을 가지고, 그것들을 보다 안전하게 사용할 수가 있기 때문이다. 따라서 앞으로 여러 양이 어떤 입자들로 구성되어 있는 것으로 생각하지 않으면 안 된다거나 또는 직선 대신에 약간 구부러진 선을 사용하는 일이 있다 해도, 그것은 불가분량을 뜻하는 것이 아니라 오히려 점차로 줄어들고 있는 가분량을 뜻하는 것이며, 정해진 부분들을 합친 것이나 그것들의 비율이 아니고 항상 합친 것과 비율의 극한을 뜻하는 것으로 이해해 주면 좋겠다. 그리고, 이러한 증명의 힘은, 항상 앞서 소개된 여러 보조정리에서 해설한 방법에 의존하는 것이기도 하다.

그러나 점차로 감소된 양에는 하등의 궁극적인 비율이라는 것이 존재하지 않는다는 반론을 제기할지도 모른다. 왜냐하면, 이 비율은 그 양이 영으로 되기 전에는 궁극적인 것이 못되고, 그것이 영으로 되면 아무것도 남지 않기 때문이다. 마찬가지로, 어떤 장소에 도달하려고 했을 때, 그곳에서 정지하려고 하는 물체의 그 장소에 도착하기 전의 속도는, 궁극의 속도가 아니라서 그것이 도착하고 나면 없어지고 말기 때문이다. 그러나 답은 간단하다. 그 이유는 궁극적인 속도라는 것이, 그 물체가 궁극의 장소에 도착하는 순간의 속도, 즉 운동이 끝나기 이전이나 이후가 아니라, 그것이 바로 도착하는 순간에 물체가 움직이는 속도, 다시 말해 물체가 최후의 장소에 도달하는 속도, 그리고 그 운동이 끝나는 속도를 뜻하기 때문이다. 이와 마찬가지로, 점차로 감소되는 양의 궁극적인 비율이란 그것이 영이 되기 전이나 후가 아니라, 그것이 바로 없어질 때의 양의 비라는 뜻으로 이해하여야 할 것이다. 같은 이치로써 점차로 감소하는 최초의 비율이란, 그것들이 바로 시작할 때의 그것이다. 그리고 최초의 또는 최후의 합은 그것들이 시작되고 끝난 상태의 것(그것들이 증가할 수도 있고 감소될 수도 있지만)이다. 속도에는 그것들의 운동이 끝날 무렵에 달성이 되지만 그것을 넘지 못하는 극한이 있다. 이것이 바로 궁극의 속도인 것이다. 또한 모든 양과 비율에는, 그것이 시작되고 혹은 끝나는, 같은 양상의 극한이 있다. 그리고 이러한 극한은 명확한 것이므로, 그것을 결정하는 것은 엄밀한 기하학적 문제이다. 게다가 그것이 이렇게 기하학적인 것이라면, 이와 같은 다른 어떤 기하학적인 문제의 결정과 증명을 할 때에도 이용될 수가 있을 것이다.

다시 또, 만일에 점차로 감소하는 여러 양들의 궁극적인 비율이 주어졌다면, 그것들의 궁극적인 크기도 주어질 것이라는 것에 대해서 반론이 있을지도 모르겠다. 즉, 그 경우에는 모든 양이 서로 나눌 수가 없는 양이 되기 때문에 유클리드가 그의 원론(Elements)의 제Ⅹ권에서 약분이 되지 않는 수에 관하여 증명한 것과 모순되는 것이다. 그러나 이 반론은 잘못된 가정 위에 서 있다. 왜냐하면, 그것들의 양이 영이 될 때의 그 궁극비는 정말로 궁극적인 양의 비율이 아니라, 그것에 대하여 무한히 감소되어 가고 있는 양의 비율이 끊임없이 접근하는 그러한 극한이기 때문이다. 그리고 그것은 어떤 주어진 차이보다도 더욱 가까이 접근하지만, 그 양이 무한히 감소해 소멸할 때까지 그 값을 넘어서거나 그 값에 실제 도달하지 않는 것이다. 이러한 사실은 무한대로 되는 여러 양의 경우에 더욱 명백하게 알 수가 있다. 만일 그 차이가 정해진 두 양이 무한히 증가한다면, 이러한 양의 궁극적인 비율도 정해지게 되며, 그 값은 결국 같은 비율이 될 것이다. 그러나 그러한 사실로부터, 그것들의 궁극적인 혹은 최대의 양 그 자체가 얻어지는 것은 아니다. 따라서, 다음에 따라올 설명에 대한 이해를 돕기 위하여 언급할 것이 있는데, 만일에 내가 최소의 또는 점차로 감소해지는, 혹은 궁극적인 것으로서 설명하는 일이 있다 해도, 그것은 어떤 결정된 크기의 양을 뜻하는 것이 아니라, 어디까지나 무한히 감소하는 그러한 양을 뜻하는 것으로 이해하여 주기 바란다.

제II장 구심력의 결정

명제 1. 정리 1

부동의 힘의 중심으로 끌리면서 회전하는 물체가 반경으로 그리는 면적은 같은 부동의 평면에 놓이게 된다. 그리고 그 면적은 그것이 그려지는 시간에 비례한다.

시간을 크기가 같은 부분들로 나누고, 어떤 물체가 그 시간의 첫 번째 부분에서 물체 고유의 힘에 의하여 선분 AB를 그린다고 가정한다.

만일 아무런 구속도 없다면, 같은 물체는(법칙 1에 의하여) 그 시간의 두 번째 부분에서 곧바로 c를 향해서 AB와 같은 선분 Bc를 따라 진행할 것이다. 중심 쪽으로 그려진 경 AS, BS, CS에 의하여, 면적이 같은 ASB, BSc가 그려질 수 있을 것이다. 그런데, 물체가 B에 이르렀을 때, 구심력이 일시에 큰 충격을 미치게 되어 물체를 직선 Bc로부터 빗나가게 했다고 하면, 그 이후는 할 수 없이 그 운동은 직선 BC를 따라 계속하게 되겠다. cC를 BS에 평행하게 그리고, C를 BC와 만나게 하자. 그렇게 하면, 시간의 두 번째 부분의 끝에서, 물체는(법칙의 계 I 에 의하여) 삼각형 ASB와 같은 평면 내의 C에서

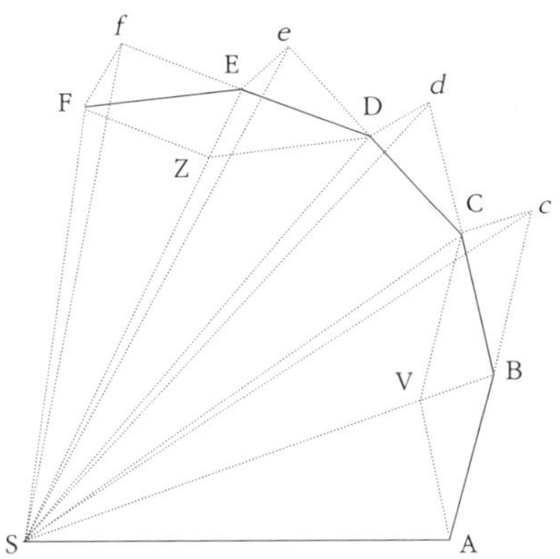

그림 12

발견이 될 것이다. 이때 SC를 연결하면 SB와 Cc는 평행하므로, 삼각형 SBC는 삼각형 SBc와 같고 따라서 삼각형 SAB와도 같아진다. 이와 같은 논법에 의하여, 만일에 구심력이 차례로 C, D, E와 c 등에 작용하여, 각 물체에 서로 아주 작은 시간 내에 선분 CD, DE, EF,… 등을 그리게 하면, 그것들은 모두가 같은 평면 내에 있고, 삼각형 SCD는 삼각형 SBC와 같고, 또 SDE는 SCD와, 그리고 SEF는 SDE와 같게 될 것이다. 그러므로 같은 시간 내에 하나의 부동 평면 내에서 같은 면적이 그려지고, 작도에 따라 그것들의 면적의 합 SADS, SAFS는 서로 상대방에 대하여 그것들이 그려진 시간에 비례하게 된다. 이제, 이러한 삼각형의 수가 증가하고, 그것들의 폭이 무한히 작게 되었다고 하면(보조정리 3, 계 Ⅳ에 의하여), 그 궁극의 주변 ADF는 하나의 곡선이 될 것이다. 따라서, 그 물체를 부단히 이 곡선의 접선으로부터 당기는 구심력은 연속적으로 작용하며, 항상 끌려지는 시간에 비례하는 SADS, SAFS는 이 경우에 있어서도 그 시간들에 비례할 것이다. 증명 끝.

계 I

저항이 없는 공간에서 부동의 중심을 향하여 끌리는 물체의 속도는, 그 중심으로부터 궤도에 접하는 직선에 그려지는 수직선의 길이에 반비례한다. 왜냐하면, 장소 A, B, C, D, E에서의 속도는 (면적이) 같은 삼각형의 밑변 AB, BC, CD, DE, EF에 비례하고, 또한 이들의 밑변은 그것들에게 내린 수직선의 길이에 비례하기 때문이다.

계 II

만일 저항이 없는 공간에서, 같은 물체에 의해 같은 시간 내에 순차적으로 그려진 두 개의 호의 현 AB, BC가 평행사변형 ABCV를 만들고, 또한 그 평행사변형의 대각선 BV—호가 무한히 감소할 때 궁극적으로 가지는 지점에 있는 대각선—가 두 방향으로 연장이 된다면, 그것은 힘의 중심을 통과해 지나갈 것이다.

계 III

저항이 없는 공간에서, 만일 같은 시간에 그려지는 호의 현 AB, BC와 DE, EF가 평행사변형 ABCV, DEFZ를 만든다면, 그것들의 호가 무한히 감소할 때, B 및 E에 대한 힘은 내각선 BV, EZ의 궁극적인 비율이 된다. 왜냐하면, 물체의 운동 BC와 EF는(법칙의 계 I에 따라서) 운동 Bc, BV와 Ef, EZ의 조합이지만, 본 명제의 논증에서 Cc 및 Ef와 같은 BV 및 EZ는, B와 E에서 발생한 구심력의 충격(량)에 의한 것이며, 따라서 그것들의 충격(량)에 비례하기 때문이다.

계 IV

저항이 없는 공간에서, 물체를 직선운동으로부터 끌어당겨 곡선궤도로 전향시키는 힘은, 서로 같은 시간 내에 그려지는 호의 정시(versed sine)에 비례한다. 이들의 정시는 힘의 중심으로 향하고, 또한 그것들의 호가 무한소로 될 때에 현을 이등분한다. 왜냐하면, 이러한 정시는 계 III에 있어서 설명된 대각선의 절반이기 때문이다 (그림 12 참조).

계 V

따라서 이러한 힘과 중력의 비는, 앞서 설명한 정시와, 포물체가 같은 시간 내에 그리는 포물선의 호의 수평에 수직인 정시의 비와 같다.

계 VI

그리고 이것은 법칙 V에 의해서, 물체가 이동하는 평면이 (그 평면 내에 있는 힘의 중심과 함께) 정지해 있지 않고 등속 직선운동을 할 경우에도 모두 성립한다.

명제 2. 정리 2

한 평면 위에서 곡선을 그리면서 이동하는 모든 물체가 그것의 반지름에 의해서 한 점 주위로 시간에 비례하는 면적을 그릴 경우, 이러한 물체는 그 점으로 향하는 구심력의 작용을 받게 된다.

• **사례 1** 법칙 I에 따라, 곡선 위를 움직이는 모든 물체는 어떤 힘의 작용에 의해서 직선 경로로부터 빗나가게 된다. 그리고 물체를 직선 경로로부터 빗나가게 하고 고정된 점 S 주위를 같은 시간 내에 같은 아주 작은 삼각형 SAB, SBC, SCD 등을 그리게 하는 그 힘은, (유클리드의 원론 Elements 제1권, 명제 40 및 법칙 II에 의하여) B 지점에서는 cC에 평행한 직선 방향을 따라, 즉 직선 BS의 방향을 따라 작용한다. 또한 C 지점에서는 dD에 평행한 직선 방향을 따라, 다시 말해 직선 CS 방향을 따라 작용한다. 따라서 이러한 힘은 항상 고정된 점 S로 향하는 직선 방향을 따라 작용하게 된다. 증명 끝.

• **사례 2** 그리고 법칙의 계 V에 따라, 물체가 그리는 곡선도형이 놓

이는 면이 정지해 있는 경우와, 그것이 물체, 그려지는 도형, 점 S와 함께 등속 직선운동을 하는 경우는 어떤 차이도 발생시키지 않는다.

계 I

저항이 없는 공간 또는 매질 속에서 그 면적이 시간에 비례하지 않는다면, 힘은 반지름이 교차하는 점으로는 향하지 않고 그것으로부터 빗겨간다. 이때, 면적이 가속되면서 그려질 때에는 운동이 진행하는 방향으로 비껴지는 반면, 면적이 감속되면서 그려질 때에는 반대 방향으로 비껴지게 된다.

계 II

그리고 저항이 있는 매체 속이라고 해도, 면적이 가속되면서 그려진다면 힘의 방향은 반지름이 교차하는 점으로부터 운동이 진행하는 쪽으로 기울어진다.

〈주석〉

몇 개의 힘이 합성된 하나의 구심력이 물체에 작용하는 경우도 있다. 이러한 경우에 위의 명제는 모든 힘의 합성 결과인 전체 힘이 점 S 쪽을 향한다는 뜻이 된다. 또한, 어떤 힘이 그려지는 면에 수직한 방향으로 계속 작용한다면, 그 힘은 물체를 운동의 평면으로부터 빗나가게 할 것이다. 하지만, 이러한 힘은 그려지는 면적의 양을 증가시키지도 혹은 감소시키지도 않기 때문에, 힘의 합성에서 무시되어야 할 것이다.

명제 3. 정리 3

한 물체가 두 번째 물체 — 어떤 방식으로 운동하고 있는 물체 — 의 중심을 향해 그려진 반지름에 의해서 그 중심을 중심으로 시간에 비례하는 면적을 그린다면, 이 물체에는 두 번째 물체를 향하는 구심력과 두 번째 물체에 작용하는 전체 가속력이 합성된 힘이 작용하게 된다.

첫 번째 물체를 L로 두 번째 물체를 T로 표시하자. 그리고 법칙의 계 VI에 따라, 물체 T에 작용하는 힘과 크기가 같고 방향이 반대인 새로운 힘이 각 물체에 평행선을 따라 작용한다고 하자. 그러면, 물체 L은 물체 T 주위를 이전과 같은 면적을 그리면서 계속 운동할 것이다. 하지만 이때 물체 T에 작용하는 힘은 크기가 같고 방향이 반대인 힘에 의해 상쇄된다. 따라서 법칙 I에 의해서, 물체 T는 그대로 정지해 있거나 등속 직선운동을 하게 될 것이다. 그리고 힘의 차 혹은 나머지 힘이 작용하는 물체 L은 물체 T 주위를 시간에 비례하는 면적을 그리며 계속 운동할 것이다. 따라서 정리 2에 의해서, 그 힘의 차는 중심이 되는 두 번째 물체 T를 향하게 된다. 증명 끝.

계 I

한 물체 L이 다른 물체 T로 그려진 반지름에 의해서 시간에 비례하는 면적을 그린다고 하자. 또한 물체 L에 작용하는 전체 힘(또는 법칙의 계 II에 따라, 그것이 단일한 것이건 몇 개의 힘이 합성된 것이건 간에)으로부터 물체 T에 작용하는 전체 가속력만큼 뺐다고 하자. 그러면 물체 L에 작용하는 나머지 모든 힘은 중심인 물체 T를 향하게 될 것이다.

계 II

그리고, 그 면적이 시간에 거의 비례한다면, 나머지 힘 또한 거의 물체 T 방향을 향하게 될 것이다.

계 III

그리고, 반대로 나머지 힘이 거의 물체 T로 향한다 하면, 그 면적은 시간에 거의 비례하게 될 것이다.

계 IV

물체 L이 다른 물체 T로 그려진 반지름에 의해서 시간에 대해 전혀 균등하지 않은 면적을 그려낸다고 하자. 또한 물체 T가 정지해 있거나 등속 직선운동을 하고 있다고 하자. 만일 그러하다면, 물체 T를 향하는 구심력이 없는 것이거나, 혹은 그 작용이 다른 강력한 힘의 작용과 혼합되고 합성된 것이다. 그리고 이러한 힘이 여럿일 때, 그것이 모든 힘으로 합성된 전체 힘은 고정되어 있거나 혹은 움직이고 있는 또 다른 중심을 향하게 된다. 그리고 이것은, 두 번째 물체가 어떤 운동을 하고 있을 경우에도, 물체 T에 작용하는 전체 힘을 빼고 남은 것이 구심력이기만 하면 마찬가지로 성립한다.

〈주석〉

면적이 균등하게 그려진다는 점은 어떤 중심이 존재함을, 즉 물체에 가장 큰 영향을 미치고 그 물체를 직선 방향으로부터 빗겨가게 하여 궤도운동을 유지하도록 하는 힘이 향하는 하나의 중심이 존재함을 보여주는 것이다. 따라서 균등하게 그려진 면적을 자유공간상에서 일어나는 모든 궤도운동의 중심을 위한 기준으로 사용해서는 안 되는 이유는 없는 것이다.

명제 4. 정리 4

서로 다른 원들을 그리면서 등속운동하는 여러 물체들의 구심력들은 이러한 원들의 중심들을 향하게 된다. 또한 이러한 구심력들은 같은 시간 동안 그려지는 호의 제곱을 원의 반지름으로 나눈 것들에 각각 비례한다.

명제 2 및 명제 1, 계 Ⅱ에 따라, 이 힘들은 각각 원의 중심을 향하게 되고, 또한 명제 1, 계 Ⅳ에 의하여 같은 시간 동안 그려지는 아주 작은 호의 정현에 비례하게 된다. 즉, 보조정리 7에 따라 같은 시간 동안 그려지는 호의 제곱을 원의 지름으로 나눈 것에 비례하게 된다. 따라서, 이러한 호들은 같은 시간 동안 그려지는 호에 비례하고, 또한 지름은 원의 반지름에 비례하므로, 이 힘들은 같은 시간 동안 그려지는 어떤 호의 제곱을 원의 반지름으로 나눈 것에 비례하게 된다. 증명 끝.

계 I

이러한 호들이 물체의 속도에 비례하므로, 구심력은 속도의 제곱을 반지름으로 나눈 것에 비례한다.

계 II

또한, 주기는 반지름을 속도로 나눈 것에 비례하므로, 구심력은 반지름을 주기의 제곱으로 나눈 것에 비례한다.

계 III

그러므로, 주기가 같고, 따라서 속도가 반지름에 비례한다면, 구심력도 또한 반지름에 비례할 것이다. 그리고 그 역도 성립한다.

계 IV

만약 주기와 속도가 모두 반지름의 제곱근에 비례한다면, 구심력은 서로간에 같을 것이다. 그리고 그 반대도 성립한다.

계 V

만약 주기가 반지름에 비례하고, 따라서 속도가 같다면, 구심력은 반지름에 반비례할 것이다. 그리고 그 역도 성립한다.

계 VI

만일에 주기가 반지름의 제곱에 비례하고, 따라서 속도가 반지름의 제곱근에 반비례한다면, 구심력은 반지름의 제곱에 반비례할 것이다. 그리고 그 역도 성립한다.

계 VII

그리고 일반적으로, 만일에 주기가 반지름 R의 임의의 거듭제곱에 비례하고, 따라서 속도가 반지름의 거듭제곱에 반비례한다면, 구심력은 반지름의 거듭제곱에 반비례하게 될 것이다. 그리고 이 역도 성립한다.

계 VIII

한 도형이 있고, 그것과 닮은 도형들이 그 도형과 서로 비슷한 위치에 그 중심을 갖고 있는 경우, 물체가 어떤 서로 닮은 도형의 서로 닮은 부분을 그리는 시간, 속도, 힘에 관해서도 똑같은 것을 말할 수가 있다. 이는 앞서 제시된 경우의 증명을 그대로 적용시켜 보면 알 수가 있다. 그리고 이러한 적용은, 등속운동 대신에 면적의 등속을 사용하고, 반지름 대신에 중심부터의 물체의 거리를 사용하면 된다.

계 IX

같은 증명을 통해서 다음의 결과도 나온다. 즉, 어떤 주어진 구심력에 의하여 어떤 원주상을 등속으로 회전하는 물체가 임의의 시간 동안에 그리는 호는, 같은 힘에 의해 같은 시간 동안 떨어지는 물체의 낙하 거리와 그 원의 지름 사이의 비례중항이라 하겠다.

렌, 후크, 헬리가 각각 발견했듯이, 계 Ⅵ는 천체에도 적용된다. 따라서, 나는 중심으로부터 거리의 제곱에 따라 감소하는 구심력에 관련된 것들을 보다 상세하게 다루려고 한다.

그리고 앞서 설명한 명제와 그 계에 따라, 어떤 하나의 구심력과 임의의 알려진 힘, 예를 들자면 중력과 같은 힘과의 비율을 발견할 수가 있다. 왜냐하면, 만일에 어떤 물체가 그 중력에 의하여 지구와 중심이 같은 원 위를 회전한다고 하면, 이 중력은 구심력이 되기 때문이다. 게다가 명제 4, 계 9에 의해, 한 회전에 걸리는 시간과 임의의 시간 동안에 그려지는 호가 무거운 물체의 낙하로부터 주어진다. 그리고 호이겐스는 이러한 명제에 의하여 그의 명저인 『진자시계에 대하여』에서 중력과 회전체의 원심력을 비교해 본 것이었다.

앞서 기술한 명제는 다음과 같은 방법으로써 설명할 수가 있다. 만일에 그 다각형의 변을 따라 어떤 주어진 속도로 움직이는 한 물체가, 각 점에 있어서 원으로부터 튕겨나오는 것이라고 하면, 튕겨나올 때마다 그것이 원에 부딪치는 힘은 그 속도에 비례할 것이다. 따라서 어떤 주어진 시간 내에 있어서의 그 힘들을 합친 것은 그 속도와 반사 횟수와 곱한 것에 비례할 것이다. 다시 말해, (만일에 다각형의 종류가 주어진다고 하면) 그것은 그 주어진 시간 내에 그리는 길이에 비례하고, 또한 같은 길이와 원의 반지름과 비례하여 증가하기도 감소하기도 한다. 즉, 그 길이의 제곱을 반지름으로 나눈 것에 비례하는 것이다. 따라서 다각형을 그 변들을 무한히 작게 함으로써 원과 일치시키면, 그 힘들의 합은 어떤 주어진 시간 내에 그려지는 호의 제곱을 반지름으로 나눈 것에 비례하게 된다. 이것이 원에 끼치는 물체의 원심력이며, 그것은 원이 물체를 계속하여 중심으로 밀어젖히는 힘과 반대 방향이며 그 크기는 서로 같다.

명제 5. 문제 1

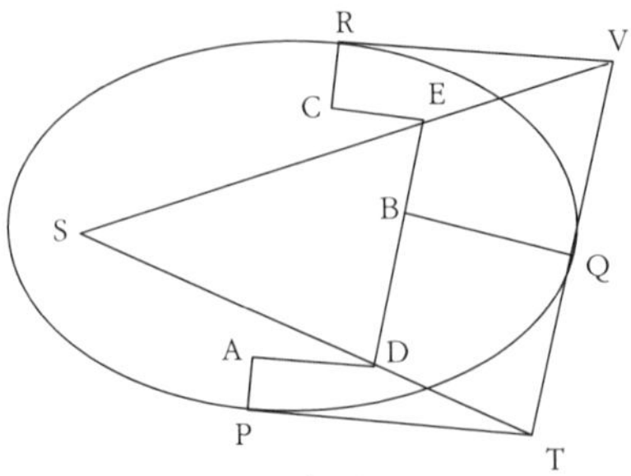

그림 13

어떤 물체가 임의의 장소에서 어떤 공통 중심을 향하는 힘들에 의해 임의의 속도를 가지고 곡선을 그리며 운동할 때, 그 중심을 어떻게 발견할 수 있을까?

그려진 도형의 P, Q, R 세 점에서 세 개의 직선 PT, TQV, VR를 각각 접하게 하고, 또한 T와 V에서 만나게 한다 (그림 13).

접선 위에 수직선 PA, QB, RC를 그리고, 그 길이를 각각 접점 P, Q, R에 있어서의 속도에 반비례시킨다. 즉, PA와 QB와의 비율이, Q에 있어서의 속도와 P에 있어서의 속도와의 비율이 되게끔, 그리고, QB와 RC와의 비율이, R에 있어서의 속도와 Q에 있어서의 속도와의 비율이 되게끔 한다. 수직선의 끝 A, B, C를 통하여 직각으로 AD, DBE, EC를 그리고, D 및 E에서 만나게 한다. 그리고 직선 TD, VE를 연장하여 S에서 만나게 하면 S가 바로 구하는 중심이다.

왜냐하면, 중심 S서부터 접선 PT, QT로 내린 수직선은(명제 1, 계 I에 따라) 점 P 및 Q에 있어서의 물체의 속도에 반비례하고, 따라서 작도에 의하여, 수직선 AP, BQ에 비례한다. 다시 말해, 점 D서부터 이것들 접선에 내린 수직선에 비례한다. 그러므로, 점 S, D, T는 일직선상에 있다 함을 쉽게 짐작할 수가 있다. 그리고, 이와 같은 논법에 의하여, 점 S, E, V도 또한 일직선상에 있다. 이렇게 되어, 중심 S는 직선 TD, VE의 교점에 있는 것이다. 증명 끝.

명제 6. 정리 5

저항이 없는 공간에서 한 물체가 어떤 고정된 중심 주위의 어떤 궤도상을 공전하고, 아주 짧은 시간 동안 바로 그때에 생긴 하나의 호를 그린다고 하자. 또한 그 호의 정시가 현을 2등분하게 그려지고, 힘의 중심을 통하여 연장되었다고 하자. 그러면 그 호 중심에 있어서의 구심력은 정시에 비례하고, 또한 시간의 제곱에 반비례할 것이다.

정시는 주어진 시간 내에 있어서는 (명제 1, 계 Ⅳ에 따라) 힘에 비례하지만, 그 시간을 어떤 비율로 증가시킨다면, 호(의 길이)도 같은 비율로 증가하므로(보조정리 11, 계 Ⅱ 및 Ⅲ에 의하여) 그 비율의 제곱으로 증가할 것이다. 따라서 그것은 힘에 비례하여 그리고 시간의 제곱에 비례하여 〔힘과 시간의 제곱의 곱에 비례하여〕 증가한다. 양변을 시간의 제곱으로 나누면, 힘은 정시에 비례하고, 시간의 제곱에 반비례하게 된다. 증명 끝.

그리고, 이는 보조정리 10, 계 Ⅳ에 의해서도 쉽게 증명이 된다.

계 I

중심 S 주위를 공전하는 한 물체 P가, 곡선 APQ를 그리며, 그 위의 어떤 점 P에서 직선 ZPR이 그것에 접한다고 하자 (그림 14).

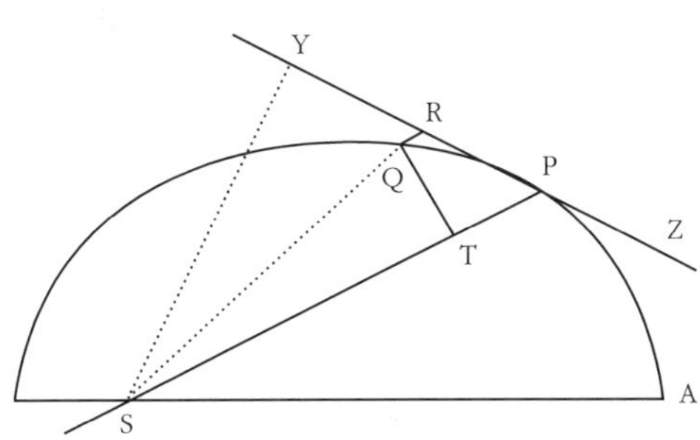

그림 14

그리고 QR을 곡선상의 다른 한 점 Q서부터 SP에 평행하게 긋고, 접선의 R에서 교차하게 한다. 그리고 QT를 SP에 수직하게 그린다. 그렇게 하면 구심력은, 점 P와 Q가 일치할 때 궁극적으로 취할 값으로서 확실한 $\frac{SP^2 \cdot QT^2}{QR}$에 반비례할 것이다. 왜냐하면 QR은, P를 중점으로 갖는 호 QP의 두 배가 되는 호의 정시와 같고, 또한 삼각형 SQP의 두 배(혹은 SP · QP)는 호가 그려지는 두 배의 시간에 비례하므로, 따라서 그 시간을 나타내는 데 사용될 수 있기 때문이다.

계 II

이와 같은 논리로, 만일에 SY를 힘의 중심으로부터 궤도의 접선 PR에 내린 수직선이라고 하면, 구심력은 확실한 $\frac{SY^2 \cdot QP^2}{QR}$에 반비례한다. 왜냐하면, 직사각형 SY · QP와 SP · QT와는 서로 같기 때문이다.

계 III

만일에 궤도 APQ가 원이 아니거나, 하나의 원에 중심이 같게 접하거나 그것과 교차한다고(다시 말해, 원과 아주 작은 접촉각 또는 절단각을 만든다고) 하자. 또한 점 P에서, 같은 곡률과 같은 곡률 반경을 갖고, PV를 물체서부터 힘의 중심을 통하여 그린 그 원의 현이라고 하자. 그렇게 하면, 구심력은 확실한 $SY^2 \cdot PV$에 반비례할 것이다. 왜냐하면 PV는 $\frac{QP^2}{QR}$이기 때문이다.

계 IV

이와 같은 것들이 가정될 수가 있다 하면, 구심력은 속도의 제곱에 비례하고 현(의 길이)에 반비례한다. 왜냐하면 속도는 명제 1, 계 I에 의하여 수직선 SY에 반비례하기 때문이다.

계 V

그러므로, 만일에 하나의 곡선도형 APQ가 주어지고, 또한 그 내부에 한 점 S가 주어지고, 구심력이 계속 그 점으로 향한다고 하면, 물체 P가 직선 경로로부터 계속 끌어당겨져, 그 도형의 주변 위에 머물면서 계속적인 공전에 의하여 같은 경로를 그리는, 그러한 구심력의 법칙이 발견될 것이다.

다시 말해, 계산에 의하면 확실한, $\frac{SP^2 \cdot QT^2}{QR}$ 또는 $SY^2 \cdot PV$가 이 힘에 반비례한다는 것을 발견할 것이다. 다음의 여러 문제에 대하여 이러한 여러 예를 제시하겠다.

명제 7. 문제 2

한 물체가 하나의 원주 위를 공전할 때에, 어떤 주어진 점으로 향하는 구심력을 발견하라.

VQPA를 원주로 하고 (그림 15), S는 힘이 향하는 중심으로서의 주어진 점, P는 원주상을 움직이고 있는 물체, Q는 그것이 움직여야 하는 다음의 위치, 그리고 PRZ는 이전의 위치에 있어서의 원의 접선으로 한다. 점 S를 통과하여 현 PV를 그리고, 또한 원의 지름 VA를 그려 AP와 연결한다.

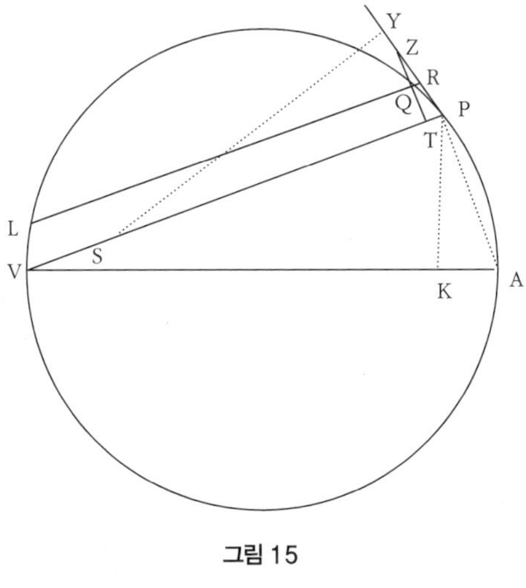

그림 15

QT를 SP로 수직되게 그리고 연장시켜 접선 PR과 Z에서 만나게 하고, 마지막으로 점 Q를 통하여 SP에 평행되게 LR를 그리고, 원과 L에 있어서, 다시 또 접선 PZ와 R에서 교차시킨다. 그렇게 하면, 서로 같은 모양인 삼각형 ZQR, ZTP, VPA서부터 $RP^2 \cdot QT^2 = AV^2 : PV^2$를 얻는다.

따라서 $RP^2 = RL$이 QR이므로 $QT^2 = \frac{RL \cdot QR \cdot PV^2}{AV^2}$로 된다.

이 양변에 $\frac{SP^2}{QR}$를 곱하고, 점 P와 Q를 일치시키면 RL 대신에 PV라고 써도 좋으므로

$\frac{SP^2 \cdot PV^2}{AV^2} = \frac{SP^2 \cdot QT^2}{QR}$을 얻을 수가 있다. 따라서(명제 6, 계 I 및 V에 의하여) 구심력은 $\frac{SP^2 \cdot PV^3}{AV^2}$에 반비례한다. 다시 말해, ($AV^2$는 주어져 있으니까) SP^2과 PV^3과의 곱한 것에 반비례한다. 이것으로 발견되었다.

다른 방법. 접선 PR의 연장선상에 수직선 SY를 내려 그리면, 삼각형 SYP, VPA가 닮음이므로 $AV : PV = SP : SY$를 얻는다. 따라서, $\frac{SP \cdot PV}{AV} = SY$, 그러므로 $\frac{SP^2 \cdot PV^3}{AV^2} = SY^2 : PV$이다. 따라서 (명제 6, 계 III 및 V에 따라) 구심력은 $\frac{SP^2 \cdot PV^3}{AV^2}$에 반비례한다. 다시 말하자면 (AV는 주어져 있으므로), $SP^3 : PV^3$에 반비례한다. 이것으로 발견된 셈이다.

계 I

따라서 만일에 구심력이 항상 향하는 주어진 점 S가 V에서와 같이 원주상에 있다고 하면, 구심력은 길이 SP의 5제곱에 반비례하게 된다.

계 II

힘의 중심 S(**그림 16**) 주위에, 물체 P를 원 APTV에 따라 회전시키는 힘과, 다른 어떤 힘의 중심 R 주위에 같은 원 위를 같은 주기를 갖고

같은 물체 P를 회전시키는 힘과의 비율은 $RP^2 \cdot SP$와 선분 SG의 3제곱과의 비와 같다. 여기의 SG는 제1의 힘의 중심 S서부터, 제2의 힘의 중심 R와 물체와의 거리 PR에 평행하게 그린 직선이 궤도의 접선 PG와 G에 있어서 만나게 되기까지의 거리이다. 왜냐하면, 본 명제의 작도에 따라, 제1의 힘과 제2의 힘과의 비율은 RP^2PT^3과 $SP^2 \cdot PV^3$과의 비, 즉, $SP \cdot RP$와 $\frac{SP^3 \cdot PV^3}{PT^3}$ 또는 (서로 닮은 삼각형 PSG, TPV에 의하여) SG^3과의 비와 같기 때문이다.

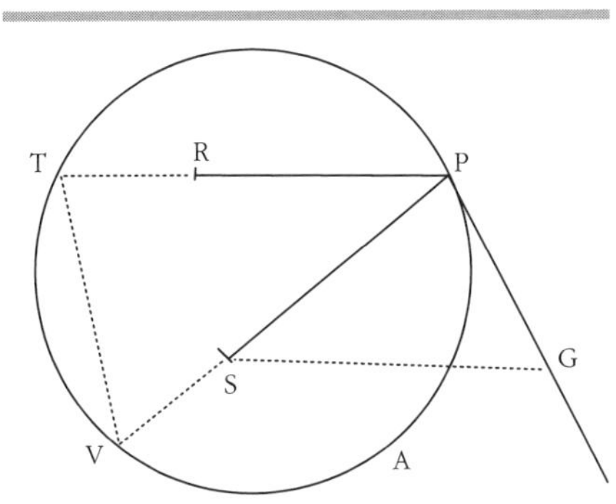

그림 16

계 III

힘의 중심 S 주위에서 어떤 궤도를 따라 물체 P를 회전시키는 힘과, 다른 어떤 힘의 중심 R 주위에서 같은 궤도상을 같은 주기로써 같은 물체를 회전시키는 힘에 대한 비율은, 제1의 힘의 중심 S서부터 물체까지의 거리와 제2의 힘의 중심 R서부터 그것까지의 거리의 제곱과 서로 곱한 것과, 제1의 힘의 중심 S로부터 제2의 힘의 중심 R서부터 물체까지의 거리 RP에 평행하게 그린 직선이 궤도의 접선 PG와 점 G에서 만날 때, 그 거리 SG의 3제곱의 비와 같다.

왜냐하면, 이 궤도상의 어떤 점 P에 있어서의 힘은, 같은 곡률의 원 위에 있는 다른 점에서의 힘과 같기 때문이다.

명제 8. 문제 3

한 물체가 반원 PQA 위를 움직일 때, 모든 직선 PS, RS가 평행선으로 있을

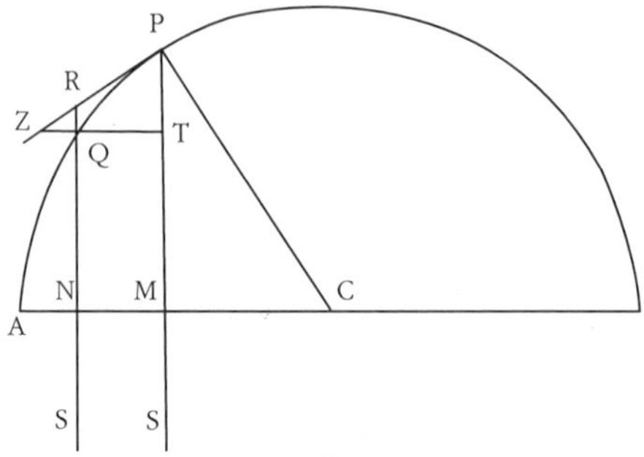

그림 17

만큼 엄청나게 멀리 있는 점 S로 향하는 구심력에 대한 법칙을 찾아보자 (그림 17).

반원의 중심 C서부터 반지름 CA를 그리고, 평행선 M 및 N을 그것에 직교시키고, 또한 CP를 연결하자. 그러면 삼각형 CPM, PZT 및 RZQ가 서로 닮음이므로 $CP^2 : PM^2 = PR^2 : QT^2$가 얻어질 것이다. 또한 원의 성질서부터, 점 P와 Q가 일치할 때는 $PR^2 = QR(RN+QN) = QR \cdot 2PM$이다. 따라서 $CP^2 : PM^2 = QR \cdot 2PM : QT^2$이고, $\frac{QT^2}{QR} = \frac{2PM^3}{CP^2}$이며, $\frac{QT^2 \cdot SP^2}{QR} = \frac{2PM^3 \cdot SP^2}{CP^2}$이다. 따라서(명제 6, 계 Ⅰ 및 Ⅴ에 의하여), 구심력은 $\frac{2PM^3 \cdot SP^2}{CP^2}$에 반비례한다. 이것으로 발견되었다.

그리고 이는 앞 명제로부터도 쉽게 추론할 수가 있다.

〈주석〉

그리고 그와 같은 추론에 의하면, 한 물체는 좌표계에 존재하는 하나의 입방체로서, 무한히 멀리 떨어진 힘의 중심을 향하는 원심력의 작용 아래, 타원 또는 쌍곡선 또는 포물선까지지도 그리며 움직인다는 것을 알 수 있을 것이다.

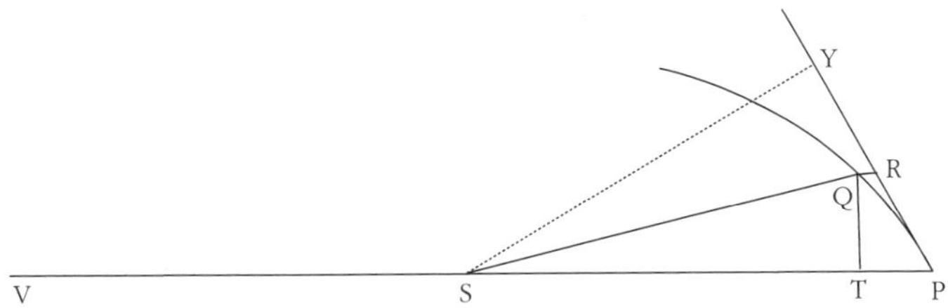

그림 18

명제 9. 문제 4

한 물체가 모든 반지름 SP, SQ,⋯ 등을 어떤 주어진 각으로 자르는 나선 PQS 위를 회전할 때에, 그 나선의 중심으로 향하는 구심력의 법칙을 발견해 보자(그림 18).

무한히 작은 각 PSQ가 주어졌다고 하자. 그렇게 되면, 모든 각이 주어져 있는 것이므로, 도형 SPRQT는 아주 자세하게 주어진 셈이다. 그러므로 비 $\frac{QT}{QR}$ 도 주어지고, 따라서 $\frac{QT^2}{QR}$ 은 QT에, 즉(도형이 명확하게 주어져 있으므로) SP에 비례한다.

그런데, 만일에 각 PSQ가 어떠한 일로 변화한다고 하면, 접촉각 QPR을 만드는 선분 QR는 (보조정리 11에 따라) PR^2 또는 QT^2에 비례하며 변화할 것이다. 따라서 비 $\frac{QT^2}{QR}$ 는 앞서의 설명된 것과 같아 SP에 비례한다. 그리고 $\frac{QT^2 \cdot SP^2}{QR}$ 는 SP^3에 비례하며, 따라서 (명제 6, 계 I 및 V에 의하여) 구심력은 길이 SP의 3제곱에 반비례한다. 이것으로 발견되었다.

다른 방법. 접선상에 내려진 수직선 SY와 나선을 동심적으로 자르는 원의 현 PV는, 높이 SP에 대하여 어떤 비율을 이룬다. 따라서 SP^3은 $SY^2 \cdot PV$에 비례하고, 따라서 (명제 6, 계 III 및 V에 따라) 구심력에 반비례한다.

보조정리 12

주어진 타원에 내접하거나, 또는 쌍곡선의 어떤 공통적으로 차지하고 있는 지름 주위에 외접하는 모든 평행사변형은 서로 같다.

이것은 '원추곡선론'의 저자들에 의하여 증명되어 있다.

명제 10. 문제 5

한 물체가 타원 위를 회전한다고 할 때, 타원의 중심으로 향하는 구심력의 법칙을 발견해 보자.

CA, CB를 타원의 장축과 단축이라고 하고, GP, DK를 어떤 공동적 역할을 하는 지름 PF; QT를 그것들의 지름에의 수직선, Qv를 지름 GP에 가로 세운 선이라 한다 (그림 19). 그리고 만일의 평행사변형 QvPR가 완성되었다고 하면 (원추곡선의 성질에 의하여),

$$Pv \cdot vG : Qv^2 = PC^2 : CD^2$$

이다. 그리고 서로 같은 삼각형 QvT, PCF로부터

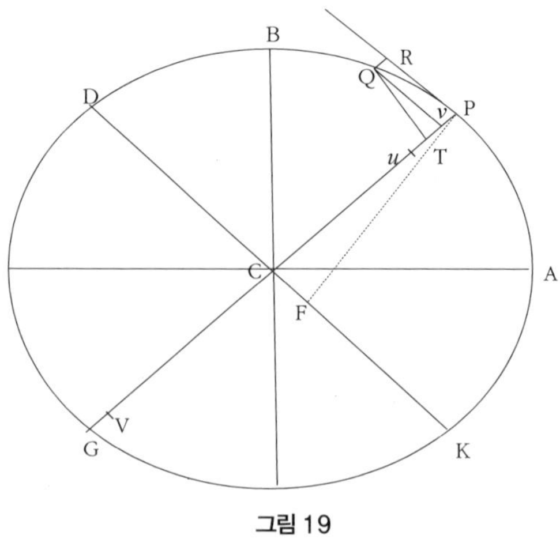

그림 19

$$Qv^2 : QT = PC^2 : PF^2$$

이다. 또한 Qv^2를 소거함으로써, $VG : \frac{QT^2}{PV} = PC^2 : CD^2 \cdot \frac{PF^2}{PC^2}$로 된다. $QR = Pv$이며, 또한(보조정리 12에 의하여), $BC \cdot CA = CD \cdot PF$이지만, 점 P와 G가 일치할 때는 $2PC = VG$이므로, 내항과 외항을 서로 곱해 보면 $\frac{QT^2 \cdot PC^2}{QR} = \frac{2BC^2 \cdot CA^2}{PC}$으로 된다. 따라서, (명제 6, 계 V에 의하여) 구심력은 $\frac{2BC^2 \cdot CA^2}{PC}$에, 다시 말하자면 ($2BC^2 \cdot CA^2$는 주어져 있으니까) $\frac{1}{PC}$에 반비례한다. 즉, 길이 PC에 비례한다. 이것으로 발견되었다.

다른 방법. 선분 PG 위에, 그리고 Tu와 Tv가 같게 되게끔, 점 T의 다른 축에 점 u를 취하고, 다음에는 $uV : uG = DC^2 : PC^2$로 되게끔 uV를 취한다.

그렇게 하면, 원추곡선이론에 따라, $Qv^2 : Pv \cdot vG = CD^2 : PC^2$이므로, $Qv^2 = Pv \cdot uV$를 얻는다. 양변에 uP × Pv를 가하면, 호 PQ의 현의 제곱이 $PV \cdot Pv$에 같게 될 것이다. 따라서 P에서 원추곡선에 접하고, 또한 점 Q를 지나는 원은, 점 V를 지나갈 것이다.

이제, 점 P와 Q를 일치시키면, 비 $DC^2 : PC^2$과 같은 비, $uV : vG$는, 비 $PV : VG$ 또는 $PV : 2PC$로 되어, PV는 $\frac{2DC^2}{PC}$와 같게 될 것이다. 이 때문에, 물체 P를 타원상에서 회전시키는 힘은 (명제 6, 계 Ⅲ에 따라) $\frac{2DC^2}{PC} \cdot PF^2$에 반비례할 것이다. 다시 말해($2DC^2 \cdot PF^2$는 주어져 있으니까) PC에 비례할 것이다. 이것으로서 발견되었다.

계 I

따라서, 힘은 타원의 중심으로부터 물체까지의 거리에 비례한다. 또한 반대로 만일에 힘이 거리에 비례한다면 물체는, 그 중심이 힘의 중심과 일치하는 하나의 타원 위를, 혹은 아마도 타원이 변형된 것으로 생각되는 하나의 원 위를 움직일 것이다.

계 II

또한 같은 중심을 가지는 모든 타원의 회전 주기는 서로 같을 것이다. 왜냐하면, 서로 닮은 타원의 경우의 그것들의 주기는 (명제 4, 계 III 및 VIII에 따라) 서로 같을 것이며, 그리고 그 장축을 공유하는 여러 타원에 있어서는, 회전주기는 그것들 각 타원의 전체 면적에 비례하고, 같은 시간 내에 그려지는 면적의 부분에 반비례한다. 다시 말해, 그 단축에 비례하고, 게다가 그것들의 장축의 정점에 있는 물체의 속도에 반비례한다. 이를테면, 그 단축에 비례하고, 또한 공통축상의 같은 점까지의 가로 그려진 선에 반비례한다. 따라서 (비례와 반비례가 서로 같은 것이므로) 1 : 1의 같은 비례를 이룬다.

〈주석〉

만일에 타원이, 그 중심을 무한한 거리로까지 멀리 하게 함으로써 포물선으로 되게 한다면, 물체는 이 포물선상을 움직이게 된다. 그리고 이 경우 무한한 먼 거리에 있는 중심으로 향하는 힘은 일정하게 될 것이다.

이것은 다시 말해서 갈릴레오의 정리인 것이다. 또한, 만일에 원추의 포물선 절취면이 (원추를 자르는 평면의 기울기를 변화시킴으로써) 쌍곡선으로 변한다고 하면, 물체는 그 쌍곡선의 주변 위를 움직이게 되어, 그 구심력은 원심력으로 변할 것이다. 그리고 원 또는 타원에 있어서나 마찬가지로, 만일에 힘이 횡축상에 자리잡은 도형의 중심으로 향한다 하면, 그것들의 힘은 가로로 그린 선을 어떤 주어진 비율로 증가하기도 하고 감소하기도 함으로써, 혹은 제아무리 종선의 횡축에 대한 기울기를 변화시킨다 해도, 그것으로써도 주기가 변치 않는다고 한다면, 항상 중심으로부터의 거리에 비례하여 증감한다. 그리고, 제 아무리 어떠한 도형이었다고 해도, 만일에 종선이 어떤 주어진 비율로 증감한다고 하면, 혹은 그것들의 기울기가 어떻게 변한다 할지언정 주기가 변하지 않는다면, 횡축상에 놓여진 한 중심에 향하는 힘은 각 종선상에 있어서 중심부터의 거리에 비례하여 증가하기도 하고 감소하기도 한다.

제III장 이심 원추곡선상의 물체의 운동

명제 11. 문제 6

한 물체가 타원상을 공전한다고 했을 때, 타원의 초점으로 향하는 구심력의 법칙을 발견하자.

S를 타원의 초점으로 한다. SP를 그리고 타원의 반지름 DK를 E에서, 또한 가로 그린 선 Qv와 x가 교차하게 하고, 평행사변형 QxPR를 완성시킨다.

EP가 반장축 AC와 같다 함은 명백한 일이다. 타원의 또 하나의 초점 H서부터 EC에 평행하게 HI를 그리면, CS, CH는 서로 같으므로 ES, EI도 같게 된다. 따라서, EP는 PS, PI의 합한 것의 절반이며, 즉 (HI, PR은 평행이고, $\angle IPR$과 $\angle HPZ$는 서로 같으므로) PS, PH의 합한 것의 절반이다. 이것은 전장축 2AC와 같기 때문이다. QT를 SP에 수직으로 그리고, 타원의 주통경 (즉, $\frac{2BC^2}{AC}$)를 L이라 놓으면

$$L \cdot QR : L \cdot Pv = QR : Pv = PE : PC = AC : PC$$

그리고 또한 $L \cdot Pv : Gv \cdot Pv = L : Gv$ 이고 $Gv \cdot Pv : Qv^2 =$

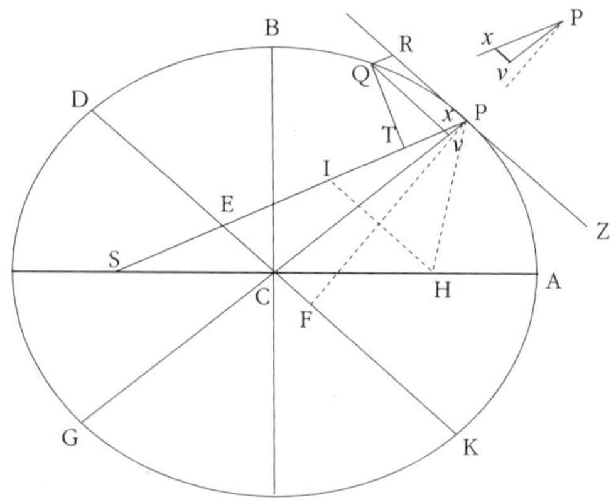

그림 20

$PC^2 : CD^2$이다.

보조정리 7, 계 II에 의하여, 점 P와 Q가 일치할 때는 $Qv^2 = Qx^2$이고, 따라서 $Qv^2 : QT^2 = Qx^2 : QT^2 = EP^2 : PF^2 = CA^2 : PF^2$이다. 그리고 (보조정리 12에 따라) 이것은 $CD^2 : CB^2$과 같다. 이들 네 개의 비가 대응하는 항을 서로 곱하게 하고, 약분하면, 다음 결과가 얻어질 것이다. $L \cdot QR : QT^2 = AC \cdot L \cdot PC^2 \cdot CD^2 : PC \cdot Gv \cdot CD^2 \cdot CB^2 = 2PC : Gv$

그런데, 점 Q와 P가 일치할 때는, 2PC와 Gv는 같아지고, 이것에 비례하는 $L \cdot QR$도 QT^2와 서로 같아지게 된다. 이들 서로 같은 것들에게 $\frac{SP^2}{QR}$를 곱하여 주면, $L \cdot SP^2$은 $\frac{SP^2 \cdot QT^2}{QR}$과 같아지게 될 것이다. 따라서 (명제 6, 계 I 및 V에 의하여) 구심력은 $L \cdot SP^2$에, 다시 말해 거리 SP의 제곱에 반비례한다. 이것으로 발견되었다.

다른 방법. 물체 P를 타원상에서 공전시키는, 그 타원 중심으로 향하는 힘은 (명제 10, 계 I에 의하여) 타원의 중심 C서부터 물체까지의 거리 CP에 비례하므로, CE를 타원의 접선 PR에 평행하게 그리면, 같은 물체 P를 타원 내의 다른 어떤 점 S 주위로 공전시키는 힘은, CE와 PS가 서로 교차한다고 하면 (명제 7, 계 Ⅲ에 따라) $\frac{PE^3}{SP^2}$에 비례할 것이다. 다시 말해, 만일에 S가 타원의 초점이면, 즉 PE가 주어진다면, 그것은 SP^2에 반비례하게 된다. 이것으로 발견되었다.

문제 5를 포물선과 쌍곡선의 문제로 고쳐서 생각해 본 것과 같은 간단하면서도 같은 방법을 여기서도 사용해 볼 수 있다. 그러나 문제의 엄정함과 다음에 설명될 응용을 위해서라도, 특별한 증명에 의하여, 그것들의 다른 경우를 확인해 보기로 하자.

〔후략〕

일반주해(General Scholium)

소용돌이 운동 가설은 많은 어려움에 봉착한다. 태양 주위를 도는 반경에 따라, 각 행성이 시간에 비례하는 면적을 그리면서 운행한다면, 소용돌이 각 부분의 주기는 태양과 그것들 사이의 거리에 비례해야 한다. 만약 행성의 주기가 태양과의 거리의 3/2제곱에 비례한다면, 소용돌이 각 부분의 주기도 거리의 3/2제곱에 비례하지 않으면 안 된다. 또한 토성, 목성, 그리고 다른 행성들 주위의 작은 소용돌이가 태양의 소용돌이 안에서 유지되고 교란됨 없이 흘러갈 수 있다면, 태양계 소용돌이의 각 부분의 주기는 서로 같아야만 한다. 그런데, 이런 소용돌이의 운동과 일치해야 하는 태양이나 행성의 자전운동은 위의 모든 비율들과는 너무나 동떨어져 있다. 혜성의 운동은 상당히 규칙적이고, 행성의 운동과 같은 법칙에 의해 지배되며, 소용돌이 운동 가설에 의해서는 도저히 설명될 수가 없다. 혜성은 하늘의 모든 부분들과 부딪히는 편심 궤도를 그리는데, 이는 소용돌이가 제거되지 않는 이상 일어날 수 없다.

공기 중에 내던져진 물체는 공기 외에는 아무런 저항도 받지 않는다. 그 공기가 제거되면 보일의 진공에서와 같이 저항은 사라지게 된다. 왜냐하면 이 빈 공간에서는 가느다란 솜털 한 조각이나 고체인 황금 한 덩어리도 모두가 같은 속도로 낙하하기 때문이다. 지구 대기 위쪽의 우주공간도 같은 상황이다. 그 공간에서는 운동들에 저항하는 공기가 존재하지 않아 모든 물체는 최대의 자유속도로 움직이며, 따라서 행성과 혜성은 위에 설명한 법칙에 의해 종류와 위치에 맞게 주어진 궤도에 따라 그 공전을 계속하는 것이다. 그러나 이 물체들이 제법 간단한 인력법칙에 의하여 그것들의 궤도를 계속 유지하고 있기는 하지만, 이러한 법칙에 의해서 원래부터 그것들이 규칙적인 궤도 위치를 가지게 된 것은 아니다.

여섯 개의 주요한 행성들은 태양을 중심으로 동심원을 그리며, 같은 방향으로, 거의 같은 평면상에서 회전하고 있다. 또한 지구, 목성, 토성 주위에는 그것과 동심 원주상을 열 개의 달이 같은 방향으로 공전하고 있으며, 그것들 역시 그 행성들의 궤도면과 거의 같은 평면 내에 있다. 그리고 단지 역학적인 원인만으로 이렇게 많은 규칙적인 운동이 생겨났다고 생각하기는 힘든데, 혜성의 경우 매우 편심적인 궤도를 따라 하늘의 모든 부분들을 가로지르기 때문이다. 그리고 이러한 운동을 하는 혜성은 행성의 궤도를 쉽고 빠르게 통과해 지나간 후, 운동이 느려지고 체류 시간이 길어지는 원일점에서 가장 멀리 떨어져 있게 되어 상호간 인력을 가장 적게 받게 된다.

이렇듯 태양, 행성, 혜성으로 이루어진 우아한 체계는 예지와 힘을 모두 갖춘 신의 깊은 설계와 지배 없이는 생겨날 수 없었을 것이다. 그리고 여러 항성들이 유사한 여러 체계의 중심이라면, 그것들 모두도 유사한 설계와 유일자의 지배에 따라 만들어졌을 것이다. 왜냐하면, 항성의 빛은 태양빛과 같은 본성을 지니며 빛은 각 체계로부터 다른 모든 체계로 지나가기 때문이다. 또한 여러 항성들의 체계들이 그것들의 인력에 의하여 서로 마주치지 않게끔, 신은 그 체계들을 서로 광대하게 먼 거리로 떨어뜨려 놓았기 때문이다.

이 전지전능의 신은 세상의 영(soul)이 아니라 만물의 주인(lord)으로서 모든 것을 통치한다. 그리고 그 통치권 때문에 '우주의 주인'으로 불리는 것은 당연하다. 왜냐하면 '신(god)'이라는 것은 상대적인 호칭이며 종에 대한 관계를 가지는 것이고, '신성(godhood)'이라는 것은 신의 지배력을 뜻하기 때문이다. 그리고 이러한 지배력은 신을 세상의 영이라고 가정하는 사람들이 생각하는 것과 같이, 신 자신의 몸에 대한 그런 군림이 아니라, 종 위에 서는 지배인 것이다. 지고의 신은 영원하고 무한하며 절대로 완전한 존재자이다. 그러나 제아무리 완전해도, 지배의 힘이 없는 존재자는 '주인 신(Lord God)'이라고 할 수가 없다. 왜냐하면, 우리들은 우리의 신, 너희들의 신, 이스라엘의 신, 신중의 신, 주인의 주인이라고 말하지만, 우리의 영원자, 너희들의 영원자, 이스라엘의 영원자, 신들의 영원자라고 하지 않으며, 우리의 무한한 자 또는 우리의 완전한 자라고도 말하지 않기 때문이다. 이것들은 종하고는 관계가 없는 칭호이다 '신'이라는 말은 주로 '주인'을 뜻하지만, 주인이 모두 신인 것은 아니다. 영적인 존재자의 지배는 신이 되고, 진정한 지배는 진정한 신이 되며, 지고의 지배는 지고한 신이 되고, 허구적인 지배는 허구의 신이 되는 것이다. 그리고 진정한 지배로부터, 신은 살아 있고, 예지가 있으며, 그리고 힘을 지닌 존재라는 점이 밝혀진다. 또한 그 밖의 여러 가지 완전성 때문에 신은 지고의 존재이자 가장 완벽한 존재가 되는 것이다. 신은 영원하고 무한하며 전지전능하다. 즉, 영원에서부터 영원으로 지속하며, 무궁에서부터 무궁으로 두루 존재한다. 신은 만물을 통치하며, 이뤄지는 그리고 앞으로 이뤄질 모든 것들을 알고 있다. 신은 영원과 무한 그 자체는 아니지만, 영원하고 무한하다. 지속과 공간이 신은 아니지만, 신은 지속하고 존재한다. 신은 언제나 불변하고, 모든 곳에 존재하며, 또한 언제나 그 모두에 존재함으로써 시간과 공간을 이룬다. 공간의 그 어느 미소한 부분도 '항상' 존재하고 시간의 더 이상 쪼갤 수 없는 순간도 '어디에나' 존재하므로, 만물의 주인이자 창조자가 '반드시' 그리고 '어디에나' 존재한다는 것은 확실하다.

지각력 있는 영은 감각 및 운동 기관에서 차이가 나더라도 하나의 개별적인 인격체이다.

연속하는 시간과 공존하는 공간에는 각각 그것을 이루는 부분들이 있지만, 한 사람의 인격이나 그의 사고원리에는 이러한 부분들이 존재하지 않는다. 하물며 신의 사고 실체 속에서 그러한 것을 발견하기란 더욱더 불가능한 일이다.

어떠한 인간이나, 그가 지각을 갖고 있는 한, 그 전 생애를 통하여 그리고 감각기관의 전부 또는 각각에 있어서, 하나의 같은 인간인 것이다. 신은 어떠한 때에도, 어떠한 장소에 있어서도 같은 신이다. 신은 가상적으로만 두루 존재하는 것이 아니고 실체적으로도 존재하는 것이다.

왜냐하면, 실체 없이는 효능을 보유할 수가 없기 때문이다. 만물은 신 속에 포함되어 있으며 움직여지고 있지만, 그러나 다른 것에 대하여는 아무런 영향을 주지 않는다.

신은 물체의 운동으로부터 아무런 손해를 받지 않을 것이며, 물체는 신의 존재로부터 아무런 저항도 받지 않는다.

지고의 신이 반드시 존재하여야 함은 모든 면에 있어서 인정되어 있으며, 또한 같은 필연성에 의하여 그는 언제, 어떠한 장소에서도 존재한다. 그러므로 그는 모두가 서로 닮았다 할 수가 있고, 모든 것이 눈이요, 귀요, 두뇌요, 팔이요, 모든 것을 지각하고, 이해하고, 행동하는 힘이다.

그러나 조금도 인간이 하는 방법이 아니고, 또한 전혀 육체적 형이하학적인 방법이 아니라, 완전히 우리들에게는 알려져 있지 않은 방법으로 행하여진다. 눈먼 사람이 색의 관념을 갖고 있지 않은 것과 같이, 우리들의 전지의 신이 모든 것을 지각하고 이해하는 방법에 대하여 아무것도 알 수 없다.

그는 육체나 육체적 형태를 전혀 갖지 않고 있으므로, 안 보이고, 안 들리고, 또한 접촉할 수도 없다. 그리고 무엇인가 형이하학적인 사물로 표현하여 예배하여야 할 것도 아니다. 우리들은 그의 속성에 관하여 여러 가지 관념을 갖고는 있지만, 그러나 도대체 진정한 실체가 무엇인지를 알지 못한다. 여러 물체에 있어서 우리는 단지 그 형태와 색만을 보고, 소리만을 듣고, 그 외면만을 접촉해 보고, 냄새만을 맡고, 맛만을 보는 것에 지나지 않는 것이며, 그 속의 실체는 우리들의 감각이나 정신의 어떤 성찰작용에 의해서도 알 수가 없는 것이다. 하물며, 신의 실체의 관념에 대하여는 더욱이 알 수 없는 일인 것이다.

우리들은 그저 신을 그 어질고 절묘한 사물의 구성과 목적인과에 의하여만 알 수 있을 뿐이다. 우리들은 신을 그 완전성 때문에 찬양하고, 한편 또 그 지배 때문에 숭배하는 것이다. 즉, 우리들은 신의 종으로서 신을 숭배하는 것이며, 지배도, 섭리도, 목적인과도 없는 신은, 운명과 자연 이외의 아무것도 아닌 것이다. 언제, 또한 어디서도 같은 것인 맹목적 · 형이하학적 필연성은, 사물에는 아무런 차이도 발생시키게 할 수가 없을 것이다. 우리들이 수시로, 어떤 곳에서 보는 자연의 사물의 여러 가지 양상은, 모두 이 필연적으로 존재하는 신의 개념과 의지로부터 생긴 것뿐이다. 그런데, 비유하여, 신은 보고, 말하고, 웃고, 사랑하고, 미워하고, 바라고, 주고, 받아들이고, 기뻐하고, 화를 내고, 싸우고 생각하고, 일하고 만든다고도 한다. 그것은 신에 대한 우리들의 관념은 모두 완전하지는 않지만, 그래도 어느 정도는 닮은 점이 있는 인간의 양식의 유사성으로부터 얻는 것이다. 그리고 이상은 신에 관한 것들이지만, 사물의 현상들로부터 신에 대해 말한다는 것은 확실히 자연철학에 속하는 일인 것이다.

여기까지 우리들은 우주와 우리(지구상)의 바다의 여러 현상을 중력에 의하여 설명해 왔던 것인데, 이 힘의 원인을 아직도 지정하지 않았다. 틀림없이 그 힘은 어떤 원인으로부터 생기는 것이 되어야 한다. 그 힘은 그 작용이 태양과 행성 중심에까지 조금도 감소됨이 없이 침투입하는 어떤 원인으로부터 오는 것이 확실하다. 그리고 그 힘은 (보통, 기계적인 원인이 그렇듯이) 물체의 각 미소 부분의 표면(적)의 크기에 따라 작용되는 것이 아니라, 그것이 포함된 입체적 물질의 양에 따라 작용시키고, 그 효과를 항상 거리의 제곱에 반비례하여 감소시키면서, 모든 방향으로 그리고 광대한 거리에까지 전달한다. 태양으로 향하는 중력은 태양을 구성하는 각 미소 부분으로 향하는 중력을 합성한 것으로, 태양으로부터 멀어져 가는 동안에는, 그것이 토성의 궤도만큼의 거리에 이르기까지, 거리의 제곱에 정확히 반비례해서 감소한다는 것은 여러 행성의 원일점이 정지해 있다는 사실로부터 분명히 볼 수 있다. 아니 더욱이 만일에 그 원일점들이 정지하고 있다면, 여러 혜성들의 가장 먼 원일점에 이르기까지 적용된다 말할 수가 있다. 그러나 나는 지금까지 중력의 이러한 성질들의 원인을 실제의 현상들로부터 발견할 수는 없었다. 그리고 나는 가설을 만들지 않는다. 그 이유는 실제로 현상서부터 꺼낼 수 없는 것들은 모두가 가설이라고 불리워야 하기 때문이다. 그리고 가설은 그것이 형이상학적인 것이거나 형이하학적인 것이거나, 또한 신비한 성격의 것이거나 역학적인 것이거나, 실험철학에 있어서는 아무런 위치를 차지 못하는 것이기 때문이다. 이 철학에서는, 특수한 명제가 실제의 현상들로부터 추론되고, 후에 귀납에 의하여 일반화되는 것이다.

이렇게 하여 물체의 불가입성, 가동성 및 충격의 힘, 그리고 운동의 법칙과 중력의 법칙이 발견된 것이다. 그리고 우리들에게는 중력이 실제로 존재하며, 또한 우리들이 여기까지 설명해 온 여러 법칙들에 따라 작용하고, 천체와 우리의(지구상의) 바다의 모든 운동을 설명하는 데에 크게 도움이 된다면 그것으로 충분한 것이다.

이제 여기에 정기, 즉 모든 조잡하고도 큰 물체 내에 가득 차 있고 잠입하여 존재하는 아주 미세한 영들에 대한 것들을 약간 부가하여야겠다. 그것의 힘과 작용에 의하여, 여러 물체의 각 미소 부분은, 같은 거기에 있어서는 서로 잡아당기고, 접촉하고 있으면 결합한다.

그리고 전기적인 물체들은 보다 더 큰 거리에서까지 작용하며, 가까이 있는 미립자들은 끌어들이고, 또한 밀어내기도 한다. 또한 빛은 발사되어 반사되고, 굴절되고, 구부러지고, 게다가 물체를 가열한다. 그리고 모든 감각은 자극되고, 동물의 몸 각 부분은 의지의 명령대로 움직인다.

즉, 이 정기의 진동에 의하여, 신경의 고체섬유에 따라, 외부의 감각기관으로부터 두뇌에, 또한 두뇌로부터 근육으로 교대로 전해진다. 그러나 이러한 것들은 몇 마디로는 설명할 수 없는 것으로서, 전기적 · 탄성적인 정기의 작용법칙을 정확하게 결정하고 증명하는 데에 필요하고도 충분한 실험을 우리들은 갖고 있지 않다.

뉴턴
광학
(1704)

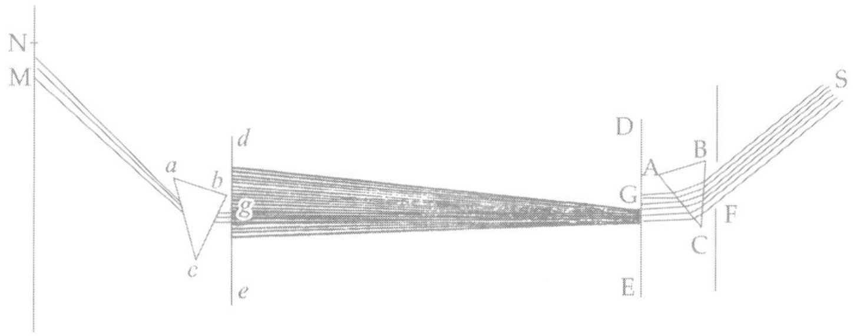

『광학』은 『프린키피아』의 기하학적 형식이 아닌 산문체 영어로 서술되었고 그 내용의 대부분도 실험에 대한 것이었다. 또 '질문들'에서 자신이 믿고 있지만 아직 실험적으로 확증하지 못한 생각들을 질문의 형태로 남겼다. 이 책은 이미 대단한 위치에 올라 있던 뉴턴의 저작이었고 비교적 읽기 쉽다는 이유로 상당한 호응을 얻을 수 있었다.

『프린키피아』의 출판으로 큰 성공을 거둔 뉴턴은 1703년에 그의 숙적 후크(Robert Hooke)가 기력을 회복할 수 없을 만큼 아프다는 얘기를 듣고 그 동안 자신의 광학 원고를 모아서 책으로 만들기 시작했다. 뉴턴이 1672년에 쓴 첫 번째 논문이 빛의 본질과 색깔에 관한 것이었을 만큼 뉴턴은 광학에 열심이었지만, 뉴턴의 광학 이론이 격렬한 논쟁에 휘말리게 되자 그 동안 광학 저술의 출판을 보류하고 있었다. 뉴턴은 "이들(광학의) 문제에 관해서 논쟁에 끌려들어가는 것을 피하기 위해 여태까지 출판을 미루어 왔고, 친구들의 끈덕진 요구가 설득력을 발휘하지 않았다면 지금도 미루었을 것이다."라고 회고했다. 이 책은 후크가 죽은 뒤인 1704년에 『광학 – 빛의 반사, 굴절, 회절, 그리고 색깔에 대한 논고』로 출판되었다. 1704년의 초판은 라틴어가 아닌 영어로 씌어졌다.

『광학』은 뉴턴의 생전에 판을 거듭했다. 1706년에는 라틴어 1판이 나왔고, 1717-18년에 영어 2판이 나왔으며, 1719년에 라틴어 2판, 1721년 영어 3판이 출판되었다. 뉴턴의 사후인 1730년에 영어 4판이 나왔다.

『프린키피아』에는 없는 『광학』의 특징 중 하나는 책의 말미에 '질문들(queries)' 이 붙어 있다는 것이다. 뉴턴 자신의 표현에 따르면 이 질문들은 "다른 사람들에 의해 더 심오한 연구가 이루어지길 바라면서 제시"된 것들이며, "한때는 내 자신이 더 고찰해 보려 했으나 여러 이유로 중단되었고 더이상 심도 있게 고찰하기가 힘들"어진 문제들이었다. 1704년 영어 초판에는 16개의 질문이 붙어 있었고, 1706년 라틴어 1판에는 그 질문들이 23개로 확대되었으며(17-23번이 새로운 내용), 1717년에 나온 영어 2판에는 질문들의 개수가 31개(17-24번이 새로운 내용)로 늘어났다. 이 중 마지막 질문인 '질문 31' 이 가장 유명한데, 뉴턴은 여기에서 모세관현상, 전자기현상, 응집현상에 "단거리 힘(short-range force)"이 있을 수 있으며, 뉴턴 자신이 만유인력을 발견했듯이 자신의 후계자들이 이런 단거리 힘을 발견해 주기를 희망하고 있다.

『광학』은 세 개의 편(編, book)으로 구성되어 있다. 제1편에서 뉴턴은 백색광이 서로 다른 굴절률을 가진 일곱 가지 색깔이 합쳐진 결과이고, 각각의 색깔은 더이상 나누어지지 않음을 다양한 실험을 통해서 보이고 있다. 제2편에서 뉴턴은 빛의 반사와 굴절이 물체에 빛이 충돌해서 일어나는 것이 아니라, 물체에 포함되어 있는 유황성분과 입자처럼 움직이는 빛의 상호 작용에 의해 일어난다는 것을 주장한다. 제3편에서는 빛이 물체의 근처로 지나갈 때 물체가 광선에 작용을 가함으로써 회절이 일어난다는 주장을 펴고 있다.

『광학』은 『프린키피아』의 기하학적 형식이 아닌 산문체 영어로 서술되었고 그 내용의 대부분도 실험에 대한 것이었다. 또 '질문들' 에서 자신이 믿고 있지만 아직 실험적으로 확증하지 못한 생각들을 질문의 형태로 남겼다. 이 책은 이미 대단한 위치에 올라 있던 뉴턴의 저작이었고 비교적 읽기 쉽다는 이유로 상당한 호응을 얻을 수 있었다. 『프린키피아』의 만유인력을 수용하지 않았던 대륙의 과학자들도 광학을 통해 뉴턴을 받아들였으며, 그 결과 이 책은 18세기를 통해 자연철학 전반에 걸쳐 광범위하고 심오한 영향을 미친 책 중 하나가 되었다.

『광학』의 국내 번역판은 아직 없으며, 여기서는 I. Bernard Cohen et al.(eds.), Sir Isaac Newton, *Opticks*(New York : Dover, 1952)를 번역했다. 이 책은 영어 4판을 거의 수정 없이 재출판한 것이다.

제1편, 1부

〔전략〕

명제들

명제 1. 정리 1

색깔이 다른 광선들은 굴절성(refrangibility)[1)]의 정도도 다르다.

실험에 의한 증명

• 실험 1.

나는 양끝 변이 평행한 길쭉한 모양의 검고 빳빳한 종이를 가져다가, 한쪽 변에서 다른 쪽 변까지 수직선을 그어서 종이를 두 부분으로 균등하게 나누었다. 그리고 종이의 한쪽 면에는 빨간색을, 다른 쪽 면에는 파란색을 칠했다. 그 종이는 매우 검었고 색깔들은 짙고 두껍게 칠해져서, 현상들이 더 잘 관찰될 수 있었다. 나는 단단한 유리로 된 프리즘을 통해서 이 종이를 보았다. 빛은 그 프리즘의 두 면을 통과하여 내 눈까지 전해졌는데, 이 두 면은 평평하고 매끄러웠고 60도 정도의 각을 끼고 있었다. 나는 이 각을 프리즘의 굴절각이라고 부르겠다. 그리고 종이를 보는 동안 그것과 프리즘을 창문 앞에 두었는데, 이때 종이의 양 변은 프리즘과 평행하게 했고, 그 양변과 프리즘을 수평면에 평행하게 했으며, 횡단선 역시도 그것에 평행하도록 했다. 또한 창문에서 비춰지는 빛이 종이와 이루는 각도를 종이에서 눈으로 반사되는 빛이 같은 종이와 이루는 각도와 같아지도록 했다. 프리즘을 지나 창문 아래에 있는 방의 벽은 검은 천으로 덮여 있는데, 그 천으로부터 어떤 빛도 반사되지 못하게 하기 위해 어둡게 했다. 만일 이런 반사광이 눈까지 다다르게 되어 그것이 종이의 빛과 섞이게 되면, 현상을 흐리게 하기 때문이다. 이렇게 정돈하고 나서, 나는 다음과 같은 사실을 발견했다. 프리즘의 굴절각을 위쪽으로 돌려서 굴절에 의해 종이가 위로 들리는 것처럼 보이도록 하면, 이때 종이의 파란색 부분이 빨간색 부분보다 더 높이 들리게 된다. 반면에, 프리즘의 굴절각을 아래쪽으로 돌려서 굴절에 의해 종이가 낮아지는 것처럼 보이게 하면, 종이의 파란색 부분은 빨간색 부분보다 더 낮아지게 된다. 위의 두 경우에 알 수 있듯이, 종이의 파란 부분에서 나와 프리즘을 통해 눈으로 들어온 빛은 비슷한 환경에서 종이의 빨간 부분에서 나온 빛보다 더 크게 굴절되고, 그 결과 굴절성이 더 크다는 것이다.

• 그림 설명

그림 1에서, MN은 창문을 나타내고, DE는 종이를, DI와 HE는 종이의 양쪽 변을 나타낸다. 그리고 횡단선 FG에 의해서 양쪽으로 나뉘는데, 한쪽은 짙은 파란색의 DG이고, 다른 쪽은 짙은 빨간색의 FE이다. 그리고 BACcab는 프리즘을 나타내는데, 굴절 평면 ABba와 ACca는 굴절각 Aa의 모서리에서 만난다. 위쪽이 있는 모서리 Aa는 수평면과 평행하고 종이의 평행한 모서리인 DI와 HE와도 평행하며, 횡단선 FG는 창문 면과 수직이다. 그리고 de는 위쪽으로 굴절되었을 때 보이게 되는 종이의 상을 나타내는데, 파란 부분 DG가 dg

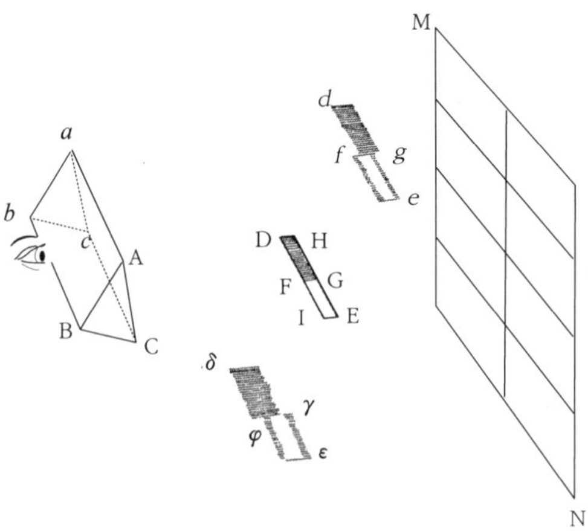

그림 1

로 높아진 정도는 빨간 부분 FE가 fe로 높아진 정도보다 더 크고, 따라서 더 큰 굴절을 경험하게 된다. 만일 굴절각의 모서리를 아래쪽으로 돌리면, 종이의 상은 아래쪽으로 굴절될 것이다. $\delta\varepsilon$를 생각해 보면, 빨간 부분이 $\varphi\varepsilon$로 낮아지는 것보다 파란 부분이 $\delta\gamma$로 더 크게 낮아질 것이다.

• **실험** 2.

나는 앞서 말했던 종이, 즉 빨강과 파랑으로 반씩 칠해진 빳빳한 종이 위에 가느다랗고 새까만 명주실을 여러 차례 감았다. 이때, 검은 실은 마치 종이 위에 그려진 검은 선들인 것처럼, 혹은 그것들 위에 드리운 길고 가느다란 검은 그림자인 것처럼 보이도록 했다. 펜으로 검은 선들을 그릴 수도 있었지만, 실로 하는 것이 더 작고 더 뚜렷했다. 나는 이렇게 채색되고 선이 그어진 종이를 수직하도록 벽에 기대어 설치하여, 두 색깔 중 하나는 오른편에 다른 하나는 왼편에 오도록 했다. 그리고 양초를 종이 앞으로 근접시켜 색깔들의 경계 아래쪽에 놓고 종이를 밝게 비추게 했는데, 이 실험이 밤에 행해졌기 때문이다. 양초의 불꽃은 종이의 아래 모서리까지, 혹은 그보다 조금 위까지 다다르게 했다. 그 다음에, 나는 종이에서 6피트와 1-2인치 거리를 두고 바닥 위에 4와 1/4인치 폭의 유리 렌즈를 세웠다. 그래야만 종이의 여러 점으로부터 오는 광선들을 모을 수 있고, 그것들이 렌즈의 다른 쪽 면 위에 6피트와 1-2인치 거리의 많은 다른 점들로 수렴하도록 만들 수 있으며, 거기 위치한 흰 종이 위에 색칠된 종이의 상을 형성시킬 수 있었다. 이는 창문 구멍 앞 렌즈가 어두운 방 속의 흰 종이 위에 상을 맺히게 하는 것과 같은 방식이다. 앞서 말한 흰 종이는 수평면에 수직할 뿐만 아니라 렌즈에서 들어오는 빛에 수직하게 세워졌는데, 나는 색칠된 종이의 파란 부분과 빨간 부분의 상이 어느 위치에서 가장 뚜렷하게 나타나는지를 알아보기 위해서, 흰 종이를 때로는 렌즈에 가깝게 때로는 렌즈에서 멀리 옮겨 보았다. 종이에 명주실을 감아 만들어 놓은 덕분에, 나는 그 위치를 쉽게 알아낼 수 있었다. 왜냐하면 어느 한쪽 면 위의 색깔들이 가장 뚜렷해지지 않으면, 그렇게 가느다란 선의 상—검기 때문에 색깔 위의 그림자처럼 보이는 상—은 혼동되고 잘 보이지 않을 것이기 때문이다. 그러므로 가능한 한 애를 써서, 나는 채색된 종이의 빨간 부분과 파란 부분의 상이 가장 뚜렷하게 보이는 위치에 주목하였고, 종이의 빨간 부분이 뚜렷하게 보이고 파란 부분은 그것 위에 그려진 검은 선이 좀처럼 보이지 않을 정도로 식별이 안 되는 지점이 어디인지 발견했다. 그리고, 반대로 파란 부분이 가장 선명하게 나타나고, 빨간 부분은 그것 위의 검은 선이 잘 보이지 않을 정도로 식별이 안 되는 지점이 어디인지도 발견했다. 그 두 상이 각각 뚜렷하게 보이는 지점들 사이의 거리는 1.5인치였다. 채색된 종이의 빨간 부분의 상이 가장 뚜렷하게 보일 때의 렌즈에서 흰 종

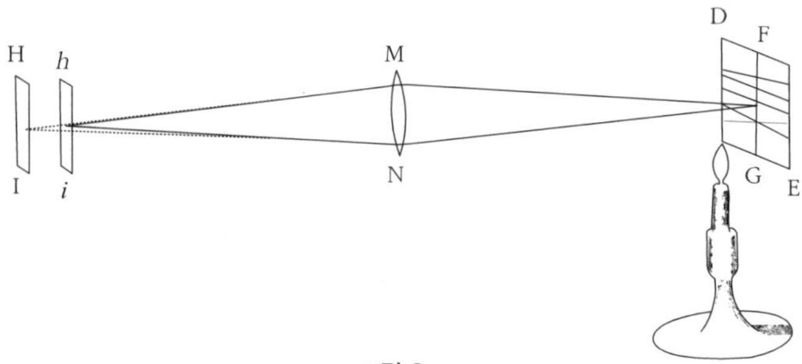

그림 2

이까지의 거리는 파란 부분의 상이 가장 뚜렷할 때의 렌즈에서 같은 흰 종이까지의 거리보다 1.5인치 더 멀리 떨어져 있었다. 파랑과 빨강이 렌즈 위로 비슷하게 입사(incidence)하는 경우, 파랑은 빨강보다 렌즈에 의해서 더 많이 굴절되었다. 그래서 파랑은 1.5인치 더 빨리 수렴할 수 있었고, 따라서 굴절률이 더 크다.

• **그림 설명**

그림 2에서 DE는 채색된 종이를, DG는 파란 반쪽을, FE는 빨간 반쪽을, MN은 렌즈를, HI는 검은 선이 있는 빨간 반쪽이 뚜렷하게 나타나는 지점에 있는 흰 종이를, hi는 파란 반쪽이 뚜렷하게 나타나는 지점에 있는 같은 종이를 나타낸다. 그 위치 hi는 HI보다 렌즈 MN에 1.5인치 더 가깝다.

〈**주해**(Scholium)〉

환경이 약간 바뀐 경우에도 실험은 성공을 거두었다. 첫 번째 실험에서 프리즘과 종이가 수평면에 어느 정도 기울어진 경우에도 그랬고, 두 실험 모두 빨강과 파란 선들이 새까만 종이 위에 그려졌을 때도 마찬가지였다. 하지만 이런 실험을 묘사하는 데 있어서, 나는 그 현상을 더욱 두드러지게 해주거나 무경험자도 이를 쉽게 해볼 수 있는 환경들, 혹은 내가 직접 실험을 했던 환경들만을 기술했다. 나는 똑같은 일들을 이후의 실험들에서도 종종 했다. 모든 것에 관련해서, 이 한 가지 충고면 충분할 것이다. 이제 이 실험들로부터, 모든 파란 빛은 모든 빨간 빛보다 굴절률이 크다는 결론이 도출되는 것은 아니다. 왜냐하면 두 빛은 서로 다른 굴절률을 가지는 광선들로 혼합되어 있어서, 빨간 빛에는 파란 빛에 들어 있는 광선들보다 굴절률이 작지 않은 어떤 광선이 있고, 파란 빛에는 빨간 빛의 광선들보다 굴절률이 크지 않은 광선이 있기 때문이다. 그러나 전체 빛에 비교해 볼 때 이러한 광선들은 단지 소수일 뿐이므로, 이것들이 실험의 결과를 약화시키기는 하지만 그것을 무효로 만들지는 못한다. 왜냐하면, 만일 빨간색과 파란색이 더 희박하고 약하다면, 상의 거리는 1.5인치보다 더 짧아질 것이고, 만일 색깔들이 더 강렬하고 짙다면, 그 거리는—앞으로 보여질 것처럼—더 커질 것이기 때문이다. 이 실험들은 자연물의 색깔을 위해서는 충분할 것이다. 프리즘의 굴절로 만들어진 색깔들에 대해, 이 명제는 이제 다음 명제에서 잇따르는 실험에 의해 분명해질 것이다.

명제 2. 정리 2

태양 빛은 서로 다른 굴절성을 지니는 광선들로 구성된다.

• 실험 3.

나는 매우 어두운 방에서 창문을 닫아 1/3인치 정도의 폭을 가진 둥근 구멍을 만들었다. 그리고 유리 프리즘을 놓아 구멍으로 들어온 태양 광선이 프리즘에 의해 방의 반대편 벽을 향해 위쪽으로 굴절되도록 하였고, 이를 통해 거기에 태양의 채색된 상이 형성될 수 있도록 하였다. 이번 실험과 다음 실험에서 프리즘의 축―즉, 프리즘의 한 끝에서 중앙부를 통과해서, 굴절각의 모서리에 평행한 다른 끝으로 지나가는 선―은 입사광선에 수직이었다. 나는 이 축을 중심으로 프리즘을 천천히 돌려서, 벽 위에 굴절된 빛 혹은 태양의 채색된 상이 처음에는 내려가고 그 다음에는 올라가는 것을 보았다. 그 상이 상승과 하강 사이에서 정지한 것으로 보일 때, 나는 그 프리즘을 멈추고 그 상태로 고정시켜서 그것이 더 이상 움직이지 않도록 했다. 왜냐하면 그 상태에서 굴절각의 두 면, 즉 광선이 프리즘으로 입사하고 다시 거기에서 나오는 두 면에서 빛의 굴절은 똑같았기 때문이다. 그래서 프리즘의 두 면에서의 굴절이 같은 다른 실험에서도, 나는 굴절된 빛이 만드는 태양의 상이 두 반대되는 운동 사이에서 정지해 있는 곳이 어디인지를 주목했다. 그리고 상이 그 위치에 오게 되면, 프리즘을 고정시켰다. 그리고 편의를 위해 잇따르는 실험들에서 이와 다른 상태를 설명하지 않는다면, 이런 상태로 프리즘을 놓았다고 이해하면 된다. 나는 프리즘을 이런 상태로 위치시키고, 굴절된 빛을 방의 반대편 벽에 있는 흰 종이 위에 수직으로 마주치게 했다. 그리고 그 빛이 종이 위에 그려놓은 태양의 상의 모양과 크기를 관찰했다. 이 상은 타원형(oval)이 아니라 길쭉한 장타원형(oblong)이었지만, 그 경계는 직선으로 된 평행한 두 측면과 반원형의 두 끝면으로 되어 있었다. 이때 두 측면에서의 경계가 매우 뚜렷했지만, 끝면에서는 혼동되고 식별이 잘 안 되어 빛이 점차로 줄어들고 희미해졌다. 상의 폭은 태양의 지름에 대응했고, 반영(경계 영역)을 포함해서 2와 1/8인치 정도였다. 그 상은 프리즘에서 18.5피트 떨어져 있었고, 이 거리에서 창문 틈의 구멍의 지름을 1/4인치로 줄였을 때, 그 폭은 대략 반 정도의 각도로 프리즘의 한 각과 대(對)하게(subtend) 되었다. 이는 태양의 겉보기 지름이다. 그러나 상의 길이는 약 10과 1/4인치 정도이고, 직선 면의 길이는 약 8인치 정도였다. 그리고 프리즘의 굴절각은 64도여서, 이 때문에 길이가 그렇게 커졌다. 각이 더 작아짐에 따라 상의 길이도 더 작아졌지만, 폭은 여전히 그대로였다. 만일 프리즘을 축 중심으로 돌려서, 프리즘에서 두 번째 굴절하는 표면 밖으로 광선이 더 비스듬하게 나오도록 했다면, 그 상은 이내 1-2인치 이상 더 길어졌을 것이다. 그리고 만일 그 프리즘을 반대 방향으로 돌렸다면, 그래서 처음 굴절하는 표면 위에 광선이 더 비스듬하게 들어오도록 했다면, 그 상은 곧 1-2인치 더 짧아졌을 것이다. 그러므로 이 실험을 해보면서, 나는 앞서 언급한 규칙—프리즘에서 나오는 광선의 굴절은 프리즘으로 입사할 때와 같다는 규칙—에 의해 프리즘을 정확히 그런 형태로 배치할 수 있는지 궁금해졌다. 이 프리즘의 유리 내부에는 한쪽 끝에서 다른 쪽 끝으로 흐르는 어떤 맥(veins)이 있다. 그리고 그것은 태양 빛 중에서 어떤 것들을 불규칙하게 흩어지게 하지만, 색깔 스펙트럼의 길이를 늘이는 데는 아무런 가시적 효과도 없다. 왜냐하면 다른 프리즘들을 사용해서 같은 실험을 했는데 동일한 결과를 얻어냈기 때문이다. 그리고 특히 그런 맥이 없어 보이고 굴절각이 62.5도인 프리즘을 가지고서, 나는 앞서와 같이 창문 틈에서 구멍의 폭이 1/4인치일 때 프리즘에서 거리가 18.5피트가 되는 곳에서 상의 길이가 9와 3/4 혹은 10인치가 됨을 발견했다. 그리고 적당한 상태로 프리즘을 배치하는데 실수하기 쉬우므로 4-5회씩 실험을 반복했는데, 언제나 위에서 기록한 상의 길이와 같음을 발견했다. 맥이 없어 보이고 굴절각이 63.5도인, 더 깨끗한 유리로 된 더 매끄러운 프리즘을 가지고 실험해 보니, 18.5피트의 같은 거리에서 상의 길이는 약 10인치 혹은 10과 1/8인치 정도였다. 이 범위 밖에 약 1/4이나 1/3인치 정도의 길이에서 나는 구름 빛의 빛이 아주 희미하게 빨강과 보라의 색조를 조금 띠는 것을 관찰했는데, 나는 이 희미한 색조(tincture)가 전부 혹은 대부분 유리의 재질과 광택이 균질하지 않아서 불규칙하게 흩어지는 스펙트럼의 어떤 광선들로부터 연유한다고 생각했고, 따라서 스펙트럼 길이의 측정에서 그것을 포함하지는 않았다. 이제 창문 틈 구멍의 크기가 달라지고, 광선이 통과하는 프리즘의 두께가 달라지며, 수평면에 대한 프리즘의 기울기가 달라진다고 해서, 상의 길이가 눈에 띌 정도로 변화하지는 않는다. 프리즘의 재질이 달라도 마찬가지인데, 잘 연마된 유리판으로 프리즘 모양의 통을 만들고 그 속에 물을 채워도 굴절에 대한 실험은 마찬가지 결과를 가져오기 때문이다. 더욱이 광선이 프리즘에서 상까지 곧은 직선으로 나아가는 것과, 프리즘 밖으로 나가는 쪽은 상이 생겨나는 다른 쪽과 2.5도 이상의 기울기를 가지게 된다는 것이 관찰되었다. 그런데 대중적으로 알려진 광학법칙에 따르면,[2] 그것들은 그렇게 기울어질 수가 없다. 그 이유는 다음과 같다 **(그림 3)**. EG는 닫힌 창문을 나타내고, F는 태양 광선을 어두운 방으로 전달하는 데 사용되는 구멍을, 그리고 ABC는 프리즘이 빛의 중앙부를 통해 가로지르듯이 잘라진 것처럼 꾸민 가공의 삼각 평면을 나타낸다. 혹은 당신이 원한다면, ABC는 관찰자의 눈 쪽으로 프리즘의 가까운 끝을 바라보았을 때의 프리즘 자체를 나타낼 수도 있다. 그리고 XY는 태양을, MN은 태양의 상이나 스펙트럼이 그려진 종이를, 그리고 PT는 상 자체를 나타낸다. 이때 상 PT의 *v*와 *w* 쪽의 측면은 직선이고 평행하

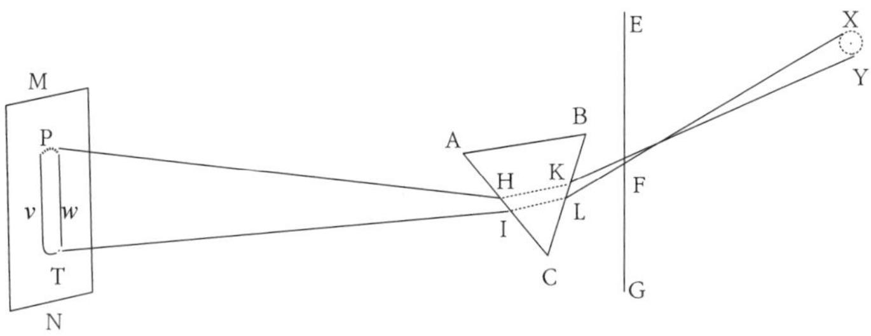

그림 3

며, P와 T 쪽의 끝면은 반원형이다. YKHP와 XLIT는 광선들인데, 첫 번째 것은 태양의 낮은 부분에서 나와서 상의 높은 부분으로 가고, 프리즘의 K와 H에서 굴절된다. 두 번째 것은 태양의 높은 부분에서 나와서 상의 낮은 부분으로 가고, 프리즘의 L과 I에서 굴절된다. 굴절은 프리즘의 양면에서 똑같이 일어나는데, K에서의 굴절과 I에서의 굴절은 같고 L에서의 굴절과 H에서의 굴절은 같다. 따라서 K와 L로 함께 입사한 광선의 굴절은 H와 I에서 함께 발생하는 굴절과 같다. 같은 것에 같은 것을 더함으로써, K와 H에서 함께 일어나는 굴절은 I와 L에서 함께 일어나는 굴절과 같으며, 따라서 한 번 굴절된 이후에 두 광선들은 서로에 대해 동일한 기울기를 가지게 된다는 결론이 도출된다. 그 기울기는 태양 지름의 반 정도에 해당하는 기울기이다. 광선들이 굴절 이전에는 서로에 대한 기울기가 매우 컸다. 그래서 통속적인 광학 규칙에 의하면 상 PT의 길이는 프리즘에서 절반 정도의 각에 대응할 것이고 결과적으로 폭 *vw*와 같아질 것이며, 결과적으로 그 상은 둥글게 될 것이었다. 그리고 두 광선 XLIT와 YKHP와 그 밖에 상 P*w*T*v*를 형성하는 나머지 모든 광선들 또한 비슷하게 굴절될 것이다. 그러나 경험에 의해 보면, 그 상은 원형이 아니라 폭보다 길이가 다섯 배 정도 길다는 것을 알 수 있다. 그리고 그것들이 우연히 다르게 굴절된 것이 아니라면, 상의 최상단 P로 가는 광선은 가장 많이 굴절되며, 최하단 T로 가는 광선보다 굴절률이 커야만 한다는 점을 알 수 있다.

이러한 상 혹은 스펙트럼 PT는 채색되어 있는데, 가장 적게 굴절된 쪽인 T에서는 붉고, 가장 많이 굴절된 끝인 P에서는 보라색이며, 중간 영역에서는 노랑, 녹색, 파랑이다. 이는 색깔이 다른 빛들은 굴절성도 다르다는 제1명제와 부합한다. 앞서 말한 실험들에서, 나는 상의 길이를 측정할 때, 앞서 말한 것처럼 그 폭이 1/4인치 정도를 넘지 않는 반영(半影)을 제외하고, 한쪽 끝으로는 가장 희미한 끄트머리의 빨간색에서부터 다른 한쪽으로는 가장 희미하고 가장 끝 부분의 파란색까지를 측정했다.

• **실험** 4.

창문 틈 구멍을 통해 방 안으로 전달되는 태양 광선에 대해, 나는 그 구멍에서 몇 피트 떨어진 곳에, 그 축이 광선에 수직이 되도록 프리즘을 놓았다. 그러고는 구멍의 상이 오르락내리락 하도록 프리즘을 축 중심으로 이리저리로 돌려보면서, 프리즘을 통해 구멍을 보았다. 두 반대되는 운동 사이에서 정지한 것처럼 보일 때, 나는 프리즘을 멈추고 앞의 실험과 마찬가지로 굴절각의 양면에서의 굴절이 서로 같도록 했다. 나는 프리즘을 통해 상술한 구멍을 보는 동안, 구멍의 굴절된 상의 길이가 너비보다 여러 배 길다는 것을 관찰했다. 그리고 가장 많이 굴절된 부분은 보라색으로 보이고, 가장 적게 굴절된 부분은 빨간색으로 보이며, 중간 부분은 파랑, 녹색, 노랑의 순서로 보였다. 내가 프리즘을 태양 빛 밖으로 옮겨 이를 통해 구름의 빛이 비춰진 구멍을 보았을 때에도 똑같은 일이 일어났다. 하지만 통상적으로 가정되는 것처럼 굴절이 입사각과 굴절각의 사인(sine)값의 비율에 따라서 규칙적으로 일어난다면, 굴절된 상은 둥근 모양으로 나타나야 한다.

따라서, 이 두 가지 실험에 의해서, 동일한 입사에 대해서도 상당히 불균등한 굴절이 있다는 점이 드러났다. 하지만 이렇게 불균등한 것은 무슨 까닭인가? 항상 혹은 우연히, 입사 광선들 중 어떤 것은 더 많이 굴절되고 어떤 것은 더 적게 굴절되는 것인가? 혹은 그리말도(Grimaldo)가[3] 가정했던 것처럼, 하나의 동일한 광선은 굴절에 의해 산란되고, 흩어지며, 팽창하는 서로 다른 많은 광선들로 흩뿌려지기 때문인 것인가? 이는 아직 위의 실험들을 통해서 드러나지는 않았지만, 잇따르는 실험들을 통해 분명해질 것이다.

• **실험** 5.

만일 세 번째 실험에서, 일상적인 광선의 팽창(dilatation)이나 우연한 굴절의 불균등성 때문에 태양의 상이 길쭉한 장타원형(oblong)으로 그려진 것이라면, 가로 방향으로 이루어지는 두 번째 굴절에 의해서도—광선들의 유사한 팽창이나 가로 방향 굴절의 우연한 불균등함에 의해서—똑같은 장타원형의 상이 바로 그만큼의 너비로 그려져야 할 것이다. 이러한 점을 고려하면서, 나는 그러한 두 번째 굴절의 효과가 어떠할지 실험해 보았다. 이를 위해서, 나는 세 번째 실험에서와 같이 모든 것들을 배치한 후, 두 번째 프리즘을 첫 번째 프리즘 바로 뒤에 직교하도록 놓아, 첫 번째 프리즘을 통과해 오는 태양빛을 다시 굴절시키도록 했다. 첫 번째 프리즘에서 광선은 위쪽으로 굴절되었고, 두 번째 프리즘에서는 옆으로 굴절되었다. 상의 너비는 늘어나지 않았지만, 첫 번째 프리즘에서 크게 굴절되었던 보라색과 파란색을 띤 위쪽 부분은 두 번째 프리즘에서도 빨간색이나 노란색을 띤 아래 부분보다 더 크게 굴절되었다. 이때 상의 폭은 팽창되지 않은 상태였다.

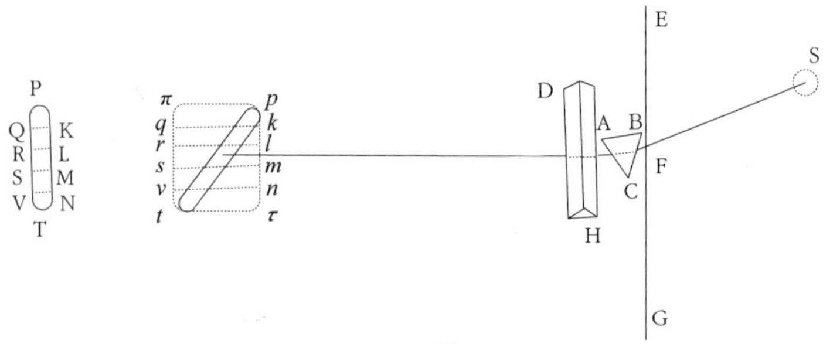

그림 4

• 그림 설명

그림 4와 **그림 5**에서 S는 태양을 나타내고, F는 창문의 구멍을, ABC는 첫 번째 프리즘을, DH는 두 번째 프리즘을 나타낸다. Y(**그림 5**)는 프리즘을 치웠을 때 직사광선이 만들어내는 둥근 태양의 상을 나타내고, PT는 두 번째 프리즘을 치웠을 때 첫 번째 프리즘만 통과한 광선이 만들어내는 장타원형(oblong)의 태양의 상을, 그리고 pt는 두 프리즘 모두를 통과하면서 굴절되어 만들어내는 상을 나타낸다. 여기서 둥근 상 Y의 여러 지점들로 향하는 광선들이 첫 번째 프리즘의 굴절에 의해 팽창되어 퍼져서 더이상 한 선을 유지한 채 한 점을 향해 나아갈 수 없게 되었다고 보자. 또 모든 광선들은 굴절하는 지점에서부터 갈라지고 흩어지게 됨에 따라, 한 줄기의 선에서 입사와 굴절각의 평면에 놓이는 면적을 갖는 광선으로 변화되었다고 보자. 만약 그렇다면, 그것들은 그러한 평면 위에서 상 PT의 한쪽 끝에서 다른 쪽 끝까지 다다르는 수많은 선들로 나아가야만 한다. 만일 이런 식으로 그 상이 장타원이 된 것이라면, 상 PT의 여러 점들을 향해 가는 광선들과 그것의 여러 부분들은 두 번째 프리즘의 가로 방향 굴절에 의해서 측면으로 넓어지고 펼쳐져서 $\pi\tau$로 표시된 하나의 정사각형 상을 만들어내야만 할 것이다. 더 잘 이해하기 위해서, 상 PT를 다섯 개의 똑같은 부분들, 즉 PQK, KQRL, LRSM, MSVN, NVT로 나누어 보자 (**그림**

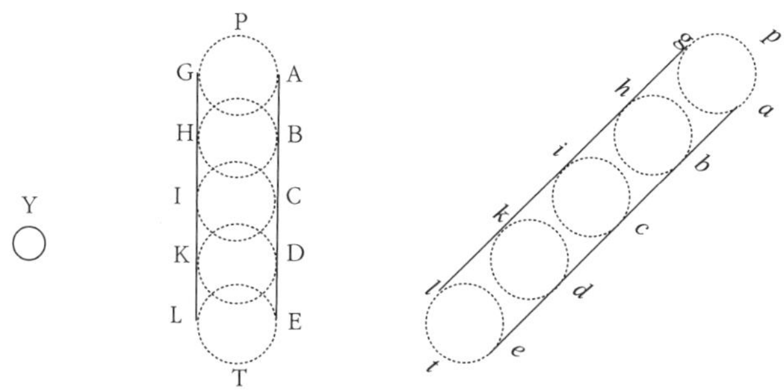

그림 5

4). 둥근 빛 Y는 첫 번째 프리즘에 굴절되어 넓어지고 상 PT로 길어지는데, 마찬가지 불규칙성에 의해서 빛 Y와 동일한 길이와 너비를 차지하는 빛 PQK는 두 번째 프리즘에 굴절된 후 넓어져서 길쭉한 상 π qkp를 만들어내야 한다. 그리고 빛 KQRL은 길쭉한 상 kqrl로, 빛 LRSM, MSVN, NVT는 각각 상 lrsm, msvn, nvtτ가 되어야 한다. 그리고 이 상들이 합해져 정사각형의 상 $\pi\tau$가 만들어질 것이다. 모든 광선은 굴절에 의해서 넓어지고 굴절하는 점에서부터 갈라지는 삼각형 모양의 면적을 갖는 광선들로 퍼진다면 이런 현상이 나타날 것이다. 왜냐하면 두 번째 굴절은 첫 번째와 마찬가지 방식으로 광선들을 퍼뜨리고, 첫 번째가 길이를 늘인 것처럼 상의 폭을 넓히기 때문이다. 그리고 어떤 광선들이 다른 광선들보다 우연히 더 많이 굴절된 경우에도, 같은 일이 일어날 것이다. 하지만 실제 현상은 다른 방식으로 일어난다. 상 PT는 두 번째 프리즘의 굴절에 의해서 폭이 더 넓어진 것이 아니라 pt에서처럼 단지 기울어진 것이며, 그것의 상단 P는 하단 T보다 굴절에 의해 더 많은 거리를 옮겨간 것이다. 그래서 상의 상단 P를 향해 가는 빛은 하단 T를 향해 가는 빛보다 두 번째 프리즘에서 더 많이 굴절되는데, 그것들은 빨강과 노랑이 아니라 파랑과 보라색이기 때문에 굴절률이 더 크다. 같은 빛(파랑이나 보라색 빛)이 첫 번

째 프리즘의 굴절에 의해서 그것이 굴절하기 전에 향하던 위치 Y로부터 더 멀리 옮겨지고, 두 번째 프리즘에서 다른 빛들보다 더 많이 굴절했듯이 첫 번째 프리즘에서도 역시 그러하며, 그 결과 첫 번째 프리즘에 입사하기 전이라 하더라도 다른 빛보다 더 큰 굴절성을 가진다.

때로 나는 두 번째 프리즘 뒤에 세 번째 프리즘을 놓기도 하고, 세 번째 뒤에 네 번째 프리즘을 배치하기도 했다. 때로는 상은 측면으로 굴절될 수 있도록 했지만, 첫 번째 프리즘에서 더 잘 굴절되는 광선은 나머지에서도 마찬가지로 더 잘 굴절되었고, 상이 측면으로 넓어지지 않았다. 그러므로 그런 광선들은 변함없이 더 큰 굴절을 보여주기에, 굴절성이 더 크다고 응당 일컬어진다.

하지만 굴절성이 동일한 광선들이 원형(disque)의 태양에 대해 원 모양의 상을 만들어낸다는 점을 고려하면, 이 실험의 의미가 더 분명하게 드러날 수 있다. 이는 세 번째 실험에서 증명되었다. 여기서의 원은 완전한 기하학적 원을 말하는 것은 아니지만, 길이가 너비와 같은 둥근(orbicular) 모양으로 우리 감각에는 원형(circular)으로 보일 수도 있는 것들을 지칭한다. 그러므로 만일 광선들을 따로 떼어놓는다면, **그림 5**에서 AG는 원형의 태양에서 전달되는 굴절성이 가장 큰 광선이 반대편 벽에 비추어져 그려내는 원을 나타낸다. 그리고 EL은 가장 굴절성이 작은 광선들이 같은 방식으로 비추어져 그려내는 원이다. 또한 광선들이 연속적인 순서대로 태양에서 하나씩 전달되고 나머지는 차단된다면, BH, CI, DK는 중간 부류의 광선들이 벽 위에 연속적으로 그려내는 원들이다. 그리고 태양이 모든 종류의 빛을 따로 방출한다면, 수많은 중간 부류의 광선들이 벽 위에 연속적으로 그려내는 수많은 다른 중간 원들이 있음을 알 수 있다. 그리고 이 모든 종류의 광선들이 태양에서 한꺼번에 방출되면 그것들 모두는 같은 수많은 원들을 비추고 그려낼 것이지만, 이러한 원들은 굴절성의 정도에 따라서 연속적인 순서로 배치되어 내가 세 번째 실험에서 묘사한 기다란 스펙트럼 PT를 만들어내기도 할 것이다. 자, 만일 굴절되지 않은 광선들로 만들어진 태양의 상 Y가 단일한 광선의 팽창이나 굴절시의 어떤 불규칙성에 의해서 장타원형의 스펙트럼 PT로 변환된 것이라면, 그 스펙트럼 안에 있는 모든 원 AG, BH, CI 등은 두 번째 프리즘의 굴절에 의해서 다시 넓어지거나 이전과 같이 광선들로 흩뿌려지게 되어 유사한 방식으로 장타원형 모양으로 변해야만 할 것이다. 그리고 이때 상 PT의 폭은 첫 번째 프리즘의 굴절에 의해서 상 Y의 길이가 늘어난 것만큼 넓어지게 될 것이다. 또한 앞서 언급했듯이, 두 프리즘의 굴절에 의해서 정사각형 모양의 pπtτ가 형성될 것이다. 하지만 스펙트럼 PT의 폭은 측면 굴절에 의해서는 증가하지 않는 까닭에, 광선들은 쪼개지거나 넓어지지 않고, 굴절에 의해서 불규칙하게 흩어지지 않는다는 점은 확실하다. 다만 모든 원들이 고르고 한결같은 굴절에 의해 다른 곳으로 옮겨지는 것이다. 원 AG가 가장 큰 굴절에 의해 ag 위치로, 원 BH는 이보다 작은 굴절에 의해 bh로, 원 CI는 조금 더 작은 굴절로 ci로 옮겨지는 것처럼 말이다. 유사한 방식으로 이전의 PT에 대해 기울어진 새로운 스펙트럼 pt는 한 직선 위에 놓이는 원들로 이루어진다. 이 원들은 앞서와 마찬가지로 같은 크기를 가지는데, 이는 프리즘에서 같은 거리에 있는 모든 스펙트럼 Y, PT, pt의 폭이 서로 같기 때문이다.

더 나아가, 나는 빛이 어두운 방으로 들어가는 통로인 구멍 F의 폭으로 인해서 스펙트럼 Y의 주위에 반영이 생긴다는 것과, 이 반영은 스펙트럼 PT와 pt의 직선 측면에 남아 있게 된다는 것을 고려했다. 그러므로 나는 그 구멍에 어떤 반영도 생기지 않게 해주고 Y 위에 뚜렷하게 태양의 상을 맺히게 해주는 렌즈나 망원경의 대물렌즈를 놓았다. 그리고 이렇게 하면 장타원형 스펙트럼 PT와 pt의 직선 측면의 반영은 사라진다는 점을 발견했고, 그래서 첫 번째 상 Y의 가장자리가 그랬던 것처럼 그 측면들도 뚜렷해진다는 점을 알아냈다. 특히 프리즘의 유리에 맥(vein)이 없을 때, 그리고 퍼티로 마무리한 작은 모래 구멍에서 보통 발생하는 물결무늬나 비틀림 없이 그 측면들이 정확하게 평평하고 매끄러울 때, 그렇게 되었다. 또, 유리가 잘 닦여져 있고 맥 또한 없고, 그 측면들이 평평하기보다는 조금 볼록하거나 오목할 때에, 자주 그렇게 되었다. 그 프리즘에서 똑같은 거리에 있을 때는 아니지만, 세 스펙트럼 Y, PT, pt에 반영이 없게 할 수도 있다. 이제 반영을 없애는 것을 통해서, 나는 모든 원들이 고르고 한결같고 일정한 법칙에 따라 굴절되었다는 점을 보다 확실히 알았다. 왜냐하면, 굴절에서 어떤 불규칙성이 있었다면, 스펙트럼 PT의 모든 원들이 접하는 직선 AE와 GL이 그 굴절에 의해서 예전에 그랬던 것처럼 뚜렷하고도 곧은 채로 선 ae와 gl로 옮겨지지 못하고, 어떤 반영이나 굴곡이나 굽이침, 혹은 다른 지각할 수 있는 요동이 있었을 것이기 때문이다. 하지만 그것은 경험으로 발견된 것과는 반대되는 것이다. 두 번째 프리즘의 굴절에 의해 원들 안에 만들어지는 반영이나 요동이 어떤 것이든지 간에, 그것들은 그 원들에 접하는 직선 ae와 gl 안에서 눈에 뜨일 것이다. 하지만 이 직선에는 그런 반영이나 요동이 없기 때문에, 틀림없이 원 안에도 없어야 한다. 스펙트럼의 두 직선 사이, 즉 폭 사이의 거리는 굴절로 증가하지 않기 때문에, 원의 지름은 커지지 않는다. 그 직선 구간은 계속 직선이기에, 첫 번째 프리즘에서 더 혹은 덜 굴절된 원은 모두 두 번째도 정확히 같은 비율로 더 혹은 덜 굴절된다. 그리고 나는 광선들이 다시 세 번째 프리즘에서 그리고 다시 네 번째 프리즘에서 굴절할 때, 모든 것들이 같은 방식으로 계속 진행된다는 것을 보았다. 그러므로 하나의 동일한 원의 광선들이 그 굴절성의 정도에 대해서라면 언제나 한결같고 균질하다는 점과, 여러 원

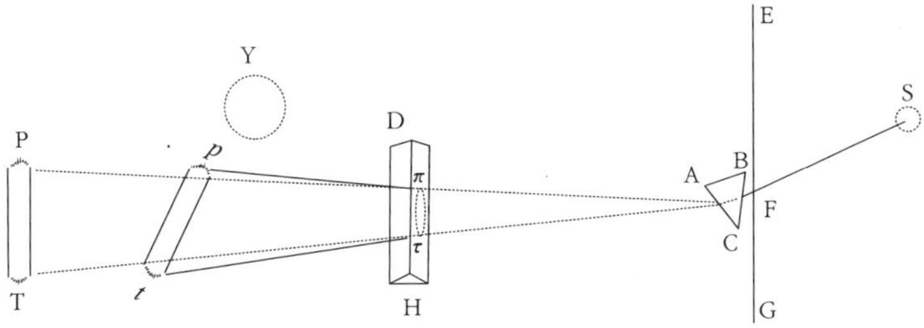

그림 6

들의 광선들은 굴절성의 정도가 서로 다르고 그 비율은 일정하다는 점은 명백하다. 그리고 이것이 내가 증명하려 했던 것이다.

이 실험을 다른 상황에서도 할 수 있는데, 이는 위의 사실을 더욱 분명하고 설득력 있게 만들어 준다. **그림 6**에서 두 번째 프리즘 DH를 첫 번째 프리즘 바로 뒤가 아니라 조금 떨어진 곳에 놓는다. 이때 첫 번째 프리즘에서 나온 빛이 두 번째 프리즘에 평행한 장타원형 스펙트럼 $\pi\tau$의 형상 안으로 들어올 수 있도록 하기 위해서, 두 번째 프리즘을 첫 번째 것과 장타원형 스펙트럼 PT가 맺히는 벽 사이의 중간쯤에 놓고, 가로 방향으로 굴절해서 벽 위에 장타원형 스펙트럼 pt가 만들어질 수 있도록 한다. 그러면 전과 같이 우리는 이 스펙트럼 pt가 두 번째 프리즘 없이 첫 번째 프리즘이 만들어낸 두 번째 스펙트럼 PT에 대해 기울어진다는 것을 발견할 것이다. 파란 끝인 P와 p는 빨간 끝인 T와 t보다 서로 멀리 떨어지고, 결과적으로 상 $\pi\tau$의 파란 끝인 π로 가고, 그래서 첫 번째 프리즘에서 가장 큰 굴절을 겪는 광선들은 두 번째 프리즘에서도 다른 광선들보다 더 크게 굴절되는 것이다.

그림 7에서 나는 창문에 두 개의 작은 둥근 구멍 F와 φ를 만들어 이를 통해 태양 빛이 어두운 방 안으로 들어가도록 하고, 두 평행한 프리즘 ABC와 $\alpha\beta\gamma$를 통해 두 광선들이 두 구멍에서 각각 굴절하여 방

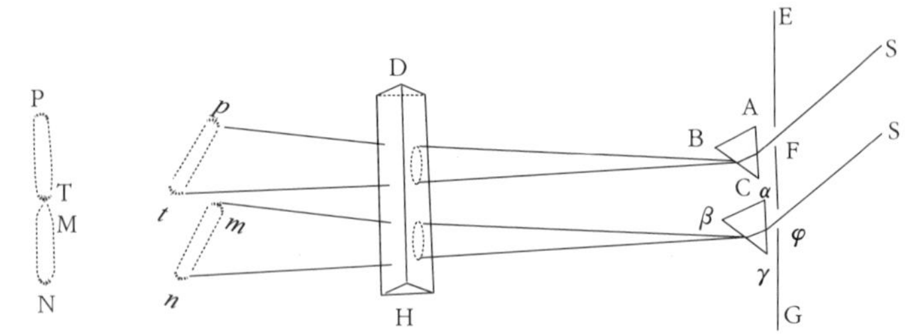

그림 7

의 반대편 벽에 닿도록 하는 실험을 수행했다. 이때 채색된 상 PT와 MN은 끝과 끝이 이어져 한 직선이 되도록 했고, 한 상의 빨간 끝 T가 다른 상의 파란 끝 M과 접하도록 했다. 왜냐하면, 두 굴절된 광선들이 다시 앞의 것들과 교차해 놓인 세 번째 프리즘 DH에 의해 측면으로 굴절되고, 스펙트럼들이 방 벽의 다른 부분으로 옮아가면—예컨대 스펙트럼 PT가 pt로 스펙트럼 MN이 mn으로—, 이렇게 옮겨진 스펙트럼 pt와 mn은 전과 같이 끝이 서로 닿은 직선에 놓이지 않을 것이기 때문이다. 오히려 그것들은 서로 벌어지고 평행하게 될 것이다. 또한 다른 상 pt의 빨간 끝 t가 같은 장소인 MT에서 옮겨지는 것보다, 상 mn의 파란 끝 m이 가장 많이 굴절해서 앞의 자리인 MT에서 더 멀리 옮겨질 것이다. 이것은 위의 명제를 논쟁의 여지 없이 증명한다. 그리고 세 번째 프리즘 DH가 앞의 것들 바로 뒤에 놓이든지 혹은 멀리 떨어져 놓이든지 간에, 그래서 앞의 두 프리즘에서 굴절된 빛이 세 번째에 마주칠 때 희고 원형이든지 아니면 채색되고 장타원형이든지 간에 이것은 항상 일어난다.

• 실험 6.

나는 두 개의 얇은 판에 지름이 1/3인치인 둥근 구멍을 뚫고, 창문틈에 훨씬 넓은 구멍을 만들어 다량의 태양 광선이 어두운 방안으로 들어오도록 했다. 나는 광선을 굴절시켜 반대편 벽에 가게끔, 프리즘을 창문 틈 뒤에서 그 광선의 경로로 위치시켰다. 그리고 그 프리즘 뒤쪽 가까이에 판자 하나를 고정시켜서 굴절된 빛의 중앙부가 판자에 만들어진 구멍을 통과하고 나머지는 판자에 의해 차단되도록 했다. 그리고는 첫 번째 판자에서 12피트 정도 떨어진 거리에 또 다른 판자를 고정시켜서, 첫 번째 판자의 구멍을 통과해 와서 반대편 벽에 닿았던 굴절된 빛의 중앙부가 이번 판자의 구멍을 통과하고, 판자에 의해 차단된 나머지 부분들은 그 판자 위에 채색된 태양의 스펙트럼을 그리도록 했다. 그리고 이 판자 뒤쪽 가까이에 또 다른 프리즘을 고정시켜 그 구멍을 통과해 온 빛을 굴절시키도록 했다. 그 다음에 나는 첫 번째 프리즘으로 돌아가, 그것을 축을 중심으로 앞뒤로 천천히 돌려서 두 번째 판자에 맺힌 상이 위아래로 움직이도록 하였다. 그것의 모든 부분들은 그 판자의 구멍을 연속적으로 통과해서 뒤편 프리즘에 다다랐다. 그 사이에, 나는 두 번째 프리즘에서 굴절된 빛이 반대편 벽 위에 상을 맺은 위치를 기록했다. 그리고 나는 그 위치들의 차이를 살펴봄으로써, 첫 번째 프리즘에서 가장 많이 굴절된 빛이 상의 파란 끝까지 나아갔으며, 두 번째 프리즘에서도 상의 빨간 끝까지 나아간 빛보다 더 많이 굴절한다는 점을 발견했다. 이는 명제 2뿐 아니라 명제 1도 증명하는 것이다. 그리고 두 프리즘의 축이 평행하게 되었든지 아니면 다른 프리즘이나 수평면에 어떤 각도로 기울었든지 간에 이는 항상 일어난다.

• **그림 설명.**

그림 8에서 F는 창문 틈에 난 넓은 구멍을 나타낸다. 그 창문 틈을 통해 태양은 첫 번째 프리즘 ABC를 비추고, 굴절된 빛은 판자 DE의 중앙에 마주치게 한다. 그리고 그 빛의 중앙부는 그 판자의 중앙부에

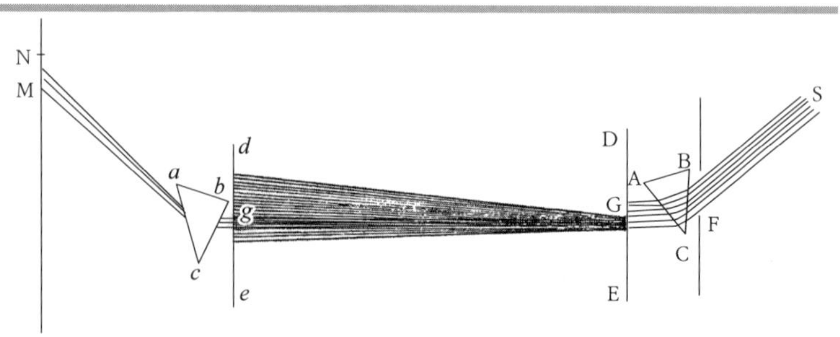

그림 8

뚫어진 구멍 G에 닿게 한다. 이렇게 건너가는 빛의 일부는 두 번째 판자인 de의 중앙부에 닿게 하고, 세 번째 실험에서 묘사된 것처럼 장타원형의 채색된 태양의 상을 그리도록 한다. 프리즘 ABC를 축을 따라 천천히 앞뒤로 돌리면, 이 상은 판자 de에서 위아래로 움직이게 될 것이고, 이런 식으로 한끝에서 다른 쪽 끝까지 모든 부분들이 그 판자의 중앙부에 만들어진 구멍 g를 연속적으로 통과할 수 있도록 한다. 그러는 동안 다른 프리즘 abc가 구멍 g 바로 뒤에 배치되어, 전달된 빛을 두 번째로 굴절시킨다. 이런 식으로 배치시키고 나서, 나는 굴절된 빛이 닿게 되는 반대편 벽의 위치 M과 N을 표시했고, 두 판자와 두 번째 프리즘이 움직이지 않아도 첫 번째 프리즘을 축 중심으로 돌리는 것에 의해 그 위치가 끊임없이 변화한다는 점을 발견했다. 두 번째 판자 de에 닿게 되는 빛의 낮은 부분이 구멍 g를 통과했을 때 그것은 벽 위의 더 낮은 위치 M까지 갔고, 그 빛의 높은 부분이 같은 구멍 g를 통과했을 때 그것은 벽 위의 더 높은 위치인 N까지 갔던 것이다. 그리고 그 빛의 임의의 중간 부분이 그 구멍을 통과했을 때는, 벽 위의 M과 N 사이에 다다랐다. 그 판자의 구멍의 위치는 변하지 않아서, 두 번째 프리즘에 다다른 광선들의 입사는 모든 경우에 같았다. 그러나 입사가 같았지만, 어떤 광선들은 더 많이 굴절되었고, 다른 것들은 덜 굴절되었다. 그리고 그것들은 첫 번째 프리즘에서 더 크게 굴절함에 따라 그 길에서 벗어났던 것들인데, 이 프리즘에서 더 많이 굴절되었다. 따라서 변함없이 더 많이 굴절된 것에 대해서 굴절성이 더 크다(more refrangible)고 부르는 것은 마땅하다.

〔후략〕

편역자 주

코페르니쿠스 천구의 회전에 관하여(1543)

1) 이 서문은 코페르니쿠스 자신이 아니라 오시앤더(Andreas Osiander)가 쓴 것임.
2) 코페르니쿠스의 헌정문.
3) 쿨름의 주교. 코페르니쿠스의 오랜 친구.
4) 동심원만 사용한 체계는 아리스토텔레스의 우주 체계이며, 이심원과 주전원을 사용한 체계는 프톨레마이오스의 우주 체계이다.
5) 태양의 주위를 회전하는 지구와 다른 행성의 회전 주기의 차이 때문에 지구에서 볼 때 행성이 서쪽에서 동쪽으로 진행하다가 역방향으로 움직이는 듯하게 보이는 현상.
6) 고대 그리스 천문학 때부터 사용되던, 각을 재던 기구.
7) 모세와 비슷한 시기에 살았다고 여겨진 선각자, 마술사.

갈릴레오 대화(1632)

1) 아리스토텔레스주의 학파.
2) 1544-88. 코페르니쿠스의 이론을 지지했던 초기 코페르니쿠스주의자 중 한 사람.
3) 논증하려는 명제 자체를 논증의 전제로 삼을 때 발생하는 오류.
4) 아리스토텔레스의 삼단논법에서 소전제와 대전제에는 들어 있지만 결론에는 빠진 용어.
5) 이탈리아 본토와 시칠리아 사이에 있는 해협.
6) 지금은 이 책이 아리스토텔레스가 쓴 것이 아니라 뤼세움의 학자였던 Straton(c. 287-268 BC)의 저술로 알려져 있다.
7) 갈릴레오가 1623년에 출판한 *Assayer*를 가리킴. 갈릴레오의 물질이론과 자연이 수학의 언어로 씌어졌다는 그의 과학철학을 잘 볼 수 있는 책.

갈릴레오 새로운 두 과학(1638)

1) 아리스토텔레스주의에서 널리 사용하던 용어. 아리스토텔레스는 물체의 운동을, 운동 원인이 물체 안에 내재해 있는 자연스러운 운동과 운동 원인이 외부에서 주어진 강제된 운동으로 나누었다.
2) 갈릴레오 자신을 상징함.
3) 첫 번째 날에 나오는 네 번째 명제.
4) $2^2-1^1=3$, $3^2-2^2=5$, $4^2-3^2=7$,……
5) 1큐빗은 대략 30센티미터.

메르센느 과학의 진리(1625)

1) 수가 만물의 근원이라고 믿은 고대 그리스의 신비주의적 철학자, 수학자.
2) 고대 그리스의 원자론자.
3) 로마의 웅변가, 정치가, 철학자(106-43 BC).
4) 고대 로마의 시인(70-19 BC).
5) 고대 그리스의 철학자. 만물의 근본물질은 물이라고 주장했음.
6) 고대 그리스의 철학자. 근본물질이 '무한' 이라고 주장했음.
7) 고대 그리스 아폴로니아의 철학자. 아낙시메네스의 공기설을 부활시켜 자연의 모든 변화는 공기의 농밀화(濃密化)와 희박화에 있다고 함.
8) 만물은 변하며 그 변화의 원인이 있다고 주장한 고대 그리스의 철학자.
9) 고대 그리스의 전기작가(대략 46-120 AD). 『영웅전』으로 유명함.
10) Furius Camillus, Marcus(기원전 5세기 말-365 BC). 로마의 군인이자 정치가.

데카르트 세계(1629-33년 집필, 1664년 출판)

1) 여기서 '철학자들' 은 아리스토텔레스주의 철학자들을 지칭함.
2) 물질에서 모든 성질과 형상을 제거했을 때 남게 되는 물질. 아리스토텔레스주의 철학 용어.

데카르트 방법서설과 광학, 기상학, 기하학(1637)

1) 그림 3은 눈에 맺히는 상에 대한 다섯 번째 담화에서 나온 그림임.
2) 1페이스는 보폭의 길이. 대략 90센티미터.
3) 렌즈 하나를 사용해서 대략 상을 열 배로 확대했던 초기의 현미경. 벼룩이나 파리를 크게 관찰하는 데 사용해서 벼룩확대경이라고 불림.
4) 1리그 = 4.8킬로미터.
5) 타원의 두 초점을 말함.
6) quantity: 때로는 양으로 때로는 수로 번역함, unknown quantity는 미지수로, known quantity는 기지수 혹은 알려진 양으로 번역함.
7) 실제로는 그 당시에 보통 밑변으로 불렸던 빗변.
8) Pappus(290-350 AD). 고대 알렉산드리아의 수학자. 사영기하학의 기초를 놓았음.
9) Euclid(325-265 BC). 고대 알렉산드리아의 수학자. 그리스 수학을 집대성해서 『기하학원론』을 저술함.
10) Apollonius of Perga(대략 262-190 BC). 알렉산드리아의 수학자. 원뿔곡선에 대한 연구업적을 남겼음.
11) 정사각형에서 아래서 위로 움직이는 밑변과 0도에서 90도로 움직이는 각을 나타내는 선이 만나면서 이루는 곡선.
12) 한 점을 통과하는 직선과 곡선의 교차점에서 같은 거리에 떨어져 있는 점들의 궤적이 그리는 곡선.

13) 한 점을 통과하는 직선과 두 곡선이 교차하는 두 점의 중간에 있는 점들의 궤적이 그리는 곡선.

하비 동물의 심장과 피의 운동에 대한 해부학적 논고(1628)

1) 고대 알렉산드리아의 의사. 4체액설을 비롯한 고대 그리스의 의학 이론을 집대성함. 갈레노스의 체계에서는 위에서 음식물을 소화해서 간에서 자연의 영을 만들어 정맥의 피를 통해 이를 온몸에 공급하고(우심실의 팽창운동이 이 기능을 돕는다), 폐에서 호흡한 공기가 심장의 자연의 영과 결합한 뒤 생명의 영이 되어 동맥을 통해 온몸으로 공급된다(이를 좌심실이 담당한다). 뇌는 동물의 영을 관장하는데 이는 신경을 통해 온몸에 공급된다. 갈레노스의 이론에서는 정맥과 동맥이 분리된 체계이며, 심장보다 간이 중심적인 역할을 함을 볼 수 있다. 갈레노스의 체계에서는 우심실과 좌심실 사이에 격막구멍이라는 것이 있어서, 피가 우심실에서 좌심실로 통과할 수 있게 한다고 간주되었다. 16세기 이탈리아의 해부학자 베살리우스는 수많은 해부를 통해서 격막구멍이 존재하지 않는다고 주장했다.
2) Realdo Colombo(1516-59). 이탈리아 파두아 대학교의 의대 교수. 혈액의 폐순환을 처음 발견했다.
3) 1온스는 대략 28그램. 2-3온스는 56-84그램. 당시 단위로 1온스는 8드램. 따라서 1드램은 약 3.5그램.
4) 500온스는 대략 14킬로그램.
5) 1스크루플은 약 1.2그램.
6) 1킬로그램 = 2.2파운드. 따라서 4파운드는 대략 1.8킬로그램.
7) Hieronymus Fabricius of Aquapendente(1537-1619). 파두아 대학교의 해부학 교수. 하비가 파두아 대학에 유학할 때 그에게 해부학을 배웠음.
8) Jacobus Sylvius(1478-1555). 베살리우스의 스승.
9) 일부러 상처를 내서 '나쁜 피' 를 흘리는 중세 유럽의 치료행위.

뉴턴 자연철학의 수학적 원리(『프린키피아』 *Principia*, 1687)

1) 이 책의 제5장 『세계』 참조.

뉴턴 광학(1704)

1) 뉴턴의 광학에서 핵심적인 개념. 빛의 광선이 하나의 투명한 매질에서 다른 매질로 들어갈 때 굴절되는(휘는) 경향(disposition).
2) 데카르트의 광학이론을 비롯해서 당시 기계적 철학자들이 일반적으로 받아들이고 있던 빛과 색깔에 대한 이론들.
3) Francesco Maria Grimaldo(1618-63). 이탈리아의 예수회 신부 겸 과학자. 1665년 사후에 출판된 책에서 빛의 '회절' 을 처음으로 발견한 것을 공표함.

찾아보기

ㅇ

발간사

오늘의 대학은 문명사적 대전환의 와중에서 진리탐구와 인력양성이라는 두 가지 과제를 수행해야 한다. 급변하는 현대사회에서 진리의 본질을 찾기 위한 연구와 사회의 개선을 위한 교육은 서로 밀접히 연관되어 있다. 이를 통해 대학은 지역, 국가, 인류 사회의 발전에 봉사하고 공헌한다.

서울대학교는 세계화 시대에 다양한 문화와 가치를 이해하고, 더불어 사는 공동체를 위한 덕목과 윤리를 갖추고, 세계 수준의 전문가로서 전공지식을 배우고, 그리고 현실사회의 문제 해결을 위한 비판적 사고와 분석 능력을 길러 주는 것을 주요한 교육목표로 설정하고 있다.

이를 위해 현대사회의 다양한 주제와 쟁점들에 대한 교양교재의 개발은 필수적이다. 서울대학교는 '학문의 기초', '핵심교양', '일반교양'을 기초교육의 중심 분야로 설정하고 있다. 이 세 분야에 걸친 교양교재의 발간이 비단 서울대학교 학생들뿐만 아니라 우리 사회 젊은이들의 지적 양식의 보고로서 학문적 · 실천적 안목과 지평을 높일 수 있는 계기가 되기를 기대한다.

서울대학교 기초교육원장

홍성욱

서울대학교 물리학과 졸업(1984)
서울대학교 과학사 및 과학철학 협동과정 석 · 박사(1986, 1994)
토론토 대학교 조교수(1995~2000)
토론토 대학교 부교수(2000~2003)
서울대학교 생명과학부 부교수, 교수(2003~현재)
과학사 및 과학철학 협동과정 전공주임(2004~현재)

▪ 저서

『생산력과 문화로서의 과학 기술』(문학과지성사, 1999)
Wireless: From Marconi's Black-box to the Audion(MIT Press, 2001)
『파놉티콘, 정보사회 정보감옥』(책세상, 2002)
『네트워크 혁명, 그 열림과 닫힘』(들녘, 2002)
『과학은 얼마나』(서울대학교출판부, 2004)

▪ 편저 및 공저

『남성의 과학을 넘어서』(창작과비평사, 1999)
『2001 싸이버스페이스 오디세이』(창작과비평사, 2001)
『과학, 그 위대한 호기심』(궁리, 2002)
『글로벌 정보사회의 전개와 대응』(나남신서, 2002)
『뉴턴과 아인슈타인』(창작과비평사, 2004)
『인문학으로 과학 읽기』(실천문학사, 2004)
『공학기술과 사회』(지호, 2006)

▪ 기타

『잡종, 새로운 문화 읽기』(창작과비평사, 1998)
『하이브리드 세상 읽기』(안그라픽스, 2003)
Isis, Technology and Culture, Annals of Science, Social Research 등 학술지에 논문 다수.

기초교양교육시리즈 5

과학고전선집

코페르니쿠스에서 뉴턴까지

초판 1쇄 발행 2006년 4월 25일
초판 11쇄 발행 2025년 8월 20일

편역자 홍성욱

펴낸곳 서울대학교출판문화원
주소 08826 서울 관악구 관악로 1
도서주문 02-889-4424, 02-880-7995
홈페이지 www.snupress.com
페이스북 @snupress1947
인스타그램 @snupress
이메일 snubook@snu.ac.kr
출판등록 제15-3호

ISBN 978-89-521-1452-5 94400
978-89-521-1018-3 (세트)

기초교양교육시리즈

01　한 단계 높은 러시아어/박종소·니나 바스코
02　중급한문/서울대학교 중어중문학과 엮음
03　사회과학 글쓰기/정병기
04　민주주의와 권위/박효종
05　과학고전선집: 코페르니쿠스에서 뉴턴까지/홍성욱 편역
06　시장경제와 법/권오승
07　차이를 넘어 공존으로: 스페인어권 세계의 문화 읽기/서울대학교 서어서문학과 엮음
08　참살이 의학/정희순 외
09　프리즘: 역사로 과학 읽기/박민아·김영식 편
10　현대 교육의 이해/나일주
11　독일명작의 이해/이재원 외
12　세상 읽기와 세상 만들기: 사회과학의 이해/김광억 편
13　스페인어 회화작문/신자영·조은영·김은경·Claudia Macías
14　인문학 글쓰기를 위하여/김동식
15　고전과 놀이/김월회
16　스페인어 초급 회화/Claudia Macías·이만기
17　한 단계 높은 러시아어 2-구문 편: 러시아 지성과의 대화/박종소·니나 바스코
18　해양환경의 이해/이창복
19　청년기 생애설계 심리학: 흔들리는 20대/곽금주
20　나노기술의 이해/서갑양
21　원전으로 읽는 서양철학의 이해: 플라톤부터 비트겐슈타인까지/이남인 엮음